미겔 니코렐리스 Miguel Nicolelis

듀크대학교 신경생물학 교수, 신경공학센터 설립자. 상파울루대학교에서 의학박사 학위를 받았고 하네만대학교 생리학/생물물리학과에서 박사후연구원을 지냈다. 신경과학 분야의 세계적 석학으로, 〈포린 폴리시〉가 뽑은 '세계의 사상가 100인', 〈사이언티픽 아메리칸〉이 선정한 '세계를 이끌어갈 과학자 50인(의공학 부문)'에 이름을 올리기도 했다.

붉은털원숭이의 뇌에 미세전극을 이식하여 생각만으로 로봇 팔을 움직이게 하는 데 성공했고, 32개 전극으로 인간 뇌의 활동을 분석하여 신체 마비 환자들에게 도움이 되는 BMI 기술 연구에 착수, 2014년 브라질 월드컵 개막식에서 전신마비 환자에게 온몸을 움직일 수 있는 능력을 되찾아주는 기술을 선보였다. 또한 파킨슨병, 뇌전증과 같은 신경 및 정신장애 연구를 위한 통합 접근법을 개발해왔으며, 그의 실험 패러다임은 각국 신경과학연구소의 신경계 연구에 활용되고 있다. 그의 뇌-기계 인터페이스 연구는 MIT가 발표한 '세상을 바꿀 10대 신기술'에 선정되었고 컴퓨터과학, 로봇공학, 의공학 등 여러 분야의 기초 및 응용 연구에 영향을 끼치고 있다.

미국과학진흥협회, 프랑스학술원, 브라질과학아카데미, 교황청 과학원 회원이다. 2010년 해당 연구분야에서 탁월한 연구업적을 낸 과학 리더에게 수여하는 미국립보건원 파이어니어상NIH Director's Pioneer Award을 수상했으며, 2017년에는 뇌-기계 인터페이스 연구에 공헌한 바를 인정받아 전기전자기술자협회 대니얼 E. 노블 상IEEE Daniel E. Noble Award을 수상했다. 지은 책으로는 《뇌의 미래》《상대론적 뇌》 등이 있다.

홈페이지 www.nicolelislab.net

김성훈

치과의사의 길을 걷다가 번역의 길로 방향을 튼 번역가. 경희대학교 치과대학을 졸업했고 현재 출판번역 및 기획그룹 '바른번역' 회원으로 활동 중이다. 《뇌의 미래》《날마다 구름 한 점》《인간 무리, 왜 무리지어 사는가》《정리하는 뇌》《운명의 과학》 등 다수의 책을 우리말로 옮겼다.

뇌와
세계

뇌와 세계

1판 1쇄 인쇄 2021. 9. 1.
1판 1쇄 발행 2021. 9. 10.

지은이 미겔 니코렐리스
옮긴이 김성훈

발행인 고세규
편집 이예림 디자인 유상현 마케팅 박인지 홍보 홍지성
발행처 김영사
등록 1979년 5월 17일 (제406-2003-036호)
주소 경기도 파주시 문발로 197(문발동) 우편번호 10881
전화 마케팅부 031)955-3100, 편집부 031)955-3200 | 팩스 031)955-3111

값은 뒤표지에 있습니다.

ISBN 978-89-349-7988-3 03400

홈페이지 www.gimmyoung.com 블로그 blog.naver.com/gybook
인스타그램 instagram.com/gimmyoung 이메일 bestbook@gimmyoung.com

좋은 독자가 좋은 책을 만듭니다.
김영사는 독자 여러분의 의견에 항상 귀 기울이고 있습니다.

인간 우주의 신경생물학적 기원

뇌와 세계

미겔 니코렐리스

김성훈 옮김

김영사

—

후아레스 아라나 히카르두
세자르 티모 이아리아
존 채핀
릭 린
존 카스
로널드 시큐렐
⋮
만물의 진정한 창조자의
서로 다른 얼굴들을
내게 소개해주신 스승님들께

—

차례

그림 0 '다시 걷기 프로젝트'에서 제작한 뇌 조종 로봇외골격을 착용한 줄리아누 핀투Juliano Pinto. (Alberto Santos Dumont Association for Research Support [AASDAP] 제공.)

머리말

2014년 월드컵 개최지로 브라질이 선정된 2007년, 나는 전 세계 관중들 앞에서 현대 최첨단 뇌 연구의 성과를 소개하고, 그것이 인간의 삶을 얼마나 더 나아지게 할 수 있는지 보여주면 멋지겠다고 생각했다. 그래서 5년에 걸쳐 계획을 수립한 후에 브라질 대통령과 피파FIFA 사무총장에게 접촉해 다가올 월드컵 개막식에서 과학 시연을 해보자고 제안했다. 이 이벤트의 목표는 신기술의 발달과 인간 뇌의 기본 작동 방식에 대한 통찰 덕분에 신경과학자들이 거대한 과업을 달성할 날이 머지않았음을 보여주는 것이었다. 이 과업이란 바로 심각한 척수손상으로 몸이 마비된 전 세계 수백만 명의 사람에게 운동 능력을 회복시켜주는 것이었다.

나는 월드컵 개막식 담당자들에게 척수손상으로 가슴 아래가 완전히 마비된 브라질 젊은이에게 월드컵 개막식 시축을 맡기자고 제안했다. 행사 조직위원회는 즉각 답장을 보내왔다. 그런 터무니없는 계획을 들었다면 누구라도 물어볼 만한 질문이었다. "어떻게 하반신마비 환자가 시축을 할 수 있습니까?" 내

답장에 그들은 더 당황했다. 나는 뇌로 직접 조종하는 하지로봇외골격lower-limb robotic exoskeleton을 이용하면 된다고 태연하게 대답했다.

놀랍게도 조직위원회는 내 제안을 받아들였다.

이제 쉬운 부분은 해결됐고, 어려운 부분이 남았다. 그 계획을 실행에 옮기는 것이다.

나는 먼저 국제 비영리 과학 컨소시엄인 '다시 걷기 프로젝트Walk Again Project'를 설립했다. 몇 달 만에 25개 나라에서 수십 명의 공학자, 신경과학자, 로봇공학자, 컴퓨터과학자, 의사, 재활전문가, 그리고 다양한 기술자들이 합류했다. 그 후로 18개월은 내 인생에서 가장 바쁜 시간이었다. 아마 이 프로젝트에 합류한 모든 사람이 그랬을 것이다. 2013년 11월 즈음에는 여덟 명의 용감한 브라질 하반신마비 환자가 다시 걷기 프로젝트에 참여하겠다고 자원했다. 그리고 그 후로 여섯 달 동안 이 환자들은 매일 독특한 루틴으로 훈련했다. 먼저 이들은 자기 다리를 움직여 걷는 상상을 했다. 그런 다음에는 뇌의 전기적 활성을 해독해 환자의 마비된 다리를 감싸고 있는 하지로봇외골격으로 전송해주는 뇌-기계 인터페이스Brain-Machine Interface, BMI를 가지고 '운동하려는 생각motor thoughts'을 이용해 기계 다리를 자신의 의지대로 움직여보았다.

그리하여 남미는 겨울이던 2014년 6월 12일, 브라질 시간으로 정확히 오후 3시 33분에 다시 걷기 프로젝트의 자원자 중 한 명인 줄리아누 핀투가 마지막으로 상체를 똑바로 세우며 시축을 준비했다. 최첨단 로봇 조종석 안에 들어가 있던 그는 축구경기장의 잡초 하나 없는 잔디밭 가장자리에 긴장된 모습으로 서 있었다. 관중석을 채운 6만 5,000명의 팬뿐만 아니라 전 세계 12억 시청자들의 시선이 집중된 가운데 줄리아누는 새로운 역사를 써내려갈 순간을 기다렸다.

진실의 순간이 다가왔을 때 나는 줄리아누 뒤로 몇 미터 떨어진 곳에서 다시 걷기 프로젝트의 멤버 24명과 함께 서 있었다. 시축할 공은 줄리아누의 오른발 앞에 놓여 있었다. 외골격이 작동하는 개념을 알려주기 위해 우리는 줄리아누의 헬멧 가장자리에서 외골격 다리 아래쪽으로 이어지는 긴 LED 선 두 개를 장착해놓았다. 줄리아누가 외골격을 켜자 LED가 강력한 파란색으로 리드미컬하게 번쩍이기 시작했다.

드디어 준비가 됐다!

거의 10년 동안 꼼짝없이 휠체어에 앉아 있는 것이 어떤 것인지 너무도 잘 아는 줄리아누가 모든 에너지와 고통과 희망을 쏟아내듯 움직임을 취했다. 불과 여섯 달 전만 해도 다시 할 수 있으리라고 상상조차 할 수 없던 움직임이었다. 그의 뇌가 운동에 필요한 명령이 담긴 전기 신호를 만들어내자 외골격의 컴퓨터가 줄리아누의 움직이려는 욕망을 읽어 로봇 다리의 조화로운 운동 시퀀스로 번역한 것이다. 그 순간 LED의 번쩍이는 파란 불빛은 줄리아누의 헬멧 끝에서 외골격의 프레임을 따라 그의 발까지 흐르는 강렬한 초록색과 노란색 광펄스의 빠른 시퀀스로 대체됐다.

시간이 느려지는 것 같았다. 잊을 수 없는 그 찰나의 순간에 줄리아누의 체중이 먼저 왼쪽 다리에 실렸다. 이것은 줄리아누의 상체 운동과 외골격 균형 유지 시스템의 공동 작용으로 나타난 결과였다. 그다음에는 그의 오른쪽 다리가 로봇의 금속 골격에 의해 부드럽게 흔들리며 뒤로 굽어지기 시작했다. 영락없는 브라질리언킥Brazilian kick(무릎을 올려 하이킥을 하듯 발을 높이 들어 안쪽으로 돌리면서 내리찍는 킥 – 옮긴이)이었다. 발이 뒤로 최대한 젖혀지자 세상에서 가장 불가능해 보이는 킥을 찰 준비가 된 그가 몸을 앞으로 움직이기 시작했다.

그리고 그 순간, 줄리아누의 오른발이 축구공을 때리자 공은 그가 다시 당당한 모습으로 우뚝 서 있는 삼나무단 가장자리를 따라 부드럽게 굴러갔다. 그는 목 깊숙한 곳에서 나오는 소리로 크게 고함을 지르며 회색빛 브라질 하늘을 향해 주먹을 추켜올리며 자신의 골을 축하했다. 방금 무언가 마법 같은 일이 일어났다는 느낌이 우리를 덮쳐 왔다. 우리는 모두 줄리아누에게 달려가 그를 끌어안았다. 월드컵 역사상 이렇게 많은 박사들이 득점을 축하하러 뛰쳐나온 경우는 없었을 것이다. 눈물로 범벅이 되어 서로 포옹하고 키스하는 와중에 줄리아누가 크게 소리를 질렀다. 방금 일어났던 일에 담긴 예상하지 못했던 심오한 본질을 포착하는 말이었다. "공을 느꼈어요! 내가 공을 느꼈다고요!"

더 놀라운 일들이 기다리고 있었다. 다시 걷기 프로젝트를 진행하는 동안 우리는 환자들이 정기적으로 신경학적 검사를 받도록 임상 프로토콜을 정해놓았다. 이것은 그냥 형식적인 부분이라 생각했다. 이 환자들의 임상적 상태는 마비 기간 내내 한 번도 변한 적이 없었고, 손상이 일어난 부분 아래로는 몸 어디에도 감각이 없었기 때문이다. 그래서 우리는 이 환자들의 신경학적 상태에서 어떤 변화를 관찰하게 되리라고는 전혀 기대하지 않았다. 하지만 한 여성 환자가 우리 의사 중 한 명에게 해변에서 주말을 보내는 동안 14년 만에 처음으로 다리에 태양의 뜨거운 열기를 느꼈다고 했다. 우리는 무언가 특이한 일이 일어나고 있는 것이 아닌가 의심하기 시작했다.

척수손상은 미국척수손상학회American Spinal Cord Injury Association, ASIA에서 개발한 척도를 이용해 평가한다. 우리 환자들 중 일곱 명은 ASIA A로 분류되었다. 척수병소 아래로는 하반신이 완전히 마비되어 아무런 감각도 느끼지 못한다는 의미다. 여덟째 환자는 ASIA B로 분류되었다. 하반신이 완전히 마비되었지만 손상 부위 아래로도 어느 정도 감각이 남아 있다는 의미다.

2014년 8월에 우리는 수집한 임상 데이터를 보며 당혹할 수밖에 없었다. 8개월의 훈련이 지난 시점에서 우리 환자들이 명확한 임상적 개선의 신호를 보였기 때문이다. 다리에서 수의적 운동 제어 능력과 촉각이 다시 등장했고, 장 기능과 방광 기능 조절 능력도 개선되었다.

뜻하지 않은 결과에 놀란 우리는 이것이 그저 일시적인 임상적 요동일지 확인하기 위해 3개월 후에 전체적으로 신경학적 검사를 다시 해보았다. 그리고 2015년 초, 우리는 믿기 어려운 데이터를 보았다. 모든 환자에게서 임상적 회복이 활발하게 일어났을 뿐 아니라 환자들의 운동 기능, 감각 기능, 내장 기능 모두 훨씬 더 개선되어 있었던 것이다. 환자들은 엉덩이와 다리의 여러 근육을 수의적으로 수축하는 능력을 다시 얻었다. 적어도 세 명은 공중에 매달린 상태에서 다리에 수의적으로 복합 운동을 만들어낼 수 있었다. 그 환자들 중 한 명은 말 그대로 공중에서 '다시 걸을 수' 있었다.

그와 병행해서 모든 환자를 대상으로 몇 번에 걸쳐 체성감각 검사를 해서 나온 데이터를 평균해보니 통증에 더 민감해지고, 원래의 척수손상 높이에서 아래로 여러 체절body segment에 가해진 촉각 자극을 구분하는 능력이 향상되어 있었다. 압력과 진동 감지 능력도 현저하게 개선되어 있었다.

결국 2015년 말에는 이 전례 없는 신경학적 발견 덕분에 우리 훈련에 계속 남아 있던 일곱 명의 환자들(환자 한 명은 2014년 말에 연구에서 빠져야 했다) 모두 ASIA C 수준으로 재분류해야 했다. 부분적으로만 마비가 있다는 의미다. 예를 들면 줄리아누 핀투는 이제 발가락과 발을 건드리면 대강이나마 촉각을 경험할 수 있었다!

이것이 끝이 아니었다. 2016년에는 줄리아누를 포함해서 원래의 환자 중 두 명이 비침습 기능적 전기자극noninvasive functional electrical stimulation으로 알려진 신경재활도구를 사용할 수 있을 정도로 개선이 이루어졌다. 이 기법은 피부 표면에 작은 전류를 흘려 근육 수축의 개선을 돕는 것인데, 환자들이 우리 프로젝트에 참가하기 전이었다면 이 기법은 아무런 소용도 없었을 것이다. 이제 그 환자들 중 두 명은 자기 체중의 30~40퍼센트의 힘으로 땅을 딛으며 간단한 보행 보조기만을 이용해서 걷기 시작할 수 있었다. 2017년 말에 이 환자들은 이 최소의 장비만을 이용해서 거의 5,000걸음 정도를 걸었다.

추가로 임상 분석을 해보니 여성 환자들이 이제는 복부 수축을 느낄 수 있음이 드러났다. 복부 수축은 매달 찾아오는 생리가 시작될 것임을 알리는 신호다. 프로젝트에 참여한 여성 중 한 명은 내장 기능이 대단히 많이 회복되고, 회음 부위에도 촉각이 많이 회복되어 다시 임신을 하기로 결심했다. 9개월 후 때가 되어 배속에서 아이의 발길질과 자궁의 진통을 느끼고 난 후에 이 여성은 건강한 남자아이를 낳았다.

뜻하지 않은 부분적 임상 회복에 더해서 우리는 신경재활 프로토콜이 환자들의 자기감sense of self도 변화시킬 수 있음을 발견했다. 그 결과 이들의 뇌는 인공 도구, 로봇 외골격을 자기 몸의 일부로 동화할 수 있었다!

우리의 머릿속에 커다란 질문이 떠올랐다. 뇌의 어떤 메커니즘 혹은 속성이 환자의 자아에 이런 근본적인 변화를 가능하게 했을까? 그리고 어떻게 이처럼 전례 없이 놀라운 신경학적 개선을 촉발할 수 있었을까?

그날 오후 줄리아누의 시축을 보면서 사이보그 시대를 알리는 궁극의 이미지나 초인간 운동transhumanistic movement을 떠올리는 사람이 많았겠지만 나는 그것을 정반대로 해석했다. 많은 사람이 인간과 기계의 하이브리드 결합과 매끈한 커뮤니케이션의 승리를 목격했겠지만 나는 이것이 인류가 역사 곳곳에서 전례 없는 돌발 상황을 접할 때마다 인간의 뇌가 거듭해서 보여준 탁월하고 놀라운 적응 능력을 다시금 선보인 것이라 해석했다.

이런 해석에 정당성을 부여하고, 인간의 뇌가 기존의 그 어떤 기계, 그리고 그중에서도 가장 널리 퍼져 있고 가장 성공적인 기계인 디지털 컴퓨터와도 비교할 수 없는 유형의 유기 컴퓨터 장치organic computing device를 체화하고 있다는 나의 주장을 정당화하려면 현대 신경과학에 완전히 새로운 이론이 필요하게 되리라는 것을 곧 깨닫게 되었다. 그 이론은 인간의 뇌가 수백만 년에 걸친 진화를 통해 어떻게 만물의 진정한 창조자가 될 수 있었는지 마침내 설명해줄 것이다.

태초에

만물의 진정한 창조자가 선언했다.

빛이 있으라!

잠시 침묵이 있은 후에

그가 다시 선언했다.

그리고 $E=mc^2$이게 하라.

1

태초에 뇌가 있었다

THE
TRUE CREATOR
OF
EVERYTHING

태초에 오직 영장류의 뇌만 존재했다. 그리고 그 구불구불한 860억 개의 뉴런 덩어리 깊숙한 곳으로부터 수백만 년에 걸쳐 맹목적인 진화의 발걸음과 여러 차례의 정신적 빅뱅을 거치며 조각된 인간의 정신이 등장했다. 경계도 없고 제약도 없이 일종의 생물학적 플라스마처럼 빠른 속도로 팽창을 거듭한 인간의 뇌는 머지않아 하나의 연속체로 결합되어 이족보행, 손의 조작, 도구 제작, 구어와 문어, 정교한 사회관계, 추상적 사고, 자기 성찰, 의식, 자유의지 등을 빚어냈다. 그리고 이 똑같은 뇌로부터 유기 물질이 생각해낸 것 중 가장 포괄적인 시간과 공간의 개념이 꽃을 피워 정신적 추상 능력의 폭발적 등장을 위한 이상적인 발판이 만들어졌다. 머지않아 이 정신적 구성물들은 인간 조건과 문명의 본질을 좌우하기 시작했고, 우리의 자기 중심적인 자기감에서 심오한 신념, 정교한 경제 시스템과 정치 구조에 이르기까지 주변을 둘러싸고 있는 세상에 대한 독특한 신경 재구성neuronal reconstruction으로 이어지게 됐다. 뉴런의 초라한 전자기 폭풍으로부터 물질적 실재를 다듬는 위대한 조각가, 우리의 장대하고 비극적인 역사의 작곡가이자 유일한 건축가가 등장했다. 그는 자연의 가장 심오한 미스터리를 파헤치는 통찰력 넘치는 조사자이고, 인류 기원의 잡힐 듯 잡히지 않는 진리를 쉬지 않고 찾아나서는 탐구자이며, 환상술의 대가이자, 정통에서 벗어난 신비주의자이고, 수많은 재능을 가진 예술가이다. 그리고 모든 생각, 발언, 신화, 동굴벽화, 종교적 신조, 글로 남긴 기록, 과학 이론, 우뚝 선 기념비, 탐사 여행, 끔찍한 집단학살, 대규모 정복, 그리고 우리가 집이라 부르는 이 불완전한 파란 구체 위를 돌아다니던 모든 호미니드hominid(현생 인류와 모든 원시 인류를 아우르는 사람과의 동물 – 옮긴이)가 머릿속에 품었던 모든 사랑의 몸짓과 꿈, 그리고 환각 속에 영락없는 신경생물학적 음운을 불어넣은 서정 시인이다.

그리고 그 폭발적 성장 후 대략 10만 년이 지나 이 진정한 창조자가 자신이 이룬 기적과도 같은 성취를 돌아보았고, 놀랍게도 자신이 완전히 새로운 우주를 창조해냈음을 알게 되었다.

⟶⟵

이 책은 인간의 뇌가 만들어낸 작품, 그리고 인간 우주human universe의 우주론에서 뇌가 차지하고 있는 독특한 중심적 위치에 관한 이야기다. 여기서 내가 말하는 인간 우주란 지식, 지각, 신화, 신념, 종교적 관점, 과학 이론 및 철학 이론, 문화, 도덕적 전통, 윤리적 전통, 지적 위업과 물리적 위업, 기술, 예술,

그리고 인간 뇌의 작업을 통해 등장한 다른 부산물을 모두 합친 거대한 집합체를 말한다. 간단히 말하면 인간 우주는 좋은 것이든 나쁜 것이든, 하나의 종으로서 우리의 유산을 정의해주는 모든 것을 의미한다. 하지만 이 책은 역사책도 아니고, 인간의 뇌가 어떻게 그런 재주를 부리는지에 관해 신경과학이 알고 있거나 알아냈다고 생각하는 내용들을 다루는 포괄적 개요서도 아니다. 그보다는 뇌를 완전히 새로운 틀에서 바라보기 위해 쓴 과학서다. 이 책은 혼자 혹은 다른 뇌들과 이루는 거대한 네트워크의 일부로 작동하는 인간의 뇌가 어떻게 그런 놀라운 업적을 이루었는지 설명하는 새로운 이론을 구체적으로 다루게 될 것이다. 나는 이 새로운 이론적 틀을 '상대론적 뇌 이론relativistic brain theory'이라고 부른다.

이 책을 계획하기 시작했을 때 나는 내 경력의 대부분을 보낸 과학 분야인 뇌 연구에 초점을 맞추어 주장을 펼쳐 나가려고 했다. 하지만 머지않아 나는 그것이 폭 좁은 선택임을 깨닫게 됐다. 나는 내 지적 여정의 범위를 넓혀서 철학, 예술, 고고학, 고생물학, 계산 기계computational machine의 역사, 양자역학, 언어학, 수학, 로봇공학, 우주론 등 요즘의 신경과학자들이 좀처럼 찾지 않는 분야를 탐험할 필요가 있었다.

아직 내 이야기를 제대로 시작하지도 못했다는 절망감에 빠져 몇 달 동안 책만 읽다가 우연히 저명한 독일계 영국인 역사가 언스트 곰브리치Ernst H. Gombrich의 장엄한 책 《서양미술사The Story of Art》를 접하게 됐다. 내 어머니는 브라질에서 꽤 알려진 소설가인데, 내가 글이 막혀 답답해하는 것을 보고 걱정이 돼서 2015년 크리스마스이브에 이 책을 선물했다. 그날 늦은 밤 집에 도착한 나는 그 책을 살짝 들춰보다가 자려고 했다. 그런데 처음 몇 문장만 읽었을 뿐인데도 정신이 번쩍 들었다. 이거다! 반질거리는 하얀 종이 위에 소박한 검정 잉크로 쓰인 이 글이 내 이야기의 첫 단추가 되어줄 것 같았다. 결국 이튿날 아침까지 나는 그 책을 덮지 못했다.

곰브리치는 이렇게 적었다. "미술 같은 것은 존재하지 않는다. 미술가만 존재할 뿐이다. 한때 미술가는 색깔이 있는 흙을 가져다가 동굴 벽에 들소의 형태를 대충 그리는 사람들이었다. 요즘 미술가들은 물감을 구입하고 수집용 포스터를 디자인한다. 이들은 다른 많은 것들을 했고, 또 하고 있다."

생각지도 못했던 곳에서 나와 생각이 일치하는 동지를 발견했다. 우리를 둘러싼 이 거대한 우주 어디에서도 다시 없을 것 같은 독특한 진화 과정을 통해 빚어진 인간의 뇌가 아니었다면 미술 따위는 존재하지 않았으리라는 것을 이해하는 사람을 찾아낸 것이다. 예술적 표현은 모두 자기 내면의 뉴런 우주에서 나온 이미지들을 외부 세계로 투영하고 싶어 안달이 난 호기심 많고 끈질긴 인간의 정신이 만들어낸 부산물이다.

이것이 우리가 평소에 사물을 보는 방식을 무의미하게 의미론적으로 비틀어놓은 사소한 문제로 보일 수도 있다. 하지만 인간의 뇌를 인간 우주의 중심에 갖다놓는 것은 우리가 삶을 바라보고, 후손에게 어떤 미래를 물려주어야 할지 결정할 때 심오한 함축적 의미를 가진다. 실제로 몇몇 단어만 다른 것으로 대체하면 곰브리치의 말은 인간 정신의 산물을 기술하는 다른 책의 도입부로도 사용할 수 있을 것이다. 예를 들어 물리학에 관한 책의 도입부로도 손색이 없다. 우리의 물리학 이론들은 다양한 공간 척도에서 일어나고 있는 자연현상들을 대단히 성공적으로 기술하고 있다. 그런데 이런 분야에서 매일 연구를 진행하고 있는 과학자들을 비롯해서 우리 대부분은 질량, 전하 같은 물리학의 핵심 구성물들이 진정 무엇을 의미하는지 잊는 경향이 있다. 다트머스대학교에서 연구하는 내 친구이자 브라질의 이론물리학자 마르셀루 글레이제르Marcelo Gleiser는 《지식의 섬The Island of Knowledge》에서 이렇게 적었다. "질량과 전하는 그 자체로는 존재하지 않는다. 이것들은 자연 세계를 기술하기 위해 인간이 구성한 이야기의 일부로만 존재할 뿐이다."

마르셀루와 나는 인간 우주의 의미에 대해 같은 생각을 품게 되었다. 영화 〈스타트렉〉의 벌컨족 외계인 스팍Spock 같은 또 다른 지적 생명체가 지구에 방문해서 기적처럼 우리와 효과적으로 소통할 수 있다면, 우리는 분명 스팍이 우주에 대한 자기 종의 관점을 설명하기 위해 사용하는 기본 개념, 구성물, 이론들이 우리와 완전히 다르다는 것을 알게 될 것이다(그림 1-1). 같으리라고 기대하는 것 자체가 무리다. 결국 스팍의 뇌는 지구가 아닌 벌컨 행성에서 일어난 진화 과정과 문화적 역사의 산물이기 때문에 우리 뇌와 근본적으로 다를 수밖에 없다. 내 관점에서 보면 양쪽의 관점 중 어느 쪽이 더 정확하다고 우

그림 1-1 뇌 중심 우주론braincentric cosmology: 인간의 뇌로 기술하는 우주는(이 경우는 수학을 사용한 기술) 외계인의 중추신경계가 기술하는 우주와 완전히 다를 것이다. (그림: 쿠스토디우 로사Custódio Rosa.)

열을 가릴 수 없다. 이 관점들은 그저 유형이 다른 두 유기 지능organic intelligence이 우주가 그들에게 제공해준 것을 가지고 구성할 수 있었던 최고의 근사치를 반영할 뿐이기 때문이다. 그런 한계 때문에 이 138억 살(물론 인간의 추정치일 뿐이다)의 우주에 무엇이 존재하든 우리 뇌의 관점에서 보면, 그리고 감히 말하건대 외계인의 뇌에서 보아도, 우주는 지능을 가진 관찰자가 자기로부터 지식을 뽑아내 거기에 의미를 부여해주기를 기다리는 잠재적 정보 덩어리인 셈이다.

사물에 의미를 부여하는 것, 즉 지식을 창조하는 것은 만물의 진정한 창조자가 굉장히 잘하는 분야다. 지식 덕에 우리는 끝없이 변화하는 환경에 적응하고, 우주로부터 더 많은 잠재적 정보를 빨아들일 능력을 유지할 수 있다. 양성자, 쿼크, 은하, 항성, 행성, 바위, 나무, 물고기, 고양이, 새 등을 우리가 무엇이라 부르는지는 사실 중요하지 않다. (스팍이라면 분명 자기네 이름이 더 좋다고 말했을 것이다.) 인간 뇌의 관점에서 보면 이것들은 모두 우주가 우리에게 제공해준 가공되지 않은 정보를 서로 다른 방식으로 기술한 것에 불과하다. 우리 뇌는 이 모든 대상에 이름을 부여하고, 또 사용상의 편의를 위해 의미를 부여한다. 하지만 원래의 내용물은 항상 똑같다. 잠재적 정보일 뿐이다.

이 브라질의 신경생물학자와 물리학자가 헛소리를 하는 것을 보니 이 두 사람이 상파울루와 리우데자네이루에서 자랄 때 누군가 수돗물에 무슨 약이라도 탄 것이 분명하다고 생각할지도 모르겠지만, 그전에 이 점을 분명히 말하고 싶다. 물리학에 대해 이야기할 때 대부분 우리는 그것이 마치 스스로 생명력을 가진, 일종의 보편적 실체인 것처럼 이야기한다. 하지만 물리학 그 자체는 전혀 존재하지 않는다. 실제로는 저 밖에 존재하는 자연계에 대해 지금까지 가장 정확한 설명을 제공하는 인간의 정신적 구성물을 모아놓은 집합체만 존재할 뿐이다. 수학을 비롯해 지금까지 축적된 다른 과학적 지식과 마찬가지로 물리학은 탈레스Thales, 피타고라스Pythagoras, 유클리드Euclid, 아르키메데스Archimedes, 디오판토스Diophantus, 알 콰리즈미Al-Khwarizmi, 오마르 하이얌Omar Khayyam, 니콜라우스 코페르니쿠스Nicolaus Copernicus, 요하네스 케플러Johannes Kepler, 갈릴레오 갈릴레이Galileo Galilei, 아이작 뉴턴Isaac Newton, 제임스 클러크 맥스웰James Clerk Maxwell, 닐스 보어Niels Bohr, 마리 퀴리Marie Curie, 어니스트 러더퍼드Ernest Rutherford, 알베르트 아인슈타인Albert Einstein, 베르너 하이젠베르크Werner Heisenberg, 에르빈 슈뢰딩거Erwin Schrödinger, 에른스트 슈튀켈베르크Ernst Stueckelberg 같은 선각자들의 뇌를 스쳐 지나간 전자기 뇌폭풍electromagnetic brainstorm이 남긴 반향과 메아리로 정의된다.

같은 맥락에서, 곰브리치는 미술을 인간의 뇌가 만들어낸 심상mental image의 휘황찬란한 집합체로 정의하고 있다. 이 심상들은 내면의 기억, 느낌, 욕망, 우주론적 관점, 신념, 예감 등을 다양한 미디어(이 미디어는 자신의 몸에서 시작해 그다음에는 돌, 뼈, 나무, 바위, 동굴 벽, 금속, 캔버스, 대리석, 종이, 교회 지붕, 창문, 비디오테이프, CD-ROM, DVD, 반도체 메모리, 클라우드 저장장치 등으로 다양해졌다)에 남기기 위해 과거 수만 년 동안 조각되고 그려지고 기록된 것들이다. 여기에는 알타미라Altamira와 라스코Lascaux에 남겨진 장엄한 익명의 초기 구석기시대 동굴벽화에서 산드로 보티첼리Sandro Botticelli, 미켈란젤로 부오나로티Michelangelo Buonarroti, 레오나르도 다빈치Leonardo da Vinci, 미켈란젤로 메리시 다 카라바조Michelangelo Merisi da Caravaggio, 요하네스 베르메르Johannes Vermeer, 렘브란트 하르먼손 판레인Rembrandt Harmenszoon van Rijn, 윌리엄 터너William Turner, 클로드 모네 Claude Monet, 폴 세잔Paul Cézanne, 빈센트 반 고흐Vincent van Goghs, 폴 고갱Paul Gauguin, 파블로 피카소Pablo Picasso에 이르기까지 온갖 미술가들의 작품이 포함된다. 이 미술가들은 형체가 없는 뇌 폭풍을 인간으로 존재한다는 것의 의미를 말해주는 화려하고 장대한 우화로 해석해놓았다.

그와 똑같이 추론해보면 우주에 대한 우리의 가장 정교한 묘사도 수학과 논리 같은 정신적 파생물로 써내려간 정교하고 빼어난 이야기에 불과하다. 이 이야기들은 보통 케플러의 행성 운동의 법칙, 갈릴레오의 천문학적 관찰, 뉴턴의 운동 법칙, 맥스웰의 전자기 방정식, 아인슈타인의 특수상대성이론 및 일반상대성이론, 하이젠베르크의 불확정성의 원리, 슈뢰딩거의 양자역학 방정식 등 그 창조자의 이름을 따서 불린다.

물리학자들이 자리를 박차고 나가기 전에 한마디하자면, 이런 관점은 물리학자들이 이룩한 놀라운 발견과 업적의 의미를 비하하는 것이 아니라 그저 물리학자들 역시 인간 정신의 내부 작동 원리에 접근할 수 있는 재능을 가진 신경과학자임을 입증해서 그 업적을 하나 더 보태려는 것일 뿐이다(대부분의 물리학자들은 보통 과학적 탐구 과정에 자신의 의식이 개입한다는 사실을 부정하려 하지만 말이다). 하지만 이런 개념은 또한 물리학의 성배인 만물의 이론theory of everything의 탐구는 인간의 정신에 대한 포괄적 이론을 함께 포함하지 않고는 성공할 수 없다는 의미이기도 하다. 그리고 대부분의 전통적 물리학자들은 물리학 이론이 인간의 주관성과는 독립적이라 가정하기 때문에 인간 정신의 내재적 생리학이 주요 물리학 이론과 어떤 관련이 존재한다는 개념을 단호하게 부정하는 경향이 있지만, 나는 이 책에서 인간 관찰자, 그리고 인간의 뇌를 전면에 내세우지 않고는 시간과 공간 같은 원시적 개념을 비롯한 대부분의 수수께끼 같은 자연현상들을 제대로 이해할 수 없음을 보여주고자 한다.

여기서부터 본격적으로 출발해보자.

⊁

가장 널리 받아들여지는 설명에 따르면 빛은 우주를 만들어낸 빅뱅이라는 한 번의 폭발적인 사건 이후로 40만 년 정도가 지났을 때 비로소 해방되었고(빅뱅 이후 40만 년 동안은 우주가 전자 안개로 가득해서 빛이 퍼지지 못하는 암흑의 시기였고, 그 이후에야 우주가 투명해지면서 빛이 우주를 가로지를 수 있었다 – 옮긴이), 그 후에 우주를 가로질러 이동하다 자신의 장대한 여정을 재구성해서 거기에 의미를 부여해줄 수 있는 누군가 혹은 무언가를 만나게 되었다. 어느 평범한 은하의 한구석에 처박혀 있는 평범한 크기의 항성, 그리고 그 항성 주변을 돌고 있던, 약 50억 년 전 은하간 먼지의 융합으로 만들어진 작고 파란 돌덩어리 행성 표면에서 이 원시의 빛은 그 빛을 이해하기를 간절히 바라고, 진화가 부여해준 정신적 능력과 도구를 이용해서 잠재적 정보의 흐름

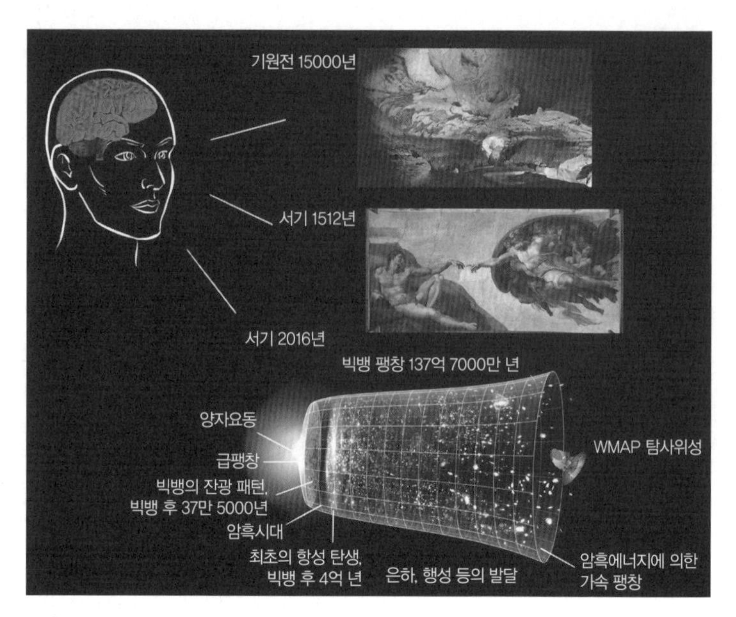

그림 1-2 서로 다른 시점에서 만물의 진정한 창조자가 제시한 세 가지 우주론적 관점. 1. 초기 구석기시대 선조들이 라스코 동굴 벽에 그린 '들소의 방'. 2. 미켈란젤로의 시스티나 성당 벽화 〈천지창조〉. 3. NASA에서 최근에 기술한 우주의 기원.

이 어디서 왔고, 또 그 의미가 무엇인지를 머릿속에서 본격적으로 재창조하기 시작한 존재와 마주치게 됐다. 그림 1-2에 묘사된 세 개의 우주론적 관점은 집단적으로 이루어진 인간의 이 웅대한 정신적 창조 행위가 얼마나 엄청난 것인지 얼핏 보여준다. 미국항공우주국National Aeronautics and Space Administration, NASA에서 발표한 '알려진 우주known universe'에 관한 최근의 시각적 묘사를 보든, 미켈란젤로의 프레스코화를 보든, 라스코 동굴벽화를 보든, 우리는 그 앞에서 잠시나마 가슴이 벅차오르면서 겸손해지는 느낌과 함께 우리의 이 진정한 창조자가 그 짧은 시간에 이룩해놓은 장엄한 성취에 깊이 감동하지 않을 수 없다.

2

뇌가 진화하다

THE
TRUE CREATOR
OF
EVERYTHING

덤불에서 날카로운 휘파람 소리가 들려온다. 풀을 뜯어먹던 들소가 경계심을 느끼고 그 육중한 검은 머리를 들어 올리지만 이미 운명은 결정된 것이나 진배없다.

계곡을 가득 메운 짙은 안개 탓에 처음에는 아무것도 들소의 눈에 들어오지 않는다. 하지만 갑자기 불꽃이 올라오면서 동시에 바로 앞 우거진 덤불에서 일제히 거친 함성이 들려오자 이 거대한 들소의 속에서 두려움이 구토처럼 솟구쳐 오른다. 처음에는 당혹스러움에 어쩔 줄 모르던 들소가 육중한 몸을 돌려 불꽃으로부터, 그리고 덤불에서 튀어나와 자신을 향해 두 발로 달려드는 생명체들로부터 달아날 준비를 한다. 혼란 속에서 온몸을 얼어붙게 만드는 공포가 달아나야 한다는 강력한 욕망으로 전환되는 순간, 무언가 들소의 등을 뚫고 들어오는 강렬한 힘이 느껴진다. 뒤따르는 고통은 날카롭고도 깊다. 발이 더 이상 말을 듣지 않는다는 사실을 깨닫기도 전에 비슷한 다른 날카로운 것이 연이어 몸을 뚫고 들어오는 것이 느껴진다. 그리고 하나 더. 그것으로 그 들소의 운명은 결정된다. 이제 들소가

할 수 있는 것이라고는 몸을 덮쳐오기 시작하는 나약함에 굴복하고 땅바닥으로 무너져내리는 것뿐이다.

거친 함성이 점점 더 가까워지더니 이유는 알 수 없지만 잦아들기 시작한다. 이제는 그 들소의 눈에도 자기를 의기양양하게 둘러싸고 있는 사냥꾼 무리가 보이는 데도 이상하게 소리는 잦아든다. 햇볕에 그은 피부의 그 사냥꾼들은 물건을 쥘 수 있는 민첩하고 정교한 손으로 만든 위협적인 돌칼을 하나씩 들고 있다. 함성이 사라졌다고 해서 그 사냥꾼들이 멀어지고 있다는 의미는 전혀 아니다. 오히려 그 반대다. 그들은 그 후로도 수천 년 동안 들소들을 찾아올 것이다. 그날 아침 빠른 속도로 사라지는 것은 들소의 기민했던 의식뿐이다. 지금의 순간은 들소가 이 땅에서 경험하는 마지막 시간이다. 이 마지막 순간까지도 들소는 자신의 목숨이 어떻게 이렇게 순식간에 종말을 맞이할 수 있는지 이해할 수 없어 어리둥절할 뿐이다.

들소에게 별 위안이 되어주지는 못하겠지만, 방금 일어난 장면은 분명 동굴벽화로 영원히 남게 될 것이다. 그 벽화는 그 들소를 기억하고 그 희생을 기리기 위해, 혹은 다른 사냥꾼들에게 이날 아침에 어떤 전략을 사용했는지 가르치기 위해, 혹은 이제 이 들소가 사냥감으로 생을 마치고 난 후에 그 존재를 이어가게 될 신비의 왕국에 대한 믿음을 표현하기 위해 그려질 것이다. 이 들소는 자신을 죽음으로 내몬 이 기발하고도 새로운 삶의 방식을 도저히 이해할 수 없을 테지만, 이 삶의 방식은 앞으로 온 세상을 뒤흔들게 될 운명이었다. 사실 이 거대한 동물은 의식이 붙어 있는 마지막 순간까지도 자신의 죽음이 사전에 꼼꼼하게 계획된 후에 매끈하게 실행되었다는 사실을 알 길이 없었다. 이 죽음을 계획한 존재는 자연선택의 맹목적인 발걸음이 빚어낸 역사상 가장 강력하고, 가장 창조적이며, 가장 효과적이고, 경우에 따라서는 가장 치명적인 유기 컴퓨터, 바로 인간의 브레인넷brainet이다.

⟶⟵

이것은 선사시대의 사냥 장면을 재구성해본 허구의 이야기지만, 우리의 원시 인류가 침팬지와의 공통 선조로부터 약 600만 년 전에 갈라져 나왔을 때 시작된 복잡한 진화 과정에서 탄생한 핵심적인 신경생물학적 속성을 잘 포착해서 보여준다. 이 진화 과정은 우리 종에게 전례 없던 정신적 능력을 주었다. 오늘날에도 어떤 인과의 사슬을 통해 이런 특출한 신경학적 적응이 촉발되었는지 정확하게 정의하는 데 여전히 많은 의문이 남아 있다. 따라서 이 책에서 나의 목표는 세부적인 내용에 빠져 길을 잃고 헤매기보다는 굵직굵직하게 살펴보면서 현대 호모 사피엔스Homo sapiens의 뇌가 등장해 지구를 지배할 수 있게 해준 본질적 변화와 잠재적인 신경학적 메커니즘을 밝혀내는 것이다. 더 구체적으로 말하자면 내 목표는 이런 유기 컴퓨터(나는 인간의 뇌를 이렇게 표현하는 것이 마음에 든다)가 어떤 과정을 통해 현재와 같은 구성을 갖추게 되었고, 그 과정에서 어떻게 일련의 본질적인 인간적 행동을 만들어낼 수단을 획득하였는지 설명하는 것이다. 이런 수단들이야말로 결국 만물의 진정한 창조자인 뇌가 인간 우주의 중심에 올라서게 해준 근본적인 힘이다.

역사적으로 보면, 진화가 진행되면서 인간 행동의 복잡성을 증가시킨 잠재적 원인으로 고생물학자와 인류학자가 주목한 첫째 요인은 뇌 크기의 증가였다. 대뇌화encephalization라고 하는 이 과정은 약 250만 년 전에 시작됐다(그림 2-1). 그때까지만 해도 루시Lucy라는 이름으로 알려진 오스트랄로피테쿠스 아파렌시스Australopithecus afarensis의 한 개체 같은 최초의 직립 보행 호미니드는 뇌의 부피가 대략 400세제곱센티미터 정도로 현대의 침팬지, 고릴라와 비슷했다. 하지만 약 250만 년 전에 도구를 만드는 사냥꾼인 호모 하빌리스Homo habilis는 뇌의 크기가 약 650세제곱센티미터 정도로 이미 루시의 뇌보다 50퍼센트 이상 커져 있었다.

그리고 그로부터 200만 년 후에 뇌 성장 가속의 두 번째 단계가 일어났다. 이것은 약 50만 년 전에 시작해 그 후로 30만 년 동안 지속됐다. 이 시기 동안 우리의 진화 드라마에서 그 다음 주연배우인 호모 에렉투스Homo erectus의 뇌 부피가 1,200세제곱센티미터로 정점을 찍었다. 그리고 20만 년 전에서 30만 년 전 사이에 인류 근연종의 뇌 부피로는 네안데르탈인Neanderthals이 최고점을 찍어 약 1,600세제곱센티미터에 도달했다. 하지만 우리 종이 등장할 즈음 남성의 뇌는 약 1,270세

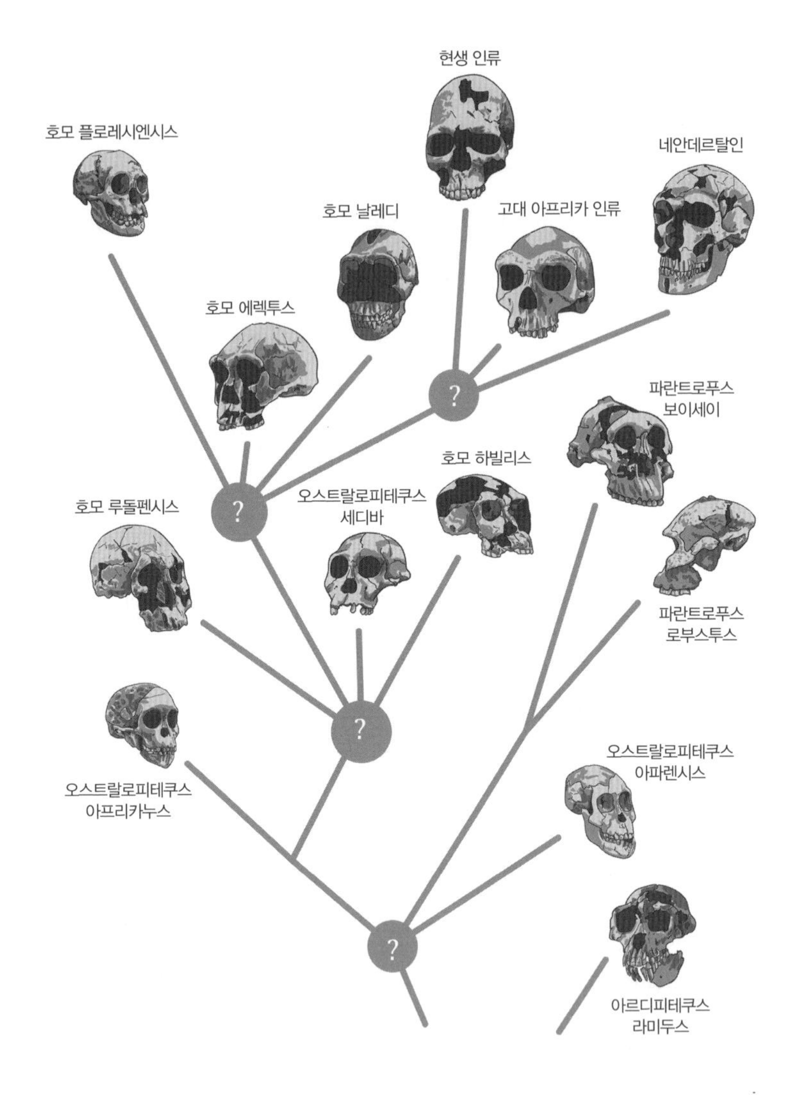

그림 2-1 호미니드의 추정 가계도. 물음표는 고인류학자들이 가지치기가 어떻게 일어났는지 확신하지 못하는 지점을 가리킨다. (존 호크 제공. Lee Berger and John Hawks, *Almost Human: The Astonishing Tale of Homo Naledi and the Discovery That Changed Our Human Story* [New York: National Geographic, 2017].)

제곱센티미터, 여성의 뇌는 약 1,130세제곱센티미터 정도로 줄어들었다. 이런 숫자들에서 눈여겨보아야 할 요인은 이 250만 년의 역사가 마무리될 무렵, 인간에게는 뇌가 나머지 신체 부위보다 훨씬 많이 성장해 있었다는 점이다. 이것이 의미하는 바는, 뇌의 크기가 세 배로 커지면서 현생 인류의 뇌가 만들어지는 과정에서 결국 우리와 체중이 비슷한 다른 포유류에서 예상되는 것보다 아홉 배나 큰 중추신경계가 만들어졌다는 것이다.

오스트랄로피테쿠스 아파렌시스에서 호모 사피엔스로 진화하면서 뇌 크기가 세 배나 커진 이유를 정확히 설명하려고 들면, 뇌 크기 성장은 이미 체중의 변화에 따라 표준화된 것으로 볼 수 있지만, 그 대부분이 새겉질neocortex(신피질)의 엄청난 부피 증가로 인한 것임을 알게 된다. 새겉질은 뇌의 제일 바깥층에 해당하는 구불구불한 신경조직을 말한다. 이 부분은 특히나 중요하다. 가장 진보된 인지 능력, 인간의 본질을 진정으로 정의하는 정신적 내용물이 모두 새겉질을 통해 가능해진 것으로 알려져 있기 때문이다. 대부분의 영장류에서 새겉질은 뇌 부피의 대략 50퍼센트 정도를 차지한다. 하지만 인간에서는 새겉질이 중추신경계 총 부피의 거의 80퍼센트를 차지한다.

인간의 혈통에서 일어난 폭발적인 뇌 성장을 설명하려는 이론이 반드시 해결해야 할 한 가지 역설이 있다. 뇌 조직이 에너지 소비량이 많다는 사실이다. 따라서 우리 선조들은 큰 뇌를 진화시킴에 따라 많은 에너지를 소모하는 중추신경계를 유지하기 위해 더 많은 칼로리를 구해야만 했다. 실제로 인간의 뇌는 체중의 2퍼센트 정도를 차지하지만, 우리가 생산하는 에너지의 20퍼센트 정도를 소비한다. 그럼 다음 두 가지 중 하나를 선택해야 했다. 첫째는 음식을 더 많이 먹는 것이다. 그러기 위해서 음식을 찾아다니는 동안 앞에 나온 들소처럼 포식자에게 많이 노출되는 위험을 감수해야 한다. 둘째는 식생활을 바꾸어 칼로리가 더 많은 음식을 먹는 것이다. 호미니드가 이파리와 과일을 주식으로 하는 영장류의 식생활에서 벗어나 부피당 에너지 생산량이 더 큰 음식을 식단에 포함시키면서 이런 잉여 에너지가 현실화되기 시작했다. 그 음식은 바로 지방과 단백질이 풍부한 동물의 고기였다. 불을 다루는 법을 배우고, 요리 기술을 발견하자 상황은 훨씬 더 좋아졌다. 육류와 에너지가 풍부한 채소를 요리해 먹음으로써 호미니드들은 섭취한 음식을 더 쉽게 소화할 수 있었고, 그 덕에 음식으로부터 더 많은 에너지를 뽑아낼 수 있었다. 이런 식생활 변화와 발맞추어 아주 중요한 진화적 적응이 일어났다. 아니, 식생활의 변화가 이런 적응을 이끌어낸 것인지도 모른다. 소화관(특히나 결장)의 크기와 복잡성이 현저히 줄어든 것이다. 크고 복잡한 소화관은 일을 할 때 많은 에너지를 소비한다. 따라서 소화관이 줄어들면서 에너지를 추가로 아낄 수 있었고, 이렇게 아낀 에너지로 더 커진 뇌를 운용할 수 있게 됐다.

하지만 더 커진 뇌를 유지하는 데 필요한 에너지원을 어떻게 구했는지 설명한다고 해서 애초에 불균형하게 큰 신경계가 등장한 이유를 설명하지는 못한다. 이를 설명하려고 했지만 실패를 거듭하다가 1980년대에 영장류와 인간의 뇌 크기 증가를 설명하는 설득력 있고 매력적인 가설들이 구체화되기 시작했다. 리처드 번Richard Byrne과 앤드루 위튼Andrew Witten은 유인원과 인간의 뇌가 커지게 된 것은 사회의 복잡성이 증가한 결과라고 주장했다. 마키아벨리적 지능 이론Machiavellian theory of intelligence이라는 이름이 붙은 이 이론에서는 유인원과 인간의 사회집단이 살아남고 번영하기 위해서는 개체들이 사회적 관계 저변에 깔려 있는 복잡하고 유동적인 역학관계에 대처해야만 했다고 주장한다. 친구와 협력자, 그리고 잠재적 위협을 알아보려면 사회적 지식 social knowledge을 습득하고 적절히 해석해서 사용할 수 있는 능력이 필요하다. 따라서 번과 위튼에 따르면, 막대한 양의 사회적 정보를 다뤄야 하는 큰 도전에 직면한 유인원, 특히 인간은 더 큰 뇌를 발달시킬 필요가 있었다.

바꿔 말하면 마키아벨리적 지능 이론은 집단에 소속된 개체가 다른 개체들과 일상적으로 상호작용하려면 뇌를 바탕으로 작성된 그 집단의 사회 지도social map가 있어야 하는데 그러기 위해서는 더 큰 뇌가 필요하다고 주장한다. 이런 주장은 우리처럼 뇌가 더 커지면 마음 이론theory of mind(자신과 타인의 정신 상태를 유추하고 이해할 수 있는 선천적 능력 - 옮긴이)이라고 하는 정신적 구성물을 발전시킬 수 있다는 개념과 맞닿아 있다. 일반적으로 이런 인지 능력은 우리에게 사회집단의 다른 구성원들이 자기만의 특정한 내적 정신 상태를 갖고 있음을 알아차릴 능력을 부여해줄 뿐만 아니라, 우리가 그들과 상호작용을 하는 동안에 그 정신 상태가 어떤 식으로 변하는지 지속적으로 가설을 세울 수 있는 능력도 부여해준다. 즉, 마음 이론 능력은 우리로 하여금 다른 사람이 우리에 관한 것이든, 집단의 다른 사람들에 관한 것이든 무엇을 생각하고 있는지 생각할 수 있게 해준다. 그런 엄청난 능력을 활용하기 위해 커진 뇌는 분명 우리에게 자기인지self-recognition, 자기인식self-awareness, 뇌의 자체적 관점 확립 등의 능력을 주었을 것이라 가정해야 한다.

1990년대에 영국 옥스퍼드대학교의 인류학자이자 진화심리학자인 로빈 던바Robin Dunbar는 마키아벨리식 지능 이론을 실험적으로 뒷받침해줄 새로운 방법을 도입했다. 우선 그는 뇌 전체의 크기 대신 새겉질에 초점을 맞추었다. 나머지 뇌 영역도 생리적으로 중요한 역할을 담당하고 있지만 도구 제작, 언어, 자기감 확립, 마음 이론, 기타 정신적 속성 같은 능력에 접근할 때 우리가 먼저 눈여겨보아야 할 곳은 바로 새겉질이다.

던바는 쉽게 수량화해서 다룰 수 있는 사회적 복합성social complexity의 매개변수만을 이용해서 자신의 이론을 검증해보기로 결심했다. 바로 영장류 사회집단의 크기였다. 던바의 실험에서 나온 놀라운 결과가 그림 2-2에 원숭이와 유인원의 그래프로 나와 있다. 그래프를 보면 누구나 쉽게 알 수 있듯이 몇몇 영장류 종 집단 크기의 로그값과 이에 대응하는 새겉질 비율의 로그값이 직선적인 함수관계를 나타내고 있다. 따라서 이 그래프를 이용하면 한 종의 이상적인 사회집단 크기를 그 종의 새겉질 비율로 쉽게 추정해볼 수 있다. 그의 발견을 기념하는 의

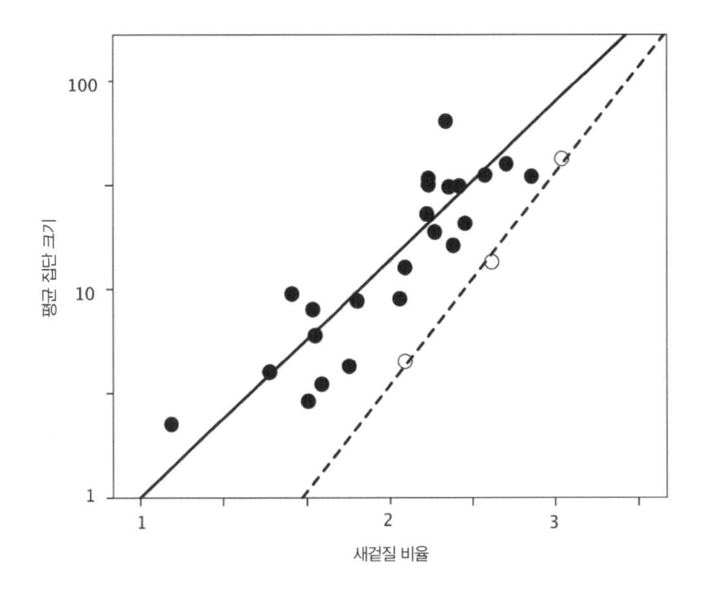

그림 2-2 서로 다른 영장류(원숭이는 검은점, 유인원은 하얀점)에서 평균 집단 크기와 새겉질 비율의 상관관계. (다음에서 발췌. R. I. Dunbar and S. Shultz, "Evolution in the Social Brain," *Science* 317, no. 5843 [2007]: 1344–47. AAAS에서 허락 받아 올림. L. Barrett, J. Lycett, R. Dunbar, *Human Evolutionary Psychology* [Basingstoke, UK: Palgrave–Macmillan, 2002].)

미에서 이 곡선을 통해 얻은 동물 집단의 크기 추정치를 해당 종의 '던바의 수Dunbar's number'라고 부르게 되었다. 침팬지의 경우 던바의 수는 50이다. 이는 이 유인원의 겉질이 50마리의 개체로 구성된 집단에서 발생하는 사회적 복잡성을 감당할 수준이라는 의미다.

던바의 이론은 사회적 뇌 가설social brain hypothesis로 알려지게 됐는데, 이 가설에 따르면 과성장된 겉질 덕분에 우리는 약 150명 정도의 사람으로 이루어진 친밀한 사회집단을 다룰 수 있는 정신적 능력을 부여받았다. 150이라는 추정치는 현대에 남아 있는 수렵채집인 집단이나 서아시아 지역에서 가장 오래된 신석기시대 농촌 마을의 인구집단 크기를 말해주는 고고학적 자료와도 잘 맞아떨어진다.

우리가 그 어떤 외부적·인공적 사회 통제 메커니즘 없이 대인 접촉만으로 감당할 수 있는 사회적 복잡성의 수준에 한도가 있어 보인다는 던바의 주장을 더욱 뒷받침해주는 증거가 있다. 이 증거는 사람 집단의 인원수가 150~200명을 초과하기 시작하면 관찰된다. 이것을 제일 잘 보여주는 사례는 회사의 고용인 수가 던바의 수를 넘어서는 경우다. 이 역치를 넘어서기 시작하면 회사 일이 어떻게 진행되고 있는지 파악하려고만 해도 관리자, 감독관, 행정 절차 등을 도입할 필요성이 점점 더 커지게 된다.

그렇다면 영장류의 사회집단은 어떻게 그렇게 많은 개체들을 통합하고 유지하는 것일까? 인간을 제외한 영장류에서는 털손질grooming이 사회적 관계의 응집력을 유지하는 주요 행동으로 보인다. 영장류들이 자기 시간의 10~20퍼센트 정도를 그런 활동에 할애한다는 점도 털손질이 중요한 사회적 기능을 한다는 생각을 뒷받침해준다. 원숭이들이 털손질을 하는 동안 엔도르핀endorphin이라고 하는 내인성 아편제가 분비되는 것을 보면, 영장류가 정교한 촉각을 집단적으로 활용하는 것이 사회 응집력 유지에 필요한 지속적인 유대 조건을 얼마나 효율적으로 만들어내는지 부분적으로나마 설명할 수 있다. 털손질을 받은 동물들은 긴장이 풀리면서 스트레스 수준이 훨씬 낮아진다.

영장류 친척들과 달리 우리 인간은 털손질을 통해 사회집단의 조화를 유지하지 않는다. 던바의 추정에 따르면 털손질만으로 150명 규모의 사회집단을 유지하려면 하루의 30~40퍼센트 정도의 시간을 털손질에 쏟아야 할 것이다. 던바는 다른 종에서 털손질이 하는 역할을 우리 종에서는 언어가 담당하고 있는지도 모른다고 주장한다.

손짓, 입으로 내는 소리, 휘파람 등으로 보완된 언어는 초기 인류에게 큰 집단을 하나로 묶을 수 있는 대단히 효과적인 매체였을 것이다. 실제로 던바는 인간의 사회적 유대의 도구로서 언어가 미친 영향을 보여주는 훌륭한 사례를 제공한 바 있다. 영국에서 서로 다른 여러 사회적 집단에서 오가는 대화의 내용을 연구해본 그는 누가 얘기를 하든 대화 내용 중 3분의 2는 우리의 사회생활을 중심으로 돌아간다는 것을 발견했다. 바꿔 말하자면, 던바의 연구에 따르면 타인에 관한 가십이 현대인들이 좋아하는 대화 소재로 보인다는 것이다. 이는 이런 대화야말로 수십만 년 전 우리 종 최초의 구성원들이 큰 사회집단을 확립하고 그 기능을 적절히 유지하는 데 사용한 주요 메커니즘이었을 가능성이 높음을 암시한다.

던바의 주장은 우아하고 단순해 보이기는 하지만, 동물의 진화가 그의 이론이 제시하듯 단순히 선형적인 일련의 사건을 따라 일어나는 경우는 드물다. 그보다는 수많은 인과의 고리가 상호작용하기 때문에 특정한 선택압의 결과로도 여러 가지 속성들이 공진화하고, 심지어 서로의 진화에 영향을 미치기도 하는 경향이 있다. 던바가 1990년대에 사회적 뇌 가설을 제안한 후로 다른 저자들이 주장해온 것처럼, 그런 복잡한 비선형적인 인과의 사슬이 새겉질의 성장과 사회적 행동의 복잡성 사이의 상관관계에 영향을 미쳤을 가능성이 높다. 우선 첫째로 뇌의 성장과 언어의 등장은 사회적 행동의 복잡성을 가능하게 하는 데 그치는 것이 아니라, 그런 증가를 위한 필요조건이었다 할 수 있고, 더 나아가 그런 증가를 주도했다고도 말할 수 있다.

이런 맥락에서 지난 20년 동안 어떤 요인들의 조합이 인간의 진화와 대뇌화 과정을 주도했는지를 두고 또 다른 관점이 제안되었다. 예를 들어 하버드대학교의 인간진화생물학 교수 조지프 헨리크Joseph Henrich는 인간의 진화를 주도하는 데서 문화가 중추적인 역할을 했고, 뇌의 성장에서도 그랬을 가능성이 높다고 강력하게 주장한다. 그는 책《호모 사피엔스, 그 성공의 비밀The Secret of Our Success》에서 세대에서 세대로 이어지는 "관습, 절차, 기술, 휴리스틱heuristics(복잡한 과제를 논리적 근거가 아닌 경험을 바탕으로 한 어림짐작을 통해 단순화시켜 의사결정하는 경향-옮긴이), 도구, 동기, 가치관, 신념"의 전파가 어떻게 우리를 탁월한 "문화적 동물"로 만들었는지에 관한 이론을 상세하게 기술했다. 서로에게서 배우고, 축적된 지식들을 결합하고, 그것을 사회집단에게 전파하고, 이어서 미래 세대로 전파함으로써 인간의 문화는 더 나은 생존 수단을 제공했을 뿐 아니라, 결국에는 그런 문화적 자질을 학습하고 자기 것으로 체화하는 능력이 더 뛰어난 개체에게 유리하게 작용하는 새로운 선택압을 창조해냈다. 이런 관점에 따르면 인간의 진화는 헨리크가 말하는 문화-유전자 공진화culture-gene coevolution에 깊은 영향을 받았다. 문화-유전자 공진화는 문화와 유전자 사이에서 순환적으로 일어나는 상호작용을 말한다. 이런 과정이 펼쳐진 가장 큰 이유는 사회집단 내에서 사람 사이의 역동적인 상호작용이 그 집단을 구성하는 수많은 개별 사람 뇌 사이의 병렬 상호작용이라는 창발성으로서 문화적 산물을 만들어냈기 때문이다. 헨리크는 이런 집단적 학습, 개량, 지식 전달의 과정을 인간의 '집단 두뇌collective brain'가 만들어낸 산물이라 정의한다. 나는 이것이 인간 브레인넷의 중추적 기능이라 말하고 싶다. 이것이 바로 인간 우주를 빚어낸 주요 메커니즘이다.

헨리크의 관점에 따르면, 호모 사피엔스가 경험한 진화적 성공은 개개의 신경계가 갖고 있는 힘 덕분이라기보다는 우리의 집단 두뇌 활용 능력에 더 크게 신세를 진 것이다. 이런 가설은 예를 들어 인도네시아 플로레스 섬에서 화석이 발견된, 뇌가 작은 호미니드(호모 플로레시엔시스)가 오스트랄로피테쿠스와 뇌의 부피가 대등한데도 화식火食과 석기 생산이 가능했던 이유를 부분적으로나마 설명해줄 수 있다. 브레인넷에 의해 문화가 형성되고 전달될 수 있었던 것이 호모 플로레시엔시스 개개인의 작은 뇌를 보완해주었을 것이다. 이는 인간의 인지 기능 진화를 평가할 때 고려해야 할 변수가 뇌 크기만은 아님을 암시한다.

나는 헨리크의 주장에 대부분 동의하지만, 최적의 브레인넷 형성을 가능하게 하고 인간의 사회집단에 지식을 만들어 전달하는 능력을 부여하기 위해서는 개별 뇌의 독특한 신경해부학적·신경생리학적 속성이 분명 필요하다(7장 참조).

문화-유전자 공진화 이론의 함축적 의미는 인간의 진화가 낳은 주요 결과를 통해 분명하게 보여줄 수 있다. 바로 새로운 도구를 창조할 수 있는 정교한 능력이다. 우리 선조들이 약 400만 년 전에 직립 보행을 시작했을 때 식량과 보금자리를 찾아나서는 탐험의 공간적 범위가 크게 증가했다. 그리고 적당한 때가 되자 이 놀라운 생물학적 혁신 덕분에 아프리카의 호미니드들은 처음에는 아프리카 해안과 그 내륙을 따라, 그리고 그 다음에는 전 세계로 퍼져나갈 수 있었다. 따라서 세계 정복에 나선 인류의 첫 발걸음과 우리가 현재 세계화globalization라 부르는 과정의 기원은 더 나은 생활 조건을 찾아 맨발로 나섰던 아프리카 이주민에서 비롯된 셈이다. 이런 장엄한 이주의 여정이 없었다면 우리가 지금 알고 있는 세계도 존재할 수 없었음을 요즘의 정치인들한테 누가 좀 일깨워주어야 할 것 같다.

하지만 직립 보행은 그저 인간의 활동 범위만 늘려놓은 것이 아니었다. 이것은 우리 선조들의 두 팔과 손을 해방시켜 다양한 운동을 할 수 있게 했다. 이런 운동 중에는 마주볼 수 있는 엄지opposable thumb와 다른 손가락을 이용해서 정교하고 조화롭게 수행해야 하는 것도 있었다. 이마마루 겉질 회로frontoparietal cortical circuit의 선별적 강화와 이족보행이 결합되자 우리는 손을 이용해서 도구를 생산할 기회를 얻게 됐다.

도구를 제작하는 능력을 갖추려면 주변 세상에서 인과관계를 찾아 규명하는 정신적 능력을 습득해야 했다. 예를 들어 우리 조상 중 한 명이 바위에 부싯돌을 하나 던져보았을지도 모른다. 그리고 그렇게 깨져 나온 부싯돌 조각 중 하나로 온갖 것을 자를 수 있는 것을 보고, 이 호미니드는 일부러 바위들을 서로 부딪쳐 깨뜨린 다음 더 나은 절삭 도구를 만들기 시작했는지도 모른다. 이 혁신적인 선구자가 새로운 도구를 이용해서 동물 사체에서 더 신속하고 효율적으로 고기를 잘라내는 데 성공하자마자 사회집단의 다른 구성원들도 그것을 알아차리고 그 혁신가가 새로운 도구를 어떻게 생산하는지 주의 깊게 살펴보기 시작했다. 이렇듯 한 번의 통찰이 있고 난 후 이어서 그 새로운 지식을 사회집단 안에서 전파하는 능력은 우리 종을 다른 영장류와 구별하는 핵심적인 신경학적 속성이 되었다.

여러 관찰자 속에 들어 있는 똑같은 뇌 구조가 한 개인의 운동 행위에 의해 동시에 활성화되는 현상을 흔히 운동공명motor resonance이라고 한다. 그리고 관찰자들이 자신이 관찰한 운동 행위를 재현하기 시작하는 것을 운동전염motor contagion이라고 한다. 이런 전염이 아주 빠른 속도로 이루어질 경우, 그 현상을 모방mimicry이라고 한다. 영장류 뇌의 특정 회로(7장 참조)가 운동공명의 발생에서 핵심적인 역할을 했다. 운동공명은 붉은털원숭이, 침팬지, 인간에서 전염이나 모방을 촉발한다. 하지만 이 세 종의 영장류에서 그런 겉질 회로를 해부학적·생리학적으로 비교·연구해보면 연결성이라는 면과 공명 동안의 활성화 패턴이라는 면 모두에서 중요한 차이가 드러난다. 이것은 대단히 핵심적인 발견이다. 진화 과정이 먼저 관자엽temporal lobe(측두엽), 마루엽parietal lobe(두정엽), 이마엽frontal lobe(전두엽)의 서로 다른 겉질 영역 간 연결성에 어떻게 영향을 미치고, 이어서 기능 활성화 회로의 패턴에 어떤 영향을 미쳐서 영장류 종류마다 서로 다른 별개의 브레인넷이 자리 잡게 되었는지 말해주기 때문이다.

일반적으로 붉은털원숭이는 침팬지보다 사회적 상호작용을 통해 새로운 기술을 학습하는 경우가 적고, 침팬지는 인간보다 사회적 학습 행위가 복잡하지 않다. 이것은 붉은털원숭이에서는 사회적 상호작용, 즉 운동공명과 운동전염에 의해 운동 기술을 학습하는 경우가 드물다는 것을 의미한다. 반면 야생 침팬지는 몸짓을 통한 소통과 도구 제작 등 기술의 전염을 나타낼 수 있다. 원숭이나 침팬지와는 대조적으로 인간은 운동공명과 운동전염을 이용해서 새로운 통찰을 자신의 사회집단에 전파하는 능력이 탁월하다. 이런 전파는 손짓과 언어를 통해 국소적으로 이루어지기도 하고, 집단 두뇌에 의해 개발된 다양한 소통 매체나 기술을 통해 먼 거리에서 이루어지기도 한다.

관찰자에게 새로운 운동 행위가 전염되는 방식에는 두 가지가 있다. 따라 하기emulation와 흉내 내기imitation이다. 따라 하기는 관찰된 운동 행위의 최종 목표를 따라 하는 데 초점을 맞춘 행위를 말하지만 흉내 내기는 초점의 범위를 넓혀 특정 목표를 달성하는 데 필요한 과정 전체를 재현하거나 복사하는 행위까지도 포함한다. 흥미롭게도 지금까지 나와 있는 모든 행동학적 증거들을 분석해보면 붉은털원숭이는 흉내 내기보다 따라 하기를 주로 하는 반면, 침팬지에서는 흉내 내기가 더 흔하다는 데 의견이 모이고 있다. 실제로 침팬지는 운동 행동을 실행하는 새로운 절차를 관찰하고 습득하고 복사해서 자기 집단의 동종 구성원들에게 전파할 수 있다. 이것은 이 유인원들이 운동 문화의 원형prototype motor culture에 해당하는 것을 발달시키고 유지하는 능력이 있음을 암시해주는 특성이다.

하지만 침팬지는 흉내 내기 능력을 분명하게 보여주고 있음에도 그 빈도가 인간보다는 훨씬 떨어진다. 이것이 본질적으로 의미하는 바는 침팬지가 여전히 운동 행위의 최종 목표만 복사하는 따라 하기에 더 초점을 맞추는 경향이 있는 반면, 인간은 흉내 내기를 훨씬 더 잘해서 운동의 목표를 달성하기 위해 필요한 과정을 그대로 재현하는 데 주로 초점을 맞춘다는 것이다. 게다가 언어를 통해 소통 능력이 극적으로 강화된 덕분에 인간은 새로운 기술을 타인에게 훨씬 잘 가르쳐줄 수 있다. 바꿔 말하면 인간에서는 가십을 통해 통찰이 더 빠르고 효율적으로 퍼진다는 의미다.

내가 7장과 11장에서 논의하는 메커니즘을 통해 일단 한 개인이나 소규모 협력자 집단에서 통찰이 만들어지고 나면 운동공명과 운동전염을 통해 이 통찰이 퍼져나가 거의 바이러스처럼 해당 사회집단의 수많은 개인을 전염시킨다. 이런 정신적 확산은 방법을 개선하고 지식을 축적하고 그것을 미래 세대에 퍼뜨릴 수 있는, 도구를 제작하는 인간 브레인넷의 확립을 설명해준다.

하지만 최초로 발명된 사냥 도구인 뗀석기 기술은 인간이 이룩한 최초의 산업혁명과 전반적 도구 제작의 토대가 된 것으로, 발견, 향상, 복잡성의 추가라는 점진적인 과정을 통해 진화했다. 우리 초기 선조들이 만든 원시적인 손도끼가 호모 사피엔스로 하여금 대형 먹잇감을 사냥할 수 있게 해준 날카로운 창으로 변화하기까지는 수백만 년이 걸렸지만 인간의 본질을 기술할 때 도구 제작과 도구 사용은 따로 떼어 생각할 수 없는 부분이 됐다. 사실 침팬지 같은 다른 동물도 초보적인 도구를 만들기는 하지만 이들의 인공물은 인간의 인공물과 달리 복잡성이 추가되는 양상이 나타나지 않는다. 또한 이런 동물들에서는 그런 지식을 습득하고 축적해서 수백 년, 수천 년, 심지어 수백만 년에 걸쳐 세대에서 세대로 전달하는 인간만의 독특한 능력도 찾아볼 수 없다.

따라서 지식 생산에 필요한 정신적 기술이 협동과 자랑을 모두 좋아하는 종에서 등장한 덕분에 혁신적인 뗀석기 제작 방식이 널리 퍼져나가 인간의 삶에 혁명을 불러일으켰다고 할 수 있다. 도구 제작의 통찰과 기술이 등장한 다음에는 뗀석기 장인이 그것을 주변에 자랑하고 다녀야 성공을 거두어 확실한 영향을 미칠 수 있었다. 그렇지 않고는 새로 습득한 지식은 마치 뗀석기 장인의 뇌 속 독방에 갇혀 있는 죄수처럼 알아주는 사람도 없이 죽어갈 수밖에 없었을 것이다.

선사시대에 대형 먹잇감을 상대로 사냥에 성공하는 데 가장 필수적이었던 무기도 인간 브레인넷에 의한 지식의 축적, 개량, 전달로 설명할 수 있을 것이다. 그 무기란 다름 아닌 커다란 사냥꾼 집단의 행동을 미리 계획하고 조화시킬 수 있는 인간의 능력이다. 이런 과제를 수행하기 위해서는 매 순간 사냥꾼 무리에 속한 모든 개인과 효과적으로 소통할 수 있는 능력이 필요했을 뿐 아니라 무리의 각 구성원과 그 리더가 사냥에 대해, 자기에게 할당된 역할에 대해 다른 사람들이 무슨 생각을 하고 있는지 알아차리고, 그런 스트레스 많은 상황에서 그들이 정신적·육체적으로 감당할 수 있는 것과 감당할 수 없는 것이 무엇인지 파악할 수 있는 미묘한 정신적 능력이 필요했다. 그리고 그와 동시에 언어는 새로운 신화의 교리를 전체 인간 공동체에 퍼뜨리는 데 사용하는 중요한 수단이었다.

언어, 도구 제작 능력, 마음 이론, 사회적 지능social smartness의 등장은 모두 지난 250만 년에 걸쳐 이루어진 새겉질의 어마어마한 성장을 주도한 것이 무엇이었는지에 관한 단서를 제공해준다. 그리고 한편으로 이토록 많은 진화적 혁신이 일어났다는 것은 한 가지 큰 수수께끼를 던져준다. 어떻게 이 모든 능력이 하나의 유려한 정신으로 합쳐질 수 있었을까?

영국 레딩대학교의 고고학 교수 스티븐 미텐Steven Mithen은 이 의문에 대해 많은 글을 썼고, 유려한 인지 능력을 갖춘 전체론적 정신holistic mind이 특정 정신적 기술들의 융합으로부터 어떻게 등장할 수 있는지에 관해 아주 흥미로운 가설을 제안했다. 하워드 가드너Howard Gardner의 다중지능이론theory of multiple intelligences에 크게 영향을 받은 미텐은 인간의 정신이 뒤엉키면서 거친 세 개의 포괄적 단계를 확인했다. 미텐에 따르면 초기 호미니드 선조의 정신은 "보편 지능general intelligence의 영역으로, 보편적 용도의 학습 규칙과 의사결정 규칙의 묶음"이었다. 시간이 지나면서 우리 선조들은 도구 제작, 언어, 마음 이론 등 별개의 새로운 지능을 습득했다. 하지만 이들의 뇌는 이런 모듈들을 통합할 수 없었다. 미텐의 비유에 따르면 대신 이들의 뇌는 정교한 스위스 군용 칼처럼 작동했다. 이 칼에는 각각의 기능을 통합할 수 없는 여러 가지 도구가 장착되어 있다. 미텐의 모형 마지막 단계에서는 개별 모듈들이 화학적으로 결합된 하나의 기능적 실체로 융합해서 현대의 인간 정신이 등장하게 됐다. 이 시점에는 각각의 모듈에서 습득한 정보와 지식이 자유롭게 교환될 수 있게 되었고, 그로부터 새로운 정신적 파생물과 인지 기능이 등장하여 인간의 정신에 유려함, 창의성, 직관을 부여하고, 어느 개별 모듈도 단독으로는 생산할 수 없는 통찰과 혁신이 나올 가능성을 열어주었다.

다른 고고학자들은 미텐의 이론과 비유를 비판하는 경향이 있지만 나는 인간 겉질의 해부학적 진화에 대해 알려진 세부사항들을 연결하는 것이 적어도 하나의 출발점으로서는 흥미롭게 여겨진다. 왜냐면 우리는 이른바 지능의 융합 과정이 일어난 후에 우리가 오늘날 인간 정신의 기능에 대해 알고 있는 세부사항을 통해 침팬지와의 공동 선조로부터 갈라져 나왔기 때문이다. 미텐은 이런 지능의 융합을 설명해줄 어떤 신경생물학적 메커니즘도 제시하지 않는다. 이것은 충분히 이해할 수 있는 부분이다. 인간 정신의 진화에 대한 대부분의 추론은 두개골 화석의 내부 형태를 본으로 뜬 엔도캐스트endocast에 전적으로 의지해서 분석한 내용이기 때문이다. 이런 두개골 화석은 온전한 형태로 발견되는 경우가 드물고 사실 조각 나고 불완전한 형태로 발견될 때가 많다. 그렇다고 화석이 무용지물이라는 의미는 아니다. 이런 두개골을 재구성해보면 선조들의 뇌 부피를 추정할 수 있고, 엔도캐스트를 이용하면 뇌 조직이 두개골 안쪽에 만들어놓은 흔적을 볼 수 있을 때가 많다. 이런 것들을 종합하면 새겉질의 서로 다른 부분들의 모양과 부피를 어느 정도 추측해볼 수 있다. 엔도캐스트를 이용한 이런 비교 분석을 통해 오스트랄로피테쿠스 아파렌시스, 호모 하빌리스, 호모 에렉투스, 호모 네안데르탈렌시스, 그리고 마침내 호모 사피엔스에 이르기까지 뇌의 형태에 현저한 변화가 있었음을 알 수 있다.

인간의 뇌가 진화하는 동안 무슨 일이 일어났는지 평가하는 또 다른 방법은 인간 뇌의 해부학적 구조를 붉은털원숭이와 침팬지 등 다른 영장류와 비교해보는 것이다. 현대의 침팬지도 우리 종이 600만 년 전에 갈라져 나온 이후로 진화를 해왔다. 따라서 그 뇌가 우리 공동 선조의 뇌와 동일할 것이라 가정할 수는 없지만 그럼에도 유용한 비교 기준이 되어줄 수 있다. 뇌의 진화에 관심이 있는 신경해부학자들에 의해 수십 년 동안 이런 비교가 이루어졌다. 현대에 들어 뇌 영상 촬영 기법이 발전함에 따라 우리와 가장 가까운 친척과 비교했을 때 인간 새겉질의 엄청난 팽창이 어디서 일어났는지 더욱 자세한 부분들까지 알게 되었다.

일반적으로 새겉질은 두 개의 주요 영역으로 구성된다. 회백질gray matter과 백질white matter이다. 회백질에는 뇌를 정의하는 주요 세포 유형, 즉 뉴런neuron, 그리고 뉴런을 지원해주는 교세포glia가 대규모 군집으로 들어가 있다. 반면 백질은 다량의 신경다발이 밀집되어 형성된다. 이 신경다발은 좌우 대뇌반구 각각에 들어 있는 네 개의 엽(이마엽, 마루엽, 관자엽, 뒤통수엽) 사이를 광범위하게 연결해준다. 이 신경다발은 뇌량 투사callosal projection라는 것을 통해 왼쪽 대뇌반구와 오른쪽 대뇌반구도 두텁게 연결해주고, 겉질이 척수 등의 겉질아래 구조물subcortical structure과 메시지를 주고받을 수 있는 신경 고속도로도 제공해준다. 새겉질에서 회백질과 백질은 명확하게 구분된다. 회백질은 여섯 층의 뉴런으로 구성되어 있다. 새겉질의 본체를 이루는 이 뉴런들은 밀도 높고 두터운 백질 덩어리 위에 자리 잡고 있다.

경력의 상당 부분을 포유류 뇌 진화 연구로 보낸 캘리포니아 공과대학교의 신경과학자 존 올먼John Allman은 1990년대 말에 이제는 고전적인 연구 결과로 자리 잡은 회백질과 백질의 관계를 입증해 보였다. 올먼은 여러 영장류와 인간을 비롯해서 수많은 포유류 종을 고려하면서 겉질 회백질의 부피 및 그 관련된 백질의 부피를 그래프로 그려보면 아주 명확한 관계가 드러난다는 것을 발견했다.

백질의 부피 = 회백질의 부피$^{4/3}$

이 방정식의 지수(4/3)는 겉질이 성장하면 백질의 부피는 더 빠른 속도로 커진다는 것을 말한다. 인간의 새겉질이 정확히 어떻게 변했길래 다른 영장류 친척(침팬지와 붉은털원숭이)과 그리 달라졌는지에 초점을 맞춰 영장류 관련 유사 데이터를 조사해보면 사람에서 관찰되는 겉질 성장의 대부분은 이마엽, 특히 그중에서도 제일 앞쪽에 있는(이마 바로 뒤) 앞이마겉질prefrontal cortex(전전두엽피질)에서 이루어졌고, 뒤쪽마루엽posterior parietal lobe과 관자엽에 있는 소위 연합겉질영역association cortical area의 팽창이 그 뒤를 이었다.

이마엽의 경우 붉은털원숭이와 비교해보면 인간에서는 조직 부피가 30배나 증가했다. 흥미롭게도 올먼이 예측한 바와 같이 이 이마엽 성장에서 가장 큰 몫을 차지하는 것은 백질의 과성장이다. 이로 인해 거대하게 팽창한 앞이마겉질, 그리고 이마엽의 전운동영역premotor area과 운동영역motor area이 겉질아래영역subcortical region이나 마루엽과 관자엽의 다른 겉질영역을 비롯한 뇌의 몇몇 다른 부분과 연결성이 극적으로 강화됐다.

유독 사람의 이마엽 백질에서만 폭발적 부피 증가가 있었고, 그와 동시에 마루엽과 관자엽의 관련 부위도 함께 성장했다는 것은 인간의 새겉질이 훨씬 높은 비율로 고차원의 개념적 사고와 추상적 사고에 할당되었음을 의미한다. 이런 개념적 사고와 추상적 사고는 고차원 인지 기능의 밑바탕이다. 따라서 언어, 도구 제작, 명확하게 정의되는 자기감, 사회적 지능, 마음 이론 등 지난 400만 년 동안의 호미니드 진화에서 등장한 모든 속성의 밑바탕에 깔린 새겉질 회로를 찾아다니던 신경과학자들이 그런 속성들이 이마-마루-관자 겉질영역fronto-parietal-temporal cortical regions과 이들을 이어주는 축삭돌기 고속도로에 자리 잡고 있음을 발견한 것은 전혀 우연이 아니다. 이것은 그 안에 분포되어 있다. 그래서 나는 이 과학자들이 만물의 진정한 창조자인 뇌를 만들어낸 유기 컴퓨터 기질을 찾아낸 것이라 주장하고 싶다.

이 모든 정보들을 종합해서 내가 내린 결론은 아주 단순하다. 우리가 수천 년을 이어오는 문화를 습득하는 것은 말할 것도 없고, 복잡한 행동이 가능한 크고 복잡한 사회집단의 진화를 가능하게 하기 위해서는 분명 더 많은 뉴런이 필요했다는 것이다. 하지만 현재의 인지 능력을 달성하는 데 뉴런의 순수한 부피도 중요했지만, 우리 종의 정교한 정신적 기술을 등장시킨 가장 큰 원동력은 우리 뇌가 갖고 있는 고유의 회로일 가능성이 크다.

내부 회로의 최적화로 외부의 초연결hyperconnect을 가능하게 한다! 이것이 뇌 성장의 진화 역사 뒤에 자리 잡고 있는 모토인 듯 보인다.

그럼에도 이 모토만으로는 이 모든 인간의 속성들이 어떻게 하나로 융합해서 호모 사피엔스의 전체론적이고 유려한 마음을 창조해냈는지, 혹은 더 커진 새겉질이 더 크고 안정적인 사회집단을 확립할 수 있게 해준 신경생리학적 메커니즘을 어디서 찾아보아야 할지 설명하기에 부족하다. 현대 신경과학에서는 첫 번째 질문을 결합 문제binding problem라고 부른다. 지난 30년 동안 결합 문제는 특히나 저명한 독일의 신경과학자 볼프 싱어Wolf Singer처럼 시각계visual system를 연구하는 사람들 사이에서 뜨거운 토론 주제였다. 시각생리학에서 가장 고전적인 이론적 틀은 허블-비셀 모형Hubel and Wiesel model이다. 이 모형의 이름은 노벨상 수상자 데이비드 허블David Hubel과 토르스텐 비셀Torsten Wiesel의 이름을 딴 것이다. 이들의 시각계 연구는 시스템신경과학systems neuroscience 분야 전체에 혁명을 일으켜 50년 넘게 지난 지금까지도 시각생리학의 중심 도그마로 남아 있다.

반면 두 번째 질문은 우리 인간이 인간 우주 전체를 빚어낸 창조적이고 탄탄한 사회집단을 구축하는 데 성공한 이유를 이해하는 데 필수적인 부분이다. 새겉질은 어떻게 자신의 부분들을 하나의 연속적인 컴퓨터 장치로 융합해내는 것일까? 그리고 이것이 어떻게 궁극적으로 수천, 수백만, 심지어 수십억 인간의 뇌 활성을 동기화시켜 기능성 브레인넷으로 만들어내는 것일까?

3

정보와 논리를 갖춘 유기 컴퓨터

섀넌 조금, 괴델 약간

2015년 여름, 무덥고 습한 오후에 클라렌스 마을을 따라 레만 호수의 스위스 국경을 두르고 있는 목가적인 산책로를 채운 쾌활한 젊은이들은 몽트뢰재즈페스티벌 야외무대에서 열린 또 다른 공연의 리듬을 따라 움직이고 있었다. 내 친구이자 스위스계 이집트인 수학자이자 철학자인 로널드 시큐렐과 나는 불과 몇백 미터 떨어진 팔레오리엔탈Le Palais Oriental에서 점심을 함께 즐긴 후 산책을 하면서 함께 연구하고 있던 이론의 또 다른 주요 요소에 관해 대화를 나누기로 했다. 풍성한 이벤트가 열리던 스위스의 여름에 우리가 좋아하던 주제 중 하나를 놓고 서로의 생각을 주고받으며 한참을 걷고 있는데(그 주제는 "수십억 년 전 지구에 생명체가 등장하고 진화하는 과정에서 어떤 사건들이 있었기에 우주 전체 엔트로피의 증가 경향에 저항하는 데 성공할 수 있었는가"였다) 갑자기 우리 앞에 이상하게 생긴 나무 하나가 보였다(그림 3-1).

관심이 온통 이 비틀어진 나무에 쏠린 채 산책로 한가운데 얼어붙은 듯 서 있는데 갑자기 내 머릿속에 어떤 생각이 떠올랐다. 난데없이 내 입에서 "산다는 것은 결국 에너지를 소산시

그림 3-1 로널드 시큐렐이 큰 이론적 돌파구를 마련한 후에 스위스 몽트뢰 레만 호수에 있는 유명한 나무 앞에서 자세를 잡고 있다. (사진 제공: 미겔 니코렐리스.)

켜 유기 물질에 정보를 새기는 과정이다"라는 말이 튀어나왔다. 그리고 그 말을 잊지 않으려고 몇 번 더 반복해서 말했다.

로널드의 뇌 속에서도 이 생각이 즉각적으로 공명하기 시작했고, 이 생각에 흠칫 놀란 로널드는 마지막으로 확인하려는 듯 고개를 돌려 다시 한번 나무를 물끄러미 바라보았다. 잠시 침묵하며 생각에 잠겨 있던 그는 평소보다 살짝 동요하는 모습이기는 했지만, 활짝 미소를 지었다. 그가 근처 벤치를 가리키며 내게 앉자고 했다. 그리고 마침내 말했다. "바로 그겁니다!"

그 순간 나는 우리가 찾아 헤매던 그 가닥을 마침내 발견했음을 깨달았다. 여름 내내 오후마다 똑같은 산책로를 따라 걸으며 호수와 두루미, 오리, 거위를 구경하고, 사람들이 지나다니는 길 위에서 서툴게 사고실험을 하느라 보행자들에게 민폐를 끼치곤 했는데 마치 운명처럼 다른 누구도 관심 없고 오직 우리만 그토록 귀하게 여겼던 그 이상한 나무와 만나게 된 것이다.

그날 아침, 매일 있는 만남을 앞두고 나는 우연히 그 스위스 호숫가에서 흔히 보이는 나무들의 가지와 이파리 패턴에 관심을 집중하고 있었다. 내가 어릴 때부터 감탄하며 바라보았던 브라질 열대우림 나무들의 넓은 수관부canopy를 떠올리며 나는 위도의 차이가 지역에 따라 이파리와 나무의 전반적인 입체적 구성에 어떻게 영향을 미치는지 이해할 수 있었다. 나는 지구 표면 위 어디에 뿌리를 내렸는지에 따라 나무들이 최대한 태양으로부터 많은 에너지를 모을 수 있도록 자연이 생물학적 태양 전지판을 최적화할 놀라운 적응 메커니즘을 만들어냈다고 생각했던 것이 기억난다. 그런 생각이 들자 고등학교 시절 식물학 선생님이 40년 전에 들려주었던, 거의 잊고 있던 수업이 떠올랐다. 나이테 연대 측정법dendrochronology에 관한 수업이었다. 이것은 1977년에 그 선생님이 강박적으로 집착하고 있던 주제 중 하나였다. 줄미라Zulmira 선생님의 말에 따르면, 위대한 레오나르도 다빈치는 나무가 매년 자랄 때마다 목질에 추가로 나이테를 남기며, 나이테 사이 간격의 넓이는 그 나무가 그 계절 동안 견뎌야 했던 기후 조건을 반영한다는 것을 처음으로 알아차린 사람이라고 했다(어떤 나무는 특정 기후 조건에서는 1년에 하나 이상의 나이테를 만들 수 있다). 이런 지식으로 무장하고 있던 미국의 과학자이자 발명가인 알렉산더 트위닝Alexander Twining은 수많은 나무의 나이테 패턴을 시간적으로 동기화해보면 지구 어느 곳에서도 과거의 기후 조건을 확인할 수 있을 것이라고 제안했다. 수분이 적당했던 해에는 나이테 사이 간격이 더 넓은 반면, 가뭄의 영향을 받은 해에는 나이테 사이 간격이 아주 좁을 것이다.

현대 컴퓨터의 선구자인 찰스 배비지Charles Babbage는 이 개념을 한 걸음 더 진전시켜 지질학적 지층 안에서 발견된 나무 화석의 나이테를 분석하면 그 지층의 연대와 과거 기후 조건의 특성을 파악할 수 있으리라는 통찰을 내놓았다. 배비지가 이런 방법을 제안한 것은 1830년대였지만 나이테 연대 측정법이 진정한 과학 분야로 받아들여지게 된 것은 미국의 천문학자 앤드루 엘리콧 더글러스Andrew Ellicott Douglass의 연구와 인내심 덕분이었다. 그는 30년에 걸쳐 서기 700년대까지 거슬러 올라가는 연속적인 나이테 표본을 수집하는 과정에서 나이테와 태양 흑점 주기의 상관관계를 발견했다. 고고학자들은 이 독특한 생물학적 시간 기록을 이용해서 현재 미국 남서부에 있는 아즈텍 유적지의 연대 등을 정확히 알아낼 수 있었다. 오늘날에는 나이테 연대 측정법 덕분에 과학자들은 화산 분출, 허리케인, 빙하 사건, 지구의 먼 과거에 있었던 강수 등을 재구성할 수 있게 됐다.

따라서 나이테는 기후뿐만 아니라 생명체가 살아 있는 동안 발생한 지질학적 사건, 심지어는 천체물리학적인 사건까지 온갖 사건에 대한 상세한 기록을 담은 정보가 유기 물질에 얼마나 잘 새겨질 수 있는지 보여주는 사례다.

나는 그저 나이테 연대 측정법을 알려준 줄미라 선생님이 고맙다는 생각을 했을 뿐, 몽트뢰 정원 나무들의 아름다운 이파리 모양과 그 목질에 담겨 있을 잠재적 시간 기록이라는 일견 상관없어 보이는 두 가지 관찰에 대해서는 별로 생각하지 않았다. 대신 나는 다시 그림을 그리기 시작했다. 그림 그리기는 이 책을 쓰기 위해 자료를 조사하다가 다시 불이 붙은 취미였다. 그러다가 팔레오리엔탈에서 로널드를 만날 시간이 됐다.

그로부터 몇 시간 후, 그 정원 벤치에 로널드와 함께 앉아 있으니 그 모든 것이 다시 떠올랐다. 차이점이라면 지금은 나무의 태양전지판과 나이테를 잇는 명확한 논리적·인과적 연결 관계가 존재한다는 것이었다. "바로 그겁니다, 로널드. 태양 에너지는 나무의 몸통을 구성하고 있는 유기 물질에 새겨진 정보의 형태로 소산됩니다. 그것이 핵심이에요. 나무가 다음날까지 살아남아 더 많은 에너지를 모으고, 자신의 육신에 더 많은 정보를 새기고, 계속해서 소멸에 저항하는 데 필요한 국소적 엔트로피 감소를 극대화하기 위해 에너지가 물리적 정보로 전환되고 있는 것이죠!"

2015년 여름 동안 로널드와 나는 지구에서 생명의 발생과 진화로 이어진 과정과 전체 우주의 진화를 매끈하게 이어줄 강력한 통합의 틀로 열역학을 이용하자는 아이디어를 깊이 파고 들었다. 이런 토론을 통해 우리가 잠재적 결론에 다다르기까지는 오랜 시간이 걸리지 않았다. 결국 생명과 유기체는 에너지를 정보로 새겨넣을 최적의 방법에 도달하기 위해 진행되는 진정한 진화적 실험이라 할 수 있다. 이것은 생명이 비록 잠시나마 우리가 흔히 죽음이라 말하는 최후의 상태로 소산되는 것에 맞서 싸울 수 있는 궁극의 전략이다.

지난 수백 년 동안 여러 저자들이 살아 있는 유기체라는 맥락에서 에너지, 정보, 엔트로피 같은 개념들을 뒤섞어가며 논의한 바가 있기는 했지만 이제 우리는 우리가 그날 오후 산책에서 무언가 조금 다른 것을 생각해냈다고 믿고 있다. 우선 우리의 발견은 정보의 새로운 정의를 도입할 것을 요구하고 있었다. 살아 있는 시스템의 기본적 작동을 더 긴밀하게 반영하고, 클로드 섀넌Claude Shannon이 인공 장비에서의 잡음 채널을 통한 메시지 전송을 연구하며 전기공학적 맥락에서 도입해서 더욱 잘 알려진 버전의 '정보'라는 용어와는 대비되는 정의가 필요했다. 더 나아가 그날 오후에 우리가 우연히 발견한 내용을 더 철저하게 생각하다 보니 우리가 또 다른 독특한 개념을 발견했음이 분명해졌다. 이 개념에서는 유기체, 그리고 심지어는 그 유기체를 구성하는 세포 요소와 아세포 요소subcelluar component까지도 새로운 종류의 컴퓨터 장치, 유기 컴퓨터organic computer와 동일하게 취급되고 있었다. 유기 컴퓨터는 내가 예전에 완전히 다른 상황에서 작성했던 2013년 논문에서

붙인 이름이다.

공학자들이 만든 기계적 컴퓨터, 전기 컴퓨터, 디지털 컴퓨터, 양자 컴퓨터와는 달리 유기 컴퓨터는 자연적인 진화 과정의 결과로 등장했다. 유기 컴퓨터의 주요 특징은 바로 자신의 유기 구조와 물리화학 법칙을 이용해서 정보를 취득, 처리, 저장한다는 것이다. 이 근본적 속성이 의미하는 바는 유기 컴퓨터가 일부 경우에서는 디지털 계산의 요소를 사용할 수도 있지만 아날로그 컴퓨터에 주로 의존해서 과제를 수행한다는 것이다. (아날로그 계산은 전기, 기계적 이동, 유체의 흐름 등의 주어진 물리 매개변수의 끊이지 않는 연속적 변화를 이용해 계산을 수행한다. 계산자slide rule[전자계산기가 나오기 전에 사용하던 아날로그 계산장치 – 옮긴이]는 아날로그 컴퓨터의 가장 단순한 사례 중 하나다. 1940년대 말에 디지털 논리와 디지털 컴퓨터가 소개되기 전까지만 해도 아날로그 컴퓨터는 아주 흔히 사용되었다.)

함께 연구를 시작할 때부터 열역학이 우리의 출발점이었음을 생각하면, 로널드와 나는 모스크바 태생의 벨기에 화학자이자 노벨상 수상자인 일리야 프리고진Ilya Prigogine의 연구와 그의 열역학 기반 생명관에 깊은 영향을 받은 상태였다고 할 수 있다. 이사벨 스탕제Isabelle Stengers와 함께 쓴 《혼돈으로부터의 질서Order out of Chaos》에서 프리고진은 복잡한 화학반응의 열역학에 대한 자신의 이론과 연구에 즉각적으로 따라오는 결론을 설명했다. 이런 결론을 바탕으로 프리고진은 생명에 대한 근본적이고 새로운 정의를 대단히 구체적으로 발전시킬 수 있었다. 지금은 자기조직적 화학 반응self-organizing chemical reaction으로 알려지게 된 것을 다루고 있는 프리고진의 이론은 생명이 없는 물질로부터 어떻게 살아 있는 시스템이 등장할 수 있는지 이해할 방법을 제공한다.

프리고진의 생각의 핵심에는 열역학적 평형thermodynamic equilibrium이라는 개념이 자리 잡고 있다. 한 계system는 전체적으로 보았을 때 계 안에서 혹은 계와 그 주변 환경 사이에서 에너지나 물질의 흐름이 존재하지 않을 때 평형에 놓이게 된다. 그런데 어떤 이유로든 에너지 기울기energy gradient가 나타나서 에너지가 더 많아지거나 줄어드는 영역이 생기면 그 계는 에너지가 많아진 곳에서 에너지가 줄어든 곳으로 과잉의 에너지를 자발적으로 소산시킨다. 이것을 이해하기 위해 상온의 찻주전자 속에 담긴 물을 상상해보자. 이런 조건 아래서는 물이 열역학적 평형 상태에 놓이게 되고, 물이 액체 상태로 평화롭게 남아 있기 때문에 어떤 거시적 변화도 관찰되지 않는다. 이제 차를 끓이려고 물을 데우기로 결심했다면, 수온이 오르면서 끓는점에 가까워짐에 따라 물은 점점 더 액체 평형 상태에서 멀어지다 결국에는 상전이phase transition를 거쳐 수증기가 된다.

프리고진에 따르면 세균에서 나무, 인간에 이르기까지 모든 유기체는 스스로를 평형에서 먼 조건으로 유지해야만 살아남을 수 있는 열린계open system다. 살아 있기 위해서는 유기체 자체의 내부에서, 그리고 유기체와 그를 둘러싼 환경 사이에서 에너지, 물질, 정보가 끊임없이 교환되어, 세포 안에서, 전체 유기체 안에서, 유기체와 그 외부 환경 사이에서 화학적·열적 기울기를 계속 유지해야만 한다는 의미다. 이런 몸부림은 한 유기체의 평생에 걸쳐 이루어진다. 이런 평형에서 먼 조건을 유지하는 데 실패하는 순간 유기체는 죽어서 썩을 수밖에 없는 비가역적인 운명을 맞이한다.

에너지 소산은 우리가 일상생활에서 항상 접하는 현상이다. 예를 들어보자. 자동차 열쇠를 돌려 시동을 걸어 엔진이 돌아가기 시작하면 휘발유의 연소에 의해 발생한 일부 에너지가 자동차를 움직이는 데 들어가지만, 에너지의 상당 부분은 열의 형태로 흩어진다. 즉, 소산된다. 이런 열은 추가적인 일을 하는 데 사용되지 않는다. 많은 일을 할 수 있는 한 형태의 에너지가 그만큼의 일을 할 수 없는 에너지로 변질되는 것, 이것이 바로 소산이다. 자연계에서 등장하는 거대 구조물도 대량의 에너지를 소산하는 과정의 결과로 나타난다. 태풍이 좋은 예다. 위성사진으로 보면 팽이처럼 빙글빙글 도는 이 거대한 하얀색 구름덩어리는 적도 근처에서 기원한 막대한 양의 뜨겁고 습한 공기가 바다 표면에서 고도가 높은 곳으로 상승함에 따라 만들어지는 대량의 에너지를 소산시키는 과정에서 구름과 바람의 자기조직 과정을 통해 만들어진다. 이 뜨겁고 습한 공기가 대기권 높은 곳으로 상승함에 따라 그 아래로 기압이 낮은 영역이 만들어지고, 이 영역은 곧 주변을 둘러싸고 있는 고기압 지역에서 밀려 들어오는 차가운 공기로 채워진다. 그리고 이 공기가 다시 가열되고 습해져서 상승하게 된다. 기온이 낮은 높은 고도에 도달하면 공기 중에 들어 있던 수분이 응결하면서 구름이 만들어지고, 이 구름은 뜨거운 공기와 차가운 공기의 고속 회전 때문에 만들어진 거친 바람에 끌려가게 된다. 태풍의 구조와 움직임은 이 기후 메커니즘을 통해 만들어지는 에너지 소산의 자기조직 과정에 의해 나타나는 것이다. 극단적인 경우 태풍은 기후 폭탄이라는 말 말고는 달리 표현할 수 없을 정도로 흉포해진다.

프리고진과 그의 공동 연구자들은 실험실 페트리 접시에서 태풍에서 보이는 것과 다를 바 없는 자기조직 구조물을 만들어내는 화학 반응을 발견했다. 예를 들어 어떤 시약의 양에 변화를 주거나, 온도 등의 외부 조건을 바꾸거나, 촉매제를 도입하면 그 반응 산물에서 전혀 뜻하지 않은 규칙적인 진동을 만들어낼 수 있다. 이런 패턴을 화학 시계 chemical clock라고 한다. 이들은 또한 정교한 공간적 구조가 등장할 수 있다는 것도 발견했다. 예를 들면 반응이 일어나는 용기에서 구역별로 서로 다른 분자들끼리 분리되는 경우도 있다. 간단히 말하면 시약들이 무작위로 충돌하는 과정에서 계의 에너지 소산에 의해 질서가 만들어질 수 있다는 것이다.

프리고진은 이 관찰로부터 두 가지 주요 원리를 유도해냈다. 첫째 원리는 임계성criticality이다. 이것은 아주 소량의 시약을 추가하거나 온도만 살짝 올려도 화학반응이 시간과 공간 속에서 스스로를 조직하는 방식에 극적인 변화가 일어나는 갑작스러운 순간이 존재함을 말한다. 흥미롭게도 19세기 말에 프랑스의 수학자 앙리 푸앵카레Henri Poincaré도 비선형 미분방정식을 연구하다가 수학적으로 똑같은 현상을 관찰했다. 어느 지점을 넘어가면 더 이상 방정식의 행동을 정확히 예측하기가 불가능해지는 경우가 생겼다. 계가 그 지점에 도달하면 그 이후로는 카오스적인 방식으로 행동해서 방정식에서 산출되는 값들의 총체가 '이상한 끌개strange attractor'라는 수학적 거시 구조를 정의하게 된다. 둘째 근본적인 개념은 동기화synchronization다. 평형에서 먼 어떤 조건에서는 시약의 분자들이 마치 서로 '대화'를 나누듯 대단히 정교한 시간적·공간적 패턴을 자기조직하는 현상을 지칭하는 말이다. 이 두 개념 모두 단일 뇌와 동기화된 뇌(브레인넷)의 네트워크를 유기 컴퓨터로 정의할 때 핵심적인 부분이다(7장 참조).

이런 관찰을 바탕으로 화학반응에서 살아 있는 유기체의 작동 방식에 관한 이론으로 넘어가는 것은 자연스러운 논리적 귀결이었다. 그리고 프리고진은 크나큰 열정으로 그 일에 착수했다. 어떻게 그런 논리적 귀결이 나오는지 볼 수 있도록 다시 몽트뢰 호수 산책길에서 마주쳤던 스위스 나무로 돌아가 프리고진의 이론과 우리의 개념을 맞춰보자.

오랜 시간 레만 호수의 물가 깊숙이 뿌리를 내리고 있던 그 나무는 넓게 펼쳐져 있는 생물학적 태양전지판을 이용해 주변 환경으로부터 햇빛과 이산화탄소를 흡수했다. 이 나무는 이파리 세포의 엽록체에 들어 있는, 빛을 흡수하는 엽록소라는 색소 덕분에 태양 에너지의 일부를 포획할 수 있었다. 엽록체는 햇빛, 이산화탄소, 물을 이용해서 광합성을 한다. 광합성 과정 덕분에 식물들은 햇빛에 들어 있는 에너지를 일부 추출해서 비평형 상태를 유지하고 확장할 수 있다. 이런 비평형 상태는 씨앗일 때부터 존재했던 것으로, 식물은 자신의 구조에 유기 조직의 층을 추가하고 유지하면서 씨앗으로부터 자라난 것이다.

식물은 햇빛을 포획하고, 동물은 그 식물을 먹고, 우리는 그 식물과 동물을 먹는다. 요약하면 생명이란 결국 태양이 우리에게 준 것을 먹는 일이다. 어떤 생명은 태양이 주는 것을 직접 받아먹는 반면, 어떤 생명은 태양의 선물 중 자기 몫을 간접적으로 받아먹는다. 로널드와 내가 이 개념에 추가한 부분은 소산 구조dissipative structure(이 경우는 나무)가 자기조직하는 과정에서 이 과정을 이용해 자신을 이루고 있는 바로 그 유기 물질에 정보를 물리적으로 새겨놓는다는 개념이다. 예를 들면 나무는 주변의 기후, 물, 태양 흑점의 역학, 그리고 나무가 매년 자신의 3차원 구조 속에 추가하는 나이테에 새겨진 다양한 변수 등의 정보를 키워나간다. 따라서 나무는 우리의 기준에 따라 유기 컴퓨터에 요구되는 모든 기본 연산을 수행할 수 있다. 그리고 스스로 나이테에 축적해놓은 '기억'에 직접적으로 접근할 수 없을지라도, 우리 같은 외부 관찰자가 그 기억에 접근할 방법을 찾아냈다.

로널드와 내가 제안한 개념을 더 형식적으로 표현하면 다음과 같다.

살아 있는 열린계에서는 에너지 소산을 통해 정보가 유기 물질에 물리적으로 새겨질 수 있다.

우리의 관점에 따르면 이런 과정이 모든 생명 형태에서 동일하지 않다. 우리는 방금 나무의 경우 나이테에 새겨진 정보를 나무 자신이 회상할 수는 없음을 확인했다. 적어도 내가 아는 바로는 그렇다. 바꿔 말하면 나무 자체는 이 정보에 접근해서 이를테면 지난 시즌의 태양 흑점의 수 등을 계산할 수 없다는 것이다. 하지만 뇌를 갖고 있는 동물은 신경조직에 새겨진 정보를 지속적으로 회상할 수 있을 뿐만 아니라, 그 정보를 이용해서 미래의 행동을 안내할 수도 있다. 이 경우 에너지를 소산시켜 정보로 새기는 과정이 '학습'이라는 근본적 현상의 밑바탕을 이루면서 동물의 뇌에 기억을 저장하는 일을 책임지고 있다. 더군다나 뇌에서는 이런 정보 새김 과정이 신경 조직의 직접적 변경을 수반하고 있으므로(즉, 두 뉴런을 연결하는 시냅스의 형태적 특성을 물리적으로 바꿈으로써) 정보가 신경계에서 '인과 효율casual efficiency'을 보인다고 말할 수 있다. 이것의 의미는 정보를 물리적으로 새기는 과정이 신경 회로의 물리적 구성, 따라서 기능적 속성도 변화시킨다는 것이다. 이것이 신경가소성neuronal plasticity이라는 막강한 신경생리학적 속성의 기반이다(4장 참조).

나무에 새기는 나이테에서 동물의 뇌에 새기는 정보로 넘어간 것은 큰 도약이다. 그럼에도 인간의 뇌를 고려할 때는 훨씬 더 인상적인 결과를 볼 수 있다. 지속적으로 기억을 저장하고 (인간의 기억은 평생 혹은 아주 장기간에 걸쳐 저장되는 특출하고 독특한 특성을 보여준다), 학습과 가소성을 중재하는 것 이상으로 인간의 뇌에서는 에너지 소산 과정을 통해 훨씬 더 귀하고 소중한 산물이 등장한다. 바로 지식knowledge이다.

에너지가 지식으로 소산되는 것이다!

내가 보기에는 이것이야말로 하이라이트다. 생명을 열역학적으로 기술함으로써 등장할 수 있는, 가장 변화를 불러올 결과인 것이다.

이 시점에서 아주 중요한 열역학적 개념을 소개할 필요가 있다. 바로 엔트로피entropy다. 엔트로피는 여러 가지 방법으로 정의할 수 있다. 그중 하나는 엔트로피를 주어진 거시계 안에서 분자의 무질서 혹은 무작위성의 수준에 대한 측정치로 기술하는 방법이다. 엔트로피를 정의하는 또 다른 방법은 기체 같은 특정 계가 여전히 똑같은 거시 행동을 보이면서 취할 수 있는 미시 상태의 수로 정의하는 것이다. 헬륨 가스로 가득 채워진 작은 생일축하 풍선을 들고 텅 빈 호텔 무도회장으로 들어갔다고 해보자. 풍선은 부피가 작기 때문에 헬륨 분자들이 서로 가까이 촘촘히 붙어 있다. 이 경우 분자 무질서도가 상대적으로 낮다. 분자들이 풍선 안에서 작은 부피를 차지하고 있어 많이 퍼져나갈 수 없기 때문이다. 그와 유사하게 미시 상태의 수도 상대적으로 적다. 각각의 헬륨 원자가 어느 원자하고 자리를 바꿔도 헬륨으로 채워진 작은 풍선이라는 똑같은 거시 상태를 유지할 수 있지만, 여전히 풍선 그 자체에 의해 공간적으로 제약되어 있기 때문에 무도회장의 다른 장소들을 전혀 차지할 수 없기 때문이다. 어느 쪽 설명을 선택하더라도 헬륨은 낮은 엔트로피 상태에 있다고 말할 수 있다. 이제 무도회장 중앙에서서 풍선을 터트려 헬륨을 탈출시켜보자. 처음에는 풍선의 부피라는 작은 공간에 갇힌 헬륨이 이제는 그보다 훨씬 큰 무도회장 곳곳으로 퍼져나간다. 그러면 분자 무질서도도 크게 높아지고, 무도회장 안에서 각각의 분자의 정확한 위치를 결정하는데 따르는 불확실성도 커진다. 이런 불확실성이 높은 엔트로피 상태의 특징이다.

열역학의 창시자 중 한 명이자 오스트리아의 저명한 물리학자인 루트비히 볼츠만Ludwig Boltzmann은 기체 같은 천연 물질의 엔트로피를 통계적으로 공식화해서 이런 개념을 양적인 방식으로 기술하는 방법을 처음으로 고안했다. 그의 공식은 다음과 같다.

$$E = \mathrm{k} \times \log n$$

여기서 E는 엔트로피, k는 볼츠만상수, n은 한 계의 모든 미시 상태의 수를 말한다.

1852년에 윌리엄 톰슨William Thompson이 처음으로 공식화한 열역학 제2법칙에 따르면 고립된 닫힌계의 총 엔트로피는 시간이 흐르면서 증가하는 경향이 있다. 이 법칙은 우주 전체에 적용되지만, 살아 있는 유기체가 궁극의 무작위 상태로 해체되는 것을 뒤로 미루기 위해 만들어낸 '국소적 저항 웅덩이local pools of resistance'의 등장을 배제하지는 않는다. 생명체의 이런 게릴라식 저항을 또 한 명의 저명한 오스트리아인 물리학자이자 노벨 물리학상 수상자이고, 양자물리학의 거장 중 한 명인 에르빈 슈뢰딩거Erwin Schrödinger가 멋지게 묘사했다. 그는 자신의 책 《생명이란 무엇인가What Is Life?》에서 산다는 것은 엔트로피가 감소된 섬을 만들고 유지하기 위한 끝없는 몸부림이라 제안했다. 이 섬을 우리는 유기체라 부른다. 그의 말을 빌리면, "대사의 본질은 우리가 살아 있는 동안에 필연적으로 만들어낼 수밖에 없는 그 모든 엔트로피로부터 유기체가 스스로를 해방시키는 데 성공하는 것이다."

《바이털 퀘스천The Vital Question》에서 영국 유니버시티칼리지런던의 생화학자 닉 레인Nick Lane은 엔트로피와 생명의 관계에 대해 이렇게 설명한다. "결론은 이렇다. 성장과 번식, 즉 삶을 이끌어가기 위해서는 어떤 반응을 통해 반드시 지속적으로 열이 환경으로 방출되어 환경을 더 무질서하게 만들어야 한다." 그리고 이어서 이렇게 말한다. "우리의 경우에는 호흡이라는 끊임없는 반응을 통해 열을 방출하는 덕분에 존재를 지속하고 있다. 우리는 끊임없이 산소로 음식을 태워 환경으로 열을 방출하고 있다. 이 열 손실은 절대 낭비가 아니다. 이것은 생명의 존재에 필요불가결한 부분이다. 열 손실이 커질수록 가능한 복잡성도 커진다."

프리고진의 말로 표현하면, 유기체가 생산하는 에너지 소산이 커질수록 그 유기체가 달성할 수 있는 복잡성도 더 커진다!

1940년대 후반 이후로는 미국의 수학자이자 전기공학자인 클로드 섀넌의 연구 덕분에 엔트로피와 정보라는 개념이 긴밀하게 연관되어왔다. 벨전화연구소Bell Telephone Laboratories에서 일하던 섀넌은 32세 때인 1948년에 회사의 기술 학술지에 79쪽짜리 중요한 원고를 발표한다. 〈통신의 수학적 이론A Mathematical Theory of Communication〉에서 섀넌은 지금까지 공식화된 정보 이론 중 최초로 양적인 이론을 발표했다. 이 논문은 또한 20세기에 가장 영향력 있는 이상화된 수학적 측정 단위 중 하나를 탄생시킨 이론적 요람으로도 불멸의 명성을 얻게 됐다. 바로 정보 측정의 단위인 비트bit다.

그의 혁명적인 논문이 나오기 몇 년 전인 1937년에 당시 MIT의 석사학위 학생이었던 섀넌은 전기회로 위에 임의의 논리적 관계나 수적 관계를 재현하려면 0과 1이라는 두 숫자와 그 숫자를 사용할 때 파생되는 논리만 있으면 충분하다는 것을 입증해 보였다. 이 논리를 창안자인 조지 불George Boole의 이름을 따서 불 논리boolean logic라고 한다. 이 믿기 어려울 정도로 훌륭한 이론적 통찰로 디지털 회로 설계의 시대가 열리게 됐다. 그리고 여기에 더해서 이번에도 역시 벨연구소에서 트랜지스터가 발명되고, 앨런 튜링Alan Turing이 이상화된 계산 기계computing machine를 이론적으로 처음 공식화하면서 디지털 컴퓨터의 탄생이 가능해졌다. 이것은 지난 80년 동안 인류의 삶의 방식을 극적으로 바꾸어놓은 사건이었다.

섀넌은 1948년 논문에서 그의 전임자들이 지난 세기에 에너지, 엔트로피, 그리고 다른 열역학적 개념들을 수량화했던 것처럼 정보를 통계적으로 기술하는 방법을 선보였다. 섀넌은 스스로 '통신의 근본 문제'라고 부른 것에 관심이 있었다. 그 근본 문제란 '한 지점에서 선택된 메시지를 다른 지점에서 정확하게 혹은 대략적으로 재현하는 문제'였다. 섀넌의 정보 접근방식에서는 맥락, 의미론, 심지어는 의미 등은 중요한 것이 아니었다. 이런 것들은 모두 그가 해결하려는 협의의 통신 문제를 쓸데없이 복잡하게 만들 뿐이었다.

《인포메이션The Information》에서 제임스 글릭James Gleick은 세상을 뒤흔든 확률론적 정보관에 대한 섀넌의 핵심 결론을 잘 요약했다. 이 중 세 가지는 현재의 논의에도 직접적으로 적용된다. 그 세 가지는 다음과 같다.

1. 정보는 사실 불확실성을 측정한 것이다. 이 불확실성은 가능한 메시지의 숫자를 세어보면 간단히 측정할 수 있다. 한 채널을 통해 하나의 메시지만 전송할 수 있는 경우에는 그와 관련해서 아무런 불확실성이 없기 때문에 정보도 없다.
2. 정보는 놀라움에 관한 것이다. 한 채널을 통해 전송되는 기호가 흔한 것일수록 그 채널에서 알리는 정보도 작아진다.
3. 정보는 슈뢰딩거와 프리고진이 에너지 소산이 어떻게 비생명 물질로부터 생명을 발생시키는지를 기술하기 위해 이용한 핵

심 열역학 개념인 엔트로피와 개념적으로 동등하다.

잠시 후에 마지막 충격적인 문장에서 비롯되는 전반적 결론에 대해 다시 이야기할 테지만, 그전에 섀넌의 통계적 정보관이 방정식에서 어떻게 기술되는지 보여주는 것이 중요하다. 이 수학 공식에서 섀넌의 엔트로피(H)는 일련의 기호를 정확하게 부호화하는 데 필요한 비트의 최소 숫자를 나타낸다. 이 각각의 기호들은 특정 발생 확률을 갖고 있다. 간략하게 표시하면 공식은 다음과 같다.

$$H(X) = \sum_{i=1}^{n} p_i \log_2 p_i$$

여기서 P_i는 채널을 통해 전송되는 각각의 기호의 발생 확률을 나타낸다. H의 단위는 정보의 비트로 주어진다.

예를 들어 한 채널에서 하나의 0이나 하나의 1만 전송할 수 있고, 이 두 기호 모두 발생 확률이 각각 50퍼센트로 같다면 이 메시지를 정확하게 부호화해서 전송하는 데는 1비트가 필요하다. 반면 채널에서 항상 1만 내보낸다면, 즉 이 기호의 발생 확률이 100퍼센트라면 H의 값은 0이 된다. 전송되는 정보가 전혀 없다. 전송되는 내용에 놀라움이 전혀 없기 때문이다. 이제 만약 이 긴 문자열이 100만 개의 독립적인 비트(각각의 비트가 같은 확률로 0이나 1이다)로 이루어져 있다면, 이 채널은 100만 비트의 정보를 전송하게 된다.

섀넌의 정보 정의가 기본적으로 의미하는 바는 기호의 열이 더 무작위적일수록, 즉 놀라움이 많을수록 그 안에는 더 많은 정보가 들어 있다는 것이다. 풍선을 터트리면 헬륨이 낮은 열역학적 엔트로피 상태에서 높은 엔트로피 상태로 바뀌고, 동시에 모든 헬륨 원자의 위치를 기술하는 데 필요한 정보의 양 또한 올라간다. 무도회장은 공간이 훨씬 넓어서 헬륨 원자의 위치 불확실성이 더 커지기 때문이다. 그래서 섀넌 이후로는 엔트로피가 한 계에 대한 열역학적 상술이 주어진 상태에서 그 계의 정확한 물리적 상태를 정의하는 데 필요한 추가적 정보의 양으로 정의되기 시작했다.

정보에 대한 섀넌의 돌파구가 성공을 거둔 것으로 입증되면서 그의 개념은 빠른 속도로 학문 간의 경계를 뛰어넘기 시작했다. 섀넌의 개념은 다른 여러 학문 분야에서도 사용할 수 있도록 그런 경계에 맞추어 정교하게 재단되었고, 그리하여 수많은 학문을 때로는 근본적인 방식으로 다시 정의하게 됐다. 예를 들어보자. 기본 뉴클레오티드nucleotide 네 개의 긴 서열 덕분에 DNA 가닥이 한 세대에서 다른 세대로 유기체를 복제하는 데 필요한 모든 정보를 암호화할 수 있다는 것이 발견되자 섀넌의 정보가 유전학과 분자생물학에 도입되었다. 유전 암호genetic code의 등장으로 더욱 폭넓은 공감대가 자리를 잡기 시작했다. 이 공감대가 제안하는 바는 대략 우리가 우주에서 알고 있는 모든 것은 정보를 디지털로 기술하는 섀넌의 혁신적이고 파괴적인 방법에 따라 비트로 부호화하고 해독할 수 있다는 것이다. 〈정보, 물리학, 양자Information, Physics, Quantum〉라는 논문에서 지난 세기 가장 위대한 물리학자 중 한 명인 존 아치볼드 휠러John Archibald Wheeler는 다음과 같은 주장을 옹호했다. "모든 입자, 모든 역장field of force, 심지어는 시공간 연속체 그 자체까지 세상 모든 것을 정보가 만들어냈다." 그는 "비트에서 존재로It from Bit"라는 표현으로 이 과정을 묘사했다. 이 표현은 즉각적으로 사람들의 뇌리에 박혔다.

지금까지 열역학과 정보 시대의 탄생이라는 먼 물가로 크게 한 바퀴 돌아서 왔다. 이제 우리는 몽트뢰 호수 산책길의 사랑스러운 나무로 다시 돌아와 로널드와 내가 정말로 의미했던 바를 분명하게 밝힐 수 있게 됐다. 기본적으로 우리의 제안은 다음과 같다. 우주는 가차 없는 무작위성과 무無의 상태로 진화하고 있는 듯 보이지만, 살아 있는 계는 에너지를 소산시켜 자기를 조직하고, 정보를 자신의 유기 물질에 새김으로써 엔트로피가 감소한 섬을 만들어내 우주를 무작위 상태로 내모는 힘에 보잘것없는 규모에서나마 브레이크를 밟아 막아보려 하고 있다는 것이다. 이런 정보 중 일부는 섀넌의 고전적 공식으로 기술이 가능하지만 우리는 그 정보 중 대다수는 유기 조직에 서로 다른 유형의 정보를 물리적으로 새기게 되는 과정을 통해 소산된다고 제안하는 바이다. 로널드와 나는 이것을 20세기의 위대한 논리학자 쿠르트 괴델Kurt Gödel을 기념하는 의미에서 괴델 정보Gödelian information라 부르기로 했다. 괴델은 섀넌 정보에 의해 표현되는 형식 체계 formal system의 내재적 한계를 입증해 보였다. 현재로서는 섀넌 정보와 괴델 정보를 대비시켜 보면서 이 이야기를 계속 이어갈 무대를 마련하는 정도로도 충분할 것이다.

우선 괴델 정보가 유기 조직에 새겨지는 것이 유기체의 에너지 소산 과정에 의해 촉진된다는 점을 고려할 때, 괴델 정보는 이진법의 디지털 방식이 아니라 연속적인 아날로그 방식이다. 그래서 괴델 정보는 디지털화하거나, 불연속화하거나discretized, 잡음 섞인 통신 채널 속을 흐르는 이진 비트binary bit의 정보로 취급할 수 없다. 유기체가 복잡해질수록 더 많은 괴델 정보가 펼쳐지며 그 유기체를 형성하고 있는 유기 물질에 새겨지게 된다.

일련의 사례를 통해 섀넌 정보와 괴델 정보의 주요 차이점을 일부 확인할 수 있을 것 같다. 리보솜ribosome에서는 번역translation 과정이 일어나 개개의 아미노산이 일렬로 사슬처럼 이어지며 단백질의 선형적인 아미노산 서열이 만들어진다. 번역이 일어나는 동안 에너지가 소산되면서 괴델 정보가 이 선형적인 단백질 사슬에 새겨진다. 하지만 이 정보가 부호화하고 있는 것이 무엇인지 완전히 이해하려면 단백질을 정의하는 원래의 선형적 아미노산 사슬이 접혀서 최종적인 3차원 구조를 취해야 한다. 단백질의 이런 3차원 구조를 3차 구조tertiary structure라고 한다. 그와 같은 맥락에서 접힌 단백질 하부 단위들도 여러 개가 상호작용해서 소위 단백질 복합체protein complex의 4차 구조quaternary structure라는 것을 만들어야 한다. 그

예가 적혈구 안에 들어 있는 산소를 운반하는 단백질인 헤모글로빈hemoglobin이다. 헤모글로빈은 이런 4차 구조가 형성된 후에야 산소와 결합해서 자신의 주요 임무를 수행할 수 있다.

선형 단백질 사슬은 적절한 매질에 들어가면 아주 신속하게 3차원 구조를 취하지만, 디지털 계산 알고리즘을 이용해서 원래의 이 선형 단백질 사슬이 어떤 최종 형태로 접힐지 예측하기는 쉽지 않다. 우리의 용어로 표현하자면, 단백질의 선형 사슬에 새겨진 괴델 정보는 단백질의 3차원 구조를 만들어내는 물리적 접힘 과정을 통해 직접 드러난다(즉, 계산한다). 이와 똑같은 과정을 디지털 논리의 측면에서 취급 불가능nontractable하거나 심지어 완전히 계산 불가능하다고noncomputable 여길 수 있다. 원래의 선형 아미노산 사슬만을 바탕으로 해서는 단백질의 최종 3차원 구조를 예측하기가 불가능하다는 의미다. 우리가 괴델 정보를 디지털이 아니라 아날로그라고 말하는 이유도 이 때문이다. 이 정보는 디지털로 환원해서 기술할 수 없다. 그 전체적인 발현이 생물학적 구조가 변경되는 연속적인 혹은 아날로그적인 과정에 좌우되며, 그 과정은 디지털 컴퓨터 안에서 돌아가는 알고리즘이 아니라 물리학과 화학의 법칙에 지배되기 때문이다.

이제 훨씬 더 복잡한 두 번째 사례를 생각해보자. 막 결혼한 부부가 그리스 산토리니 섬에서 에게 해를 마주 보며 호텔 발코니에서 신혼여행의 첫 아침 식사를 즐긴다고 상상해보자. 그리스 하면 떠오르는 장밋빛 여명이 동터오는 가운데 두 사람은 손을 맞잡으며 잠시 열정적인 키스를 나눈다. 이제 미래로 50년 빨리감기를 해보자. 이 부부의 50주년 결혼기념일, 이제 그 신혼 첫날의 아침을 기억하는 사람은 미망인이 된 부인밖에 없다. 그녀가 산토리니 섬의 그 호텔 발코니로 돌아와 여명을 바라보며 똑같은 그리스식 아침 식사를 주문한다. 그녀가 홀로 외로이 음식을 맛보는 순간, 반세기가 지났음에도 불구하고 사랑하는 남편과 손을 맞잡으며 키스를 나누던 그 사랑이 생생하게 다시 느껴진다. 지금은 하늘에 구름이 끼고, 바람도 없건만 그 순간 그 미망인은 마치 처음 경험했던 산토리니의 여명과 경험으로 순간 이동한 것처럼 사랑하는 남편의 손을 잡았을 때 자기의 머리카락을 부드럽게 흩날리던 이른 아침 에게 해의 산들바람이 느껴진다. 사실상 이 미망인은 지금 반세기 전에 느꼈던 것과 똑같은 감각을 경험하고 있는 것이다.

우리의 관점에 따르면 사실 그녀가 경험하고 있는 것은 애초에 그녀의 기억 속에 각인되어 50년 동안 남아 있다가 똑같은 그리스 아침 식사를 다시 맛보는 순간에 갑자기 머리에 떠오른 괴델 정보의 명시적 발현이다. 그리고 지금 그녀가 자신이 경험하고 있는 바를 아무리 말로 표현해본들 그 추모의 마음, 애정, 사랑, 상실의 느낌을 온전히 전달할 수는 결코 없을 것이다. 괴델 정보를 부분적으로 섀넌 정보로 투사해서 구어나 문어의 형태로 옮기는 것은 가능하지만, 그처럼 환원된 디지털 용어로는 완전한 표현이 불가능하기 때문이다.

이 후자의 사례는 두 가지 흥미로운 속성을 보여준다. 첫째,

부부가 신혼여행에서 아침 식사를 하는 동안 일련의 감각 신호(미각, 시각, 청각, 촉각)가 상호작용하는 두 사람의 뇌에 주로 섀넌 정보로 번역되어 입력되었다. 일단 이 다중양식multimodal의 메시지가 뇌에 도달하면, 메시지, 메시지 사이의 상호관계, 그리고 잠재적인 인과효과 연관causal-effect association이 각기 뇌의 준거틀frame of reference과 비교된다. 이런 준거틀은 두 사람이 기존에 겪은 삶의 경험에 의해 빚어진 것이다(그림 3-2). 그 후에 이 비교의 결과가 순조롭게 그들의 겉질에 연속적인 괴델 정보로 새겨진다. 이것이 의미하는 바는 인간의 뇌가 말초적 신경기관(눈, 귀, 혀, 피부)을 통해 외부로부터 추출한 섀넌 정보를 계속해서 괴델 정보의 장기적 연상기호 기록long-term mnemonic record으로 전환하고 있다는 것이다. 역으로, 예전에 먹어본 적이 있는 식사를 같은 환경에서 다시 맛보는 경우처럼 비슷한 감각 자극을 받으면 수십 년 전에 저장되었던 괴델 정보 기록이 적어도 부분적으로는 섀넌 정보의 스트림으로 전환되어 그 내용을 소통할 수 있게 된다. 이렇게 섀넌 정보에서 괴델 정보로 전환되지 못하는 부분은 언어로 표현되지 못한 채 그 사람의 감정과 느낌으로만 경험된다. 따라서 오래전 기억을 다시 경험하는 이 대단히 인간적인 방식에 관한 한 그 어떤 섀넌 정보의 스트림이나 수학적 알고리즘, 디지털 컴퓨터, 혹은 그 어떤 형태의 인공지능도 우리 각자가 머릿속에서 실제로 느끼는 내용을 재현하거나 흉내 내는 것을 엄두 내지 못한다. 기본적으로 섀넌 정보만으로는 뇌가 저장하고, 경험하고, 완전히 표

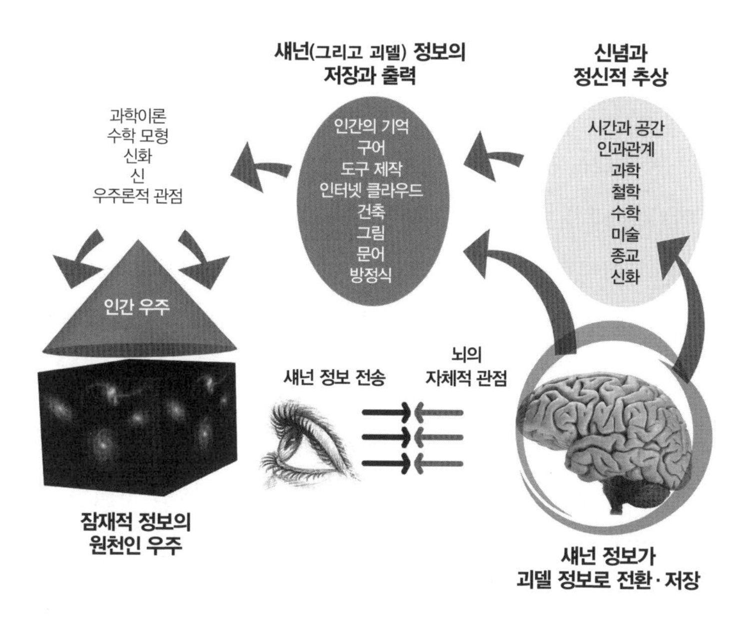

그림 3-2 섀넌 정보가 괴델 정보로 전환되는 과정, 정신적 추상의 발생, 우주를 이해하려는 과정에서 구성되는 인간 우주를 나타낸다. (그림: 쿠스토디우 로사.)

현할 수 있는 내용을 포괄적으로 기술하기에는 불충분하다. 따라서 로널드가 제안한 바와 같이, 만약 엔트로피를 한 계의 정확한 물리적 상태를 구체적으로 명시하는 데 필요한 추가적 정보의 양이라 정의한다면, 괴델 정보는 뇌의 엔트로피다. 즉, 우리를 인간답게 하는 뇌에 새겨진 정보 유형을 온전히 기술하는 데 필요하지만, 섀넌 정보로는 처리가 안 되는 추가적인 정보 덩어리인 것이다. 따라서 괴델 정보의 존재는 디지털 컴퓨터가 인간 뇌의 내재적 작동 방식과 경이로움을 결코 재현하지 못할 한 가지 핵심 이유를 정의한다. 디지털 컴퓨터는 에너지를 열과 무해한 전자기장으로 소산시키는 반면, 동물 특히나 인간의 뇌는 에너지 소산을 이용해서 괴델 정보를 신경조직에 축적한다는 것이다(6장 참조).

인간의 뇌가 만들어내는 현상 중 내가 특히 흥미롭게 생각하는 것이 있다. 환각지phantom limb 감각이다. 이것은 디지털 컴퓨터와 달리 인간의 뇌는 잠재적인 모순이 있거나 애매모호한 메시지도 처리할 수 있음을 분명하게 보여주는 현상이다. 그렇기 때문에 섀넌 정보와 괴델 정보의 차이점을 추가적으로 설명해줄 수 있다. 오른쪽 다리를 절단한 사람이 병실 침대에 누워 있는데 몸이 침대보로 완전히 덮여 있어서 자신의 다리를 볼 수 없다고 가정해보자. 이제 이 환자의 다리를 절단한 정형외과 의사가 와서 그 사람에게 안타깝게도 치료 불가능한 괴저 때문에 두 시간 전에 한쪽 다리를 잘라야만 했다고 말해준다. 이제 이 환자는 진실을 알게 되었지만 심각한 모순을 경험하게 된다. 그는 아직도 침대보 밑에 놓인 오른쪽 다리의 존재를 느낄 수 있기 때문이다. 환각지 감각이 명확하게 발현된 것이다. 사지절단 환자가 이런 느낌을 받는다는 것은 잘 알려져 있으며, 90퍼센트에 가까운 사지절단 환자가 이런 경험을 한다. 모든 사례에서 환자들은 통증을 비롯해서 아주 명확하고 상세한 촉각을 느낀다고 보고하고, 심지어는 절단 수술을 받은 지 오래된(몇 달에서 심지어 몇 년 후) 팔다리의 움직임을 느끼기도 한다.

이 환자는 침대보 아래서 절단된 다리의 존재를 아직도 생생하게 느끼고 있기 때문에 의사에게 자기 다리는 멀쩡하게 붙어 있다고 고집을 부린다. 의사가 무언가 잘못 알고 있거나, 의료과실이 분명하니 소송을 걸겠다고 말이다! 이런 공격적인 대답에 놀란 의사는 살짝 짜증이 나서 환자에게 잘라낸 다리를 보여주며 수술이 실제로 있었음을 확인시켜준다. 하지만 환자는 절단된 다리를 직접 눈으로 보고, 자신의 다리가 맞다는 것을 확인했음에도 계속해서 다리가 몸에 붙어 있는 듯한 감각을 경험하고 의사에게 그런 감각을 이야기한다. 의사가 들고 있는 절단된 다리에는 아무런 움직임이 없음에도 환자는 대화를 나누는 동안에도 자신의 발이 움직이는 것을 느낄 수 있다.

이 슬픈 장면은 인간의 뇌가 입증 가능한 상황(더 이상 한쪽 다리가 없음)과 느낌(여전히 다리가 붙어 있다는 감각을 부정할 수 없음)이 똑같은 뇌에서 갈라져 나와 공존하는 상황을 처리할 수 있음을 보여주고 있다. 역으로 디지털 컴퓨터는 이런 애매모호함에 전혀 대응하지 못한 채 오히려 작동을 멈추고 말 것이다. 디지털 논리는 이런 상황의 '모호함fuzzy'에 대처하지 못하기 때문이다. 섀넌 정보를 바탕으로 작동하는 디지털 컴퓨터에서는 다리가 환자의 몸에 붙어 있거나(0), 절단되었거나(1) 둘 중 하나다. 그 중간 상태는 존재할 수 없다. 하지만 인간의 뇌에서는 괴델 정보를 바탕으로 작동하는 양쪽 상태가 공존할 수 있고, 뇌가 그런 상태들을 처리할 수 있기 때문에 환자가 더 이상 존재하지 않는 다리가 가렵다고 말하기도 한다.

뒤에서 보겠지만 1960년대에 데이비드 허블과 토르스텐 비셀이 제안한 것 같은 고전적인 뇌 작동 모형에서는 환각지 감각 현상을 전혀 설명할 수 없다. 기본적으로 섀넌 정보를 이용해서 뇌 기능을 기술하고 있기 때문이다. 로널드와 나는 쿠르트 괴델의 제1 불완전성 정리first incompleteness theorem와의 비유를 통해 환각지 감각을 재해석할 수 있다고 믿는다. 그래서 우리는 물리적으로 새겨지는 새로운 유형의 정보에 쓸 세례명에 괴델의 이름을 이용했다. 이런 유형의 정보야말로 직관 같은 인간 고유의 특성을 설명해줄 수 있기 때문이다. 괴델은 수학적 수수께끼에 대해 판단을 내리려면 구문론적 형식주의syntactic formalism를 뛰어넘는 직관이 필요하다고 했다.

산토리니 신혼여행 사례와 환각지 사례 모두 섀넌 정보와 괴델 정보 사이의 또 다른 핵심적 차이를 잘 보여준다. 섀넌 정보는 주로 메시지의 구문론syntax을 다루는 반면, 괴델 정보는 외부의 사건과 사물에 의미를 부여하고, 의미론semantics 그리고 심지어 수신하고 전송하는 메시지 속의 모호함까지도 표현할 수 있는 우리의 능력을 설명해준다.

전선, 신경, 라디오파 등의 정보 전송 매체 및 독립적으로 표현될 수 있는 섀넌 정보와 달리 괴델 정보는 유기 물질 속에 새겨진 자신의 물리적 각인을 바탕으로 그 유기체에 인과 효율을 행사한다. 우리의 사랑스러운 나무에 새겨진 나이테를 생각해보자. 연속적인 에너지 소산 과정에 의해 촉발되어 목질이 지속적으로 침착되면서 결국 매년 새로운 나이테가 형성되고, 그 식물 조직 속에 가뭄의 발생, 태양 흑점의 변화, 강수량이 많았던 시기 등의 괴델 정보가 새겨진다. 그럼 이런 유형의 괴델 정보를 그 나무의 삶의 궤적을 정의하는 유기 구조로부터 분리할 방법은 존재하지 않는다. 달리 표현하자면 우리가 정의한 괴델 정보에서는 그 정보가 새겨지는 매체 자체가 중요하다. 그리고 다시 한번 말하지만, 나무에서는 그 나이테에 담긴 정보에 나무가 직접 접근할 수 없지만, 뇌를 갖고 있는 동물에서는 그런 판독 과정이 아주 신속하고 효율적으로 수행될 수 있다.

괴델 정보의 인과 효율은 아주 익숙한 현상을 통해 확인할 수 있다. 위약 효과placebo effect다. 위약 효과는 의료 종사자들 사이에서는 아주 잘 알려져 있는 것으로, 의사가 환자의 병에 잘 듣는 '새로 나온 강력한 치료제'라고 말하면서 밀가루 알약처럼 활성이 없는 가짜 약을 주면, 상당한 비율의 환자가 그 약을 복용하고 임상적 개선 효과를 보이는 현상을 말한다. 바꿔 말하면, 일단 해당 분야의 권위자로 존경받는 의사로부터 자기가 복용할 이 알약이 분명 도움이 될 것이라는 말을 듣고 나면 많은 환자의 기대감이 커지며 그 치료가 정말로 효과를 나타낸다는 것이다. 그리고 실제로 이런 환자들 중 상당수에서 어느 정도 임상적 개선이 나타났다는 보고가 나온다. 흥미롭게도, 대부분의 사람이 효과적인 치료법이라고 할 때 떠올리는 특성을 이용해서 위약 치료를 적용하면 효과가 더 나아지는 것으로 보인다. 그래서 일부 연구에서는 위약을 빨간색 같은 강한 색감의 큰 캡슐에 담아서 주면 약효가 극대화된다고 주장한다. 이런 결과는 약에 대한 문화적 배경이 위약 효과에서 동기 부여 요인으로 작용할 뿐 아니라, 아주 중요한 역할을 맡고 있다는 해석에 힘을 실어준다.

우리 식으로 표현하면 위약 효과는 환자에게 새로운 치료법을 제공하겠다는 의사의 메시지에서 촉발되어 신경 조직에 직접 작용하였다고 설명할 수 있다. 이 메시지는 처음에는 언어 형태의 섀넌 정보로 캡슐에 담겨 전송되었지만, 일단 환자의 뇌에 수신되면 환자의 내적 신념 및 경험을 만나 뇌 속에 괴델 정보로 저장된다. 자기 병을 고칠 수 있는 치료법이 나왔다는 환자의 믿음을 재확인해줌으로써 위약 메시지는 뉴런에 직접 작용해 신경전달물질neurotransmitter과 호르몬의 분비를 촉발하여 뉴런의 전기적 발화 활동을 만들어낸다. 실제 위약 효과를 설명하기 위해 현재 연구가 진행 중인 한 가지 가설을 예로 들자면, 이 전기적 활동은 환자의 면역계를 강화해줄 수도 있을 것이다. 우리의 관점에 따르면 이런 신경면역 결합neuroimmunological linkage이 일어나는 것은 괴델 정보가 신경조직에 미칠 수 있는 인과 효율 효과 때문이다.

우리는 섀넌 정보는 정수, 비트, 바이트 등이 제공하는 엄격한 구문론을 통해 표현되는 반면, 괴델 정보는 통합된 계(뇌)에 의해 생성되고 저장되기 때문에 풍부한 아날로그 인과 연관cause-effect association과 의미론에 해당한다고 제안하는데, 위약 효과는 우리의 이런 주장을 뒷받침해준다. 이런 인과 연관과 의미론은 자신의 생각, 감정, 느낌, 기대, 마음속 깊이 자리잡고 있는 신념 등을 소통하는 주요 방식인 언어의 의미와 범위를 확장해준다.

괴델 정보에서 또 하나의 중요한 특성은 그 양과 복잡성이 유기체마다 다양하다는 점이다. 이 말의 의미는 섀넌 정보가 계 내부 엔트로피의 증가와 함께 올라가는 것과는 대조적으로 괴델 정보는 우리가 생명체라 부르는, 평형에서 먼 열역학적 섬 내부에서 발생하는 엔트로피의 감소와 함께 복잡성이 증가한다는 것이다. 그러니까 섀넌 정보는 결국 전송 채널 속에서 불확실성과 놀라움의 수준을 측정하는 것이 전부인데, 괴델 정보는 생물학적 구조/기능 복잡성, 유기체 적응성, 안정성, 생존 가능성의 향상으로 해체에 대한 방어력이 강화되면 그와 함께 증가한다. 유기체가 복잡할수록 그 속에 축적된 괴델 정보도 많다. 따라서 우리 이론에 따르면 유기체는 에너지를 소산시켜 괴델 정보로 새겨놓음으로써 태양에서 온 에너지를 더 잘 찾아낼 수 있게 되고, 결국 스스로를 복제하여 DNA를 미래 세대로 전달함으로써 생존을 극대화하려 한다.

이런 과정은 인간에서 정점을 찍게 된다. 인간의 경우 괴델 정보를 이용해서 지식, 문화, 기술을 생성하고 더 큰 협력적 사회집단을 꾸려서 주변 환경의 변화에 대한 적응 가능성을 현저하게 높일 수 있기 때문이다.

대부분의 뇌 처리 과정이 무의식에서 수행되는 이유도 괴델 정보로 설명할 수 있을 것이다. 예를 들어 미국의 신경과학자 벤저민 리베트Benjamin Libet가 1980년대 초에 수행한 고전적 실험은 앞에서 말한 내용을 이해하는 데 도움이 될 수 있다. 리베트의 실험(그림 3-3)에서 한 사람이 모니터 앞에 앉아 있다. 이

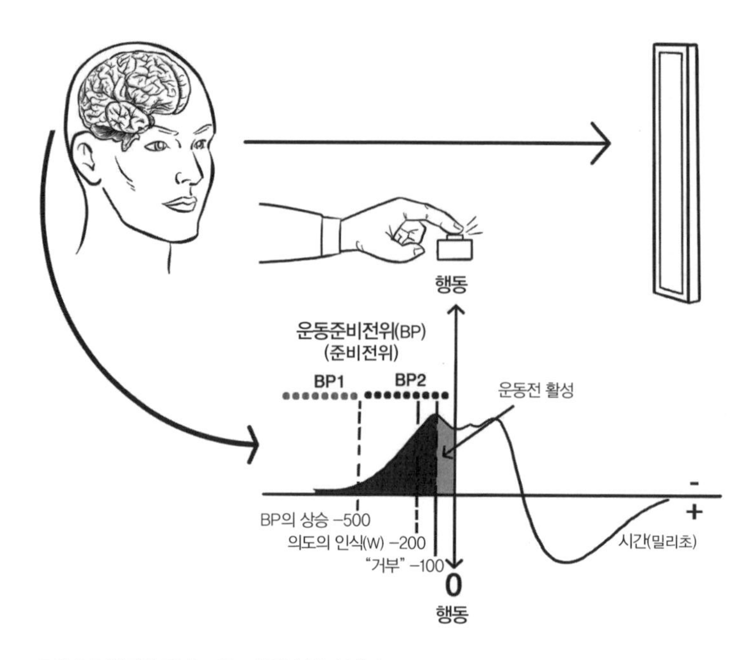

그림 3-3 벤저민 리베트의 고전적 실험 설계. (그림: 쿠스토디우 로사.)

모니터에는 둥근 벽시계 이미지를 따라 움직이는 점이 나온다. 실험자가 고전적인 뇌전도electroencephalogram(EEG) 기록 기법을 이용해서 실험 참가자의 뇌 전기 활성을 지속적으로 기록할 수 있도록 이 사람은 뇌전도 기록장치 모자를 쓰고 있다. 그리고 실험 참가자에게 단순한 과제 수행을 요청한다. 하고 싶은 생각이 들 때마다 손가락으로 버튼을 누르는 것이다. 쉬워도 너무 쉬운 과제 같다. 하지만 더 흥미로운 상황을 연출하기 위해 리베트는 실험 참가자들에게 모니터 시계 주위를 돌고 있는 점을 이용해서 자기가 손가락을 누르고 싶은 욕망을 의식했을 때의 시간을 표시해달라고 한다. 리베트는 단순한 장치를 이용해서 그림 3-3에 나와 있는 세 개의 시간을 기록할 수 있었다. 실험 참가자가 버튼을 누르는 시간, 실험 참가자가 버튼을 누르기로 결심한 시간(실험 참가자가 모니터 시계로 확인해서 알려주는 시간), 그리고 뇌전도로 기록하는 뇌 상태가 변화하기 시작하는 시간이다. 그림 3-3을 보면, 참가자가 의식적으로 결심하는(그리고 스스로 측정하는) 순간은 실제 손가락으로 버튼을 누르는 순간보다 약 200밀리초 정도 앞서서 나타나는 반면, EEG 활성은 버튼을 누르는 순간보다 500밀리초 정도 앞서서 나타난다.

리베트의 연구 결과에 대해서는 여러 해석이 상충한다. 사실 대부분의 사람은 이 실험이 인간의 뇌에서 벌어지는 일 중 상당 부분이 무의식적 과정이고, 뇌전도 조정modulation이 참가자가 버튼을 누르겠다는 결심을 인식하기 약 300밀리초 정도 앞서 일어나는 것으로 보아 이는 사람에게 자유의지가 없음을 단정적으로 보여주는 것이라 해석하는 경향이 있다. 여기서 중요한 것은 이런 논쟁적인 논의로 뛰어드는 것이 아니다. 로널드와 나는 리베트의 흥미로운 연구 결과를 완전히 다르게 해석하고 있다. 모든 사람이 실험 참가자가 버튼을 누르기 500밀리초 전에 뇌가 무의식 작동 모드일지라도 이미 바쁘게 일을 하고 있다는 사실에 초점을 맞추고 있는 것 같지만, 로널드와 나는 다음과 같은 질문을 던지고 있다. 애초에 어떤 과정이 선행해서 이런 무의식적인 EEG 조정을 일어나게 하였는가? 이 신호는 어디서 기원하는 것인가? 우리는 EEG 신호의 상승이 시작되는 지점과 손가락 움직임을 나누고 있는 500밀리초의 시간 전에 참가자의 뇌가 새겉질로부터, 그리고 아마도 두피의 EEG로는 활성을 기록할 수 없는 겉질아래 구조물로부터 오는 괴델 정보를 평가하느라 바빴을 것이라고 주장한다. 일단 무의식적으로 평가가 이루어진 괴델 정보는 섀넌 정보의 스트림으로 투사된다. 그럼 이 섀넌 정보는 참가자가 버튼을 누르는 손가락 운동을 수행하기 500밀리초 전에 EEG 측정으로 감지될 수 있다. 일단 고차원의 괴델 정보가 저차원의 섀넌 정보로 투사되고 나면 실행 가능한 운동 프로그램이 만들어져 이제 신경생물학적으로 섀넌의 통신 케이블에 해당하는 신경을 통해 일차운동겉질primary motor cortex에서 척수로, 그리고 척수에서 근육으로 전송이 가능해진다. 그리고 마침내 운동이 만들어진다. 따라서 우리가 이 실험을 해석한 바에 따르면, 고차원의 괴델 정보야말로 버튼을 누르기 500밀리초 전에 EEG 신호로 측정된 섀넌 정보 투사로 이어진 진정한 원천이었다. 그나저나 이런 관점에서 보면 운동이 일어나기 500밀리초 전에 EEG 활성이 감지되었다는 사실만으로는 자유의지가 존재하지 않는다고 말할 수 없다. 자유의지는 측정 가능한 EEG 활성이 생산되기 전에, 앞으로 있을 운동을 준비하면서 괴델 정보에 대한 평가와 판독이 일어나는 동안에 발현되었는지도 모른다.

과거에 로널드와 나는 우리 뇌에서 일어나는 내적 과정에 관해 뇌 측정으로 알아낼 수 있는 것에서 나타나는 차이를 보여주기 위해 또 다른 사례를 인용한 바 있다. 한 신경과학자가 실험 참가자에게 불편한 이미지를 담고 있는 한 그림을 컴퓨터 화면으로 보여주었을 때 정확히 무슨 일이 일어나는지 밝히는 실험을 설계했다고 해보자. 이런 이미지가 참가자의 뇌에 미치는 영향을 보고하기 위해 이 신경과학자는 참가자가 모니터에서 이미지를 보고 있는 동안 EEG를 통해 전기적 뇌 활성을 측정하고, 뇌의 고해상도 MRI 영상도 함께 촬영하기로 결심한다. 이 실험자가 선택한 방법은 참가자의 뇌를 외부에서만 측정하기 때문에 보통 섀넌 정보만을 제공해준다. 신경과학자는 EEG와 MRI 신호를 수집하는 동안 참가자에게 그 이미지에 대해 어떤 느낌을 받았는지 자유롭게 표현해보라고 요청하기로 한다. 일단 양쪽 데이터가 모두 수집되자 신경과학자는 뇌 활성을 양적으로 측정한 EEG 및 MRI 데이터가 참가자가 말로 표현한 내용과 어떤 상관관계를 보이는지 확인하려 한다. 그럼 이 신경과학자는 자기가 객관적으로 측정한 뇌 활성 패턴이 언어를 통해 표현된 느낌과 상관관계가 꼭 잘 맞아떨어지는 것은 아님을 알게 될 것이다. 참가자가 자신의 느낌을 기술하기 위해 사용한 언어조차 그의 뇌에 저장되어 있던 고차원 괴델 정보의 저차원 투사에 불과함을 생각하면, 우리의 것과 비슷한 뇌가 저장할 수 있는 괴델 정보 전체를 수량화하는 것이 얼마나 큰 문제인지 이해하게 된다.

하지만 이것이 전부가 아니다. 뇌는 역동적이고 복잡한 통합계 integrated system이기 때문에 그 초기 조건에 측정 불가능할 정도의 작은 변화만 생겨도 다른 창발성이 나타날 수 있다. 따라서 우리 이야기에 등장하는 신경과학자가 살아 있는 뇌를 다룰 때 필요한 모든 정보를 실시간으로 측정할 수 있을 거라는 희망은 버리는 것이 좋다. 그리고 설사 필요한 측정을 모두 할 수 있다고 해도 그것을 어떻게 참가자의 느낌으로 번역할지 알아낼 수 있다고 장담할 수도 없다.

인간의 뇌는 섀넌 정보와 괴델 정보를 모두 표현할 수 있고, 게다가 두 정보 사이의 완벽한 상관관계를 찾아내는 것도 불가능하기 때문에 전통적인 과학적 접근방식으로는 특별한 시험에 들게 된다. 인간의 뇌라는 이 특별한 물리적 대상은 자연과학의 연구 대상 중에서 아주 특별한 위치를 차지하고 있다. 뇌에서는 절대 외적 정보(디지털 정보와 형식적 정보)로 내부 정보(통합된 아날로그 정보)가 묘사하는 전체적 실재를 완전히 설명할 수 없을 것이다. 뇌가 정보와 물질을 병합하면서 등장하는 독특함을 담고 있는 것은 바로 이런 내적 정보다. 아마도 이것이야말로 진화가 우리에게 부여해준 가장 막강한 계산 능력이 아닐까 싶다.

전체적으로 보면 섀넌 정보와 괴델 정보의 차이는 다음과 같이 설명할 수 있을 것이다. 섀넌 정보는 상징적symbolic이다. 섀넌 정보가 담긴 메시지의 수신자가 그 메시지로부터 의미를 뽑아낼 수 있으려면 그 메시지를 해독해야 한다는 의미다. 그렇게 하기 위해서는 수신자가 메시지를 받기 전에 미리 암호를 알고 있어야 한다. 메시지 안에 암호가 포함되어 있지 않으면 접근이 불가능해진다. 외부의 암호가 없는 상황에서는 당신이 지금 읽고 있는 이 글조차 당신에게 아무런 의미가 없을 것이다. 뇌가 메시지를 가지고 무언가를 할 수 있으려면 의미가 필수적이다. 역으로 괴델 정보는 아무런 암호가 없어도 처리가 가능하다. 어떤 인간의 뇌라도 그 의미를 즉각적으로 알아볼 수 있다. 이런 결론이 나온 이유는 메시지의 의미가 그 메시지를 생성하거나 수신하는 뇌에서 제공되기 때문이다. 노엄 촘스키Noam Chomsky는 이렇게 말했다. "언어에서 제일 중요한 것은 말로 표현되지 않은 내용이다."

지금쯤 이런 의문이 들지도 모르겠다. 괴델 정보를 도입할 필요가 있을까? 내 대답은 "절대적으로 그렇다"이다! 앞에서 보았듯이 괴델 정보라는 개념을 도입함에 따라 흥미롭고 새로운 필연적 귀결과 가정들이 유도되어 나왔다. 제일 먼저 괴델 정보는 유기체를 새로운 유형의 컴퓨터로 정의할 수 있는 토대를 제공해주었다. 주판이나 찰스 배비지의 차분기관differential engine 같은 기계식 컴퓨터 장치, 계산자 같은 아날로그 컴퓨터, 그리고 요즘의 노트북이나 태블릿 같은 디지털 컴퓨터, 그리고 최근의 양자 컴퓨터에 이르기까지 전통적으로 인간이 만든 계산 장치에는 다양한 유형이 존재한다. 이 장의 시작 부분에서 보았듯이 로널드와 나는 유기체를 완전히 다른 유형의 계산 시스템으로 볼 수 있다고 주장한다. 우리는 이것을 유기 컴퓨터라 부른다. 계산이 그 유기 컴퓨터를 정의하는 바로 그 3차원 유기 구조에 의해 수행되는 장치인 것이다.

유기 컴퓨터라는 개념은 살아 있는 존재의 다양한 조직 수준에도 적용할 수 있다. 작게는 다중의 분자가 서로 동기화되어 집단적으로 작동하는 아주 작은 나노기계에서(예를 들면 단백질 복합체[ATP-합성 나노터빈 등]나 세포막 같은 단백질 및 지질 등) 특정한 신체 특성을 암호화하기 위해 합동으로 작동해야 하는 유전자 집단 등을 들 수 있고, 공간의 규모를 살짝 키우면, 동물과 식물이 에너지를 생산해서 살아남을 수 있게 해주는 복잡한 에너지 미세 공장(엽록체와 미토콘드리아), 그리고 기관 조직의 한 조각을 정의하는 세포 집단, 동물의 뇌를 형성하는 뉴런의 방대한 네트워크, 더 나아가 동시적으로 상호작용하면서 동물 사회집단의 일부로서 계산을 수행하는 개별 뇌들의 네트워크, 즉 브레인넷 등을 들 수 있다.

유기 컴퓨터에서는 하드웨어와 소프트웨어를 구분할 수 없지만 이 생물학적 계산 시스템은 작동할 때 섀넌 정보와 괴델 정보 모두를 뒤섞어 사용한다. 하지만 유기적 복잡성이 증가함에 따라 괴델 정보의 역할도 함께 커진다. 그 이유는 이런 복잡성은 본질적으로 아날로그여서, 즉 디지털 신호로 온전히 기술하거나 환원시킬 수 없어서 디지털 시스템으로는 제대로 업로드, 추출, 시뮬레이션할 수 없기 때문이다. 하지만 그렇다고 유기 컴퓨터가 프로그래밍이 불가능하다는 의미는 아니다. 오히려 그 반대다. 이 대단히 중요한 주제는 7장과 11장에서 더 자세히 다루겠다.

지구에서 생명이 진화할 때 RNA와 DNA가 아직 등장하지 않아 스스로를 복제할 능력이 없었던 단순 유기체들은 그저 막으로 둘러싸인 소포vesicle에 불과했다. 그 내부에서는 짧은 시간 동안 생명을 유지해줄 몇몇 기본적인 화학 반응만 일어났다. 이 단계에서는 햇빛의 주기와 주변 환경의 조건이 지구 위 모든 살아 있는 유기체의 프로그래밍에 영향을 미쳤다. 이런 관점이 암시하는 바는 다음과 같다. 먼저 지구에 처음 등장한 유기 물질의 자취에 에너지 소산에 의해 괴델 정보(아날로그)가 쌓였고, 그 후에 RNA와 DNA를 바탕으로 하는 자기 복제 메커니즘이 등장하고 난 후에야 유기체가 섀넌 정보(디지털)를 이용할 수 있었다는 것이다. 따라서 리보솜이 튜링기계Turing machine처럼 행동하며 DNA 가닥에서 만들어진 전령 RNAmessenger RNA로부터 단백질을 생산하려면 그전에 아날로그 막이 먼저 존재해서 우리 행성 최초의 생명체를 유지하는데 필요한 것들을 따로 격리해줄 소포가 형성되어야 했다. 따라서 살아 있는 것들의 경우에는 '존재에서 비트로from BEing to BITing'에 대해 이야기할 필요가 있는 것이다. 유기적으로 말하자면, 최초의 유기체가 먼저 존재해야만 했고 이 유기체는 일부 필수적인 괴델 정보를 축적하고 난 다음에야 비트 정보를 발산해서 스스로를 복제하기 시작할 수 있었다는 의미다.

RNA와 DNA 같은 '정보 분자information molecule'는 유전 정보를 숙주나 유기체 자손에게 전달하기 시작했을 즈음부터 유기체를 정의하는 초기 3차원 구조물의 핵심 '프로그래머' 자리에 올랐다. 따라서 바이러스가 숙주 세포를 감염시킬 때는 자신의 RNA를 이용해서 그 희생자의 유전 기계를 새로 프로그래밍해서 수많은 바이러스 입자를 재생산하는 것이다. 그와 마찬가지로 DNA는 그 어떤 유기체라도 조상의 모습에 따라 충실하게 3차원으로 복제하고 구축할 수 있는 정교한 디지털 명령을 담고 있다. 현대적으로 비유하면 RNA와 DNA는 유기 컴퓨터의 3차원 프린팅을 가능하게 하는 프로그래밍 명령을 새넌 정보의 포맷을 빌려 담고 있는 것이라 할 수 있다.

하지만 복잡한 생명체가 기능하고 생존하려면 추가적인 프로그래밍이 필수적이다. 괴델 정보의 축적을 촉진해서 생물학적 복잡성을 높이는 과정에서 진화는 결국 기억의 형태로 정보를 저장하고 외부 세계와의 상호작용을 통해 학습할 수 있는 신경계를 탄생시키게 된다. 이 진화의 수수께끼 한 지점에서 우리 영장류의 신경계가 등장했다. 그리고 우리 유전체에 들어 있는 명령에 따라 뇌의 초기 3차원 구조가 유기 물질에 저장된 이후 지금까지 살아왔던 사람 한 명 한 명에서 우리 몸의 운동, 사회적 상호작용, 언어, 인간의 문화, 결국에는 기술이 모든 유기 컴퓨터 중에서도 가장 정교하고 세련된 것을 프로그래밍하는 역할을 담당하게 된다. 만물의 진정한 창조자가 탄생한 것이다.

4

뇌, 연속적 실체의 동역학

생물학적 솔레노이드와 기능 원리

THE
TRUE CREATOR
OF
EVERYTHING

약 10만 년 전, 각각의 인간 신경계는 이미 860억 개 정도의 유기 처리장치, 즉 뉴런을 자랑하고 있었고 이 뉴런들 사이에서 100조에서 1,000조 개 정도의 직접 접촉, 즉 시냅스synapse가 형성되어 있었다. 이 믿기 어려운 뉴런의 아틀리에 내부로부터 인간의 뇌가 오늘날 우리가 알고 있는 인간 우주를 조각하기 시작했다.

우리가 방금 그 진화 과정을 추적해본 겉질은 뇌 전체 질량의 82퍼센트 정도를 차지한다. 그런데 놀랍게도 이 덩어리 속에는 뇌의 뉴런 중 겨우 19퍼센트에 해당하는 160억 개 정도의 뉴런만 들어 있다. 운동제어motor control를 조절하는 회백질의 주요 집합체인 소뇌cerebellum와 비교해보면 소뇌는 뇌 질량의 10퍼센트에 불과한데, 그 안에 690억 개 정도의 뉴런이 빽빽이 들어차서 아주 밀도가 높은 뉴런 클러스터를 형성하고 있다. 하지만 우리가 알고 있는 한 소뇌는 셰익스피어의 소네트나 희곡들을 만들어내지도 않았고, 우리가 우주 공간을 탐험할 때 사용하는 우주선도 만들어내지 않았다(물론 도와주기는 했지만).

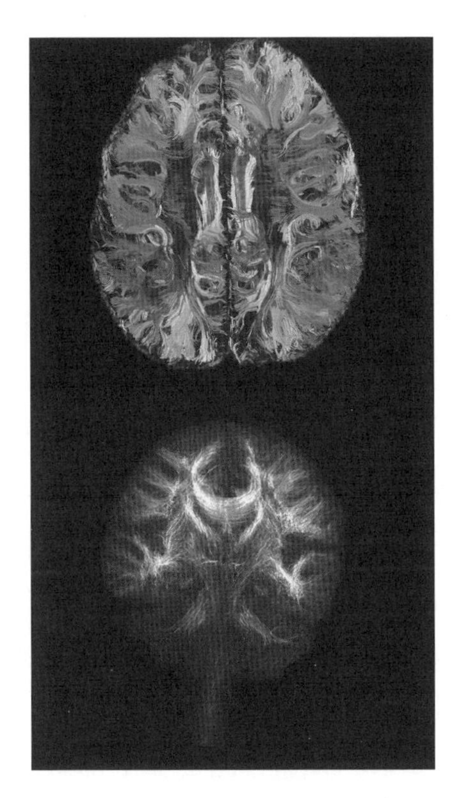

그림 4-1 확산텐서영상diffusion tensor imaging으로 본 겉질 백질 루프의 전형적인 예. (그림-앨런 송Allen Song.)

지금부터 주로 새겉질에 초점을 맞추어 만물의 진정한 창조자인 뇌가 자신의 가장 정교한 과업을 어떻게 달성했는지 설명하려는 이유도 이 때문이다.

백질의 복잡한 신경그물망은 겉질 기능의 최적화에서 결정적인 역할을 담당하고 있다. 백질을 이루고 있는 치밀한 신경섬유다발(그림 4-1) 중 일부는 회백질 풀pool들을 서로 연결하는 루프 형태로 조직화되어 있다. 나는 이런 루프들을 전자석에 사용하는 전선 코일의 이름을 따서 생물학적 솔레노이드biological solenoid라고 부른다. 이런 생물학적 코일 중 가장 큰 것이 뇌들보corpus callosum(뇌량)다.

뇌의 종축longitudinal axis을 따라 퍼져 있는 약 2억 개 신경섬유의 두꺼운 판으로 이루어진 뇌들보는 양쪽의 대뇌반구가 서로 정보를 교환하고 활동을 조정할 수 있게 해준다. 뇌들보의 구조는 겉질 앞쪽에서 뒤쪽으로 가면서 상당히 달라진다. 이렇게 달라지는 것으로는 활동전위action potential라는 전기 신호를 전도하는 축삭돌기axon의 밀도와 직경, 그리고 축삭돌기 수초화myelinization의 수준 등이 있다. 뉴런을 보조하는 뇌세포 중 한 종류에서 신경섬유 주위를 감싸는 수초myelin sheet를 만든다. 신경섬유를 수초로 감쌌을 때 생기는 이점은 활동전위를 더욱 신속하게 전달할 수 있다는 점이다. 그 결과 유수신경myelinated nerve은 활동전위를 전달하는 데 필요한 에너지가 훨씬 줄어든다. 예를 들어보자. 수초화가 되지 않고(무수축삭), 직경이 0.2~1.5마이크로미터 정도로 가는 C 신경섬유는 활동전위를 대략 초속 1미터 정도의 속도로 전도하는 반면, 직경이 크고 수초화가 되어 있는(유수축삭) 신경섬유는 전기 신호를 초속 120미터, 시속으로는 400킬로미터 이상의 속도로 전도한다. 따라서 신경섬유의 길이를 따라 대뇌반구 사이에서 정보를 전달하는 데 걸리는 시간은 겉질의 어느 부위에서 신경신호가 기원하였느나에 따라 극적으로 달라질 수 있다. 전체적으로 이런 다양한 전도 속도를 통계적으로 살펴보면 넓은 종 모양의 분포를 확인할 수 있다. 이 분포에 따르면, 예를 들어 운동영역과 감각영역sensory area 사이의 대뇌반구 간 정보 교환은 아주 신속하게 일어난다. 뇌들보가 이들을 두꺼운 유수축삭으로 연결하고 있기 때문이다. 그와 반대로 이마엽과 마루엽에 있는 소위 연합영역association area 사이의 상호작용은 훨씬 느리다.

뇌들보에 있는 2억 개의 신경섬유가 실제로 두 대뇌반구를 어떻게 그렇게 정교하게 조정하는지는 아직 밝혀지지 않았다. 하지만 뇌들보가 실제로 양쪽을 동기화하고 있다는 점은 분명하다. 뇌들보를 잘라버리면 두 대뇌반구가 독립적으로 작동하기 때문이다. 수십 년 전에 심한 발작을 치료할 목적으로 한쪽 반구에서 다른 쪽 반구로 발작이 퍼지는 것을 차단하는 수술법을 채용한 이후로 이런 분단뇌split-brain 환자들에 대한 광범위한 연구가 시작됐다. 미국의 신경과학자 로저 스페리Roger Sperry는 분단뇌 환자와 뇌들보에 관한 선구적 연구로 1981년에 노벨 의학상을 공동 수상했다.

대부분의 사람에서 언어 같은 일부 핵심적 뇌 기능은 겉질에 편재화laterlization되어 있다. 즉, 이런 기능들은 주로 어느 한쪽 대뇌반구에서 이루어진다는 것이다(언어의 경우 오른손잡이는 좌뇌가 담당한다). 이런 편재화 때문에 분단뇌 환자는 자기가 눈으로 보는 것을 언어로 기술하지 못할 때가 있다. 예를 들어 이미지를 왼쪽 시야로만 제한해서 보여주거나 눈에 보이지 않는 물체를 왼손으로 들게 했을 때 이들은 그 이미지나 사물의 정체 및 특성을 기술하지 못한다. 이것은 이들이 그 질문에 대한 답을 몰라서 생기는 것이 아니다. 이들도 알고 있다. 그런데 문제는 왼쪽에서 오는 자극을 오른쪽 뇌가 처리한다는 점이다. 이런 환자들은 뇌들보가 잘려 있기 때문에 우뇌가 좌뇌의 언어영역과 소통하지 못한다. 실제로 분단뇌 환자들은 왼손으로 물체를 하나 들어본 후에 그와 똑같은 물체를 다른 물체들과 섞어놓으면 몇 분 후에 왼손으로 다시 그 물체를 찾아낼 수 있다. 이들은 자기가 눈으로 보았거나 만져본 대상을 의식적으로 인식하고 있다. 다만 그에 대해 말을 할 수 없을 뿐이다.

다른 많은 백질 루프와 다발들이 각각의 대뇌반구 안에서 서로 다른 겉질 영역들을 연결한다. 이런 시스템 중 하나는 이마엽, 마루엽, 관자엽 사이를 연결하는 중요한 역할을 맡는데, 이 시스템은 치밀한 다발로 묶인 세 개의 주요 신경 고속도로로 이루어져 있다. 첫 번째는 소위 맨바깥섬유막extreme capsule으로, 관자엽의 핵심 영역들(예를 들면 위관자고랑superior temporal sulcus과 아래관자엽겉질inferior temporal cortex에 자리 잡은 것들)을 아래앞이마겉질inferior prefrontal cortex과 연결한다. 두 번째는 위관자고랑과 마루엽의 영역들을 이어주는 것으로, 소위 아래세로다발inferior longitudinal fasciculus과 안쪽세로다발medial longitudinal fasciculus로 이루어져 있다. 마지막으로 세 번째는 위세로다발superior longitudinal fasciculus로, 마루엽과 이마엽의 소통을 중재한다. 이 세 가지 경로는 모두 언어, 도구 제작, 운동 모방 같은 핵심 기능을 중재하는 회로에 관여한다.

뇌 속에서 또 하나의 주요 고속도로인 겉질-시상-겉질 루프는 겉질과 시상thalamus 사이의 상호연결을 중재한다. 시상은 대단히 중요한 겉질아래 구조물로, 말초신경에서 발생하는 감각 스트림 데이터를 거의 대부분 받아들인다. 따라서 이 다중양식 감각 경로는 뇌의 자체적 관점과 외부 세계에서 유입되는 거친 정보의 표본을 지속적으로 비교하는 데 필수적이다. 이 루프는 또한 겉질과 시상의 전기 활성을 동기화하는 데도 결정적으로 기여한다.

인간 백질의 또 다른 중요한 특징은 성숙 방식이다. 인간의 사촌인 침팬지와 달리 인간의 뇌는 태어났을 때 상대적으로 미성숙한 상태이고 성숙한 크기에 도달하려면 20년 정도가 걸린다. 더군다나 우리는 태어날 때 이미 평생 갖게 될 뉴런을 거의 모두 갖고 태어나지만 백질이 기능적으로 완전히 성숙하려면 30년에서 40년 정도가 걸린다. 특히 이마엽의 앞이마 영역에서는 뉴런들 사이의 연결(뉴런으로부터 활동전위를 전달하는 시냅스와 그것을 받아들이는 가지돌기dendrite 모두)이 30대에 들어서야 성숙한 수준에 도달하게 된다. 이를 모두 종합하면 출생 후에 이루어지는 뇌의 크기 확대는 대부분 백질의 성장, 개선 과정에서 일어난다는 의미다. 사람이 출생 초기나 청소년 시절에 조현병이나 자폐증 같은 정신장애에 취약한 이유를 이렇듯 긴 성숙 과정 도중에 방해를 받을 가능성이 높기 때문이라고 설명할 수도 있다. 인생 초년기에 겪는 행동 변화와 정신 기능의 변화도 백질 성숙의 지연 때문이라고 설명할 수 있다. 그러니 다음에 반항적인 십대 자녀와 말다툼을 할 일이 있으면, 크게 숨을 한번 들이마신 후에 이 모든 것이 다 백질 성숙이 지연된 탓이겠거니 생각하자!

지난 반세기 동안 뇌 연구에서 가장 놀라웠던 발견 중 하나는 밴더빌트대학교의 존 카스Jon Kaas와 캘리포니아대학교 샌프란시스코 캠퍼스의 마이클 멀제니치Michael Merzenich가 이끄는 신경과학자 집단의 연구였다. 이들은 1980년대 초에 포유류와 영장류의 뇌를 정의하는 정교한 뉴런회로가 살아가는 동안 끊임없이 역동적으로 요동친다는 것을 확실하게 입증해 보였다. 우리 뇌는 우리가 상호작용하는 모든 사람, 모든 존재에 반응해서 해부학적 · 생리학적으로 항상 스스로 바뀌나간다. 새로운 기술을 배울 때도 그렇고, 심지어 자신의 몸 주변 혹은 내부에서 큰 변화가 일어났을 때도 그렇다. 신경과학자들은 이런 속성을 뇌가소성brain plasticity이라고 부른다. 이것은 뇌에 얽힌 심오한 미스터리를 풀어헤치는 것과 큰 관련이 있다.

시냅스 수준에서는 뉴런의 가소성 변화가 여러 방식으로 일어난다. 예를 들면 뉴런에 있는 시냅스의 숫자와 분포는 새로운 과제를 학습하는 과정에서, 혹은 신체 말초 부위나 뇌 자체에 가해진 손상을 회복하는 과정에서 현저한 변화가 일어날 수 있다. 심지어는 성체 동물에서도 개별 뉴런이 새로운 시냅스를 형성해서 표적 뉴런들 중 일부 혹은 전부와 연결성을 높일 수 있다. 그와는 반대로 뉴런이 시냅스를 가지치기해서 표적 뉴런들과의 연결을 줄일 수도 있다. 각각의 시냅스가 표적 뉴런에 미치는 영향력의 강도도 뇌가 무엇에 노출되었느냐에 따라 아주 다양하게 나타날 수 있다. 본질적으로 보면 그 어떤 자극이라도 겉질에 들어 있는 수백억 뉴런의 소통 통로인 수백 조 시냅스 연결의 미묘한 미세 구조와 기능을 바꿀 수 있다.

10년 넘게 뇌가소성을 연구한 뒤인 2005년 여름에 나는 듀크대학교의 내 실험실에서 일하는 수석 신경과학자 에릭 톰슨Eric Thomson에게 정통에서 크게 벗어난 개념을 한 가지 제안했다. 뇌가소성이라는 현상이 어느 수준까지 일어날 수 있는지 조사하는 것을 목적으로 생각한 개념이었다. 그래서 우리는 실험을 하나 고안했다. 가소성을 극단으로 밀어붙여서 쥐가 선천적으로 타고난 전통적 감각(촉각, 시각, 청각, 미각, 후각, 전정 감각)에 더해 완전히 새로운 감각을 습득할 수 있는지 보려는 실험이었다. 우리는 쥐의 뇌가 눈에 보이지 않는 적외선을 '만지는' 법을 배우게 유도할 수 있는지 시도해보기로 했다. 그러기 위해서는 외부 세계에서 발생한 적외선 빛을 뇌가 메시지 전송에 사용하는 언어인 전기 펄스의 스트림으로 변환해줄 장치를 만들어야 했다. 그리고 이 장치는 전기 신호를 포유류에서 촉각 발생을 담당하는 주요 영역인 일차체성감각겉질primary somatosensory cortex로 전달해줄 수도 있어야 했다. 우리는 이 새로운 전기 메시지를 일차체성감각겉질로 전달해줌으로써 우리의 '사이보그 쥐'가 적외선을 확장된 촉각 인지 레퍼토리의 일부로 처리하는 법을 배울 수 있을지 판단하고 싶었다.

이 개념을 시험해보기 위해 에릭은 한 개에서 네 개 정도의 적외선 센서로 이루어진 장치를 만들었다. 이 장치는 쥐의 두개골에 쉽게 장착할 수 있었다(그림 4-2). 각각의 센서는 약 90도 정도의 구간에서 적외선을 감지할 수 있었다. 따라서 센서가 네 개 달린 장치를 장착한 쥐는 주변 환경에서 오는 적외선을 360도로 감지할 수 있었다. 우리가 체성감각겉질에서 표적으로 삼은 곳은 배럴겉질barrel cortex이라는 하위 구간이었다. 배럴겉질은 쥐의 수염을 자극했을 때 유입되는 촉각 신호를 처리하는 영역이다. 영장류의 손끝처럼 쥐에서는 얼굴 수염이 가장 민감한 촉각 기관이다. 그래서 쥐의 체성감각겉질 중에서 아주 넓은 영역이 이 수염에서 나오는 촉각 신호를 처리하는 데 할당되어 있다.

우리는 보상으로 유도해주는 가시광선을 따라가게 쥐를 훈련시키는 것으로 첫 번째 실험을 시작했다. 일단 쥐들에게 이런 기본 과제를 학습시킨 후 에릭의 적외선 센서를 부착해서 쥐가 촉각만으로 적외선을 감지하고 추적해서 보상을 발견할 수 있는지 확인해보았다. 이 실험을 진행하기 위해 에릭은 둥근 행동실 안쪽 벽의 0도, 90도, 180도, 270도 위치에 적외선 광원을 설치했다. 그리고 실험을 진행하는 동안 우리의 사이보그 쥐들을 이곳에 풀어놓았다. 실험을 하는 동안 적외선 방사기의 위치를 이용해서 적외선 광원을 무작위로 다양하게 설정할 수 있었기 때문에 우리는 쥐가 다른 정상 감각을 이용해서 보상을 찾는 법을 학습할 수 없을 것이라 확신할 수 있었다. 처음에는 쥐에게 적외선 센서를 하나만 식립했다. 그렇게 하니

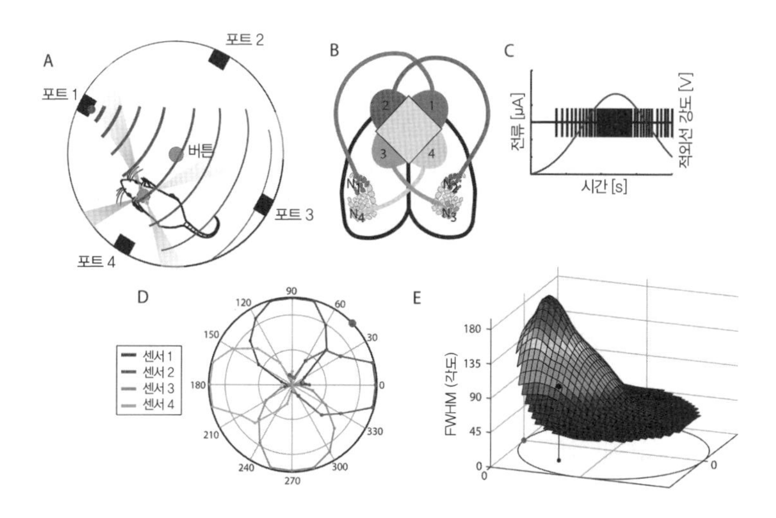

그림 4-2 에릭 톰슨의 실험에서 처음에 사용한 적외선 신경보철장치. A: 적외선(IR) 식별 과제에 사용된 행동실의 도해. 큰(24인치) 실린더의 안쪽 면을 따라 네 개의 포트가 대칭으로 배열되어 있다. 각각의 포트에는 코 구멍nose poke, 적외선, 가시광선이 있다. B: 쥐의 일차 체성감각겉질(S1)에 식립한 임플란트 네 개의 해부학적 구성. 이 임플란트들이 네 개의 적외선 감지기로부터 오는 전기 신호를 전달한다. 적외선 센서는 90도 간격으로 설치하고, 각각의 센서를 S1의 서로 다른 자극용 전극쌍과 연결한다. C: 자극 빈도는 각각의 센서에서의 적외선 강도에 좌우된다. 각각의 적외선 강도는 해당 자극용 채널에서 실시간으로 서로 다른 자극 빈도로 변역되었다. D: 행동실 안에서 센서의 배열이 활성화된 단일 적외선 광원에 상대적으로 고정된 위치에 있을 때 각기 적외선 센서의 반응을 행동실 속 각도에 대한 함수로 보여주는 극도표polar plot. 원의 둘레에 찍혀 있는 점(오른쪽 위)은 적외선 광원의 상대적 위치를 가리킨다. E: 행동실 속 위치에 대한 함수로 나타낸 반응 도표response profile의 반값 전폭Full-width at half-maximum(FWHM). 검은 점은 활성화된 적외선 광원의 위치를 나타내는 반면, FWHM은 주어진 위치에서 네 개 센서 모두의 평균 FWHM을 말한다(D 참조). (허락을 받아서 올림. K. Hartmann, E. E. Thomson, R. Yun, P. Mullen, J. Canarick, A. Huh, and M. A. Nicolelis, "Embedding a Novel Representation of Infrared Light in the Adult Rat Somatosensory Cortex through a Sensory Neuroprosthesis," *Journal of Neuroscience* 36, no. 8 [February 2016]: 2406–24.)

쥐가 90퍼센트 이상의 실험에서 적외선을 추적해서 '촉각'으로 보상을 찾아내는 법을 학습하는 데 4주 정도가 걸렸다.

초기 실험에서 우리 사이보그 쥐들은 아주 흥미로운 행동을 보였다. 처음에 쥐들은 마치 주변 세상에서 신호를 찾아 두리번거리는 것처럼 머리를 옆으로 움직였다. 적외선 빔이 나타나면 쥐들은 어김없이 앞발로 얼굴의 털을 손질한 다음 적외선 빔을 추적해서 주어진 포트에 위치한 적외선 광원을 향해 갔다. 첫 번째 관찰은 쥐들이 적외선의 첫 신호를 감지하기 위한 자기만의 수색 전략을 개발했음을 암시해주었지만, 두 번째 관찰은 쥐들이 적외선을 마치 외부 세계의 무언가가 자기 수염을 건드리는 것처럼 느꼈다는 것을 말해주었다. 하지만 실제로 쥐의 수염을 건드린 것은 전혀 없었다. 쥐들의 뇌는 유입되는 적외선 빔을 일종의 수염 촉각 자극으로 취급하는 방법을 학습한 것이다!

모두 아주 희망적인 결과이긴 했지만 진짜 놀랄 일은 잠시 뒤, 에릭이 적외선을 추적하는 쥐의 체성감각겉질에 자리 잡고 있는 개별 뉴런들의 전기 활성 기록을 분석하기 시작했을 때 찾아왔다. 원래는 쥐의 수염이 무언가에 닿았을 때만 발화했던 이 뉴런들이 상당한 비율로 적외선의 존재에 반응하는 능력을 습득한 것이다(그림 4-3).

우리는 다음 실험에서 행동실의 적외선을 파노라마뷰로 볼 수 있게 네 개의 적외선 센서를 사용했다. 이 실험에서는 쥐들이 같은 과제를 해결하는 데 4주가 아니라 3일이면 족했다. 대조군 실험에서 적외선 센서의 출력과 체성감각겉질의 서로 다른 하위 영역들의 공간적 관계를 뒤죽박죽으로 만들어도 90퍼센트 이상의 쥐들이 적외선 빔을 추적해서 보상을 찾아가는 방법을 신속하게 새로 학습하는 데 성공했다.

전체적으로 보면 이 두 연구는 쥐에게 새로운 감각을 부여할 수 있음을 확실하게 확인해주었다. 놀랍게도 이 과정에서 쥐가 기존에 갖고 있던 지각 레퍼토리는 희생되지 않았다. 2016년 여름, 에릭은 이미 이 적외선 쥐 중에서 긴 수염을 이용해 일상적인 촉각 식별 과제를 수행하는 능력을 상실한 쥐가 전혀 없음을 입증해 보였다. 바꿔 말하면 한때는 한 가지 중요한 유형의 신호(이 경우는 촉각 정보)를 처리하는 데만 사용되었던 겉질의 한 부위가 다중양식의 신호를 처리하는 뇌 영역으로 바뀌었다는 말이다. 이 종의 기나긴 진화의 역사에서 전에는 그 어떤 쥐도 이런 유형의 신호를 경험해본 적이 없음에도 불구하고 말이다. 기본적으로 우리의 겉질 감각 신경보철물을 이용하면 우리 증강 쥐의 뇌는 기존에 존재하던 촉각 표상 위에 주변 세상에 대한 새로운 적외선 기반 이미지를 창조할 수 있었다.

⋇

우리가 '다시 걷기 프로젝트'에서 발견한 것과 마찬가지로 쥐와 적외선을 이용한 우리의 실험도 인간 뇌의 작동 방식을 정의하는 핵심적 기능 원리를 확인하고, 그 특징을 파악하기

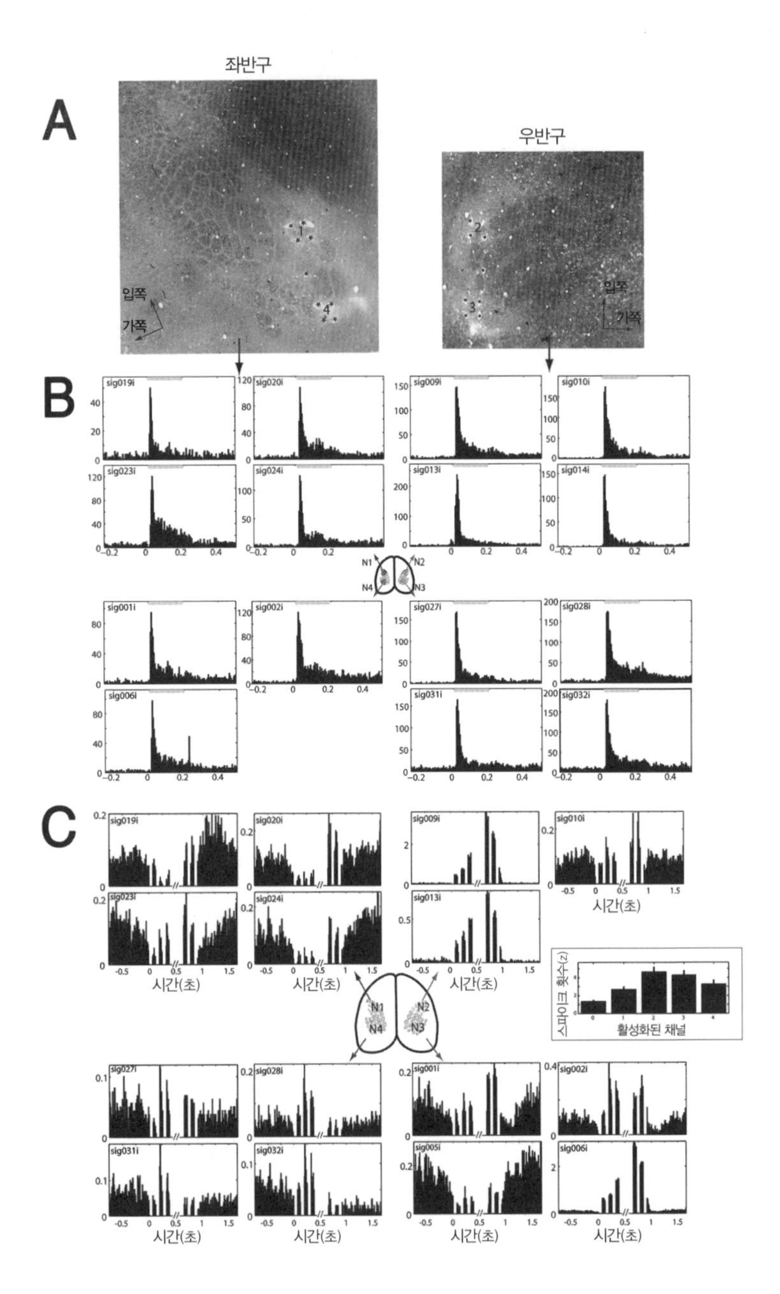
A
좌반구
우반구
입쪽
가쪽
B
sig019i
sig020i
sig009i
sig010i
sig023i
sig024i
sig013i
sig014i
N1
N2
N3
N4
sig001i
sig002i
sig027i
sig028i
sig006i
sig031i
sig032i
C
시간(초)
스파이크 횟수(z)
활성화된 채널
sig005i

그림 4-3 전기자극을 일차체성감각겉질(S1)로 전달하는 적외선 신경보철장치(아래 칸, C)를 식립한 쥐에서 체성감각겉질(S1, A)에 있는 개별 뉴런이 수염에 가해진 기계적 자극(위 칸, B)과 적외선 광원에 모두 반응한다. A: 한 쥐의 양쪽 반구 겉질 절단면에서 전극의 위치가 보인다. 별표는 전극 임플란트의 위치를 나타낸다. B: 같은 동물에서 기계적으로 수염을 자극하자 15개의 S1 뉴런에서 대단히 활발한 감각 유발 반응이 나타나고, 이것이 자극주변시간 막대그래프peri-stimulus time histograms(PSTH)에서 신경 전기활성의 명확한 정점으로 잘 나타나고 있다. 이런 촉각 신경 유발 반응은 쥐를 적외선 식별 과제로 훈련한 이후에 얻었다. PSTH 한 칸의 폭은 1밀리초다. C: PSTH에 연속적 적외선 자극에 대한 S1 뉴런의 전기 반응이 나타나 있다. 화살표는 S1 겉질 속 뉴런들의 위치를 말해준다. 오른쪽 그래프는 활성화된 자극 채널의 수에 대한 함수인 스파이크 횟수 z를 보여준다. 이것은 두 채널이 공동으로 활성화되었을 때 최대 반응이 나타나는 전형적인 프로필에 해당한다. (허락을 받아 수정. K. Hartmann, E. E. Thomson, R. Yun, P. Mullen, J. Canarick, A. Huh, and M. A. Nicolelis, "Embedding a Novel Representation of Infrared Light in the Adult Rat Somatosensory Cortex through a Sensory Neuroprosthesis," *Journal of Neuroscience* 36, no. 8 [February 2016]: 2406-24.)

위해 이루어진 기나긴 과학적 발견이 낳은 구체적인 결과에 해당한다.

뇌 회로에 대해 느끼는 이런 매력은 현대 신경과학의 기반이 세워졌을 때부터 존재했다. 이것을 추적하기 시작한 핵심적인 인물 중 한 명은 19세기 영국의 천재 토머스 영Thomas Young이었다. 박식가였던 그는 여러 업적을 남겼지만 그중에서도 이중슬릿 실험double-slit experiment을 통해 빛이 파동의 속성을 갖고 있음을 입증해 보였다. 영은 신경과학이라는 분야의 이름이 생기기도 전에 신경과학 연구에 뛰어들었다. 그런 활동 중 하나가 색각color vision을 설명하기 위해 제안한 삼원색 이론trichromatic hypothesis이었다. 영은 사람의 망막에 들어 있는 각각의 색수용체가 부분적으로 겹치는 빛의 파장 범위에 반응한다면 세 가지 유형의 색수용체만으로 어떤 색이라도 부호화할 수 있다고 상정했다. 영의 이론에 따르면 그 이유는 이 세 가지 망막 색수용체 각각의 색 반응 프로필이 서로 다른 최대반응 정점(주어진 식에 최대의 반응을 나타낸다는 의미)을 갖는 종모양 곡선을 따르고, 반응 범위들이 부분적으로 겹치기 때문이다(그림 4-4). 이 후자의 속성은 각각의 수용체가 다른 색에도 강도는 약하지만 반응을 보이리라는 것을 말해준다. 시간이 흐른 뒤에 밝혀졌듯이, 영은 실제 망막으로 그 조직학적 구성을 조사해보지 않은 채로 예측했음에도 모든 면에서 옳았다.

영의 뉴런 기능 모형은 신경계의 뉴런집단 기반 모형neuronal population-based model, 혹은 분산주의자 모형distributionist model의 첫 사례다. 기본적으로 이 모형은 뇌의 어떤 기능이든 여러 뇌 영역에 분산되어 있는 수많은 뉴런의 공동 작업이 필요하다고 주장한다. 다른 해석도 있다. 개별 뇌 영역이 특정 신경학적 기능을 담당한다는 주장으로, 이것은 국지주의자 모형localizationist model으로 알려져 있다. 나는 전작《뇌의 미래Beyond Boundaries》에서 200년에 걸친 분산주의자 모형과 국지주의자 모형 사이의 투쟁을 꼼꼼하게 재구성해놓았다. 여기서는 인간의 뇌가 그런 경이로운 일들을 할 수 있는 이유에 대해 두 모형 중 어느 쪽이 더 잘 설명할 수 있는지 판단하는 데 두 세기나 걸렸다는 점만 짚고 넘어가면 족하지 않을까 싶다.

분산주의자 모형을 더욱 확실하게 뒷받침해주는 증거는 지난 30년 사이에 나왔다. 이때가 되어서야 신경과학자들이 자유

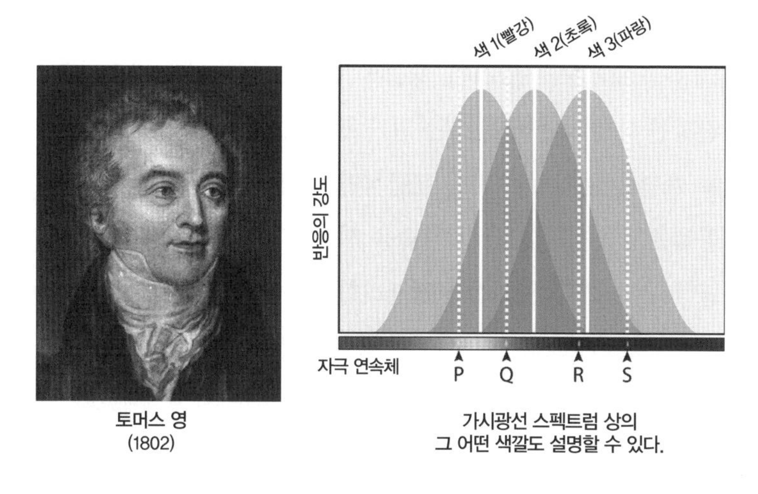

그림 4-4 토머스 영의 고전적 삼원색 이론에 대한 도해. (허락을 받아 올림. M. A. L. Nicolelis, "Brain–Machine Interfaces to Restore Motor Function and Probe Neural Circuits," *Nature Reviews Neuroscience* 4, no. 5 [May 2003]: 417–22. 토머스 영의 초상화 ©National Portrait Gallery, London.)

롭게 움직이는 동물이나 사람에서 뇌 회로의 신경생리학적 속성을 자세히 조사할 기술적 도구를 확보할 수 있었기 때문이다. 사실 새로운 신경생리학적 방법이 도입되고, 지난 20년 동안 다양한 뇌 영상 촬영 기술이 등장한 덕분에 단일 뉴런에 집중하던 현대 신경과학의 연구 초점이 점점 더 뇌의 진짜 임무를 수행하는 방대한 신경회로를 정의하는 상호 연결된 뉴런 집단으로 옮겨가고 있다. 이런 면에서 보면 2018년 중반인 지금 마침내 인간 뇌에 대한 영의 관점이 최종적인 승리를 거두었다고 선언할 수 있을 듯하다.

동물 뇌의 속성을 조사하기 위해 채용된 신기술 중에 만성 다중위치 다중전극 기록chronic, multisite, multielectrode recordings(CMMR)으로 알려진 방법은 인간을 비롯한 포유류 뇌의 진정한 기능적 단위는 분산된 뉴런 집단으로 정의할 수 있다는 개념을 지지하는 가장 포괄적인 신경생리학적 데이터를 제공해주고 있다. 나도 이 기술을 사용해본 경험이 꽤 있다. 지난 50년간 가장 위대한 신경생리학자 중 한 명인 미국의 존 채핀John K. Chapin의 연구실에서 박사후과정을 밟으며 보낸 5년 동안 나의 주 임무는 행동을 하고 있는 쥐에서 이 새로운 방법을 사용할 수 있는 첫 번째 버전을 개발해 적용하는 것이었다. 이 모든 연구 덕분에, 그리고 내 연구실에서 일하는 다른 두 세대 신경과학자들의 노력과 전 세계 많은 연구자들의 노력 덕분에 요즘에는 이 신경생리학적 방법을 이용해서 미소전극microelectrode이라는 머리카락처럼 유연한 금속 필라멘트 수백 개를 쥐나 인간을 제외한 영장류의 뇌에 식립할 수 있게 됐다. 운동신경 같은 신경회로는 팔다리 움직임을 만들어내는 데 필요한 고등의 운동계획motor plan을 발생시키는 일을 담당하는데, 이 미소전극을 이용하면 이런 특정 신경회로 안에 들어 있는 2,000개 정도의 개별 뉴런이 만들어내는 활동전위를 동시에 기록할 수 있다. 이런 미소전극을 생산하는 데 사용되는 물질의 특성 덕분에 우리가 연구실에서 수행하고 있는 다중전극 신경 기록은 몇 달(쥐에서), 심지어는 몇 년(원숭이에서)에 걸쳐 끊임 없이 진행할 수 있다. 이런 중요한 기술적 특성 덕분에 우리는 동물이 새로운 과제를 학습하는 동안의 전기적 뇌 활성을 추적하는 데서 그치지 않고, 이런 학습 기간 동안 뇌가소성이 어떻게 발현되는지도 관찰할 수 있다.

이 기술은 뇌-기계 인터페이스에 관한 내 연구에서도 무척 중요한 것으로 판명되었다(그림 4-5). 나는 약 20년 전에 존 채핀의 연구실에서 그와 함께 뇌-기계 인터페이스 연구 분야를 개척한 바 있다. 이 패러다임에서는 서로 연결된 하나나 다수의 겉질 영역에 자리 잡고 있는 뉴런 집단의 집단적 전기활성 기록을 로봇팔이나 로봇다리, 심지어는 가상 신체 같은 인공장치의 운동을 조절하는 데 필요한 운동 정보의 소스로 사용한다. 기록된 뇌 신호를 실시간 계산 인터페이스를 사용해서 일련의 수학적 모형에 입력하여 특별히 설계된 계산 알고리즘으로 번역하는 것이다. 그러면 이 알고리즘은 뇌의 전기활성으로부터 운동 명령을 추출해서 그것을 인공 장치가 이해할 수 있는 디지털 통제 신호로 변환해준다. 이런 접근방식이 개발됨에 따라 그로부터 10년 후에 다시 걷기 프로젝트로 직접 자라날 씨앗을 심게 됐다.

20년에 걸친 뇌-기계 인터페이스에 관한 연구를 통해 쥐, 원숭이, 심지어 사람처럼 자유롭게 행동하는 동물에서 뇌 회로가 어떻게 작동하는지에 관한 실험 데이터가 대량으로 축적되었다. 이런 연구 결과들은 불과 20년 전의 신경과학자들 대다수가 생각했던 그 어떤 것과도 다른, 겉질에 대한 동역학적 관점을 뒷받침하고 있다.

듀크대학교의 내 연구실에서 25년 넘게 수행한 동시 신경 기

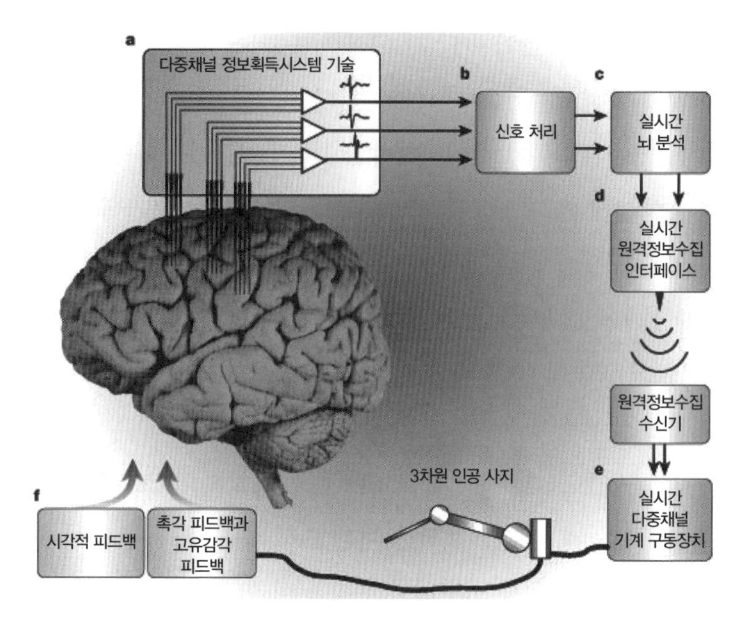

그림 4-5 전형적인 뇌-기계 인터페이스. (허락을 받아 올림. M. A. Lebedev and M. A. Nicolelis, "Brain–Machine Interfaces: From Basic Science to Neuroprostheses and Neurorehabilitation," *Physiological Reviews* 97, no. 2 [April 2017]: 767–837.)

록 분석을 바탕으로 나는 신경생리학적 규칙을 열거하기 시작했다. 인간 뇌의 동역학적 근원을 기술하기 위해 나는 이것을 신경-앙상블 생리학의 원리principles of neural-ensemble physiology라고 부른다.

이 원리의 제일 위에는 '분산의 원리distributed principle'가 있다. 이 원리는 우리가 발견한 원리처럼 복잡한 동물의 뇌가 만들어내는 모든 기능과 행동은 중추신경계 여러 영역에 걸쳐 분산되어 있는 거대한 뉴런 앙상블의 조화로운 작업에 의해 생겨난다는 원리다. 우리가 설정한 실험에서는 원숭이를 훈련시켜 뇌-기계 인터페이스를 이용해서 자신의 몸에는 어떤 명시적 운동도 일으키지 않으면서 전기적 뇌 활성으로만 로봇팔의 움직임을 통제하도록 하는 실험을 통해 이 분산의 원리가 분명하게 입증되었다. 이 실험에서 동물들은 겉질 뉴런 집단의 결합된 전기적 활성을 인터페이스에 입력해주었을 때만 성공을 거둘 수 있었다. 단일 뉴런, 혹은 소규모 표본의 뉴런만을 운동제어 신호의 소스로 사용해서 인터페이스에 입력하려 하면 정확한 로봇팔 운동이 만들어지지 않았다. 더군다나 양쪽 뇌반구의 이마엽, 심지어는 마루엽의 다양한 영역에 분산되어 있는 뉴런들이 뇌-기계 인터페이스를 통해 이 운동 과제를 실행하는 데 필요한 뉴런 집단에 크게 참여할 수 있다는 것을 알아냈다.

이런 결과들을 더욱 수량화해보면 두 번째 원리인 '신경 분량의 원리neural-mass principle'로 이어진다. 이 원리는 겉질 뉴런 집단이 우리의 뇌-기계 인터페이스가 로봇팔의 운동을 만들어내기 위해 생산하는 운동 출력 같은 행동 매개변수behavioral parameter를 부호화하는 데 대한 기여는 그 집단에 추가된 뉴런 수의 로그 함수를 따라 커진다는 것이다. 겉질 영역들이 전문화 수준이 각기 달랐기 때문에 로그 관계도 영역마다 다양하게 나타났다(그림 4-6). 이 발견은 이 모든 겉질 영역이 생각만으로 로봇팔을 움직인다는 최종 목표에 어떤 의미 있는 정보를 기여할 수 있음을 말하고 있어, 분산의 원리를 뒷받침하고 있다.

'다중작업의 원리multitasking principle'는 단일 뉴런에 의해 생

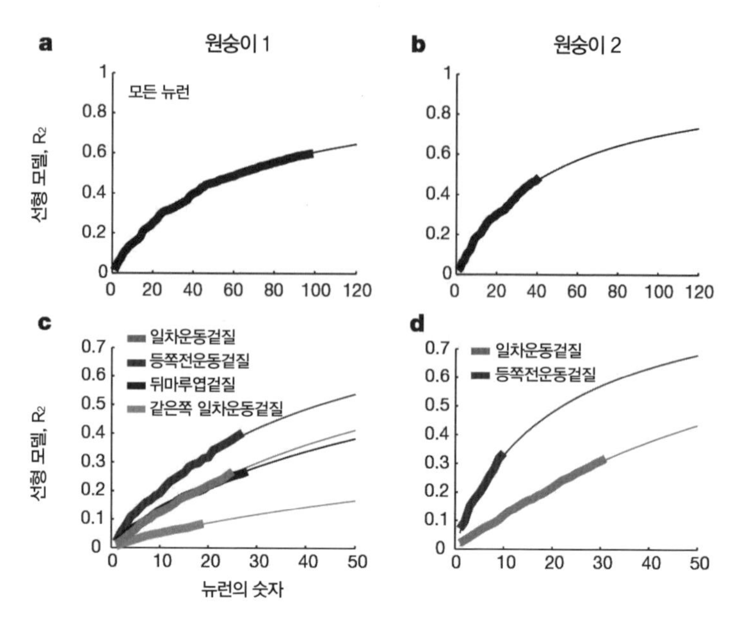

그림 4-6 선형 해독기linear decoder를 통한 팔 운동 예측의 정확도와 관련된 뉴런 제거 곡선neuronal dropping curve(NCD)의 사례. 해독의 정확도는 결정계수coefficient of determination R_2로 측정했다. NCD는 R_2를 뉴런 앙상블 크기의 함수로 나타낸다. 이 곡선은 전체 뉴런 집단에 대한 R_2를 계산한 다음, 집단에서 뉴런을 하나 제거한 후 R_2를 다시 계산하는 식으로 뉴런이 하나만 남을 때까지 반복 진행하여 작성했다. (J. C. Wess- berg, C. R. Stambaugh, J. D. Kralik, P. D. Beck, M. Laubach, J. K. Chapin, J. Kim, et al. "Real-Time Prediction of Hand Trajectory by Ensembles of Cortical Neurons in Primates," *Nature* 408, no. 6810 [November 2000]: 361–65.)

성되는 전기적 활성이 동시에 여러 신경 앙상블의 작동에 기여할 수 있다는 원리다. 즉, 개별 뉴런이 몇몇 뇌 기능이나 행동 매개변수의 부호화와 계산에 관여하는 여러 회로에 한꺼번에 참여할 수 있다는 것이다. 예를 들어 위에 설명했던 BMI 실험에서 보면, 똑같은 겉질 뉴런이 두 가지 별개의 운동 매개변수 생성에 동시에 기여할 수 있다. 즉, 팔 운동의 방향을 계산하는 과제와 손으로 움켜쥐는 정확한 힘을 생산하는 과제에 동시에 참여한다는 의미다.

'신경 축중縮重의 원리neural-degeneracy principle'는 팔을 뻗어 물컵을 잡는 등의 행동이 동일한 행동이라도 시간에 따라 서로 다른 겉질 뉴런의 조합으로 만들어질 수 있다는 원리를 말한다. 이런 현상은 단일 겉질 영역 안에서도 일어날 수 있고, 여러 겉질 영역에 걸쳐 일어날 수도 있다. 운동 행위가 바닥핵basal ganglia, 시상, 소뇌 같은 겉질아래 구조물의 집합은 물론이고 몇몇 겉질 영역들 간의 조화로운 활성을 필요로 할 수 있기 때문이다. 바꿔 말하면 겉질 영역 안에서, 그리고 겉질 영역들 사이에서 함께 작동하는 겉질 뉴런들의 다양한 조합이 서로 다른 시간에 똑같은 행동 결과를 낳을 수 있다는 것이다. 오른팔을 들어올리는 동작이나 다른 어떤 동작도, 그 동작의 통제를 담당하는 뉴런 활성 패턴은 고정되어 있지 않다. 사실 우리 연구실에서 얻은 일부 예비 증거는 같은 동작을 같은 뉴런 조합이 반복해서 만들어내는 경우는 결코 없음을 암시하고 있다.

몇 년 전에 나는 뇌가 어떻게 겉질의 방대한 영역 여기저기에 분산되어 있는 수많은 겉질 뉴런을 동원하고 연합시켜 특정한 신체 행동을 생성하는지 설명할 모형을 생각해냈다. 어떤 행위가 주어졌을 때 그 행위에 잠재적으로 참여할 수 있는 수억 개 규모의 거대한 겉질 뉴런 초기 풀pool이 존재한다. 그중에서 몇천에서 몇백만 개 정도의 뉴런만 운동 생성에 필요한 모든 매개변수를 계산하는 데 실제로 참여하게 될 것이다. 이렇게 규모를 축소해서 뉴런을 동원하는 일이 순간적으로 동시에 일어나는 것은 아니다. 이 과정은 수의적인 겉질 운동 프로그램을 계획하고 정의하고 운동의 실행을 담당할 겉질아래 구조물에 알리는 데 필요한 수백 밀리초의 시간 내내 일어난다. 나는 이것을 실험 참가자가 어떤 명시적인 몸의 운동을 만들어내기 전에 뇌가 겉질 내부에 '임시 유기 컴퓨터temporary organic computer'를 만들어내는 것이라 생각한다. 하지만 매 순간 이 겉질내 유기 컴퓨터의 뉴런 조성은 현저하게 바뀐다. 시시각각 상황이 달라져서 앞에서 운동 과제 프로그램 계산에 참여했던 뉴런 중 일부 혹은 전부가 다시 새로운 과제에 참여할 상황이 안 될 수 있기 때문이다. 어떤 뉴런은 불응기refractory period로 휴식에 들어가 몇 밀리초 동안은 전기 흥분을 발화하지 못할 수도 있고, 어떤 뉴런은 다른 뉴런에 의해 억제될 수도 있고, 어떤 뉴런은 이 아날로그 겉질 컴퓨터에 마지막으로 참여한 후에 죽었을 수도 있다.

이렇듯 뉴런들이 그때그때 즉석에서 조합되는 방식은 겉질의 분산식 운영 모드에서 나타나는 특징인 동역학적 활력에 또 다른 차원을 더해준다. 이런 과정은 유연성 측면에서 엄청난 이득을 보여주는 사례인데, 내가 보기에 이런 이득은 진화가 뇌에서 집단/분산 부호화를 선호한 이유뿐만 아니라, 진화가 단백질과 유전자에서 세포와 조직, 그리고 주어진 종 개체 간의 사회적 상호작용의 수준에 이르기까지 생물학적 시스템

조직화의 여러 수준에 걸쳐 그런 분산식 작동 방식을 선택한 이유도 설명해준다. 새겉질이라는 구체적인 사례를 보자. 분산식 신경 부호화 덕분에 우리는 운동을 생성하거나 자극을 인지하는 과제에 참여하는 겉질 조직이 상당 부분 질병이나 외상에 의해 파괴된 이후에도 그런 과제를 계속 이어갈 수 있다. 바꿔 말하면 분산식 신경 부호화 전략은 끔찍한 고장에 대비할 훌륭한 보호막 역할을 해준다는 것이다. 실제로 나는 의대에 있을 때 뇌졸중으로 겉질의 회백질을 부분적으로 상실하고도 이런 끔찍한 일을 겪었을 때 생길 거라 일반적으로 생각하는 임상적 운동 장애 증상이 전혀 나타나지 않은 환자들을 봤다. 공교롭게도 전형적인 뇌졸중 증상을 나타내는 환자들은 보통 광범위한 회백질뿐만 아니라, 그 아래 백질까지도 함께 손상을 입은 경우가 많다. 이것이 의미하는 바는 운동 계획과 실행에 관여하는 방대한 겉질 회로들을 이어주는 연결성에 문제가 생기면 상황이 정말로 안 좋아진다는 것이다. 하지만 뇌졸중이 국소화된 작은 겉질 회백질 영역에만 국한되어 있는 경우, 일차운동겉질이 완전히 파괴된 것이 아닌 한, 환자들은 어느 정도 정상적으로 팔다리를 움직일 수도 있다.

그다음 원리는 '맥락의 원리context principle'이다. 이것은 어느 시점에서든 뇌로 유입되는 감각 자극에 어떻게 반응할 것인지는 뇌의 전체적인 내적 상태가 결정한다는 원리다. 어떤 면에서 보면 맥락의 원리는 신경 축중의 원리와 상호 보완적이라 할 수 있다. 왜냐하면 이 원리는 뇌의 서로 다른 내적 상태 동안에(동물이 완전히 깨어 있을 때와 자고 있거나 마취에 들어가 있을 때) 똑같은 뉴런이 유입되는 감각 자극(예를 들면 쥐의 경우 수염 건들기)에 완전히 별개의 방식으로 반응하는 이유가 무엇이며, 어떻게 그런 일이 일어나는지 설명하기 때문이다.

어떤 사람에게는 이것이 당연한 이야기로 들릴 수 있지만 신경생리학적 관점에서 맥락의 원리를 엄격하게 입증해 보이기 위해서는 대단히 많은 연구가 필요했다. 그리고 이것은 중요한 연구 결과였다. 이것을 살짝 다르게 표현하면, 맥락의 원리는 기본적으로 뇌가 외부 세계에서 일어난 임의의 새로운 사건에 대해 '자체적 관점'에 의지해서 판단을 내린다고 가정하고 있기 때문이다. 내 정의에 따르면, '뇌의 관점'이라는 것은 일련의 기여 요소와 상호작용하는 요인들에 의해 결정된다. 이런 요인에는 다음의 것들이 있다. 먼저 해당 주제에 관해 축적된 진화적·개별적 지각의 역사인데, 이것은 뇌가 기존에 여러 차례 접해본 유사한 자극 및 유사하지 않은 자극에 대한 경험을 요약하고 있다. 그리고 새로운 자극과 접촉하는 순간 뇌 내부의 특정한 동역학적 상태, 접촉이 일어나기 직전에 뇌가 설정해놓은 내적 기대, 잠재적 유입 자극과 관련된 감정적·쾌락적 가치, 주어진 자극을 표본 추출하기 위해 눈, 손, 머리, 몸의 운동을 조정하는 형태로 발현되는 탐사 운동 프로그램이 있다.

여러 해에 걸쳐 우리 연구실에서는 동물 연구를 통해 뇌가 내적으로 갖고 있는 현실 모형이 발현되는 것을 상세히 기록해왔다. 예를 들어 쥐 실험에서 우리는 쥐가 능동적인 촉각 식별 과제를 수행하고 있을 때 쥐의 체성감각계를 정의하는 대부분의 겉질 구조물과 겉질아래 구조물 전반에 걸쳐 '예상성anticipatory' 뉴런 전기활성이 발생하는 것을 입증해 보였다. 이 예상성 뉴런 활성은 쥐가 수염을 이용해서 물체를 건드리기 시작하기 전에 단일 뉴런의 발화 빈도firing rate에 큰 증가나 감소가 일어나는 것으로 나타난다(그림 4-7). 넓게 퍼져 있는 이 예상성 뉴런 활성 안에서 과제 수행에 필요한 몸의 운동을 계획하는 것과 관련된 신호뿐만 아니라, 쥐가 수염을 이용해 외부 세계를 탐험하면서 접하게 될 것에 대한 기대와 관련된 뇌의 신호도 확인할 수 있다. 이 후자의 요소에는 물체의 촉각적 속성에 대한 기대와 쥐가 이 촉각 식별 과제를 성공적으로 마무리했을 때 받게 될 보상의 양에 관한 기대가 모두 포함된다. 나는 이 예상성 활성은 쥐의 뇌가 갖고 있는 자체적 관점이 가까운 미래에 자신이 접하리라 예상하는 것들에 대해 폭넓게 초기 가설을 수립하는 과정을 그리고 있는 것이라고 본다. 이런 관점을 뒷받침해주는 실험이 있다. 우리 연구실에서 최근에 원숭이로 추가적으로 연구를 진행해보았는데, 과제 실험이 마무리되었을 때 주는 보상의 양을 바꿔서 원숭이의 뇌가 같은 실험을 시작할 때 처음 예상한 것과 분명한 불일치를 만들어내면 개별적인 겉질 뉴런들이 뇌가 예상한 것으로부터의 이런 일탈에 반응해서 발화 빈도를 현저하게 변화시키는 경향이 나타났다. 이런 '뉴런의 놀람neuronal surprise'이 비슷한 실험 조건에서 여러 다른 뇌 영역에서도 보고되었다. 많은 신경과학자의 관점에 따

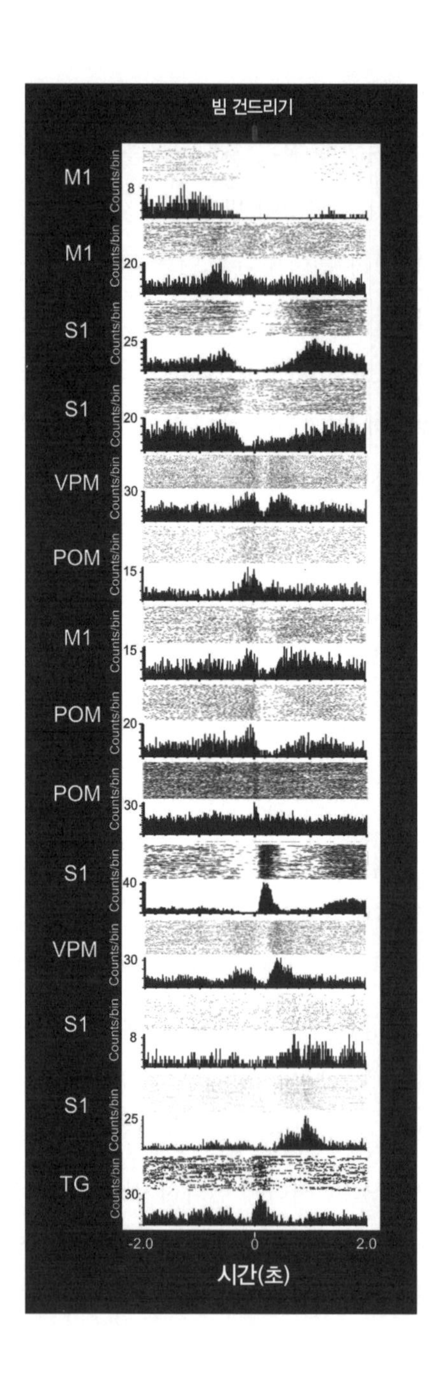
빔 건드리기
M1
M1
S1
S1
VPM
POM
M1
POM
POM
S1
VPM
S1
S1
TG
Counts/bin
8
20
25
20
30
15
15
20
30
40
30
8
25
30
-2.0
0
2.0
시간(초)

그림 4-7 쥐의 체성감각 신경로의 서로 다른 처리 수준에 위치한 개별 뉴런들이 쥐 수염이 한 쌍의 측면 막대와 접촉하기 전에 광범위한 예상성 발화 조절(발화를 늘리거나 줄이거나)을 나타낸다. 과제 실험 기간 전체에 걸쳐 겉질 구조물과 겉질아래 구조물에서 뉴런 발화 활성이 증가하거나 감소하는 서로 다른 시기를 보여주기 위해 PSTH를 이용했다. 시간 0은 쥐가 식별 막대 바로 앞에 장착된 빔을 건드리는 시간에 해당한다. 일차운동겉질(M1)과 일차체성감각겉질(S1)에서 기록된 네 개의 뉴런은 실험이 시작되기 전에 예상성 발화 활성이 증가하는 시기를 보여준다. 문이 열리자마자 이 뉴런 중 세 개는 발화가 현저하게 줄어들었다. 이런 활성 감소가 개시되는 시간은 다른 뉴런(예를 들면 일차체성감각겉질 S1의 뉴런. 10번째 칸)에서 관찰되는 발화 증가의 시작과 맞아떨어진다. 이것은 실험의 준비 단계에서 M1이 담당하는 초기 역할이 있으며, 문이 열릴 때 초기 예상성 활성과 관련이 있는 M1과 S1 양쪽의 두 번째 유형의 세포가 그 뒤를 따른다는 것을 암시한다(약 0.5초). 쥐가 문에서 식별 막대 쪽으로 움직임에 따라 시상(겉질아래 구조물)의 배뒤안쪽핵ventral posterior medial nucleus(VPM)과 뒤안쪽핵posterior medial nucleus(POM)과 M1(5, 6, 7, 8번째 칸)의 예상성 세포에서 활성이 급격한 증가를 보이다가 수염이 막대에 접촉하는 순간(시간 0) 멈춘다. 이 예상성 세포 집단의 활성이 감소하면서 POM, S1, VPM(9번에서 11번째 칸)의 다른 뉴런 하부집단이 발화 활성의 증가를 보인다. 이 시기는 쥐의 수염이 식별 막대에서 표본 추출을 할 때와 일치한다. 또한 쥐의 수염이 중앙의 코 구멍을 건드리고 쥐가 보상 포트 중 하나를 선택하면 S1(12, 13번째 칸)에서 발화 증가가 관찰되었다. 14번째 칸은 수염 모낭을 신경지배하는 세포인 3차신경절trigeminal ganglion(TG) 뉴런이 수염 하나가 기계적으로 위치 이동한 것에 대해 어떻게 격한 반응을 나타내는지 보여준다. (허락을 받아 발췌. M. Pais-Vieira, M. A. Lebedev, and M. A. Nicolelis, "Simultaneous Top-Down Modulation of the Primary Somatosensory Cortex and Thalamic Nuclei during Active Tactile Discrimination," *Journal of Neuroscience* 33, no. 9 [February 2013]: 4076-93.)

르면 뉴런 발화 빈도에서 나타나는 이런 보상 후 변화는 뇌가 원래 일어나리라고 예상했던 내용과 과제 실험이 마무리되고 실제로 일어난 보상에서 나타난 일탈을 나타낸다. 하지만 일단 이런 불일치가 발생하고 나면 뇌는 새로운 정보를 이용해서 내적 관점을 재구성함으로써 다음 실험에 대한 예상을 업그레이드할 수 있다.

따라서 내가 말하려는 바는, 뇌는 매 순간 수집되는 정보를

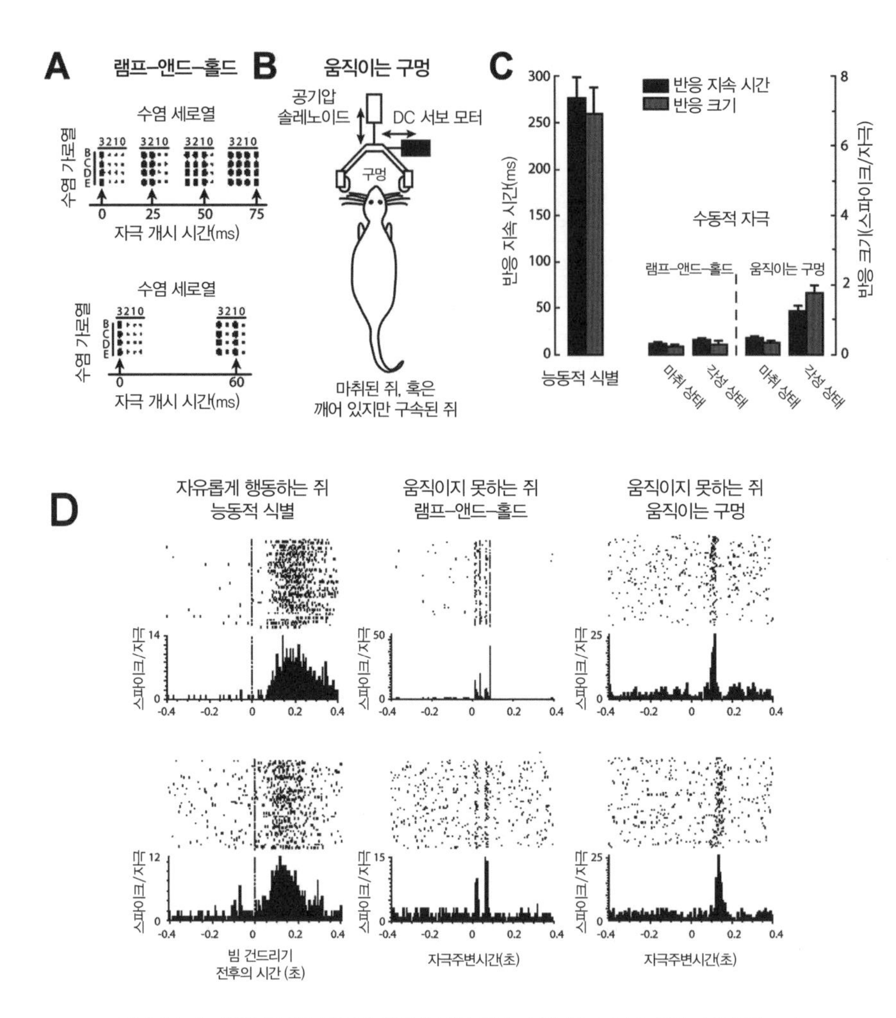

그림 4-8 A: 위쪽 그림은 마취된 쥐에게 가한 다중 수염 램프-앤드-홀드 수동자극multi-whisker ramp-and-hold passive stimuli의 패턴을 보여준다. 크고 검은 점은 특정 수염을 자극한 것을 나타낸다. 위쪽 방향 화살표는 자극의 개시를 보여준다. 아래 그림은 깨어 있지만 구속된 쥐의 자극 패턴을 보여준다. B: 움직이는 구멍을 통해 자극을 가하는 그림. 공기압 솔레노이드를 이용해 구멍을 수염을 가로질러 가속시킨다(개시와 속도는 가변적으로). 또한 능동적으로 식별 과제를 수행하는 동안에 일어나는 다양한 수염 꺾임의 역학을 정확하게 재현하기 위해 다양한 양으로 측면으로도 동시에 꺾이게 한다. C: 능동적으로 탐색하는 동안에 유발된, 그리고 마취된 쥐나 깨어 있지만 구속되어 있는 쥐에 서로 다른 수동적 자극을 가해

서 유발된 평균 흥분성 반응 지속 기간(왼쪽 Y축)과 크기(오른쪽 Y축). D: 왼쪽 패널: 쥐가 능동적 식별 과제를 수행하는 동안의 장기적인 긴장성 활성화tonic activation를 보여주는 S1 겉질의 대표적 뉴런 반응. 패널의 위쪽 그림은 래스터 그래프raster plot로, 각각의 선은 기록 시간 동안에 이루어진 연속적 실험을 나타내고, 각각의 점은 단위 스파이크unit spike다. 각각의 패널의 아래 그림은 5-ms 빈bin에 모든 실험의 뉴런 활성 합계를 표현한 PSTH를 보여주고 있다. 시간 0 지점은 쥐가 구멍에서 나오는 빔을 건드린 순간을 나타낸다. 중간 패널은 가벼운 마취 상태에 들어간 쥐에서 수염 16개를 수동적 램프-앤드-홀드 자극을 가해서 유발된 뉴런 반응이다. 시간 0 지점은 자극 개시를 나타낸다. 오른쪽 패널은 깨어 있지만 구속된 쥐의 움직이는 구멍 자극에 의해 유발된 뉴런 반응이다(시간 0 지점은 구멍의 움직임이 개시된 순간을 나타낸다). (허락을 받아서 발췌. D. J. Krupa, M. C. Wiest, M. G. Shuler, M. Laubach, and M. A. Nicolelis, "Layer-Specific Somatosensory Cortical Activation during Active Tactile Discrimination," *Science* 304, no. 5679 [June 2004]: 1989-92.)

자신이 평생에 걸쳐 축적한 경험과 비교해봄으로써 자신의 내적 관점을 지속적으로 개조하고 업데이트해서 주변 세상의 통계학에 관한 자신의 뉴런 기반 모형을 가다듬는다는 것이다. 인간의 경우에는 이 과정에서 자신의 자기감도 지속적으로 업데이트한다.

맥락의 원리를 그림 4-8에서 분명하게 확인해볼 수 있다. 그림 4-8은 쥐가 마취되어 있는 경우, 완전히 의식은 있지만 움직일 수는 없는 경우, 움직이면서 자신의 수염을 이용해 능동적으로 같은 대상에 대해 표본을 추출하고 있는 경우로 나누어 각각의 경우에서 쥐의 수염에 동등한 기계적 자극을 가했을 때 쥐의 체성감각겉질에 있는 동일한 개별 뉴런이 어떻게 다르게 반응하는지 보여준다. 쥐의 일차체성감각겉질에 들어 있는 동일한 겉질 뉴런이 비슷한 촉각 자극에 반응하는 방식이 이렇게 현저한 차이를 보이는 이유는 세 가지 실험 조건 각각에서 뇌의 자체적 관점이 극적으로 다르게 표현되기 때문이다. 완전히 마취되어 있는 경우에는 뇌의 관점이 아예 존재하지 않았다가, 동일한 쥐가 깨어 있지만 움직일 수 없는 경우에는 표현의 수준이 달라지고, 쥐가 자유롭게 돌아다니면서 마음대로 물체를 탐험할 수 있는 경우에는 표현 능력이 극대화된다.

전체적으로 보면 맥락의 원리를 입증함으로써 내가 이 책에서 소개하는 뇌 기능 모형과 고전적인 이론 사이의 근본적 차이를 설명할 수 있다. 예를 들어 그림 4-9에 나오는 피라미드 그래프는 원래 깊이 마취된 동물에서 얻은 데이터에서 이끌어낸 고전적인 허블-비셀 시각 모형과 오롯이 깨어서 자유롭게 움직이는 동물에서 수집한 신경생리학적 데이터에서 이끌어낸 나의 상대론적 뇌 이론을 비교하고 있다.

우리의 증강 쥐 실험으로 다시 돌아가보자. 이제 나는 이렇게 말할 수 있다. 녀석들의 뇌가 갖고 있는 자체적 관점에서 급진적인 업데이트가 일어나 사이보그 쥐가 자신의 체성감각겉질에 배달된 적외선 신호를 해석하는 법을 학습할 수 있었던 것이라고 말이다. 하지만 일단 이 뇌의 자체적 관점이 업데이트되고 나자 녀석들은 적외선의 '촉각'이 타고난 지각 능력의 레퍼토리에 포함되어 있는 것처럼 행동했다. 이것이 본질적으로 암시하는 바는 일단 뇌의 자체적 관점이 업데이트되어 일련의 새로운 세상의 통계를 포함하게 되면, 한때는 예상 밖의 특이한 것으로 여겨졌던 것, 예를 들면 보이지 않았던 적외선을

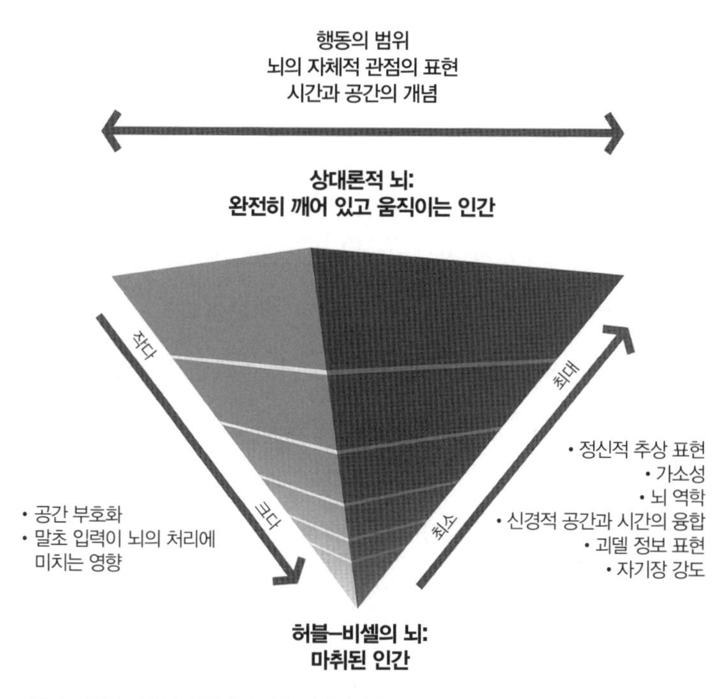

그림 4-9 깊이 마취된 동물에서 얻은 데이터에서 이끌어낸 데이비드 허블과 토르스텐 비셀의 시각 모형과 상대론적 뇌 이론의 주요 원리를 비교하는 피라미드 그래프. (그림: 쿠스토디우 로사.)

촉각으로 감지하는 것이 뇌가 만들어낸 새로운 버전의 실재 중 일부로 자리 잡게 된다는 것이다.

신경회로의 놀라운 유연성의 밑바탕에는 뇌가소성이라는 현상이 자리 잡고 있다. 이 정교한 속성은 학습과 적응을 가능하게 할 뿐만 아니라 뇌와 컴퓨터 시스템 사이에 건널 수 없는 심오한 간극을 만들어낸다. 동물의 뇌가 자신의 미세구조를 끝없이 조정하며 새로운 경험에 반응해서 기능할 수 있는 것은 가소성 덕분이다. '가소성의 원리'에 따르면 세상에 대한 뇌의 내적 표상, 그리고 심지어는 우리 자신의 자기감까지도 평생 끝없이 요동치는 상태로 남아 있다. 우리가 죽는 날까지도 학습 능력을 유지할 수 있는 것은 바로 이 원리 덕분이다. 예를 들면 시각장애 환자에서 시각겉질visual cortex의 뉴런들이 촉각에 반응할 수 있는 이유도 이것으로 설명할 수 있다.

초기 발달 과정에서 뇌가소성은 진정 놀라운 과업을 달성할 수 있다. 예를 들어 라스무센 증후군Rasmussen's syndrome이라는 뇌의 자가면역성 염증으로 고통받는 아기는 대뇌반구 전체에 불치의 손상을 입을 수 있다. 그 결과 이 아이는 약물에 반응하지 않는 뇌전증 발작을 앓을 수 있다. 이런 경우 문제가 생긴 대뇌반구를 완전히 제거하는 것 말고는 치료법이 없을 때가 있다. 그럼 이런 치료를 받은 아이는 심각한 신경학적 결함을 갖게 될 것처럼 보인다. 사실 이런 치료법을 처음 시도한 의사들도 그렇게 예상했다. 그런데 수술이 출생 후 충분히 빠른 시기에 이루어지기만 한다면 이런 아동들 대부분은 자라서 거의 정상적인 삶을 살게 된다. 사실 이런 아동들이 성인이 되었을 때 외부 사람이 이들을 만나면 이 사람이 말 그대로 대뇌반구 한쪽이 통째로 없다는 것을 절대 알아차리지 못할 것이다. 외상에 대한 뇌의 적응 능력은 이 정도로 막강하다. 때로는 교통사고를 당해 무의식 상태로 병원에 실려 와서 응급으로 머리 촬영을 한 후에야 그 환자의 머리뼈 속에 커다란 공간이 있는 것을 발견하고 크게 놀랄 때도 있다.

가소성이 겉질 영역들을 연결하는 백질 다발에서 발생할 수도 있다. 예를 들어 헤흐트Hecht와 그 동료들이 수행한 어느 연구에서는 참가자 집단에게 구석기시대와 비슷한 석기 제작법을 2년이라는 긴 시간 동안 집중적으로 훈련시키고, 그 전중후로 뇌 영상을 촬영해보았다. 그리고 놀라운 것이 발견되었다. 이런 도구 제작 훈련이 위세로다발과 그 주변부에 대사적·구조적으로 현저한 변화를 유도한 것이다. 이런 변화는 신경 밀도, 신경 직경, 축삭 수초 형성 수준의 변화로 나타났다.

자유롭게 행동하는 설치류와 원숭이에서 우리가 다중전극 기록 실험을 해서 얻은 더욱 놀라운 연구 결과 중 하나는 '에너지 보존의 원리conservation of energy principle'의 발견이었다. 동물이 다양한 과제 수행 방법을 배우는 동안 개별 뉴런의 발화 빈도는 지속적으로 변화한다. 그럼에도 크게 겉질 회로에 걸쳐서 보면 전체적인 전기 활성이 일정하게 유지되는 경향이 있다. 이 부분을 좀더 기술적으로 살펴보면, 주어진 회로(예를 들어 체성감각계)에 속한 수백 개의 뉴런을 포함하는 유사난수pseudo-random 표본의 활동전위 총수는 평균값에서 크게 벗어나지 않고 그 주변을 맴돈다. 이 발견은 이제 생쥐, 쥐, 원숭이 등을 비롯한 몇몇 동물 종의 겉질 영역 여러 곳에서 측정한 기록을 통해 입증된 상태다. 사실 불과 2018년에 세계 제일의 뇌 영상 촬영 전문가 중 한 명이자 내 가장 친한 친구 중 한 명인 듀크대학교의 신경방사선학 교수 앨런 송Allen Song은 사람 뇌의 MRI 영상을 볼 때 산소 소비량과 뉴런 발화가 기저선 이상으로 증가한 영역뿐만 아니라 산소 소비량이 그에 비례해서 줄어든 영역도 확인할 수 있음을 내게 보여주었다. 이는 뇌의 전체적인 에너지 소비 수준이 일정하게 유지된다는 것을 의미한다. 인간에서 이런 발견이 이루어짐에 따라 우리의 동물 신경생리학 실험에서 관찰한 에너지 보존의 원리가 더 확실히 입증되었다.

이 원리가 함축하고 있는 의미는 뇌의 에너지는 예산이 고정되어 있기 때문에 신경회로가 발화 빈도를 일정 한계 안으로 유지해야 한다는 것이다. 따라서 일부 겉질 뉴런들이 특정 감각 자극을 신호로 보내거나 운동이나 다른 행동의 발생에 참여하기 위해 순간적으로 발화 빈도를 올리면 이웃한 다른 세포들은 그에 비례해서 발화 빈도를 낮추어 전체 신경 앙상블의 종합적인 활성이 일정하게 유지될 수 있게 해야 한다.

신경 앙상블의 원리를 요약하기 위해 그림 4-10에서 이런 원리들 간의 잠재적 위계를 표현해놓았다. 바깥 원은 일반 원리를 나타내고, 안으로 들어갈수록 특정 원리를 나타낸다.

나는 거의 30년에 걸친 다중전극 실험을 통해 몇 가지 다른 원리도 유도해냈지만 내가 방금 검토한 내용만으로도 동물 뇌의 복잡한 작동에 관한 종합적 이론을 찾아내려 하는 신경과학자들의 딜레마가 어떤 것인지 기술하기에 충분할 것이다. 분명 주류 신경과학의 고전적 이론 중에서는 지난 30년 동안 다중전극 기록 실험을 통해 등장한 연구 결과를 설명할 수 있는 것이 없다. 우선 이 이론 중 대다수는 뇌의 동역학이라는 개념을 고려하지 않는다. 신경회로가 작동하는 밀리초 단위에서부터 뇌

그림 4-10 신경 앙상블 생리학의 서로 다른 원리들의 위계를 요약해서 보여주는 도표. 바깥쪽 원(에너지 보존의 원리)은 가장 일반적인 원리에 해당한다. 안으로 들어갈수록 일반 원리에서 특정 원리로 이동한다. (그림: 쿠스토디우 로사.)

가소성이 일어나는 시간, 행동을 만들어내는 데 필요한 초와 분 단위 시간 규모에 이르기까지 거의 한 세기 동안 이루어진 뇌 연구에서 뇌의 동역학은 완전히 무시되어왔다. 그래서 뉴런 작동 타이밍에서 나타나는 다양한 발현 양상이 신경과학의 고전적 중심 도그마의 일부로 결코 편입되지 못했다. 신경과학의 중심 도그마는 여전히 세포구축학적 도표cytoarchitectonic diagram, 겉질 지도cortical map, 그리고 끝도 없이 이어지는 특정 뉴런의 튜닝 속성 목록 등 정적인 개념에 지배되고 있다. 더군다나 서로 경쟁하는 뇌 기능에 관한 이론들은 내가 거대 겉질 뉴런 집단의 활성을 기록하면서 찾아낸 다른 원리들을 고려하지 않고 있다.

지난 10년 동안 나는 위에서 요약한 모든 원리와 실험 데이터를 설명해줄 뇌 기능 이론을 공식화하려 했다. 이 새로운 이론의 핵심적 특징은 기능적 전체로 움직이는 겉질의 작동을 제한하는 고정된 공간적 경계가 존재하지 않는 이유를 반드시 설명해야 한다는 것이다. 이 요구에 대해 나는 겉질을 연속체적 실체로 상상하는 것으로 응답했다. 널리 분산되어 있는 뉴런 집단을 앙상블의 일부로 동원함으로써 이 연속체를 따라 신경학적 기능과 행동이 만들어질 수 있는 것이다. 이런 뉴런 앙상블의 작동은 일련의 제약을 통해 한계에 맞닥뜨릴 것이다. 그런 제약으로는 그 종의 진화 역사, 유전적 발달과 출생 후 발달로 결정되는 뇌의 구성, 감각 말초의 상태, 뇌의 내부 동역학 상태, 다른 신체적 제약, 과제의 맥락, 뇌에 가용한 에너지, 그리고 신경 발화의 최대 속도 등이 있다.

뇌 기능에 관한 새로운 이론을 구축할 때 부딪히는 또 다른 중요한 과제는 어떻게 방대한 영역의 겉질 조직들이 자신들의 상호작용을 정교하게 동기화하고 기능적 연속체를 형성하여 뇌가 일상적인 모든 주요 과제를 수행할 수 있는지 설명할 막강한 생리학적 메커니즘을 찾아내는 것이다. 이 때문에 나는 뇌의 백질 루프, 뇌의 다양한 부위들이 서로 소통할 수 있게 해주는 이 생물학적 솔레노이드에서 이런 잠재적 동기화 메커니즘을 찾아야겠다고 생각하게 됐다. 솔레노이드는 전류가 통과

할 때 전자석으로 작동하는 루프다. 내가 보기에 우리 뇌에는 이런 솔레노이드가 가득 차 있는 것 같다. 그래서 나는 이렇게 질문한다. "백질 다발을 통해 움직이는 활동전위가 만들어내는 자기장이 우리 뇌의 기능에는 어떤 기여를 하고 있을까?"

5

상대론적 뇌 이론

결국 모든 것은 피코테슬라의 자기력으로 귀결된다

인간의 뇌가 정교한 회로로 조직된 대규모 뉴런 집단 간의 역동적 상호작용에 의존한다는 것을 발견함으로써 현대의 뇌 연구에서 근본적이고도 논란의 여지가 많은 여러 의문을 해결할 수 있으리라는 기대감이 커지고 있다. 그런 의문의 예를 들어보자. 진화가 일어나는 동안 우리의 여러 독특한 정신적 능력들(언어, 마음 이론, 도구 제작, 일반 지능, 사회적 지능, 자기감)이 응집된 단일 정신으로 기능할 수 있게 해준 신경생리학적 메커니즘은 무엇일까? 뇌는 어떻게 서로 다른 해부학적 요소들의 행동을 동기화하고, 새겉질 전체를 기능적으로 결합해서 우리가 경험하는 다중의 감각 신호, 행동, 추상, 생각을 하나의 연속체로 이어 붙일 수 있는 것일까? 우리는 어떻게 평생 자신의 기억을 업데이트하고 유지할 수 있는 것일까?

이런 의문에 대한 최종적인 답을 찾아내려면 아마도 내 앞에 남아 있는 시간보다 더 많은 시간이 필요할 테지만, 이런 질문들이야말로 시스템신경과학자로서 나의 연구를 추진하는 원동력이다. 사실 나는 인간의 정신이 자기 자신을 온전히 이해할 수 있다고 가정할 때(이것이야말로 실로 거대한 가정이 아닐 수 없다) 이런 근본적인 문제와 그 해결책을 더 확실히 이해할 돌파구를 찾는 것이야말로 가치 있는 일이라고 생각한다.

4장에서 논의한 신경생리학적 원리를 바탕으로 이런 문제들을 해결해줄 최선의 추측을 내 나름대로 내놓자면 다음과 같을 것이다. 뇌는 아날로그 뉴런 신호와 디지털 뉴런 신호를 재귀적으로recursively 뒤섞음으로써 작동한다. 이런 역동적인 과정은 신경 조직들이 섀넌 정보와 괴델 정보라는 양방향 전환 과정에 참여하는 작동하는 연속체로 융합되게 한다(그림 3-2). 에너지를 소산시켜 괴델 정보가 신경 조직에 물리적으로 새겨지게 함으로써(정보가 자신의 해부학적 구조에 직접적인 인과 효율 작용을 갖게 함으로써) 뇌는 주변 세상을 기술하는 새로운 유입 신호들을 이용해서 지속적으로 자기 안에 있는 실재의 모형model of reality을 업데이트할 수 있다. 궁극적으로 우리 중추신경계의 작동을 시시각각 안내하는 것은 뇌의 자체적 관점을 확인하고 업데이트하는 이런 과정이다.

지금은 이런 '직감적'인 말에 수긍하지 않는 독자들이 많을 수도 있다. 하지만 절망할 필요는 없다. 이번 장과 이어지는 장에서 나는 이 단락을 자세히 분석해서 염두에 둔 생각들을 최대한 명확하게 설명하려고 한다.

내가 신경과학의 핵심 문제에 대해 내놓은 해결책을 나는 상대론적 뇌 이론이라고 부른다. 나는 상대론적 뇌 이론에 대한 초기 주장들을 《뇌의 미래》에서 제안한 바 있다. 그리고 지난

8년 동안 로널드 시큐렐과 힘을 합쳐서 이 이론의 원리들을 더 욱 명확하게 설명하려 했다. 2015년에 우리는 이것을 주제로 〈상대론적 뇌: 상대론적 뇌의 작동 방식과 상대론적 뇌를 튜링 기계로 재현할 수 없는 이유The Relativistic Brain: How It Works and Why It Cannot Be Reproduced by a Turing Machine〉라는 논문을 공동 집필했다. 내가 '상대론적relativistic'이라는 용어를 선택한 이유는 역사적으로 이 용어가 자연현상에 절대적 준거틀은 존재하지 않음을 지적하는 용도로 사용되어왔기 때문이다. 분야는 다르지만 특히나 아리스토텔레스와 갈릴레오 같은 사람들도 인간적 개념(윤리와 도덕)과 자연현상(낙하하는 물체)에 대한 '상대론적' 관점을 옹호했다. 독일의 철학자 이마누엘 칸트는 우리는 저 우주에 있는 것을 직접 이해할 수 없고, 우리의 감각과 추론에 의존해서 그런 실재에 대한 정신적 표상만을 만들 수 있을 뿐이라고 제안하여 지각의 상대론적 관점이라 생각할 수 있을 만한 것을 도입했다. 이런 개념을 공유하듯 오스트리아의 저명한 물리학자 에른스트 마흐Ernst Mach는 모든 순간은 나머지 우주와 상대적으로 관련지어 기술할 수밖에 없다고 믿었다. 마흐는 또한 자신의 상대론적 관점을 인간의 지각을 논의하는 데도 적용했다. 1886년에 낸 책《감각의 분석The Analysis of Sensations》에서 그는 칸트의 주장을 그대로 따랐다. "우리가 지각하는 대상들은 그저 규칙적인 방식으로 한데 연결된 감각 데이터 다발로 이루어져 있다. 우리의 감각과 독립적인 그 자체로의 대상Things-in-Itself은 존재하지 않는다. 따라서 그런 개념에 대해 이야기하는 것은 무의미하다."

흥미롭게도 지각에 대한 마흐의 관점은 19세기 후반 프랑스에서 인상파 운동을 만들어낸 혁명적 화가 집단이 제안했던, 세상을 바라보는 새로운 방식과 분명 맥을 같이하고 있다. 인상파 화가들은 외부 세계의 실재를 사진처럼 정교하고 충실하게 표현하는 것이 가치 있다고 믿은 사실주의 학파를 정면으로 비판하면서 자신들의 임무는 세상에 대한 개인의 내적이고 주관적인 관점을 표현하는 것이라 강력하게 믿었다. 브라질의 미술 비평가 마리오 페드로사Mário Pedrosa가 정확하게 표현한 바와 같이, 인상파 화가들은 "고체를 액화하고, 강철을 부식시켜 대성당의 정면에서 다리의 구조에 이르기까지 모든 것을 똑같이 화려하고 탐욕스러운 색깔의 반죽으로 바꾸어 그 어떤 면의 위계도 없이 캔버스 표면 전체에 펼쳐놓았다."

이 인상파 화가들 딱 내 스타일이다!

대체로 마흐의 관점은 새로운 뇌 이론을 명명하면서 선택한 '상대론적'이라는 단어와 아주 잘 어울린다. 그리고 마침내 인간 관찰자에게 상대론적 틀을 제공해서 우주의 전체 구조를 기술하게 만든 사람은 알베르트 아인슈타인이었다고 주장할 수도 있겠지만, 아인슈타인, 그의 전임자나 후임자 중 그 누구도 거기서 한 걸음 더 나아가 관찰자의 뇌에 내재된 상대론적 메커니즘을 정확히 밝혀내려 한 사람은 없었다. 뇌 기능의 상대론적 이론을 도입함으로써 이제 그런 일이 본격적으로 일어날 수 있는 문이 활짝 열리기를 바란다.

내가 믿고 있는 내용으로부터 마흐식 사고방식의 신경생리학적 버전이 뒤따라나온다. 상대론적 뇌 이론의 핵심 공리는 일반적인 포유류 뇌는 세상(그리고 자신의 몸)에 대한 내적 모형과 평생 매 순간 중추신경계로 쉬지 않고 들어오는 다차원적 감각 정보의 흐름을 지속적으로 비교함으로써 작동한다는 것이다. 이런 비교로부터 인간의 뇌는 우리 각자를 위해 자기감, 그리고 우리를 둘러싼 우주에 대한 뇌 중심의 묘사를 빚어낸다. 따라서 팔 운동을 계산하는 일에서 우주선을 만드는 데 필요한 복잡하기 이를 데 없는 인과관계의 연쇄를 지도로 작성하는 일에 이르기까지 어떤 과제든 달성하려면 인간의 뇌는 지속적으로 정신적 추상과 비유를 구축하면서 자기 내부의 뉴런 기반 시뮬레이션, 즉 세상에 대한 자신의 관점과 과제를 수행하는 데 필요한 임무 사이에서 최적합을 찾아내려 한다. 구어口語부터 새로운 도구의 창조, 교향곡 작곡, 끔찍한 집단학살의 기획과 실행에 이르기까지 인간 우주에서 실현된 것은 무엇이든 가장 먼저 정신적 추상 혹은 비유의 형태로 누군가의 머릿속에서 일어나야 했다. 따라서 손으로 복잡한 운동을 수행하려면 그전에 수천 개, 더 나아가 수백만 개의 겉질 뉴런들이 일시적으로 한데 모여 유기 컴퓨터라는 실체를 이루어야 한다(이 기능 단위에는 수천 개의 겉질아래 구조물의 뉴런들도 함께 동원되겠지만, 지금은 명확한 설명을 위해 잠시 이것을 무시하고 겉질에만 초점을 맞추자). 기능적으로 통합된 뉴런 네트워크인 이 실체는 이런 행동으로 이어지는 운동 프로그램motor program의 계산을 담당한다. 나는 이 뉴런 기반의 운동 프로그램을 몇백 밀리초 후에 몸에 의해 수행될, 운동의 내적 정신적 비유internal mental analogy라고 부른다. 따라서 신경 앙상블 생리학의 원리들을 따르면, 이 신경생물학적 실체는 뉴런 활성의 특정 분산 패턴을 이용해서 몸의 운동을 시뮬레이션하는 진정한 아날로그 컴퓨터에 해당한다. 하지만 축중의 원리에 따르면 운동을 수행해야 할 때마다 실제 행위에 앞서 이런 정신적 작업은 서로 다른 조합의 뉴런들에 의해 행해질 것이다.

이런 관점에서 큰 의문이 하나 등장한다. 뇌가 어떻게 이런 즉석 컴퓨터를 그리도 신속하게 형성할 수 있으며, 바이올린 연주자, 발레리나, 투수, 외과 의사의 움직임같이 어떻게 서로 다른 유기적 실체가 이런 정교한 움직임을 그럴싸하게 만들어낼 수 있단 말인가?

두 번째 큰 의문은 뇌의 국소적 작동 방식과 전체적 작동 방식을 어떻게 조화시킬 것인가 하는 문제다. 한 수준에서 보면 뇌는 활동전위라는 전기 펄스를 이용해서 뉴런에서 뉴런으로 메시지를 교환한다. 이런 소통 방식이 갖고 있는 디지털 속성은 활동전위가 만들어지는 실무율 이항 방식all-or-none binary way과 신경회로에 속한 개별 뉴런에서 활동전위가 만들어지는 정교한 타이밍으로 정의된다. 이런 활동전위는 순서대로 뉴런의 축삭을 통해 전송된다. 이 활동전위가 시냅스(축삭이 다른 뉴런과 만나서 형성되는 말단 접촉)에 도달하면 이 전기 메시지가 시냅스 간극synaptic cleft에서 신경전달물질의 분비를 촉발한다. 이 디지털 신호의 전송과 처리는 클로드 섀넌의 정보 이론으로 기술할 수 있다. 즉, 이 신호에 담긴 정보를 전화선이나 책상 위 컴퓨터 화면에 나온 기호로 전달되는 정보를 기술할 때처럼 비트와 바이트로 측정할 수 있다는 말이다.

하지만 뇌는 뉴런의 아날로그 신호에도 의존한다. 아날로그 신호만이 우리의 중추신경계가 인간 같은 행동을 만들 때 수행해야 하는 정보 처리 유형을 온전히 뒷받침할 수 있기 때문이다. 3장에서 이야기했듯이 나는 동물의 뇌, 그중에서도 특히 인간의 뇌는 섀넌 정보에 덧붙여 아날로그 괴델 정보를 이용해서 디지털 기계와는 차별화되는 기능과 행동을 만들어낸다고 제안한다. 간단히 말하면 오직 아날로그 신호만이 전압, 전류, 온도, 압력, 자기장 등 우리가 자연에서 접하는 물리적 매개변수에 대한 완벽한 비유를 표현할 수 있다. 그런 물리적 실체처럼 뉴런에서 만들어내는 신호도 시간의 흐름 속에서 연속적으로 변화해야 뇌가 자신의 임무를 완벽하게 수행할 수 있다. 따라서 이런 뉴런 신호의 디지털 버전은 연속적인 신호를 미리 정해진 시간 간격을 따라 취한 불연속적 이산discrete 표본에 해당한다. 그리고 뉴런이 전기 펄스를 발생시키는 정확한 시간은 디지털로 표현이 가능하지만, 막전위membrane potential, 시냅스 전위synaptic potential, 활동전위 자체 등 뇌 세포가 만들어내는 전기 신호는 모두 시간의 흐름에 따라 전압이 변화하는 아날로그파다. 더군다나 수십 억 뉴런이 만들어내는 시냅스 전위와 활동전위가 혼합되어 나타나는 뇌의 전체적인 전기 활성 역시 아날로그 신호다. 나는 이 모든 것에서 미루어 볼 때 동물과 인간의 뇌는 하이브리드 디지털-아날로그 계산 엔진의 조합을 통해 작동한다고 주장한다.

여러 해에 걸쳐 심사숙고해보니 활동전위의 최대 전달 속도(초당 약 120미터)만으로는 여러 가지 인지 기능을 응집된 하나의 정신으로 통합하는 등 뇌가 근본적인 기능을 수행하는 속도를 설명하기에 분명 충분치 않다는 생각이 들었다. 그래서 나는 우리가 아는 우주에서 가장 빠른 속도에 가까운 속도로 뇌 전체를 가로지를 수 있는 아날로그 신호를 찾기 시작했다. 광속 같은 속도 말이다!

인간 뇌의 구조에서 가장 근본적인 특성 중 하나는 수천만 개의 축삭돌기가 빽빽하게 채워져 형성된 신경 다발과 신경 루프가 존재한다는 점이다. 이 축삭돌기들은 뇌의 한 영역에서 다른 영역으로 활동전위를 차례대로 신속하게 전송하는 일을 담당한다(2장과 4장). 19세기 초에 마이클 패러데이Michael Faraday가 발견했듯이 전류는 자기장을 유도할 수 있다. 마찬가지로 변화하는 자기장도 전도체에 전류를 유도한다. 이 점을 염두에 두면서 나는 우리 뇌에 있는 그 모든 백질의 루프들이 그저 전기만 전도하는 것이 아니라 시간에 따라 변화하는 수많은 뉴런 전자기장으로 뇌를 감싸고 있다는 것이라 추론하기 시작했다. 내가 겉질 구조물과 겉질아래 구조물들을 연결하는 백질을 생물학적 솔레노이드라고 부르는 이유도 그 때문이다.

1920년대 중반 이후 겉질의 전기장은 뇌전도라는 기술을 이용해서 측정이 이루어졌다. 거기에 더해서 뇌의 자기장도 뇌자도magnetoencephalography라는 또 다른 기술을 통해 수십 년째 측정되고 있다. 하지만 뇌자도는 현재로서는 뇌 깊숙한 부위까지 도달할 수 있는 세밀한 방법이 없어 주로 겉질에 한정해서 측정이 이루어지고 있다.

상대론적 뇌 이론에서는 전위가 우리 뇌 여기저기서 발견되는 많은 생물학적 솔레노이드를 따라 흐르면 대단히 복잡한 시공간적 뉴런 전자기장 패턴이 등장할 수 있다고 주장한다. 이런 생물학적 솔레노이드에는 아주 큰 신경 루프만 포함되는 것이 아니라 크기가 제각각인 다른 수많은 백질 고리들도 포함된다는 것을 짚고 넘어가야겠다. 작은 뉴런 네트워크의 가지돌기와 축삭돌기에 의해 형성되는 미시적인 백질 고리도 여기에 포함된다. 어디나 퍼져 있는 이 해부학적 배열에 근거해서 상대론적 뇌 이론에서는 잘 밝혀져 있는 겉질의 전자기장뿐만 아니라 겉질아래 영역에서도 폭넓은 전자기장이 존재할 것으로 예측한다.

나의 관점에서 보면 두 종류의 뇌 신호, 즉 디지털 방식으로 생성되는 활동전위, 그리고 그 활동전위가 신경을 통해 이동하면서 만들어내는 아날로그 전자기장 사이의 재귀적 상호작용이 우리 뇌가 갖고 있는 독특한 계산 능력의 핵심에 자리 잡고 있다(그림 5-1). 이런 맥락에서 나는 인간 뇌가 고등한 정신적·인지적 능력을 발현하는 데 필수적이라 믿는 신경의 창발성emergent neural property은 뉴런 전자기장 덕분에 가능해진 것이라 주장한다. 이런 일이 일어나는 이유는 이런 전자기장이 모든 새겉질을 하나의 유기 컴퓨터로 통합하는 데 필요한 생리학적 접착제 역할을 제공하기 때문이다. 그럼 이 유기 컴퓨터는 모든 정신적 능력을 결합하고, 뇌의 겉질 영역과 겉질아래 영역들 간의 대단히 신속한 조정을 가능케 하는 능력을 갖추게 된다. 이런 과정을 통해 결국 뇌는 하나의 전체로서 계산을 할 수 있게 된다. 이런 일이 일어나는 이유는 아주 많은 아날로그 뇌 전자기장이 평형에서 먼 조합을 이루고 함께 공모해서 내가 말하는 뉴런 시공간 연속체를 만들어낼 수 있기 때문이다. 이런 맥락에서 보면 아인슈타인의 일반상대성이론이 우주 전체를 대상으로 시간과 공간을 융합했던 것처럼 뉴런의 시간과 공간도 통합이 가능하다.

종합해보면 이 전자기 결합은 뇌로 하여금 거리상, 시간상으로 떨어져 있든 아니든 상관없이 그 안의 이질적인 영역들의 활성을 조종하고 정교하게 동기화할 수 있게 해준다. 아인슈타인의 이론에서 공간과 시간 자체가 질량의 존재로 인해 접혀 사물 간의 시공간 거리를 바꾸어놓는 것처럼, 나는 이 뉴런 시공간 연속체도 신경생리학적인 의미에서 스스로 '접힐 수 있다'고 주장한다. 그 결과 이런 접힘을 통해 꽤 멀리 있는 뇌의 서로 다른 영역들이 하나의 신경생리학적·계산적 실체로 한데 모일 수 있게 된다. 나는 모든 고등동물에 이런 현상이 원초적인 형태로나마 존재한다고 믿는다. 하지만 나는 인간에서는 그 결과로 생기는 뉴런 연속체neuronal continuum 혹은 내가 좋아하

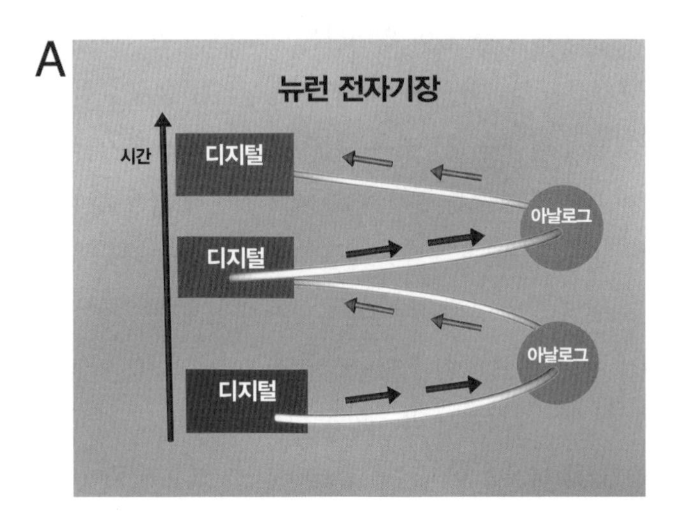

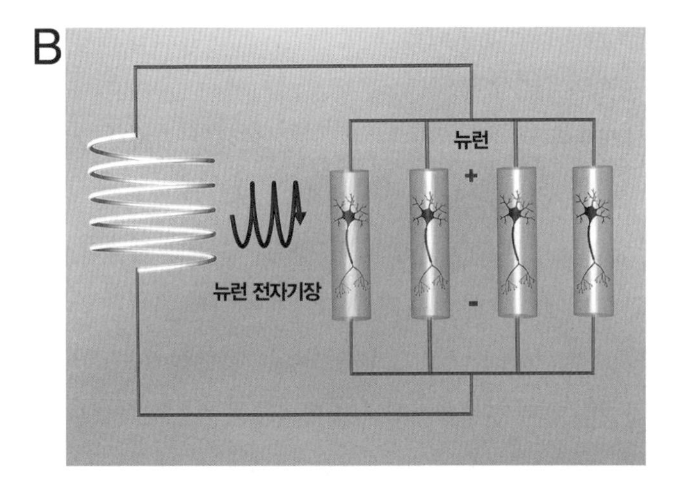

그림 5-1 겉질에서 일어나는 순환성 아날로그-디지털 상호작용을 보여주는 두 개의 그림. 상대론적 뇌 이론에 따르면 이런 상호작용은 뉴런 전자기장neuronal electromagnetic fields(NEMF)에 의해 중재된다. A: 뉴런이 디지털 비슷한 신호인 전기적 활동전위를 연속적으로 발생시킨다. 그리고 이 활동전위가 신경 다발을 따라 전송되는 동안에 다시 아날로그 신호인 자기장을 만들어낸다. B: 그다음에는 이런 전자기 신호가 이웃한 뉴런에서 새로운 활동전위의 생성에 영향을 미친다. (그림: 쿠스토디우 로사.)

는 이름인 정신 공간mental space이 아날로그 뉴런 기질neuronal substrate을 이루어 그로부터 모든 고등한 인간의 뇌 기능이 등장하는 것이라고 주장한다.

몇몇 요인이 정신 공간의 동역학을 빚어낼 것이다. 뇌 속 뉴런 풀의 공간적 분포와 구성, 이런 뉴런 클러스터들을 잇는 백질의 신경로와 루프가 갖고 있는 구조적 특성, 뇌의 가용 에너지, 신경조직에게 가용한 서로 다른 유형의 신경전달물질들, 그리고 우리의 기억 등이다. 기억은 뇌의 자체적 관점을 정의하는 데 핵심적인 요소다. 사실 뇌의 크기나 뉴런의 숫자 같은 변화와 아울러 공간적 구성, 축삭돌기의 밀도, 백질 루프의 수초화 수준 등의 개별 요소들 중 하나나 몇 개 혹은 다수에 생긴 변화가 호미니드의 600만 년에 걸친 현저한 뇌 능력의 변화를 설명해줄 수도 있을 것이다.

상대론적 뇌 이론에서 제기한 개념들을 조사해보기 위해 듀크대학교의 내 대학원생 중 한 명인 비벡 수브라마니안Vivek Subramanian이 순환성 아날로그-디지털 계산 시스템의 시뮬레이션을 만들었다. 이 시스템 안에서는 개별 뉴런들이 디지털 비슷한 활동전위를 발화하고, 이 활동전위가 다시 자기장을 만든다. 그리고 이 자기장은 유도induction를 통해 원래 뉴런들의 그다음 발화 주기에 영향을 미친다. 비벡이 이 시스템을 몇 바퀴 돌려보았더니 일단 아주 작은 뉴런 집단이 단일 활동전위를 발화하면 거리를 두고 흩어져 있는 전체 신경 네트워크가 신속하게 고도의 동기화 상태로 진화하는 경향이 있는 것이 관찰됐다. 그 네트워크에 속한 대다수 뉴런이 함께 발화하면서 완벽하게 리드미컬한 진동을 만들어내는 경향이 있다는 의미다. 개별 뉴런들의 이런 긴밀한 동기화는 동일한 뉴런 앙상블의 연합 활성에 의해 만들어지는 전자기장에도 반영된다. 이 단순한 시뮬레이션은 어느 모로 보아도 명백한 증명이라 보기 힘들지만, 순환성 아날로그-디지털 뉴런 상호작용이 여러 가지 겉질 구조물과 겉질아래 구조물을 하나의 계산적 실체computational entity로 묶는 데 필요한 대규모 동기화 메커니즘을 설명할 원리를 증명하는 데 사용할 수 있다. 더 나아가 이 연구는 뇌를 기반으로 하는 아날로그-디지털 계산 장치를 만들어낼 가능성도 열어준다. 앞으로 이런 장치는 현재 인공지능이 인간의 행동을 흉내 낼 때 사용하는, 디지털 방식에만 의존한 기계 학습 알고리즘보다 더 효율적으로 작동할 수도 있다. 내가 이런 일이 일어날 것이라고 믿는 이유는 재귀적 아날로그-디지털 계산 아키텍처가 현재 디지털 컴퓨터의 능력을 벗어났다고 여겨지는 문제를 해결할 수 있을 것이기 때문이다.

이 초기 연구 결과를 따라서 나와 비벡, 게리 르휴Gary Lehew(우리 연구실의 또 다른 구성원)는 이 컴퓨터 시뮬레이션의 물리적 버전을 구축해보기로 마음먹었다. 우리는 대규모 뉴런 네트워크의 디지털 시뮬레이션이 만들어낸 전기 출력을 그림 5-2에 나온 것처럼 인간 뇌 백질 코일 확산텐서영상의 3D 출력물로 직접 전송함으로써 이 목표를 달성할 수 있었다. 이 물리 모형에 들어 있는 각각의 코일은 전하가 코일을 타고 흘러가는 동

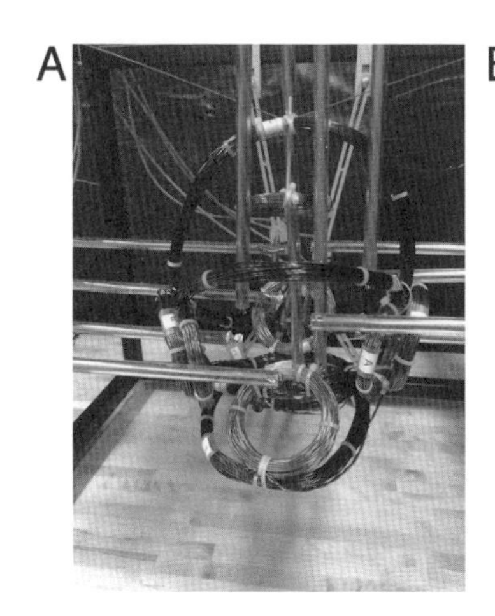

그림 5-2 A: 뇌에 영감을 받아 B를 기반으로 만든 디지털-아날로그 컴퓨터의 아날로그 요소. B는 운동제어와 관련된 겉질 백질 다발의 구조를 3D로 출력한 것으로, 원래는 확산텐서 영상을 이용해서 촬영한 것이다. (그림: 쿠스토디우 로사.)

안에 전자기장을 만들어낸다. 그리고 그에 대한 반응으로 이 생물학적 코일에서 만들어낸 전자기장이 시스템 속 디지털 뉴런의 발화를 유도한다. '신경자기반응기neuromagnetic reactor'를 물리적으로 재현한 이 장치는 하이브리드 아날로그-디지털 컴퓨터를 정의하고 있다. 이것을 가지고 실험하면 뇌 속에서 일어나고 있다고 생각되는 역동적 작용을 자세한 부분까지 관찰하고 측정할 수 있을 것이다.

흥미롭게도 내가 새로운 하이브리드 아날로그-디지털 뇌 기반 컴퓨터에 관한 글을 쓰고 있는 동안 콜로라도 볼더에 있는 미국표준기술연구소National Institute of Standards Technology의 한 연구진이 자기장으로 새로운 차원의 정보 부호화information encoding를 추가하여 '뉴로모픽neuromorphic' 장치를 구축한 경험을 막 보고했다. 뉴로모픽 장치는 인간 뇌의 작동을 조금 더 비슷하게 흉내 내려고 시도하는 장치다. 이 연구와 우리 연구는 뉴런 전자기장이 가까운 미래에 뉴로모픽 컴퓨팅 연구에서 뜨거운 영역이 될 수도 있음을 보여준다.

이런 아날로그-디지털 방식의 뇌 작동 모형에서는 한 가지 큰 의문이 등장한다. 지구의 자기장처럼 우리를 둘러싸고 있는 자기장이 뇌의 활동에 영향을 미칠 수 있느냐는 것이다. 이것은 적절한 의문이라 할 수 있다. 마그네토코쿠스 마리누스Magnetococcus marinus 같은 세균, 곤충, 선충, 연체동물, 뱀장어, 새, 심지어는 숲쥐, 잠비아 뒤쥐, 큰갈색박쥐, 붉은여우 같은 포유류 등 다양한 생명체가 지구의 자기장을 감지하는 능력을 갖고 있음이 발견되었기 때문이다. 여우는 독특한 사냥 행동을 보인다. 여우는 땅굴 속에서 움직이는 작은 설치류를 추적하다 어느 지점에 이르면 높이 뛰어올랐다가 머리부터 땅바닥으로 곤두박질쳐 사냥감을 잡는다. 그런데 곤두박질치는 방향은 늘 북동쪽이다.

동물의 자기감각magnetoreception 능력이 널리 퍼져 있다는 것은 지구의 자기장이 진화 과정에서 중요한 선택압으로 작용했음을 강하게 암시한다. 하지만 마땅히 사람들의 주목을 받아야 할 이 주제가 아직까지 관심을 받지 못하고 있다.

동물이 자기감각에 폭넓게 의존하고 있다는 사실은 또한 과거 지구에 여러 차례 일어났던 지자기 역전geomagnetic reversal의 경우처럼 지구의 자기장에 급격한 변화가 나타날 경우 이런 종에게 큰 혼란을 일으켜 먹이를 구하고 길을 찾는 능력에 극적인 영향을 미칠 수 있음을 의미한다. 이런 생각으로부터 흥미로운 결론이 도출된다. 아폴로 달 탐사 프로그램 동안 달로 향하던 우주비행사들이 일시적으로 경험한 미약한 인지장애가 어쩌면 이들이 엄마 뱃속에서 수정되는 순간부터 자신을 감싸고 있던 지구의 자기장을 떠날 때 생긴 신경학적 효과 때문이었을지도 모른다는 가설이다. 하지만 이 가설은 아직 입증되지 않은 상태다.

그와 같은 맥락에서, 인간의 뇌가 정상적으로 작동하기 위해 작은 뉴런 전자기장에 의존한다고 가정할 경우 MRI 장치 등 인간이 만들어낸 자기장이 우리의 정신 활동에 중요한 영향을 미치리라고 예상할 수 있다. 이런 장치들은 뇌에서 발생하는 것보다 수조 배 강한 자기장을 만들어내기 때문이다.

지구의 자기장이나 MRI에서 만들어지는 대부분의 자기장이 우리의 뇌에 영향을 미칠 수 없는 한 가지 이유는 양쪽 자기장 모두 정적 자기장이어서 거기에 노출된다고 뉴런에서 전기 펄스의 발화가 유도되지는 않기 때문이다. 더군다나 MRI의 경사 자기장gradient magnetic fields은 뇌에서 접하는 저주파수(0~100헤르츠)의 전기 신호보다 훨씬 높은 주파수로 진동한다. 바꿔 말하면 사람의 뇌는 기본적으로 자연에 존재하거나 인공적으로 만들어지는 대부분의 자기장에 반응하지 않는다는 의미다. 그럼에도 MRI의 자기장에 노출되었을 때 일부 환자는 어지럽다거나 입안에서 쇠 맛이 난다는 등 미약한 신경학적 영향을 보고한다. 만약 사람이 일반적인 MRI 장치에서 나오는 것보다 훨씬 강한 자기장에 노출된다면 이런 영향이 더 악화되거나 다른 영향이 발현될 수도 있다.

뇌의 기능에서 신경자기장neuromagnetic field의 역할을 보여주는 다른 증거가 경두개자기자극법Transcranial Magnetic Stimulation(TMS)이라는 새로운 기술이 도입되면서 등장했다. 특정 형태의 전도성 금속 코일을 사람의 두피에 부착하고 그 코일에 전류를 흘리면 거기서 발생하는 저주파 자기장이 겉질 뉴런의 발화를 유도할 수도 있고, 발화를 억제할 수도 있다. 그래서 경두개자기자극법을 사람 겉질의 서로 다른 영역에 적용하여 유도할 수 있는 신경생리학적 효과와 행동학적 효과의 목록이 길게 나와 있고, 지금도 늘어나는 중이다.

회로 수준의 동기화와 더불어 지금까지 대체로 무시되어 왔던 뉴런 자기장의 또 다른 잠재적 영향이 존재한다. 그림 5-3은 어떻게 하면 뇌를 원자/양자 수준에서 분자, 유전자, 화학, 아세포, 세포, 회로 수준에 이르기까지 정보 처리의 여러 수준을 긴밀하게 통합함으로써 작동하는 다층의 구조물로 생각할 수 있는지 보여준다. 뇌가 제대로 작동하기 위해서는 정보가 다중의 피드포워드feed-forward, 피드백feedback 루프로 연결된 이런 수준들을 가로지르며 완벽히 동기화된 상태에서 흐를 수 있어야 한다. 이 각각의 수준들은 상호작용이 대단히 비선형적이고, 심지어는 계산 불가능하게 일어날 가능성이 높은 열

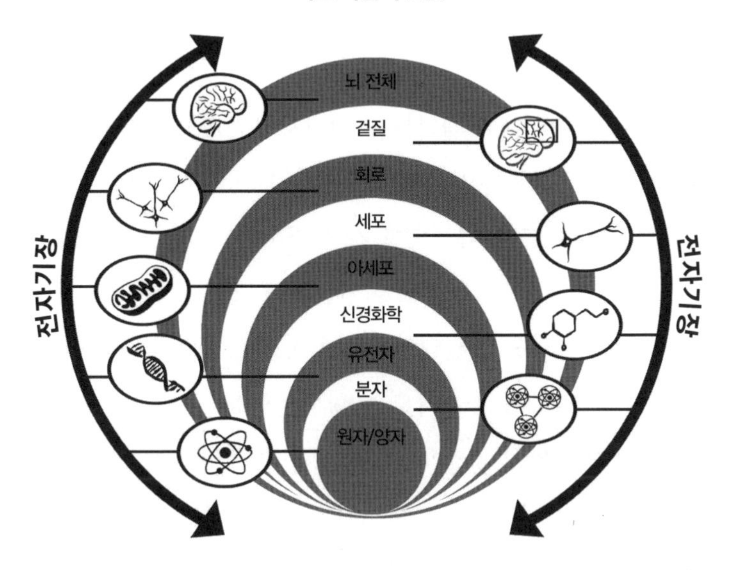

그림 5-3 뉴런 전자기장에 직접적·동시적으로 영향을 받을 수 있는 뇌 조직화의 서로 다른 수준들. (그림: 쿠스토디우 로사.)

린계를 정의하고 있다. 이는 이런 상호작용은 단순히 알고리즘과 디지털 과정을 통해 중재하기가 불가능하다는 의미다. 이 모든 정보 처리 수준을 하나의 작동 단위로 통합하려면 이 모든 해상도 수준에서 동시에 영향력을 발휘할 수 있는 아날로그 신호를 통하는 수밖에 없다. 전자기장은 이런 엄격한 전제조건을 충족한다. 그에 따라 뉴런 전자기 신호는 양자에서 회로에 이르기까지 모든 처리 수준 사이에서 이루어지는 작동과 정보 교환을 중재함으로써 뇌가 통합된 계산 시스템으로 작동할 수 있게 보장해줄 것이다.

⟡

상대론적 뇌 이론은 신경과학의 전통적 이론으로는 설명할 수 없는 다양한 연구 결과들을 설명하려고 한다. 신경과학의 전통적 이론은 데이비드 허블과 토르스텐 비셀이 제안한 고전적인 시각의 피드포워드 모형 같은 것이다. 예를 들면 상대론적 뇌 이론은 맥락의 원리로 이어진 연구 결과를 뇌의 자체적 관점이라는 개념을 도입해서 생리학적으로 설명해준다. 이 이론에서는 서로 다른 동물의 행동 상태(마취 상태, 깨어서 자유로이 움직이는 상태, 깨어 있지만 움직이지 못하는 상태) 아래서는 뇌 내부의 동역학적 상태가 다르다고 주장한다. 그래서 '뇌의 자체적 관점'의 발현은 마취된 동물(기본적으로 관점 자체가 없음)부터 자기 주변 장소에 관해 활발하게 표본 조사를 하는 동물(뇌의 자체적 관점이 온전히 표현됨)에 이르기까지 극적으로 달라진다. 똑같은 감각 자극에 대해 뇌가 어떻게 반응하는지는 유입되는 감각 정보와 뇌 내부의 세상 모형과의 비교에 달려 있다. 따라서 감각으로 촉발된 뉴런 반응은 마취된 조건이냐, 완전히 깨어서 자유로이 움직이는 조건이냐에 따라 극적으로 달라지게 된다. 이것은 촉각계, 미각계, 청각계, 시각계, 후각계에 관한 다양한 동물 실험에서 계속 관찰되어온 부분이다. 서로 다른 감정 상태에 놓인 사람도 마찬가지일 것이다. 예를 들어 치열한 전투를 치르고 있는 병사들은 평상시였다면 참을 수 없을 정도로 고통스러워했을 통증도 일시적으로 느끼지 않을 수 있다.

사실 통증의 감각은 복잡한 정신적 경험이 정신 공간을 정의하는 뉴런 전자기장의 상호작용으로 만들어질 수 있다는 관점을 잘 보여주는 사례다. 통각의 서로 다른 측면과 관련이 있는 뉴런들이 확인되기는 했지만 복잡하게 통합되어 있는 통증의 감각이 어떻게 여러 개의 겉질 구조물과 겉질아래 구조물로 형성된 분산 신경회로에서 등장하는지는 아직 밝혀지지 않고 있다. 예를 들어 통증의 발생에 관여하는 것으로 확인된 특정 겉질 영역을 전기적으로 자극해도 통증과 관련된 감각과 감정을 모든 범위에 걸쳐 이끌어내기란 불가능하다.

상대론적 뇌 이론에 따르면, 통각이 생겨나는 정확한 원천을 짚어내기 어려운 이유는 통증을 비롯해 다른 복잡한 정신 기능, 인지 기능은 넓게 분산되어 있는 신경 조직 간의 상호작용과 그에 의해 발생하는 전자기장이 만들어낸 결과이기 때문이다. 이런 상대론적 용어로 표현하면, 통증의 감각은 다수의 요인들(위치, 강도, 기존의 통각 자극에 대해 저장된 기억, 감정 상태)의 매끄러운 결합에서 만들어진다. 따라서 통증이 신경 디지털 신호와 연상기호 자취mnemonic trace가 결합해서 특정 전자기장을 생성한 결과로 뇌의 아날로그 요소에서 등장하는 것이라 가정하면 대상의 감정적·맥락적·역사적 요소가 말초에서 입력되는 통각 신호를 조절하는 데 중요한 역할을 담당하게 되는 메커니즘을 확인하고, 똑같은 말초 통각 신호가 항상 똑같은 주관적 통증 경험을 만들어내지 않는 이유를 정의할 수 있다.

다른 임상적 발견들 역시 뇌 처리에 아날로그 요소가 존재함을 뒷받침하고 있다. 예를 들어 신체도식의 변화라고 알려진 흥미로운 현상들은 상대론적 뇌 이론 및 뉴런 전자기장이 맡고 있는 잠재적 생리학적 역할과 일치한다. 이런 현상 중 가장 잘 알려진 것이 3장에서 이미 논의한 바 있는 환각지 감각이다. 이 현상은 팔다리를 잃은 사람이 그것이 계속 존재하는 것처럼 느끼는 성향을 말한다. 대부분의 사지절단 환자들은 사라진 팔다리의 존재를 느낄 뿐만 아니라 더 이상 존재하지 않는 팔다리에서 극심한 통증을 느낀다고 말한다.

'다시 걷기 프로젝트'를 하는 동안 나는 환각지 현상과 다시 만나게 됐다. 이런 일이 일어난 이유는 우리의 훈련 프로토콜에 참여한 하반신마비 환자들 모두 뇌-기계 인터페이스를 이용해 아바타 축구 선수의 다리를 조절하는 방법을 연습하기 시작하자마자 하반신에 환각 감각을 경험했기 때문이다. 이 훈련 첫 단계에서 환자들은 가상현실 환경에 몰두했고, 그 덕에 축구장에서 가상으로 걷고 있는 상태를 묘사하는 시각적·촉각적 피드백을 실시간으로 받으면서 EEG 활성을 이용해서 아바타 축구 선수의 걸음을 통제할 수 있었다. 시각적 피드백은 가상현실 고글을 통해 제공된 반면, 아바타 축구 선수의 발이 지면과 접촉하는 순간을 기술하는 촉각 정보는 환자의 팔뚝 피부를 자극해서 제공했다. 뇌-기계 인터페이스 및 가상현실 장치와 상호작용하는 동안 모든 참가자들은 다시 다리를 갖게 된 것 같은 느낌을 명확하게 경험했다. 사실 이들은 자신의 다리는 마비된 상태로 남아 있었고 아바타 축구 선수만 움직인 것인데도 자기 다리가 움직이고 지면에 닫는 것이 느껴진다고 보고했다. 촉각 피드백이 환자의 팔뚝에 전달되었음을 고려하면 이것은 몹시 놀라운 일이었다. 아바타 선수의 발이 땅에 닫는 것을 팔뚝에 오는 촉각 피드백으로 느끼면서 아바타 선수가 가상의 축구장에서 걷는 것을 지켜보았더니 어쩐 일인지 우리 하반신마비 환자들의 뇌가 생생한 환상 감각을 합성해낸 것이다. 어떤 환자는 이런 감각에 감동을 받아 눈물을 흘리기도 했다. 마치 스스로 다시 걷고 있는 것 같은 느낌을 받아 감정이 북받쳤기 때문이다.

그와는 정반대로 편측공간무시hemispatial neglect로 알려진 고위 인지 기능 결함을 앓는 환자들은 마루엽 병소 반대쪽에 있는 공간을 무시하기 때문에 그 공간에 대해서는 아무런 행동도 하지 않는다. 편측공간무시는 오른쪽 대뇌반구에 큰 병소가 있는 환자에게서 제일 많이 나타난다. 오른쪽 마루 엽영역에 뇌졸중이나 외상으로 병소가 생기면 환자들은 자기 왼쪽 몸도, 왼쪽 몸 주변의 외부 공간도 인식하지 못한다. 그래서 이런 사람은 쉽게 알아볼 수 있다. 이 사람들은 왼쪽 몸에 옷을 걸치지도 않고, 왼쪽 몸을 보살피지도 않기 때문이다. 더군다나 이 사람들한테 긴 복도에서 걷고 있을 때 왼쪽으로 돌아서 문을 열고 들어가라고 하면 보통은 조금 더 걸어가서 오른쪽으로 돌다가 지정해준 문에 도달할 때쯤이면 지시에 따르기 위해 다시 오른쪽으로 돈다. 그리고 눈앞의 벽에 걸린 시계를 그려보라고 했을 때, 완전한 동그라미를 그릴 수는 있지만 시간을 알리는 숫자들을 모두 그림의 오른쪽 절반에 몰아서 그린다.

매력적인 사례가 또 있다. 고무손 착각현상rubber hand illusion이다. 이 현상에서는 정상인인데도 마네킹의 손을 마치 자기의 진짜 손처럼 느낀다. 이 현상 역시 상대론적 뇌 이론을 뒷받침한다. 이 현상을 만드는 과정은 다음과 같다. 먼저 실험 참가자의 손 중 하나를 보이지 않게 가린 다음 그 사람 앞에 마네킹 팔과 손을 갖다놓는다. 그다음에는 실험자가 참가자의 가려진 손과 마네킹의 손을 3분에서 5분에 걸쳐 동시에 건드린다. 실험자가 참가자의 가려진 손은 더 이상 건드리지 않고 마네킹의 손만 계속 건드리면 대부분의 참가자는 마네킹의 손을 자기 손이라 느낀다.

환각지 감각, 편측공간무시, 고무손 착각현상은 뇌에 선험적으로 내적이고 연속적인 신체상body image이 들어 있으며, 이 신체상은 경험에 대한 함수로서 대단히 신속하게 바뀔 수 있음을 보여준다. 내 몸을 갖고 있다는 모든 특이한 감각적·정서적 경험은 이런 내적 신체 표상으로 설명할 수 있다. 캐나다의 신경과학자 로널드 멜잭Ronald Melzack은 이 신체상을 신경매트릭스neuromatrix라 이름 붙이고, 그 토대 중 일부는 내재적인 유전적 요인에 의해 정의된다고 제안했다. 하지만 멜잭은 태어난 날부터 죽는 날까지 이 내적인 뉴런 기반 신체상을 유지하는 잠재적 신경생리학적 메커니즘이 무엇인지는 자세히 설명하지 않았다.

절단된 팔다리나 마네킹 고무손 자극은 분명 아무런 말초 촉각 입력이나 고유감각 입력을 만들어내지 않기 때문에 허블과 비셀이 제안한 고전적인 지각 발생 이론으로는 이런 현상을 아예 설명할 수 없다. 이들의 고전적 이론은 체성감각, 통증, 혹은 팔다리에서 발생한 움직임을 지각하기 위해서는 그에 상응하는 촉각 신호, 통각 신호, 고유감각 신호가 팔다리 자체에서 발생한 다음 말초신경과 감각 신경로를 따라 뇌로 전송되어야 한다고 상정하기 때문이다. 일단 뇌에 도달하고 나면 이런 입력으로부터 핵심적인 감각적 특성들이 먼저 추출된 다음 나중에 팔다리에 대한 지각적perceptual 묘사에 결합된다. 허블과 비셀의 이론은 또한 한 물체, 혹은 우리 몸에 대한 전체적이고 다차원적 지각을 만들어내는 이 과제를 달성하기 위해 어떤 결합 메커니즘을 채용하는지도 설명하지 않는다. 환각지, 편측공간무시, 고무손 착각현상은 애초에 이런 전제조건이 존재하지 않기 때문에 이런 환상을 설명하려면 다른 설명이 나와야 한다. 더군다나 우리는 일반적으로 자기감을 기술할 때 다양한 감각적·정서적 affective 감각을 융합해서 사용하는데, 허블과 비셀의 모형에서는 이런 부분에 대한 설명이 없다.

내 생각에는 우리 뇌 속 신체도식(그리고 자기감)의 존재와 관련된 여러 현상은 뇌에서 유래한, 당사자 자신의 신체 구성body configuration에 대한 예상(아날로그 정신적 추상)으로밖에 기술할 수 없는 것 같다. 이 신체 구성은 유전에 원초적인 뿌리를 두고 있음에도 불구하고 평생에 걸쳐 능동적인 업데이트와 유지가 이루어져야 한다. 이런 관점에 따르면 뇌는 내부적으로 자신의 몸에 무엇이 들어 있어야 하는지에 대해 예상한다. 그리고 이런 예상은 유전적 자질에 의해 처음에 저장된 기억, 즉 몸에는 팔이 두 개, 다리가 두 개 있다는 등의 기억과 평생 축적된 지각 경험의 조합을 바탕으로 이루어진다. 살아가는 매 순간 뇌는 몸에서 중추신경계로 지속적으로 유입되는 감각 신호를 분석함으로써 자기의 자체적 관점 속에 들어 있는 이 내적 신체상이 정확한지 계속해서 검증하고 있다. 말초에서 오는 신호로 이 신체상이 옳은지 확인되기만 하면 아무 문제가 없고, 우리는 자신의 몸을 하나의 온전한 전체로 경험하게 된다. 하지만 말초의 감각 정보 흐름에 극적인 변화가 생기고 난 후에는(예를 들면 팔다리가 절단되었거나 가려져 보이지 않을 때) 뇌가 갖고 있는 뉴런 기반의 신체상과 그런 조건 아래 있는 몸의 실제 물리적 구성 간에 불일치가 일어난다. 이런 불일치의 결과로 사지절단 환자는 더 이상 존재하지 않는 팔다리로부터 오는 생생한 감각을 경험하거나 고무손 착각현상의 경우 마네킹 손을 자기 손처럼 느낀다. 편측공간무시의 경우처럼 이런 신체에 대한 예상을 담당하는 겉질 회로 요소에 병소가 생기면 우리가 믿는 자기 몸의 물리적 경계가 심각하게 바뀌게 된다.

고무손 착각현상의 경우 초기 조건화 단계가 실험 참가자로 하여금 그 이후에 고무손만 건드렸을 때 마치 자신의 진짜 손 피부를 건드린 것처럼 느끼게 유도했을 가능성이 크다. 어쩌면 이런 일이 일어난 이유는 조건화 단계 동안에 실험 참가자가 붓이 고무손을 건드리는 것을 보면서 시야에서 가려진 자기

손에서 촉각 자극을 느꼈기 때문인지도 모른다. 이렇게 함으로써 이제는 따로 고무손만 건드려도 촉발되는 시각-촉각 연합visual-tactile association이 만들어지는 것이다. 우리는 이와 대등한 과제를 훈련받은 원숭이의 일차체성감각겉질에서 가상의 팔과 원숭이의 진짜 팔을 동시에 자극하는 조건화 단계 이후에 개별 뉴런들이 시각 입력에 반응성을 나타내는 것을 입증하여 이런 가설에 힘을 실을 수 있었다. 이런 조건화를 진행하기 전에는 이 세포들이 시각 정보 입력에는 반응하지 않고 팔에서 오는 촉각 신호에만 반응했다.

상대론적 뇌 이론은 자기감과 신체상이 뇌의 신체도식 정의에 관여하는 여러 겉질 구조물과 겉질아래 구조물들이 만들어내는, 폭넓게 분산된 전자기장으로부터 생겨난다고 가정함으로써 이런 현상들을 설명하고자 한다.

예비 증거의 단계이기는 하지만, 뉴런 전자기장이 신체도식의 정의나 통각의 발생 같은 복잡한 인지 기능의 정의에 관여할지도 모른다는 가설을 뒷받침하는 문헌들이 점점 많아지고 있다. 저주파(일반적으로 1헤르츠)의 경두개자기자극법을 환각지 감각/통증, 편측공간무시, 만성 신경병성 통증chronic neuropathic pain 등을 앓는 환자의 겉질에 적용해본 문헌들이다. 반갑게도 경두개자기자극법을 고무손 착각현상을 경험하는 실험 참가자의 겉질에 적용해본 문헌도 있었다. 간단히 종합하면 이런 문헌들은 서로 다른 겉질 영역에 적용한 이런 자극이 꽤 많은 사람에서 환각지 통증을 줄일 수 있었다고 지적한다. 왼쪽 마루엽겉질에 경두개 자기자극을 적용하면 왼쪽 편측공간무시 증상이 임상적으로 개선되었다. 더 나아가 뒤통수엽과 관자엽의 경계에 있는 영역에 자극을 적용하면 거짓 자극을 가한 경우와 비교했을 때 고무손 착각현상이 확실하게 더 심해지는 것으로 나왔다. 마지막으로 경두개자기자극법은 신경병성 통증의 개선에도 도움이 된다는 암시가 있었다.

흥미롭게도 경두개자기자극법이 유전자, 분자, 시냅스, 세포 등 뇌의 여러 수준에서 작용할 수 있다는 증거가 늘어나고 있다. 그리고 대부분의 연구자들은 경두개자기자극법의 효과가 주로 뉴런에 전류를 유도해서 나타나는 것이라 믿고 있지만, 경두개자기자극법이 뉴런 조직에 직접 자기적으로 효과를 미치고 있을 가능성을 배재할 수 없다. 이런 효과는 유도된 자기장이 물리적·화학적·생물학적 시스템에 작용할 수 있다는 개념을 따르게 된다. 사실 2015년에 〈인간신경과학 프론티어스Frontiers in Human Neuroscience〉에 발표된 알렉산더 체르비아코프Alexander Chervyakov와 그 동료들의 논문에서 흥미로운 개념을 제시한 바 있다. 이런 기법을 이용해 만들어진 저주파 전자기파가 양자, 유전자, 분자 수준에서 동시에 뇌 조직에 영향을 미칠 수 있다는 개념이었다. 이 제안에 따르면, 대형 분자, 그리고 심지어는 세포 소기관들도 자기장에 의해 형태가 변형되거나 자기장에 따라 방위를 맞추는 것으로 알려져 있기 때문에 경두개 자기자극이 자기장에 의해 중재되는 여러 가지 뉴런 기능을 조정하고 심지어 바꿀 수도 있다. 이것은 가소성, 학습,

기억의 습득, 저장, 유지 같은 필수적 뇌 기능에 관여하는 것으로 알려진 단백질 복합체의 경우에는 특히나 중요하다. 후자의 기억 기능과 관련된 가능성은 대단히 중요하고 설득력도 있다. 경두개자기자극법에 의해 만들어진 효과가 치료 후에도 길게는 6개월까지 지속될 수 있기 때문이다. 이것이 기본적으로 의미하는 바는 경두개자기자극법의 적용이 뉴런 회로의 장기적 가소성 변화를 촉발할 수 있다는 것으로, 우리가 현재 논의하고 있는 부분과도 대단히 관련이 깊다.

뇌에서 경두개자기자극법이 직접 자기 효과를 나타낼 가능성이 있음은 우리의 내적 신체상이 아날로그 처리에 의해 빚어진다는 나의 관점에 신빙성을 더해주지만, 경두개자기자극법이 뉴런 가소성을 유도할 수 있다는 발견은 뉴런 전자기장이 신경조직에 인과 효율 효과를 나타낼 수도 있다는 가설을 뒷받침해준다. 이런 일이 일어나는 이유는 이런 전자기장이 괴델 정보를 뉴런 회로에 물리적으로 새기는 과정에서 핵심적인 역할을 하기 때문이다. 이 개념이 추가적인 실험을 통해 확인된다면 신경생리학적 기억 저장 과정에 뉴런 조직의 전자기 에칭 과정 같은 것이 관여하고 있다는 개념으로도 이어질 것이다. 사실 나는 전자기장이 폭넓게 영향을 미쳐 겉질 전체에 걸쳐 수많은 뉴런 세포내 단백질과 시냅스 단백질의 3차원 구조, 따라서 그 기능까지도 동시에 조절함으로써 이런 과정이 일어날 수도 있지 않을까 상상하고 있다. 이런 메커니즘이 겉질 전반에 동시에 작용한다면 시냅스의 숫자와 개별 시냅스의 강도에서 일어나는 상향 조절과 하향 조절도 이 메커니즘으로 설명할 수 있다. 더군다나 이 메커니즘은 우리 기억에서 잘 알려진 속성인 비국소성nonlocality도 설명해줄 수 있다. 비국소성이란 일반적으로 기억이 한정적인 단일 장소에 저장되는 것이 아니라 새겉질의 방대한 영역 전체에 걸쳐 분산 저장되는 것을 말한다.

역으로 전자기장이 이런 기억을 해독하고, 그것을 폭넓게 분산된 시공간 패턴의 뉴런 전기 활성으로 번역하는 데 참가할 수도 있다. 따라서 고차원 괴델 정보를 갖고 있는 전자기파는 유도 과정을 통해 뉴런의 전기 펄스 흐름으로 정의되는 저차원의 섀넌 정보로 투사된다(그림 3-2 참조). 이 섀넌 정보는 신체 움직임, 언어, 그리고 주로 디지털 신호에 의존하는 다른 형태의 커뮤니케이션으로 쉽게 번역될 수 있다.

나는 장기 기억이 겉질 조직 전체에 걸쳐 분산 저장된다는 개념은 순수한 디지털 모형보다는 아날로그-디지털 모형을 이용해야 훨씬 쉽게 설명할 수 있다고 믿는다. 사실 아날로그적 뇌 요소가 존재하지 않는다면 끝없이 변화하는 복잡한 미세 연결을 특징으로 하는 겉질 회로가 평생 거의 즉각적으로 기억을 떠올리는 데 필요한 유형의 정확한 정보를 어떻게 상기할 수 있는지 설명하기가 아주 어려워진다.

괴델 정보를 뉴런 조직에 새길 때 뉴런 전자기장이 맡는 잠재적 역할은 수면 주기의 주요 기능 중 하나가 깨어 있는 동안에 습득한 기억의 응고화를 돕는 것이라는 개념과도 맥을 같이

한다. 전체적으로 보면 실험 대상이 수면 주기의 서로 다른 단계를 거치는 동안 뇌전도에서 고도로 동시적인 다양한 뉴런 진동을 확인할 수 있다. 잠에 더 깊이 빠져들었을 때는 뇌전도에서 델타파delta wave로 알려진 진폭이 크고 주파수가 느린 겉질 진동(0.5~4.0헤르츠)이 두드러진다. 이런 저주파수 진동은 바람직하지 못한 대사산물을 줄이고 제거하는 메커니즘에서 핵심적인 요소로 여겨지고 있다. 밤 동안 서파수면slow-wave sleep 에피소드 후에 잠시 급속안구운동수면rapid eye movement sleep(렘수면) 시기가 뒤따른다. 이 렘수면 동안에는 완전히 깨어 있는 동안에 관찰되는 것과 비슷한 빠른(30~60헤르츠) 감마 뉴런 진동이 겉질 활성을 지배한다. 우리는 이 렘수면 동안에 꿈을 꾼다. 렘수면은 기억 응고화 및 운동 학습과 연관되어왔다. 상대론적 뇌 이론에 따르면 수면 주기 동안에 뉴런 전자기장은 광범위한 뇌 동기성brain synchrony의 서로 다른 상태들을 확립하는 데 필요한 접착제 역할을 할 뿐 아니라 낮에 만들어진 시냅스를 응고하거나 제거하는 과정에 기여함으로써 기억 저장에 필요한 원동력도 제공해줄지 모른다. 이런 관점에서 보면 꿈은 우리의 연상기호 기록을 유지하고 개선하는 하나의 방법으로 매일 밤 뉴런 미세회로를 정교하게 조각하는 일을 담당하는 아날로그-디지털 계산 엔진이 작동하면서 만들어내는 부산물인 셈이다.

상대론적 뇌 이론에서는 재귀적 아날로그-디지털 계산이라는 새로운 생물학적 메커니즘이 직관, 통찰, 창의성, 일반화를 통한 문제 해결 같은 대단히 복잡하고 계산 불가능한 인지 능력의 발생을 책임지고 있다고 주장한다. 인공지능을 연구하는 과학자들이 지난 반세기에 걸쳐 디지털 플랫폼 안에서 인간의 이런 기본적인 인지 기능을 흉내 내보려 했지만 도저히 극복 불가능해 보이는 어려움에 부딪히고 있는 것을 보면 내가 이것을 계산 불가능한 실체라고 지칭한 이유가 무엇인지 알 수 있다. 6장에서 논의하겠지만, 나는 이것을 비롯해서 다른 여러 가지 인간만의 정신적 속성들은 알고리즘 공식화로 환원하거나 그 어떤 디지털 시스템으로도 시뮬레이션하거나 흉내 낼 수 없을 것이라 주장한다. 따라서 재귀적 아날로그-디지털 계산 전략이 확립되고, 여기에 뉴런 조직에 인과 효율을 행사하고, 또 쉽게 섀넌 출력으로 투사될 수 있는 괴델 정보를 물리적으로 새기는 능력이 결합되면서 이것이 우리 뇌에서 그런 정신적 능력이 등장하게 된 신경생리학적 메커니즘에 일조하게 되었는지도 모른다.

전체적으로 보면 아날로그 영역의 존재는 동물의 뇌에 또 다른 수준의 가소성 적응 능력을 부여해준다. 실제로 전자기장이 겉질을 뉴런 연속체neuronal continuum로 융합할 수 있다면, 특별히 어려운 과제를 수행해야 할 때는 원칙적으로 겉질의 어느 부분이라도 동원할 수 있게 된다. 예를 들어 사람이 시력을 일시적으로든 영구적으로든 상실하면 그 사람의 시각겉질이 몇 초나 몇 분 정도의 빠른 시간 안에 촉각 정보 처리에 동원된다. 이 사람이 점자를 손가락으로 문질러 읽는 법을 배우기 시작하는 경우는 특히나 그렇다. 만약 이것이 순수하게 기존에는 연결되어 있지 않았던 뉴런 사이에 새로운 연결이 형성되어야 하는 문제였다면 시각겉질을 새로운 용도로 이렇게 신속하게 동원할 수 있는 이유를 설명하기 어려울 것이다. 사실 중추신경계가 오직 디지털 작동 모드로 신경에 의해 전도되는 활동전위 흐름을 통한 섀넌 정보의 전송에만 의존하고 있다면 이런 일을 달성하기가 아예 불가능하다. 내가 여기서 제안하는 아날로그 메커니즘을 추가함으로써 인간의 뇌는 짧은 시간에 그런 재주를 부릴 수 있는 강력한 수준의 유연성과 여유를 획득하게 되었는지도 모른다. 이 메커니즘은 뉴런 전자기장의 광속으로 원격 작용하니까 말이다.

상대론적 뇌 이론에 따르면 깨어 있는 동안에 지각 경험이 일어나기 위해서는 뇌의 생물학적 솔레노이드가 고도로 동기화된 주파수로 완전 가동되어 뇌 안에 전자기장의 복잡한 조합을 발생시켜야 한다. 궁극적으로 우리의 의식적 경험의 풍부함과 예측 불가능성은 이것으로 설명할 수 있다. 태어난 지 얼마 되지 않은 아기에게 명확한 자기감이 발달하지 않는 이유는 이렇듯 뉴런 전자기장이 미숙성한 상태이기 때문인지도 모르겠다. 어느 정도의 시간이 지나야 뇌의 백질이 뇌를 하나의 뉴런 연속체로 묶는 강한 전자기장을 발생시킬 만한 수준으로 성숙하는 것이다. 이런 뉴런 연속체로부터 자기감이 구체화되어야 데카르트의 "나는 생각한다. 고로 나는 존재한다Cogito ergo sum"도 구현될 수 있다.

사람에게서 관찰되는 다양한 뇌 장애의 이유를 뉴런 시공간 연속체의 정상적 작동 붕괴로 설명할 수 있을 것이다. 뇌의 정상 기능이 적절한 수준의 뇌 동기화에 달려 있는 것과 마찬가지로, 전부는 아니어도 대부분의 뇌 장애는 뉴런 시공간 연속체의 서로 다른 공간적 요소들 간의 과대동기화hypersynchronization나 과소동기화hyposynchronization 때문에 생기는 결과일지 모른다. 유전적·대사적·세포적 요소에 의해 이런 병적인 신경생리학적 상태가 촉발될 수 있음을 부정하는 말은 아니다. 다만 임의의 뇌 장애에서 보이는 주요 증상 및 징후가 중추신경계를 정의하는 뉴런 연속체 일부 영역들 간의 뉴런 동기화 수준이 부적절해서 생길 수도 있다는 의미다. 예를 들면 우리 연구소와 다른 연구소에서 지난 10년 동안 수행한 연구를 통해 파킨슨병Parkinson's disease에서는 만성적으로 경증의 뇌전증과 비슷한 뉴런 활성이 등장하는 것으로 나타났다. 이것의 특징은 베타파 범위(12~30헤르츠)에서 병적일 정도로 고도의 동시적 뉴런 발화가 나타나는 것이다. 이런 비정상적인 뉴런 진동은 운동영역과 전운동영역이 자리 잡고 있는 이마엽과 바닥핵과 시상에 의해 형성되는 운동회로 전반에 걸쳐서 관찰되었다.

이런 발견의 결과로 2009년에 우리 연구실에서는 〈사이언스〉에 논문 하나를 발표했다. 이 논문에서 우리는 척수의 표면에 장기 식립한 마이크로칩을 통해 고주파수 전기 자극을 흘려

주면 설치류에서 관찰되는 파킨슨병 비슷한 동작동결movement freezing이 현저히 감소됨을 제시했다. 이 실험에서는 유전적 혹은 약리학적 조작을 통해 심각한 도파민 고갈 상태를 유도해서 파킨슨병의 임상 증상을 발현시켰다.

이런 실험들은 전기 자극을 가하기 전에는 운동계에서 넓은 영역에 걸쳐 일어난 베타 주파수의 과대 동기화와 동시에 발생한 신체 동결의 결과로 동물이 전혀 움직일 수 없었음을 보여준다. 하지만 마이크로칩을 켜자마자 고주파수의 전기 신호가 척수를 통해 전체 뇌로 전송되었고, 이어서 베타파의 뇌전증 비슷한 활성이 붕괴되었다. 그리고 그 즉시 동물들은 마치 완벽하게 정상인 듯 움직이기 시작했다. 이 연구에서 가장 중요한 발견 중 하나는 이런 척수전기자극을 연속적으로 주어야만 효과를 보는 것은 아니었다는 점이다. 사실 하루 한 시간 정도의 치료만으로도 쥐들은 며칠, 심지어는 일주일 동안 움직일 수 있었다.

5년 후에 우리는 파킨슨병의 영장류 모형에서도 이런 결과를 재현했다. 그리고 2009년 이후로 심각한 신체 동결이 생긴 50명에 가까운 중증 파킨슨병 환자를 대상으로 이 강력하고 새로운 치료법의 효과에 대한 조사가 이루어졌다. 참가자에게 우리의 방법을 적절히 적용하는 과정에서 생긴 기술적 문제로 인해 치료 효과가 없었을 가능성이 있는 두 사례를 제외하면, 실험을 진행한 다른 모든 파킨슨병 환자들은 운동을 할 때, 심지어는 파킨슨병의 다른 기본적 증상에서도 현저한 개선을 경험했다. 이 사례는 파킨슨병이나 다른 뇌 장애의 병태생리학을 상대론적 뇌 이론에서 제안하는 방식으로 재해석하는 것이 얼마나 유용한지 잘 보여주고 있다. 이것은 다른 방식으로는 치료가 불가능했던 신경장애와 정신장애의 치료법 개발을 위한 첫걸음이 되어줄 것이다.

파킨슨병의 발생에서 척수의 역할이 암시된 적은 한 번도 없었기 때문에 우리의 연구 결과는 사람들을 놀라게 했다. 그때까지 파킨슨병에 대해 제안된 모든 비약리학적 치료법은 파킨슨병의 발생과 더 긴밀하게 연관된 바닥핵 같은 운동 구조물에 전기 자극을 가하는 방식을 사용했다. 하지만 만약 이 초기 단계의 임상 결과가 더 대규모의 무작위 임상실험을 통해 확인된다면 척수전기자극이 현재 파킨슨병 치료법으로 주로 사용되는 수술 치료인 심부뇌자극술deep brain stimulation의 대안으로 아주 중요해질 수도 있다. 이렇게 말하는 이유는 척수 자극술이 더 쉽고, 수술 시간도 짧고, 위험도도 훨씬 낮기 때문이기도 하지만, 큰 부작용이 없다는 것도 큰 이유다. 신경외과 의사라면 고도의 훈련을 받지 않아도 이런 임플란트 수술을 할 수 있다. 더군다나 이런 척수 임플란트는 제거하기도 쉽다. 마지막으로 이런 척수 임플란트는 심부뇌자극술보다 비용도 훨씬 저렴하다. 이 역시 요즘에는 무시하기 힘든 요인이다.

이런 추론의 맥락을 따라 지난 10년 동안 내 대학원생이자 박사후과정 학생이었던 카푸이 드지라사Kafui Dzirasa와 나는 심각한 신경장애와 정신장애의 동물 모형에서 비정상적인 수준의 뉴런 동기화가 있을지 모른다는 것을 입증했다. 이번에도 뇌 질병 형질전환 생쥐 모형과 쥐 모형을 이용한 한 실험을 통해 얻어냈다. 우리가 연구하기로 선택한 뇌 병리학 동물 모형은 조증 모형이든 우울증 모형이든 강박장애 모형이든 상관없이 모두 서로 다른 뇌 영역에서, 심지어는 뇌 회로 전체에서 병적 수준의 뉴런 동기화 현상이 확인되었다. 이 동물 실험들은 상대론적 뇌 이론이 제안하는, 많은 뇌 질환이 그저 뉴런 타이밍 장애의 발현에 불과하다는 가설을 강력하게 뒷받침하고 있다. 임상신경병리학에서는 이런 뉴런 타이밍 장애를 초점만성뇌전증focal chronic epilepsy, 부분만성뇌전증partial chronic epilepsy이라고도 부른다. 사실 이런 주장에 따른 한 가지 결론은 의학에서 신경장애와 정신장애 사이에 그어놓았던 엄격한 경계가 사라진다는 것이다. 상대론적 뇌 이론의 관점에서 보면 본질적으로 이것들은 모두 뉴런 타이밍의 질병이다. 따라서 이런 것들은 유형만 다른 뇌 병리학으로 함께 묶는 것이 옳다.

조금 더 기술적으로 말하자면, 상대론적 뇌 이론에서는 각각의 뇌 장애를 특징짓는 특정한 임상적 증상과 징후는 정신 공간을 정의하는 뉴런 연속체의 부적절한(병리학적) 접힘의 결과라고 주장한다. 여기서 부적절한 접힘이라는 말은 특정 뇌 회로(전체 정신 공간의 공간적 하위 요소)를 비정상적인 수준의 동기화로 끌어들인다는 뜻이다. 파킨슨병에서 보여지는 뉴런 과대동기성hypersynchrony은 정신 공간의 접힘이 과해서 나타나는 반면, 과소동기성hyposynchrony은 접힘이 불충분해서 나타나는 것이다. 따라서 연속적 정신 공간이라는 개념을 도입하는 것이 아주 실용적인 의미에서 유용해진다. 그렇게 되면 임상신경과학에 아인슈타인이 일반상대성이론에 사용했던 것과 똑같은 유형의 수학, 즉 비유클리드 리만 기하학을 들여올 수 있기 때문이다. 앞 장에서 다루었던 신경 앙상블 생리학의 원리와 결합하면 이런 노력을 통해 정상적 상황과 병적 상황에서의 겉질 접힘을 기술하는 대수학을 개발할 수 있을지도 모른다.

이런 맥락에서 보면 대부분의 임상 사례에서 명확한 감별 진단을 내리기 어려운 이유도 쉽게 설명할 수 있다. 특히 지금까지 보고된 정신질환의 여러 유형에 대해 이야기할 때 더욱 유용하다. 뇌가 정상적으로 기능하기 위해서는 겉질 구조물과 겉질아래 구조물들 간의 상호작용이 필요하듯이, 뇌의 병적 기능도 마찬가지일 것이다. 따라서 환자에서 나타나는 증상과 징후가 서로 다른 유형의 정신질환들로 폭넓게 흩어져 나타날 수 있다. 뇌에 대해 상대론적으로 생각하면 다른 두 사람이 똑같은 임상적 증상과 징후를 나타내리라 기대해서는 안 되는 이유를 이해할 수 있다. 개별 환자들의 임상 증상을 서로 비교해보면 큰 다양성이 나타나기 때문에 폭넓은 창발적 행동 표현형이 생겨난다. 그럼 전통적인 정신질환 분류와 딱 맞아떨어지는 전형적 사례를 찾아내기 어려운 이유를 설명할 수 있다.

많은 수의 신경장애와 정신장애가 비정상적인 수준의 뉴런 동기화에서 유래한다는 개념을 뒷받침해주는 잘 알려진 관찰이 있다. 몇몇 항경련제는 경험적 관행 말고는 그 유용성을 명확하게 설명할 방법이 없음에도 이런 장애의 임상적 발현(예를 들면 조울증)에 대한 치료 효과가 입증되었다. 상대론적 뇌 이론은 이런 약물들이 정신 공간의 병적 접힘으로 생겨나 환자의 주된 증상을 유발할 수 있는 부분 뇌전증 활성을 감소시켜 효과를 나타낸다고 제안함으로써 이런 현상을 일부분 해명해준다.

지금까지 나는 서로 다른 뇌 회로에서 일어나는 전기적 동기화 수준의 병적인 변화, 그리고 이런 변화가 어떻게 뇌 장애를 앓는 환자들이 경험하는 증상과 징후의 밑바탕을 이루고 있는지에 국한해서 진행해왔다. 상대론적 뇌 이론의 틀 안에서는 이런 병적 수준의 동시적 뉴런 발화가 최적의 뉴런 전자기장 발생도 방해하는지 확인할 필요가 있다. 이들이 실제로 방해를 하는 것이 맞다면, 정신장애에서 잘 알려진 요소인 기분과 수면 주기의 심각한 붕괴, 뒤틀린 현실감, 성격 장애, 환각, 섬망delirium, 편집증적 사고 등을 상대론적 뇌 이론의 주요 원리로 설명할 수 있다.

전자기장의 비정상적인 발생이 임상에서 어떤 잠재적 역할을 맡고 있는지는 아주 흔한 뇌 장애의 또 다른 사례를 살펴보면 확인할 수 있다. 바로 자폐증이다. 지난 10년 동안 수많은 뇌 영상 연구를 통해 자폐증 아동의 뇌에서 여러 겉질 영역들 사이의 기능적 단절이 상당한 수준이라는 것이 밝혀졌다. 이런 일이 일어나는 이유는 멀리 떨어져 있는 겉질 영역들을 이어주는 장거리 연결이 발생 과정에서 지장을 받아 확립되지 못했기 때문이다. 따라서 상대론적 뇌 이론에 따르면 자폐증의 주요 증상들은 위세로다발처럼 겉질 뉴런 연속체의 융합을 담당하는 전자기를 만드는 백질 코일 형성에 장애가 생겨서 직접적으로 생긴 결과일 수 있다. 이런 불능으로 인해서 겉질 뉴런의 동기화가 부적절하게 낮은 상태, 즉 과소동기성으로 이어지게 된다(정신 공간의 불충분한 접힘으로 인해). 이것은 자폐 아동이 경험하는 소통, 인지, 사회적 기술의 결함을 이런 기능적 겉질 단절로 설명할 수 있다는 이론과 맥을 같이한다. 하지만 이것을 언급하고 지나가야겠다. 자폐 아동은 뇌전증 활성이 정상적인 경우보다 훨씬 높게 나타난다는 것이다. 이런 뇌전증 활성은 개별 겉질 영역 안에서 국소적으로 일어날 수도 있다. 어쩌면 이것은 겉질-겉질 연결성이 전체적으로 낮아진 결과로 생기는 것인지도 모르겠다.

자폐증에 관한 후자의 관점을 뒷받침하는 증거는 지난 2년 동안 내 연구실에서 한국 출신의 박사후과정 연구원 안보배의 연구를 통해 나왔다. 이 연구에서 안보배는 구애 기간의 수컷 생쥐가 명금류처럼 짝짓기를 하고 싶은 암컷에게 복잡한 초음파 멜로디를 노래하는 경향이 있다는 것을 처음으로 관찰했다. 그와 동시에 암컷과 수컷의 뇌를 기록해본 안보배는 두 동물 사이에서 복잡한 패턴의 동기화가 등장하는 것을 관찰했다. 흥미롭게도 이 뇌 사이 동기화interbrain synchronization는 생쥐의 뇌 뒤에서 앞으로 퍼져나오는 파동을 만들어낸다. 다음으로 안보배는 유전적으로 조작된 수컷 생쥐를 이용해서 이 실험을 반복해보았다. 이 수컷은 정상적인 암컷과 상호작용하는 동안 자폐증에서 보이는 것과 비슷한 사회성 결핍을 보였다. 안보배는 이 유전적으로 조작된 수컷 생쥐가 정상 수컷처럼 노래를 많이 부르지 않는다는 것을 입증했다. 이 수컷 생쥐가 암컷과 신체적 접촉을 하지 못하는 이유를 이것으로 설명할 수 있을 것이다. 흥미롭게도 안보배가 사회적 기능이 결여된 수컷과 암컷의 뇌를 동시에 기록해보았더니 뇌의 뒤에서 앞으로 흘러나오는 뇌 사이 동시적 활성 파동이 나타나지 않았다. 자폐 아동이 형제나 다른 사람과 상호작용할 때도 이런 유형의 과소동기화가 일어나고 있는 것일 수 있다.

하지만 뇌전증이 그렇게 널리 퍼져 있고, 대부분 중추신경계 장애와 관련이 있을지도 모른다면 실험실 검사에서 이런 진단이 왜 더 자주 나오지 않는 것일까? 뇌전증 활성을 진단할 때 보편적으로 채용되는 방법인 두피 뇌전도 검사는 인간 뇌에서 가장 표면 가까이 위치한 부위인 겉질에서만 병적 수준의 동시적 뉴런 활성을 제대로 감지할 수 있는 것으로 알려져 있다. 누군가가 뇌의 심부에 위치한 겉질아래 영역에 국한해서 경증의 부분적 만성 뇌전증을 앓고 있다면 뇌전도 검사로는 적어도 질병의 초기 단계에서는 그 어떤 전기적 비정상도 감지하지 못할 것이다. 이런 발작은 그냥 일어나고 있지만 현재 사람을 대상으로 적용하는 전기생리학적 기법으로는 감지할 수 없다.

하지만 동물 실험에서는 이런 문제가 생기지 않는다. 예를 들어 우리 연구실에서는 생쥐, 쥐, 원숭이의 심부 뇌에 머리카락처럼 생긴 마이크로와이어 전극을 수십 개에서 수백 개씩 일상적으로 식립해서 뇌전도 기록으로는 연구할 수 없는 뉴런 활성 패턴을 측정한다. 이런 접근방식을 이용하면 경증의 부분적 발작이 겉질아래 영역에 국한해서 발생할 수 있는지, 그리고 이것이 환자들에게서 관찰되는 것과 같은 종류의 행동을 만들어낼 수 있는지 조사할 수 있다. 이런 방법을 이용해서 카푸이와 나는 뇌 장애의 다른 설치류 모형들과 관련해서 서로 다른 뉴런 회로에서 발생하는, 서로 구별되는 경증의 뇌전증 비슷한 활성들을 다양하게 발견했다.

뉴런 발작은 대부분의 뇌 질환에서 나타나는 임상적 발현의 공통 신경생리학적 경로를 정의하고 있다는 나의 이론은 알츠하이머병을 앓고 있는 환자에게서 뇌전증 활성이 자주 관찰된다는 한 임상 연구를 통해 더욱 뒷받침되고 있다. 알츠하이머병은 현시대에 가장 빈발하는 뇌 장애 중 하나다. 2017년 논문에서 키스 보셀Keith Vossel과 그 동료들은 발작이 존재하는 경우 인지 기능 감퇴 과정이 가속될 수 있다고 지적했다. 뇌전증과 비슷한 뇌전도 변화를 나타내는 알츠하이머병 환자에게서 저용량의 항경련제가 도움이 된다는 관찰로부터 이런 상관관계를 뒷받침하는 추가적인 증거들이 나오고 있다. 이런 발견 내용들이 모두 사실로 확인된다면 장래에 알츠하이머병의 치료법을 개발하는 데 진정한 게임 체인저가 될 수도 있을 것이다. 내가 이렇게 말하는 이유는 미래에는 약물 대신 신경임플란트neuroimplant나 경두개자기자극법 같은 비침습적 고급 기술이 오늘날 정신질환으로 분류되는 것을 비롯한 더 많은 뇌 장애를 치료할 때 우선적인 치료법으로 선택될지도 모르기 때문이다.

최근에 뉴로모듈레이션neuromodulation이라는 새로운 분야에서 여러 가지 유망한 발견과 발전이 이루어짐에 따라 그런 미래를 기대해볼 수 있게 됐다. 예를 들면 현재는 등쪽가쪽 앞이마겉질dorsolateral prefrontal cortex에 반복해서 경두개자기자극법 치료를 하면 만성 우울증 증상 개선에 효과적이라는 공감대가 커지고 있다. 경두개자기자극법은 현재로서는 심각한 우울증 치료에 여전히 가장 효과적 치료법인 전기경련요법electro-convulsion therapy만큼 효과적이지는 않지만, 한 무작위 실험에서 효과가 입증되었다. 하지만 이 새로운 접근방식에서 가장 큰 불편은 환자가 의학적 관리감독 아래 경두개자기자극법 치료를 받으러 병원에 자주 방문해야 한다는 점이다. 이런 중요한 한계 때문에 나는 척수전기자극법이 이런 환자들을 위한 치료의 대안으로 신속히 자리 잡게 될 것이라 믿는다. 실제로 한 예비 연구에서는 이 방법으로 우울증 환자의 증상을 실제로 완화할 수 있을지 모른다는 것이 이미 입증됐다. 이 치료법은 의학적 관리감독 없이도 척수에 삽입한 신경칩을 통해 적용할 수 있기 때문에 환자들은 정기적으로 병원에 갈 필요 없이 집에서도 연속적 혹은 간헐적(예를 들면 하루에 1시간) 자극 프로토콜을 통해 치료를 받을 수 있다. 그와 같은 맥락에서 만약 알츠하이머병에서 겉질 발작의 역할이 확인된다면, 척수전기자극을 이런 환자들에서 나타나는 인지 능력 결함의 개선에 사용하거나 더 나아가 질병의 진행을 지연하는 것도 이론적으로는 시도해 볼 수 있게 된다.

홍미롭게도 미래에는 경두개자기자극법을 척수에 적용해서 우리가 장기 식립 임플란트로 얻은 결과를 재현할 수 있을지도 모른다. 사실 나는 파킨슨병, 우울증, 알츠하이머병, 그리고 다른 여러 뇌 장애를 앓고 있는 환자가 등받이에 휴대용 경두개자기자극 시스템이 들어 있는 치료용 의자에 앉아 집에서 매일 치료를 받을 수 있게 되는 미래의 시나리오를 머릿속에 그려볼 수 있다. 이런 관점에 따르면 환자가 한 시간 정도 편안하게 의자에 앉아서 책을 읽는 동안 의자에 설치된 경두개자기자극 시스템이 비침습적인 방식으로 환자의 뇌 장애 치료에 필요한 척수전자기자극을 전달할 수 있게 될 것이다. 언젠가 이런 가정 치료법이 현실화된다면 다양한 뇌장애를 앓고 있는 수백만 환자들을 임상적으로 관리하는 데 엄청난 혜택이 돌아오고, 그들의 삶의 질도 크게 개선될 것이다. 보건의료 체계에 소요되는 비용도 막대하게 절감될 것은 두말할 필요도 없다.

수 세기 전부터 사람들 사이에서는 천연적으로 자성을 띠는 바위인 자철석이 일종의 마법 같은 치유력을 갖고 있다는 믿음이 퍼져 있었는데, 자석 기반의 뇌 치료법이 나의 전망처럼 치료에 널리 받아들여지게 된다면, 역설적이게도 이는 그런 믿음을 실현시키는 모양새가 될 것이다. 이런 관점은 바르톨로메우스 앵글리커스Bartholomeus Anglicus가 요약해놓았다. 그는 13세기에 이렇게 적었다. "이런 종류의 돌(자철석)은 남편이 아내에게 돌아가게 만들고, 우아하고 매력적으로 말할 수 있게 해준다. 더군다나 꿀과 함께 사용하면 부기, 분노spleen, 여우흡윤개선mange(기생충으로 인해 생기는 포유동물의 피부병 – 옮긴이), 화상을 치료해준다. …… 그리고 순결한 여성의 머리 위에 놓으면 자철석은 그 독이 즉각 그 여성을 둘러싸게 할 테지만 간통을 범한 여자라면 그 여자는 유령이 두려워서 침대에서 물러날 것이다."

우리가 전자기장을 의학적 용도로 사용하는 데 어디까지 성과를 거두었는지 바르톨로메우스가 목격했다면 그는 얼마나 놀랐을까?

더 진행하기 전에 나는 나보다 앞서 뉴런 전자기장을 뇌 기능 일반 이론을 위한 잠재적 기질로서 탐구했던 사람들의 공로를 인정하는 자리를 마련하고 싶다. 지난 60년 동안 인간의 뇌 기능에서 작은 뉴런 전자기장이 결정적인 역할을 할지도 모른다는 가설을 제기한 몇몇 연구자가 있다. 뇌의 장이론field theory을 발전시키려고 처음 시도한 사람은 게슈탈트 운동gestalt movement을 했던 이들이다. 이들은 고등 인지 기능과 관련된 신경생리학적 메커니즘을 이해하고 싶다면 뇌를 개별 부분들의 모자이크가 아니라 전체론적으로 연구해야 한다고 믿었다. 이런 철학적 접근방식을 바탕으로 1950년대 초반에 두 명의 저명한 게슈탈트 심리학자 아론 구르비치Aron Gurwitsch와 볼프강

쾰러Wolfgang Köhler는 뉴런의 큰 집단에 의해 생성되는 전기장이 인간의 지각을 이해하는 데 필요한 비밀을 담고 있을지 모른다는 개념을 개척했다. 칼 래슐리Karl Lashley와 노벨상 수상자인 로버트 스페리Robert Sperry 등과 같은 당대의 일부 미국 신경과학자들은 구르비치와 쾰러의 논지를 단호하게 거부했다. 이들은 1950년대 후반에 쾰러의 주장이 틀렸음을 입증하기 위해 동물 실험을 설계해서 진행하기도 했다. 현대의 생리학 교과서에서는 대부분 이 실험이 쾰러의 주장을 반박하는 데 성공했다고 말하고 있지만, 그로부터 60년이 지난 지금 내가 다시 스페리와 래슐리의 연구 결과를 보면 나는 대체 어떻게 그런 말이 나오는지 이해가 안 된다. 흥미롭게도 쾰러 자신도 1950년 당시에 이런 말이 나오는 이유를 이해하지 못했다. 쾰러와 내가 이렇게 회의적으로 바라보는 이유는 스페리의 실험이나 래슐리의 실험 모두 전자기장이 뇌 기능에서 어떤 역할을 맡고 있을 가능성을 전혀 배제하지 못했기 때문이다. 예를 들면 래슐리는 실험에서 원숭이의 뇌 표면에 거의 전체적으로 여러 개의 금 조각을 뿌렸다. 그리고 또 다른 원숭이에서는 양쪽 뇌반구 시각겉질의 한정된 부분에 12개의 금침을 삽입했다. 래슐리는 이렇게 조작하면 쾰러가 상정했던 전기장이 짧아질 것이기 때문에 원숭이의 시각 과제 수행 능력이 지장을 받을 것이라 가정했다. 그런 다음 래슐리는 단 한 차례 이 두 원숭이를 실험해 보았다. 금 조각과 금침 임플란트를 하기 전에 학습했던 아주 단순한 시각 과제의 수행 능력을 평가하는 실험이었다. 그런데 두 원숭이가 예전처럼 과제를 잘 수행하는 것을 보고 래슐리는 자기가 쾰러의 이론이 틀렸음을 입증해 보였다고 결론을 내렸다. 이상하게도 래슐리는 더 어려운 시각 과제를 사용하거나 이 실험을 진행하는 동안 뇌 활성을 기록해볼 생각을 하지 않았다. 스페리의 경우는 자신의 실험을 덜 대립적으로 해석하기는 했지만 고양이 뇌의 겉질에 티타늄 침을 식립했어도 고양이의 시지각perception을 방해하지 않았다고 보고했다.

오늘날 우리가 뇌에 대해 알고 있는 내용을 바탕으로 생각해보면 이런 조잡한 겉질 조작으로는 뇌 기능에서 전자기장의 관련성에 대해 알 수 있는 것이 거의 없다. 간단히 말하자면, 래슐리와 스페리의 믿음과는 달리 이 연구자들이 사용한 제한적인 금침 임플란트나 티타늄 임플란트로는 뇌의 전자기장에 의미 있는 영향을 전혀 미칠 수 없었을 것이다. 따라서 이들의 실험에서는 그 어떤 결론도 이끌어낼 수 없다. 이상하게도 지난 70년 동안 뇌 기능에 대한 새로운 이론이 제안될 때마다 대부분의 신경과학계에서는 제대로 된 결론을 이끌어낼 수 없는 이 조잡하고 결함 있는 실험을 들이대면서 바로 무시해버렸다. 하지만 이런 개념들은 현대 신경과학의 지하 골목에서나마 계속해서 살아서 버티고 있다.

나중에 래슐리의 공동 연구자이기도 했던 미국의 신경과학자 칼 프리브람Karl Pribram은 기억의 비국소성을 설명하면서 뇌가 레이저 홀로그램처럼 작동할 수 있다고 제안했다. 그의 모형에서는 주로 가지돌기 수준에서 생성되는 겉질 뉴런 활성의 국소적 전기파가 정보를 국지적 홀로그램으로 저장하기 위해 서로 간섭을 일으킨다. 프리브람에 따르면 겉질은 이런 국지적 홀로그램, 즉 홀로노미holonomy를 하나가 아니라 여러 개 담고 있을 것이다. 이것을 바탕으로 프리브람의 이론은 뇌 기능의 홀로노미 이론으로 알려지게 됐다. 이 이론을 제안하면서 프리브람은 미국의 물리학자 데이비드 봄David Bohm의 연구에도 큰 영향을 받았다.

1942년에 안젤리크 아르바니타키Angelique Arvanitaki가 대왕오징어의 축삭돌기를 전도성이 떨어지는 매질에 가까이 두면 한 축삭돌기가 이웃한 신경섬유에서 발생한 활성에 의해 탈분극depolarization될 수 있음을 보여준 것 역시 중요한 부분이다. 이것은 전기연접 뉴런 상호작용ephaptic neuronal interaction으로 알려지게 됐다. 최근의 연구에서는 뉴런 조직에 전자기장을 적용하면 그와 비슷한 상호작용을 유도하거나 조절할 수 있는 것으로 밝혀졌다.

1990년대에 뉴욕대학교의 저명한 신경생리학자 어윈 로이 존Erwin Roy John은 뉴런 전자기장이 이미 발화 역치 근처에 와 있는 개별 뉴런을 자극해 활동전위의 생산을 촉발할 수 있다고 암시하여 뉴런 전자기가 맡는 역할에 대한 관심에 다시 불을 붙였다. 로이 존은 뉴런 하나가 아니라 집단이야말로 동물의 뇌에서 계산을 수행하고, 궁극적으로는 의식적 존재를 만들어내는 기능적 실체라고 이미 믿고 있었다. 따라서 뇌가 넓게 분산된 막대한 수의 뉴런에서 완벽한 동기화를 이끌어내려면

(뇌의 모든 주요 신경학적 기능의 밑바탕에는 이런 동기화가 깔려 있다) 설득력 있는 해법은 단 하나, 전자기장을 활용하는 것밖에 없다. 전자기장은 강도가 약하지만 이런 임무를 수행하기에는 부족함이 없다. 이 전자기장을 이용하면 겉질 전체에 걸친 완벽한 뉴런 동기화를 아주 신속하게 달성할 수 있다. 여러 해 전에 로이 존은 이 주제와 관련해서 자신의 최신 논문 중 하나를 보내주었다. 나는 이 책을 쓰려고 조사하다가 그 논문을 다시 발견했다. 그 논문에서 나는 내가 여기서 제시하는 이론과 아주 유사한 개념을 발견했다.

약 15년 전에 서리대학교의 분자유전학자 존조 맥패든Johnjoe McFadden는 의식적 전자기 정보이론conscious electromagnetic information theory을 소개했다. 이 이론은 의식을 비롯한 고차원 뇌 기능은 뉴런의 전자기 활성에 의해 결정된다고 주장한다. 맥패든은 자신의 이론을 상세히 설명하는 논문과 그 이론을 뒷받침해줄, 다른 많은 연구소에서 나온 무수히 많은 연구 결과를 발표했다. 하지만 구르비치와 쾰러, 이후 로이 존의 개념이 그랬던 것처럼, 신경과학계는 전반적으로 뇌 기능에서 전자기장이 맡고 있을 잠재적 역할을 계속 묵살하고 있다.

전자기력은 자연의 네 가지 기본 힘 중 하나다. 그런 만큼 전자기장은 우주 곳곳 어디에나 침투하지 않은 곳이 없다. 그리고 그 규모는 육중한 중성자별인 마그네타magnetar(대단히 막강한 자기장을 가지고 있는 중성자별의 한 종류–옮긴이)에서 뿜어져 나오는 거대한 기가테슬라 단위의 전자기장에서, 지구를 보호막처럼 감싸 지구 위 생명 현상을 가능하게 해주는 마이크로테슬라 단위의 전자기장에 이르기까지 다양하다. 태양 자기장의 범위를 정의하는 거대한 자기 버블인 태양권heliosphere은 명왕성의 궤도 너머까지 펼쳐져 있는데, 그 가장자리에서는 태양의 자기장 강도가 최소 수준인 100피코테슬라picotesla(기가 단위는 10^{9}, 마이크로 단위는 10^{-6}, 피코 단위는 10^{-12}이다–옮긴이)에 도달한다. 이 태양의 최솟값을 100으로 나누면 인간 뇌의 자기장 강도에 가까운 값이 나온다. 바로 1피코테슬라다. 따라서 이런 약한 신호가 우리의 가장 소중한 뇌 기능에서 어떤 근본적인 역할을 한다고 생각하는 신경과학자가 극소수에 불과했던 것도 무리는 아니다. 사람들은 이 부분을 재빨리 무시하고 있지만, 나는 이것이 실험을 통해 제대로 정당화된 부분은 아니라고 믿는다. 오히려 그 반대다. 뉴런 전자기장이 뇌 기능에 필수적이라는 가설은 1950년대 초만큼이나 열린 의문으로 남아 있다. 그래서 나는 언젠가 가까운 미래에 인간 우주를 온전히 구축하는 데 필요했던 것이 그저 1피코테슬라의 자기력에 불과했다는 결정적인 실험적 증거가 등장한다면, 우리 모두 얼마나 황당한 기분을 느낄까 궁금해서 견딜 수 없다.

6

뇌는 튜링기계가 아니다

THE
TRUE CREATOR
OF
EVERYTHING

2016년 여름, 나는 오전 내내 나른함에 빠져 있다가 〈사이언티픽 아메리칸〉에서 트위터에 올린 한 문장 때문에 깜짝 놀라고 말았다.

> 인공 시냅스 덕분에 슈퍼컴퓨터가 인간의 뇌를 흉내 낼 수 있다.

한국의 재료과학자 이태우 박사는 이제 과학자들이 뉴런 시냅스를 흉내 낼 수 있는 작은 트랜지스터를 제조할 수 있기 때문에 뇌 같은 기계를 만드는 오랜 꿈이 손에 잡힐 듯 가까워졌다고 말했다. 그는 이런 발전으로 "미래에는 더 나은 로봇, 자율주행 자동차, 데이터마이닝data mining, 의학 진단, 주식 거래 분석, 그리고 기타 스마트 인간 상호작용 시스템과 기계가 가능해질 것"이라고 강조했다. 이 기사는 대략 1,000억 개 정도(실제는 860억 개에 가깝다)의 뉴런을 이어주는 1,000조 개 정도의 연결 덕분에 인간의 뇌는 1초당 1경 회의 연산을 수행할 수 있다고 했다. 그와 비교하면 당시 세계에서 가장 빠른 슈퍼컴퓨터였던 중국의 톈허 2호는 최고 수행 속도가 초당 5경 5,000조 회에 도달할 수 있었다. 물론 톈허 2호가 작동하는 데는 인간의 뇌보다 100만 배나 더 많은 에너지가 든다. 이태우가 그렇게 열정적으로 이야기한 것은 이해할 만하다. 그가 최근에 완성한 인공 시냅스는 한 번의 시냅스 전달 사건을 만들어내는 데 1.23펨토줄femtojoule(펨토는 10^{-15} – 옮긴이)밖에 들지 않았기 때문이다. 이는 사람의 시냅스가 필요로 하는 에너지의 8분의 1 정도에 해당한다. 그래서 이태우는 4인치 웨이퍼wafer에 이 인공 시냅스를 144개 정도 집어넣어 직경 200~300나노미터의 전선으로 연결하면 실제 인간 뇌의 작동을 재현하는 일에 큰 발걸음을 내디딜 수 있을 것이라 생각했다. 그는 이 일을 해내기 위해서는 웨이퍼를 입체 구조물로 쌓아올릴 수 있는 3차원 프린팅 기술만 나오면 된다고 말했다. 그러면 갑자기 우리 회백질의 계산 능력을 뛰어넘는 인공지능이 등장하리라는 것이다.

진정한 창조자인 뇌의 종말이 임박했다는 전망이 이번이 처음은 아니었다. 산업혁명이 시작된 이후로 이와 비슷한 주장은 꾸준히 있었다. 솔직히 이와 같은 기존의 시도 중에서 시냅스당 1.23펨토줄이라는 기준을 충족시킨 것은 없었다. 하지만 오랫동안 증기기관, 기계 장치, 전자 장치, 그리고 1936년 이후로는 서로 연결된 수천 개의 마이크로프로세서로 만들어진 슈퍼컴퓨터를 비롯한 정교한 디지털 기계 장치 등 당시 가장 발전된 기술을 두고 예언자들은 이제 곧 인간이 만든 도구로 인간 뇌의 특정 기능을 재현할 수 있으리라 주장했다.

하지만 이 모든 모험은 결국 끔찍한 실패로 끝났다.

그럼에도 정보의 시대가 열린 이후, 인간이 시작한 게임에서 결국 디지털 컴퓨터가 인간의 뇌를 대체하리라는 아이디어가 끊임없이 흘러나오고 있다. 이런 주장을 하는 사람들은 어찌나 열정적인지, 마치 자신의 예언이 거의 신성한 것이며 가까운 미래에 이 예언이 충족되는 것을 그 무엇도 막을 수 없으리라 믿는 듯한 인상을 받기도 한다. 하지만 미래학자와 인공지능 전문가들이 쓸데없이 많은 예언을 내놓았음에도 인류 역사에서 가장 파괴적으로 작용할 기술 발전이 대체 무엇이 될지에 관해서는 그 어떤 구체적인 증거도 제시된 바 없다.

특히나 지난 10년여 동안에는 증거로 확실하게 입증하는 대신, 다소 순진한 주장을 내놓는 경우가 많았다. 이 장을 시작하면서 나왔던, 에너지 효율이 높고 뉴런과 비슷한 트랜지스터 수천억 개를 적절히 연결해서 전원 버튼만 누르면 우리 뇌의 복잡한 정신적 능력을 재현할 수 있다는 주장도 그런 경우에 해당한다.

나는 동의할 수 없다.

인간 뇌의 정교한 작동 방식을 알고리즘으로 환원해서 디지털 논리로 재현할 수 있다는 개념은 그저 포스트모던 시대의 또 하나의 미신, 일종의 도시 전설, 탈진실 시대의 한 사례라 생각해야 한다. 현대는 거짓 진술이 대중 사이에 널리 퍼져 꾸준히 반복되면 결국 진실로 받아들여지는 시대다. 효율 좋은 전자소자들을 대량으로 연결만 하면 우리 뇌에서 보이는 것 같은 복잡성을 재창조할 수 있으리라는 개념은 현실과 크게 동떨어져 있을 뿐만 아니라 깊이 파고들어 보면 성공할 가능성도 보이지 않는다. 지금도 불가능하지만 앞으로도 불가능할 것이다.

이런 관점을 믿는 사람들 중 인간의 뇌가 디지털 하드웨어와 소프트웨어 모두의 진정한 창조자이지, 그 반대는 아니라는 생각을 한 사람은 얼마 되지 않는다. 인간이 만든 기술이 자신의 창조주에게 등을 돌리고 창조주를 능가할 것이라는 맹목적 믿음은 인간의 뇌를 비롯해서 어떤 종류의 시스템이든 자기 자신보다 더 복잡한 무언가를 만들어낼 수 있다고 주장하는 것이다! 하지만 이런 주장을 하는 사람들은 거의 종교에 가까운 신념을 쉬지 않고 홍보하고 다니기만 바쁘지, 어떻게 이런 잉여의 복잡성이 등장할 수 있는지는 설득력 있게 설명하지 않는다. 나는 이런 주장은 분명 거짓이라 생각한다. 이런 주장들은 쿠르트 괴델의 두 가지 불완정성 정리와 최근 아르헨티나계 미국인 수학자 그레고리 카이틴Gregory Chaitin이 제안한 복잡성 정리complexity theorem를 비롯해서 여러 가지 논리적 정리에 위배되기 때문이다. 카이틴에 따르면 컴퓨터 프로그램 같은 형식 체계는 자신보다 더 복잡한 하위 체계subsystem, 즉 다른 프로그램을 만들 수 없다. 존 캐스티John Casti와 베르너 드파울리Werner Depauli가 《괴델Gödel》에서 기술한 것처럼 더 형식적으로 표현하면, 그 어떤 컴퓨터 프로그램도 만들어낼 수 없을 정도의 복잡도를 가진 수가 존재한다.

서로 긴밀하게 연관된 괴델의 연구와 카이틴의 연구는 다음의 가설에 확실한 논리적 장벽을 제공해준다. 즉, 인간의 뇌가 X라는 복잡성을 나타내는 컴퓨터 비슷한 장치라면, X 수준보다 더 큰 복잡성을 나타내는 무언가를 만들어낼 수 없다는 가설이다.

이런 비교 기준은 디지털 컴퓨터이기 때문에 이 믿기 어려운 기계의 역사적 기원을 살펴봄으로써 논의를 시작하는 것이 공평하겠다. 오늘날 존재하는 모든 디지털 컴퓨터는 1936년에 영국의 수학자이자 논리학자인 앨런 튜링이 처음 제안한 추상적 계산 장치를 구체적으로 재현할 수 있는 무수히 많은 가능성 중 하나에 해당한다. 그를 기리기 위해 범용튜링기계Universal Turing Machine(UTM)라 명명된 이 정신적 구성물은 노트북에서부터 지구에서 가장 막강한 슈퍼컴퓨터에 이르기까지 여전히 모든 디지털 기계의 작동 방식을 정의하고 있다. 범용튜링기계는 테이프를 통해 기계에 입력하는 기호의 목록을 사용자가 프로그래밍한 내부 명령표internal table of instructions를 이용해서 순차적으로 읽고 조작하는 방식으로 작동한다. 튜링기계는 테이프로부터 순서에 따라 하나씩 기호를 읽어들이며 내부 명령표, 혹은 소프트웨어를 이용해서 다양한 논리 연산을 수행한 후에 그 결과를 기록한다.

아주 간단해 보인다. 그렇지 않은가? 사실이다. 좋든 나쁘든 우리 종의 역사에서 가장 파괴적인 매스커뮤니케이션 도구인 인터넷의 등장을 비롯해서 지난 80년 동안 이루어진 대부분의 기술적 돌파구는 한 천재 수학자의 정신 깊숙한 곳에서 만들어진 추상적인 정신적 장난감의 부산물이라 생각할 수 있다.

원래 모든 자연현상을 디지털 컴퓨터에서 시뮬레이션할 수 있다는 개념은 튜링과 미국의 수학자 알론조 처치Alonzo Church가 처음 제안한 소위 처치-튜링 추측Church-Turing conjecture을 이상하게 잘못 해석하는 바람에 신뢰를 얻게 되었다. 이 추측에서 본질적으로 말하고 있는 내용은 주어진 방정식이나 문제를 풀 수 있는 잘 정의된 단계(이것을 알고리즘이라 한다)를 제안할 수 있다면, 디지털 컴퓨터가 이 연산을 재현해서 똑같은 방정식에 대한 해를 계산할 수 있다는 것이다. 그럼 이런 방정식은 계산 가능함수computable function로 분류할 수 있다.

여기서 그 모든 혼란이 시작된다.

원래 처치-튜링 가설은 형식적 수학 모형과 관련된 문제에만 초점을 맞추려고 의도한 것이었다. 하지만 그 후로 많은 저자가 처치-튜링 가설을 마치 이것이 모든 자연현상에 대해 계산의 한계를 설정하는 것처럼 해석했다. 기본적으로 이 저자들은 그 어떤 물리적 계산 장치도 튜링기계의 능력을 넘어설 수는 없다고 결론 내렸다. 문제가 없는 것으로 들릴지 모르지만, 튜링의 계산 가능성computability이 형식적 수학에서만 나오는 질문에 대한 것이라는 사실을 무시함으로써 수많은 골칫거리와 오해를 낳을 위험을 안게 된다. 사실 인간이나 다른 동물의 뇌가 그냥 튜링기계인지 여부에 관한 논란에 초점을 맞춰보면, 곧 튜링의 계산 이론이 내세우는 일련의 가정 때문에 이 이론을 뇌 같은 복잡한 생물학적 시스템에 바로 적용할 수 없다는 것을 알게 된다. 예를 들면 튜링기계에서는 정보의 표상이 형식적이다. 즉, 대부분의 생물학적 시스템처럼 물리적이고 의미론적이기보다는 1+1 같은 경우처럼 추상적이고 구문론적이다. 인간의 뇌에서는 괴델 정보라는 특이한 형태의 정보가 중추신경계를 구성하고 있는 신경 조직에 물리적으로 새겨진다(3장 참조). 의미론semantics은 "네가 나를 홀딱 벗겨 먹는구나!" 같은 아주 단순한 문구도 맥락에 따라 많은 의미를 가질 수 있다는 사실을 말해준다. 이 말은 친구들 사이에서 하는 농담일 수도 있고, 누군가를 심각하게 비난하는 말일 수도 있다. 사람은 이 두 가지 의미를 쉽게 구분할 수 있지만 비트에 의존하는 튜링기계는 이런 문장을 대할 때 심각한 문제와 마주할 것이다.

그럼에도 수많은 컴퓨터과학자와 신경과학자들이 처치-튜링 가설을 이론적 근거로 삼아 우리의 뇌를 비롯한 그 어떤 동물의 뇌라도 알고리즘으로 환원해서 디지털 컴퓨터에서 시뮬레이션할 수 있다고 주장하고 있다. 이런 과학자들은 기계적 시스템의 연구에 시뮬레이션을 이용해서 성공한 접근방식이 있다면 그것을 매끄럽게 연장해서 인간이 만든 그 어떤 장치보다도 훨씬 복잡한 생물학적 시스템의 연구에 사용할 수 있다고 주장한다. 이런 철학적 입장을 1963년에 힐러리 퍼트넘Hilary Putnam이 《뇌와 행동Brains and Behavior》에서 제안한 용어를 따라서 계산주의computationalism라고 한다. 계산주의는 그 후로 제리 포더Jerry Fodor 같은 여러 철학자의 지지를 받았다. 계산주의를 비판하는 사람들은 이런 주장을 순수한 신비주의적 관점이라 여긴다. 이제는 너무 많은 사람이 뇌를 디지털 컴퓨터와 비슷하다고 생각하고 있기 때문에 나의 유기 컴퓨터 정의를 이용해서 동물의 뇌에 대해 이야기하는 것이 우리의 논의에서 특히나 의미가 커졌다.

극단적인 형태의 계산주의는 인간의 모든 경험을 디지털 시뮬레이션으로 재현하고 개시할 수 있다고 예측할 뿐 아니라 컴퓨터의 계산 능력이 기하급수적으로 성장하고 있기 때문에 가까운 미래에 기계가 인간의 정신적 능력을 총체적으로 능가할 수도 있음을 암시한다. 레이 커즈와일Ray Kurzweil 등이 제기한 이 후자의 개념을 특이점 가설singularity hypothesis이라고 한다. 《21세기 호모 사피엔스In the Age of Spiritual Machines》라는 책에서 커즈와일은 처치-튜링 가설의 급진적 버전에 대해 이야기했다. "튜링기계로 풀 수 없는 문제라면 인간의 정신으로도 풀 수 없다." 하지만 이런 사고방식의 기원은 1940년대와 1950년대로 거슬러 올라간다. 당시에 노버트 위너Norbert Wiener와 워렌 맥컬로치Warren McCulloch 등 MIT에 있던 클로드 섀넌의 예전 동료 몇몇과 존 폰 노이만John von Neuman 등 다른 많은 저명한 과학자들은 인간의 지능과 인간 뇌의 정보 처리 방식을 정의해줄 완전히 새로운 패러다임을 구축하기 위해 주변에서 머리를 내밀고 있던 여러 가지 개념들을 폭넓게 살펴보기 시작했다. 이런 움직임을 사이버네틱스cybernetics라고 불렀고, 그 후로 수십 년 동안 이것은 오늘날 인공지능으로 알려지게 된 학문 분야에 지적 기반과 근거를 제공해주었다.

듀크대학교의 내 동료인 캐서린 헤일스N. Katherine Hayles가 자신의 책《우리는 어떻게 포스트휴먼이 되었는가How We Became Posthuman》에서 논의했듯이 이 사이버네틱스 그룹은 메이시콘퍼런스Macy Conferences라는 학회를 조직해서 완전히 새로운 학문 분야를 만들어냈다. 이들은 클로드 섀넌의 정보 이론, 개별 뉴런을 정보 처리의 단위로 바라보는 워렌 맥컬로치의 모형, 2진 논리와 디지털 회로를 기반으로 하는 디지털 컴퓨터를 위한 존 폰 노이만의 새로운 아키텍처, 기계와 인간을 동일한 자율적·자기주도적 장치 부류에 속하는 구성원으로 개념화하는 노버트 위너의 방식을 모두 뒤섞었다. 헤일스에 따르면, "이 놀라운 기획은 인간을 완전히 새로운 방식으로 바라보는 결과를 낳았다. 그 이후로는 인간을 지능이 있는 기계와 본질적으로 비슷한, 정보를 처리하는 존재로 바라보게 됐다."

그리하여 인간이 갑자기 비트로 만들어진 것처럼 보이게 됐다. 인간의 정신, 살아온 역사, 고유의 지각적 경험과 기억, 선택과 취향, 사랑과 미움, 그리고 사람을 구성하고 있는 유기 물질 그 자체에 이르기까지 많은 것들이 기계로 재현할 수 있고, 또 적당한 때가 되면 재현될 것으로 보였다. 사이버네틱스는 미래의 디지털 기계가 인간의 모든 것을 마음대로 업로드하고 동화하고 복제하고 재생산하고 시뮬레이션하고 흉내 낼 수 있을 것이라 믿었다. 메이시콘퍼런스가 열리던 당시에는 그런 지능을 갖춘 기계가 없었다(물론 지금도 없다). 하지만 현대의 인공지능 예언자들처럼 사이버네틱스 운동의 일부 구성원들도 이것은 그저 시간의 문제일 뿐이며, 적절한 기술만 개발되면 해결되리라 믿은 것으로 보인다. 그와 비슷한 틀을 이용해서 결국 기존의 낙관적 예측을 충족시키기에는 한참 모자랐던 강한 인공지능strong artificial intelligence을 비롯한 많은 연구 프로그램이 등장해서 뇌와 비슷한 기계를 만들거나 아니면 적어도 같은 슈퍼컴퓨터를 이용해서 동물 뇌 전체의 생리학적 행동을 시뮬레이션해보려고 했다. IBM 브레인프로젝트와 유럽연합의 휴먼브레인프로젝트 등이 여기에 해당한다. 1968년에 MIT 인공지능연구소의 소장 마빈 민스키Marvin Minsky는 이렇게 선언했다. "한 세대 안으로 우리는 영화 〈2001 스페이스 오디세이〉에 나오는 할과 같은 지능형 컴퓨터를 갖게 될 것이다." 분명 그의 예측은 실현되지 못했고, 최근 민스키는 뇌 시뮬레이션 프로그램은 성공 가능성이 희박하다고 선언했다.

흥미롭게도 헤일스가 자신의 책에서 밝혔듯이 클로드 섀넌은 정보에 대한 자신의 한정적인 정의를 소통이 발생하는 다른 분야로 확장하는 데 그리 열정적이지 않았다. 역사가 증명해 보였듯이 섀넌이 당부한 주의사항은 절대적으로 옳았다. 결국 그가 내린 정보의 정의에는 의미, 맥락, 의미론, 매체에 따른 특색 medium peculiarity에 대한 어떤 설명도 담기지 않았기 때문이다. 나아가 알고리즘을 디지털 기계에 구현하는 것을 엄청나게 용이하게 해준 2진 논리와 엄격한 디지털 구문론에만 의지함으로써 섀넌은 의미론적으로 풍부하고 맥락 의존적인 인간의 생각과 뇌 기능의 본성과는 구분을 두었다.

일반적으로 신경과학자들은 동물과 사람의 더 고등한 신경학적 기능들은 뇌의 복잡한 창발성에서 유래한다고 믿는다. 이런 속성의 기원과 본성에 대해서는 논란의 여지가 있지만 말이다. 창발성은 보통 포괄적 시스템 속성으로 여겨진다. 즉, 시스템의 개별 구성요소들에 대한 기술로부터 비롯되지 않는다는 것이다. 이런 창발성은 요소들이 상호작용하면서 한 덩어리로 합쳐져, 새 떼, 물고기 떼, 주식시장 같은 하나의 실체를 형성하는 곳이면 자연 속 어디서든 나타난다. 이런 실체들을 보통 복잡계complex system라고 한다. 그래서 화학이나 생물학 같은 자연과학에서 경제학과 사회학을 비롯한 사회과학에 이르기까지 다양한 학문 분야에서 이런 복잡계가 연구의 초점이 되어왔다.

동물의 뇌는 복잡계의 전형적인 사례다. 하지만 뇌의 복잡한 행동은 뇌의 서로 다른 조직 수준에 걸쳐 확장되어 있다. 분자, 세포, 회로의 밑바탕에서 하나의 전체로서의 신경계에 이르기까지 모든 수준에 걸쳐 있다는 의미다. 따라서 특정 동물의 뇌를 모형화할 때 정말로 정확하게 하려면, 동물 뇌의 복잡성을 정의할 때 그 안에 주변 환경이나 다른 상대의 뇌 같은 외부의 실체와 우리 중추신경계 사이의 교환까지 포함시켜야 한다. 이런 것들 역시 상호작용하면서 우리가 연구하고 있는 특정 뇌를 끊임없이 바꿔놓고 있기 때문이다.

4장에서 보았듯이 뇌는 가소성도 보여준다. 정보는 뇌의 구조와 기능을 변경함으로써 정보와 우리 중추신경계를 정의하는 유기 물질 덩어리 사이에 영속적인 재귀적 통합을 만들어내 인간의 뇌에서 인과 효율적인 방식으로 작용한다. 보통 신경과학자들이 인간의 뇌 같은 시스템을 복잡자가적응계complex self-adaptive system라 부르는 이유도 이 때문이다. 중요한 점이 있다. 복잡자가적응계를 정의하는 바로 그 특성들이 이 계의 동역학적 행동을 정확히 예측하거나 시뮬레이션하지 못하게 가로막는 특성이라는 점이다. 예를 들어보자. 20세기가 시작될 때 프랑스의 천재 수학자 앙리 푸앵카레는 고도로 연결된 수백억 개의 뉴런은 말할 것도 없고, 그저 상호연결된 몇 개의 요소로 구성된 계의 창발적 행동도 그 개별 요소들의 분석을 통해 형식적으로 예측하는 것이 불가능함을 보여주었다. 뇌 같은 복잡계에서는 개별 요소들이 역동적으로 상호작용하면서 전체로서의 계에 새로운 행동을 만들어낸다. 그리고 다시 역으로 이런 창발적 행동이 계의 다양한 요소들에 직접 영향을 미친다. 그런 만큼 우리의 뇌를 비롯해서 동물의 정교한 뇌는 통합계intergrated system로 바라보아야 한다. 이 계는 정보를 하나의 전체로 처리하는 특별한 연속체로서 소프트웨어를 하드웨어와 구분할 수 없고, 정보 처리 과정을 기억으로부터 구분할 수도 없다.

헤일스는 자신의 책에서, 수신한 정보가 수신자의 사고방식에 변화를 일으킨다는 자신의 관점을 영국의 과학자 도널드 맥케이Donald MacKay가 메이시콘퍼런스에서 강력하게 옹호했음을 가장 멋진 문장으로 밝혀냈다. 맥케이에 따르면 이런 인과 효율 효과 때문에 정보에 관한 포괄적 이론이라면 의미meaning

의 포함을 배제할 수 없다. 그래서 맥케이는 수신자의 정신 상태를 측정하고, 정보의 영향을 수량화해야 한다고 상정했다. 헤일스도 인정했듯이 이것은 오늘날에도 꿈꾸기 힘든 어려운 일이다.

대신 동물의 뇌가 정보를 생성하고 표상하고 기억하고 다루는 방식은(3장 참조) 디지털 컴퓨터 같은 범용튜링기계의 다양한 물질적 실현물이 기계의 하드웨어와 분리된 알고리즘 프로그램(소프트웨어)을 이용해서 계산하는 방식과는 현저한 차이를 보인다. 이런 새로운 맥락에서 보면, 수학적 관점과 계산적 computational 관점을 모두 이용해서 뇌의 작동을 조사할 때 고정된 하드웨어에서 돌아가는 구문론적으로 추상화된 고전적인 소프트웨어 절차를 통해서는 창발적 행동을 온전히 재현할 수 없다. 바꿔 말하면 뇌 기능을 특징짓는 풍부한 동역학적 의미론을 디지털 컴퓨터가 이용하는 제한적인 알고리즘 구문으로 환원할 수 없다는 것이다. 그 이유는 상향식·하향식으로 일어나는 수십억 개의 상호작용 사건을 정교하게 조정하며 뇌의 물리적 조직의 서로 다른 수준을 동시에 아우르는 창발적 속성들을 처치-튜링 추측에서 제안하는 맥락 안에서 효과적으로 계산하기가 불가능하기 때문이다. 대신 이런 속성들은 디지털 시뮬레이션을 통해서는 일시적인 근사치 계산만 가능하다. 이것은 대단히 핵심적인 부분이다. 뇌가 통합된 자가적응 복잡계처럼 행동한다는 것을 받아들인다면 이런 디지털 근사치는 주어진 뇌의 자연스러운 행동으로부터 바로 일탈할 것이기 때문이다. 이런 일탈에서 나오는 최종 결론은 튜링기계의 특정 디지털 실현물이 제아무리 막강하다고 해도, 심지어 초당 5경 5,000조 회의 연산이 가능한 텐허 2호 슈퍼컴퓨터라고 해도, 그 내적 논리로는 모형 제작자들이 사용하는 전형적 전략으로 우리의 뇌를 비롯해서 살아 있는 뇌에 궁극의 기능과 능력을 부여해주는 복잡한 동역학적 풍부함을 완전히 재현할 수 없다는 것이다.

로널드 시큐렐과 내가 쓴 논문에서 우리는 뇌를 튜링기계의 작용으로 환원할 수 있다는 개념에 반대하는 주장을 추가로 몇 개 더 펼쳐 보였다. 우리는 이런 환원 가설을 반박하기 좋게 주장들을 세 가지 주요 범주로 묶어놓았다. 진화적 주장, 수학적 주장, 계산적 주장이다.

진화적 주장은 유기체와 디지털 컴퓨터 같은 메커니즘 사이의 근본적 차이를 강조한다. 이런 논란에서 중심이 되는 주제임에도 이 부분은 종종 간과되고 있다. 메커니즘은 기존에 존재하는 계획 혹은 청사진을 따라 제작되거나 지적으로 구축된다. 메커니즘을 알고리즘으로 부호화하고, 기계에서 시뮬레이션하고, 역설계도 할 수 있는 이유도 그 때문이다.

반면 유기체는 분자에서 전체 유기체까지 조직의 다양한 수준에서 일어나는 엄청나게 많은 진화 단계의 결과로 등장한다. 이런 단계들은 기존에 설정해놓은 계획이나 지적 청사진을 따르지 않는다. 이런 단계들은 그보다는 무작위 사건을 통해 일어난다. 따라서 유기체는 자신의 환경과 긴밀하게 연관되어 있다. 외부 세계의 통계적 변화에 의해 끝없이 영향을 받기 때문이다. 끝없이 변화하는 주변 환경의 속성을 고려하면, 이런 과제를 달성할 수 있는 방법은 유기체가 자신과 세상에 대해 수집하는 데이터를 지속적으로 이용해서 그런 살아 있는 형태를 정의하고, 그 살아 있는 형태가 생산한 정보가 등장하는 곳인 바로 그 유기 물질의 기질을 고치고 최적화하는 것밖에 없다. 정보 인과 효율의 이런 영속적 표출이 없다면 유기체는 점진적으로 해체되어 죽게 된다. 3장에서 보았듯이 죽음은 유기체가 자신의 항상성 메커니즘을 더는 온전히 유지하지 못해 계 전체가 열역학적 평형으로 붕괴할 때 일어난다.

이것은 뇌에서는 분명 맞는 말이다. 따라서 유기체 내부의 정보의 흐름을 고려할 때는 기질 독립적인substrate-independent 혹은 실체와 분리된disembodied 정보는 적용할 수 없다. 전형적인 튜링기계에서는 정보의 흐름이 디지털 기계의 물리적 구조를 정의하는 하드웨어와 독립적인 소프트웨어나 입력 테이프를 통해 제공되는 반면 유기체, 특히 뇌의 경우에는 정보가 유기 물질에 진짜로 새겨지고, 정보의 흐름은 서로 다른 조직 수준에서 다루어진다. 거기에 더해서 유기체에서 생산하는 정보는 그 정보를 생성해낸 바로 그 물질 기질(뉴런, 가지돌기, 축삭돌기, 혹은 단백질)을 지속적으로 변화시킨다. 이런 독특한 과정이 유기 물질과 정보를 환원 불가능한 단일 실체로 묶는다. 따라서 유기체 속의 괴델 정보는 기질 의존적substrate-dependent이다. 이런 결론은 뇌의 통합적 속성을 확인하는 한편, 소프트웨어/하드웨어 이분법을 동물의 중추신경계에 적용하는 것이 극복 불가능할 정도로 어렵다는 사실을 분명하게 드러낸다. 사실 이런 차이점은 뇌를 완전히 종류가 다른 계산 시스템인 유기 컴퓨터로 생각해야만 하는 이유를 분명하게 보여준다.

존 설John Searle은 이산화탄소를 당분으로 전환하는 화학반응을 시뮬레이션할 수는 있지만, 정보가 통합되어 있지 않기 때문에 이 시뮬레이션이 광합성이라는 자연적 과정을 낳지는 못한다고 말했다. 프리고진도 이런 관점을 지지하듯 동물의 뇌 같은 소산계dissipative system는 열역학적 평형에서 멀리 떨어져야 살아남을 수 있다고 주장했다. 따라서 이런 계들의 특징은 정보처리에서의 불안정성과 시간적 비가역성time irreversibility이다. 종합하면, 이것 때문에 유기체는 표준의 결정론적 인과적 설명이 불가능해진다. 대신 유기체는 시간적 진화가 모든 규모에서 비가역적으로 일어나는 과정으로서 확률론적 언어로 통계적인 기술만 가능하다. 반면 찰스 베넷Charles H. Bennett은 튜링기계의 경우 간단하게 중간 단계 결과들을 저장만 하면 모든 단계에서 논리적으로 가역적이도록 만들 수 있음을 입증해 보였다. 이것은 일반적으로 비가역성 주장irreversibility argument으로 불린다. 이것은 기존에 셀머 브링조드Selmer Bringsjord와 마이클 젠젠Michael Zenzen이 제안한 바 있다.

이런 시간적 비가역성의 한 측면을 연구하던 미국의 고생물학자이자 진화생물학자인 스티븐 J. 굴드Stephen J. Gould는 결정론적인 디지털 플랫폼을 통해 복잡한 생물 유기체의 '역설계

reverse engineering'가 가능하다고 믿는 사람들이 직면할 수밖에 없는 딜레마를 잘 보여주는 사고실험을 제안했다. 굴드는 이것을 '생명의 테이프 실험tape of life experiment'이라 이름 붙였다. 그리고 인간 종의 등장으로 이어지게 된 모든 진화적 사건들을 기록으로 저장한 가상의 테이프가 있다고 가정하고, 이것을 되감은 뒤 다시 틀었을 때 기존과 똑같은 사건이 일어나 결국 인간 종이 등장할 확률은 0에 가깝다고 지적했다. 바꿔 말하면 생명의 테이프는 지구 역사에서 결코 일어난 적이 없는 수많은 무작위적 사건으로 이루어진 경로를 따르기 때문에 애초에 수백만 년 전에 인류라는 종을 탄생시킨 사건의 조합이 정확히 똑같이 재현되기를 기대할 수는 없다는 것이다. 이런 주장은 내가 이 책을 시작하면서 〈스타트렉〉의 외계인 스팍의 뇌가 십중팔구 우리 뇌와는 크게 다를 것이며, 따라서 우주에 대한 관점도 다를 것이라고 주장했던 부분도 정당화해준다.

생명의 테이프 실험 뒤에 자리 잡고 있는 논리는 무작위 사건으로 등장하는 과정을 결정론적이고 가역적인 모형을 이용해서 재현하는 것이 불가능함을 강력하게 암시하고 있다. 따라서 우리 종의 진화 경로를 추적하기 위한 모형을 튜링기계(결정론적 실체) 위에서 작동시키면 우리 종이 등장하게 된 실제 과정으로부터 신속하게 일탈하게 될 것이다. 이것의 기본적 의미는 애초에 공학적으로 설계되지 않은 존재를 역설계할 방법은 없다는 것이다. 따라서 역설적으로 들릴 수도 있겠지만, 현대 생물학의 최첨단이라 여기기도 하는 역설계 관점을 옹호하는 사람들은 이런 이론적 입장을 취함으로써 오히려 자신의 분야를 가장 오랫동안 지탱해온 틀, 즉 다윈의 자연선택에 의한 진화론을 정면으로 반박하는 꼴이 되었음을 깨닫지 못하고 있다. 역설계 가설을 받아들이면 인간과 인간의 뇌가 등장하게 된 과정에서 일종의 지적 설계intelligent design가 관여했다는 개념에 직접 힘을 싣게 된다.

인간 뇌의 디지털 복제본 구축이 불가능하다는 진화적 주장이 최근까지도 완전히 무시되어왔다면, 아래에서 기술하고 있는 수학적 주장과 계산적 주장의 논리적 기반은 어느 선까지는 튜링 자신과 1930년대의 또 다른 천재인 오스트리아의 수학자이자 논리학자인 쿠르트 괴델의 연구에 기대고 있다. 괴델 자신은 불완정성 정리가 인간의 정신은 튜링기계의 한계를 뛰어넘으며 알고리즘 절차로는 인간 뇌가 갖고 있는 능력의 총체를 기술할 수 없음을 정확하고 명백하게 암시한다고 생각했다. 괴델은 이렇게 지적했다. "내 수학적 정리는 명확한 토대를 세우고 싶어 한다면 수학의 기계화, 즉 정신과 추상적 실체의 제거가 불가능함을 보여줄 뿐이다. 나는 인간의 정신이 결정할 수 없는 질문non-decidable question이 존재함을 입증한 것이 아니라 정수론의 모든 질문을 결정할 수 있는 기계가 존재하지 않음을 보여줄 뿐이다."

그의 유명한 기브스 강의Gibbs Lecture에서 괴델은 자신의 불완전성 정리가 인간의 정신이 튜링기계의 힘을 훨씬 뛰어넘는다는 것을 암시한다는 믿음을 주장하기도 했다. 사실 형식 체계의 한계는 인간의 뇌에 영향을 미치지 않는다. 중추신경계는 모순 없는 형식 체계, 즉 튜링기계에서 작동하는 알고리즘으로는 참임을 증명할 수 없는 진실을 생성하고 확립할 수 있기 때문이다. 로저 펜로즈Roger Penrose은 제1불완전성 정리를 기술하며 이 부분을 분명하게 밝히고 있다. "만약 당신이 주어진 형식 체계에 모순이 없다고 믿는다면, 그 체계 안에는 형식 체계로는 참임을 증명할 수 없는 참인 명제가 존재한다는 것 역시 믿어야 한다."

로저 펜로즈는 괴델식 주장이 디지털 컴퓨터의 경우 인간의 뇌와 달리 일종의 한계가 있음을 분명하게 암시하고 있다고 주장한다. 펜로즈의 입장을 옹호하는 셀머 브링조드와 콘스탄틴 아르코우다스Konstantine Arkoudas는 인간의 정신이 그들이 말하는 고도 연산 컴퓨터, 즉 하이퍼컴퓨터hypercomputer로 작동하는 것이 가능함을 입증해 보임으로써 괴델의 논지를 뒷받침하는 대단히 설득력 있는 주장을 펼쳤다. 인간의 뇌는 어떤 진술이 참임을 인정하거나 믿는 등 튜링기계에서 작동하는 알고리즘으로는 시뮬레이션할 수 없는 능력을 선보일 수 있기 때문이다.

이 모든 것으로부터 아주 분명하고 단순한 결론이 도출된다. 인간의 정신적 능력이 갖고 있는 전체 레퍼토리를 알고리즘을 운영하는 디지털 시스템으로 환원하기는 불가능하다는 것이다. 인간의 정신적 능력은 계산 불가능한 존재다. 따라서 특이점 가설의 핵심 전제는 완전히 틀린 것이라 말할 수 있다. 한마디로 그 어떤 디지털 기계도 괴델의 논거를 풀 수 없을 것이기 때문이다.

우리는 무언가를 입증할 때 논리에만 의존할 필요가 없다. 《상대론적 뇌The Relativistic Brain》에서 로널드와 나는 디지털 기계가 우리의 뇌를 곧 뛰어넘을 것이라는 주장에 반박하는 수학적 이의 제기와 계산적 이의 제기를 나열했다. 뒤로 이어지는 내용은 우리의 그런 우리의 주장을 요약한 것이다.

디지털 시뮬레이션의 구축은 관련된 정보 표현의 유형 등 수많은 예상과 가정에 의존한다. 그리고 더 나아가 다양한 장애물들을 극복해야 한다. 이런 가정들이 결국에 가서는 모형을 완전히 무효화시킬 수도 있다. 예를 들어 진화 과정을 시뮬레이션하고 싶은 임의의 물리계 S에 대해 생각해보자. 첫 번째 추정은 S를 고립계로 생각하는 것이다. 그럼 우리는 바로 벽에 부딪히고 만다. 실제 상황에서는 기능성을 상당 부분 잃지 않고는 생물학적 계를 주변 환경으로부터 고립시키기가 불가능하기 때문이다. 예를 들어 만약 S가 살아 있는 계라면 주어진 임의의 순간에 그 계의 구조는 환경과의 물질 및 정보 교환에 전적으로 달려 있다. S는 통합계다. 따라서 S를 고립계로 생각하는 것은 시뮬레이션을 완전히 편향시킬 수밖에 없다. 특히 뇌 같은 살아 있는 계를 고려할 때는 더욱 그렇다. 이런 제약 때문에 청소년기 생쥐의 뇌 절편 같은 실험 표본에서 수집한 데이터를 바탕으로 살아 있는 성체 쥐의 현실적 모형을 구축하려는 시도는 무효화될 수밖에 없다. 이런 실험 표본은 원래 계의 진정한 복잡성을 극적으로 감소시키고, 주변 환경과의 상호작용도 파괴하게 된다. 이런 환원된 모형으로부터 얻은 결과를 살아 있는 뇌의 실제 행동으로 번역하는 것은 한 마디로 의미 없는 일이다. 그 모형이 뉴런 진동같이 사소한 창발적 행동을 나타낸다고 해도 말이다.

이것은 고전적인 환원주의적 접근방식을 적용해서 인간의 뇌 같은 복잡계를 이해하려 할 때 발생하는 여러 핵심 문제 중 첫 번째일 뿐이다. 계를 점점 더 작은 모듈로 환원함에 따라 기본적으로 계 고유의 독특한 복잡성을 만들어내는 작동 구조의 핵심이 파괴된다. 그리고 자신의 내재적 복잡성을 표출할 수 없다면, 남은 것이 무엇이든 전체 계의 실제 작동 방식을 설명하는 데는 아무 쓸모가 없다.

컴퓨터 시뮬레이션의 그다음 단계는 S로부터 직접 측정한 자료를 선택하는 문제가 따라온다. 알다시피 우리는 그런 선택으로 인해 S의 서로 다른 관찰 수준에서 나오는 다양한 데이터와 계산을 무시한다. 선택에 의해, 혹은 어쩔 수 없이 우리는 다른 모든 데이터가 특정 시뮬레이션과는 무관하다고 생각한다. 하지만 뇌 같은 통합계의 경우에는 추가적인 관찰 수준, 예를 들면 계에 대한 양자적 기술이 진정으로 무관한 것인지 확신할 수 없다. 그래서 시뮬레이션을 돌릴 때는 S에 관한 불완전한 표본을 이용할 수밖에 없다.

일단 S와 관련해서 주어진 자연현상의 행동에 관한 관찰이나 측정이 이루어지고 나면, 선택된 데이터와 맞아떨어지는 수학적 공식화를 선택하게 된다. 원칙적으로 이런 수학적 공식화는 시간 의존적인 미분방정식으로 정의된다. 미분방정식은 주로 물리학에 적용하기 위해 개발된 것이기 때문에 생물학적 계에도 꼭 적용된다고는 할 수 없다. 더군다나 대부분의 경우 이런 수학적 공식화는 이미 하나의 근사치이기 때문에 자연의 계를 여러 조직 수준에서 완벽하게 묘사하는 것이 전혀 아니다. 게다가 대부분의 물리적 과정은 기껏해야 수학 함수를 통해서만 추정이 가능하다. 이런 이야기에 놀랐을지 모르겠다. 하지만 당신만 그런 것이 아니다. 컴퓨터 시뮬레이션이 우주의 모든 자연현상을 재현할 수 있다고 믿는 사람들 대부분이 놀랍게도 이런 단순한 사실을 인식하지 못하고 있다.

다음으로는 선택된 수학적 공식화를 디지털 기계에서 돌릴 수 있는 알고리즘으로 환원해야 한다. 종합해서 생각해보면 이것이 의미하는 바는 컴퓨터 시뮬레이션은 하나의 전체로서 자연현상 그 자체를 시뮬레이션하는 것이 아니라, 자연현상을 대상으로 이루어진 관찰에 대한 수학적 공식화를 시뮬레이션하려는 것이다. 생물학적 계의 진화는 디지털 컴퓨터에서 사용하는 2진 논리의 지배를 받지 않기 때문에 컴퓨터 시뮬레이션을 통해 얻는 결과물은 많은 경우 자연현상 그 자체와는 아주 다른 방향으로 진화할지도 모른다. 전체 계를 적절하게 작동하는 데 창발성이 필수적인 복잡적응계를 고려하면 특히나 그렇다. 따라서 알고리즘을 통한 근사는 자연의 계에서 나타나는 실제 행동으로부터 빠른 속도로 이탈해서 처음부터 아주 무의미한 결과만을 내놓게 될 수도 있다.

예를 들면 인공생명을 창조했다고 주장하는 대부분의 모형에서는 객체지향프로그래밍object-oriented programing에서 과정중심프로그래밍process-driven programming, 반복문법iterative grammars에 이르기까지 다양한 알고리즘 기술을 조합해서 인간의 행동을 흉내 내려고 한다. 진화컴퓨터과학자 피터 벤틀리Peter J. Bentley에 따르면 이것은 결함이 있는 전략이다. 왜냐하면 "이런 프로그래밍 기술과 생물학적 실체 사이의 연관성을 보여줄 수 있는 일관된 방법론이 없기 때문이다. 그래서 이런 접근방식은 주관적 비유와 희망 섞인 사고에 의존해서 생물학과의 관련성을 부여하는 불투명하고 지속 불가능한 모형을 낳게 된다."

이런 문제는 비단 생물학에만 국한되지 않는다. 수학자 마이클 베리Michael Berry는 간단한 사례를 통해 임의의 물리계를 시뮬레이션하는 데 따르는 어려움을 잘 보여준다. 심지어는 당구처럼 간단해 보이는 계에서도 그렇다. 당구공이 첫 번째 충돌을 일으키는 동안에 일어나는 일을 계산하기는 비교적 간단하다. 하지만 두 번째 충돌을 추정하려면 더 복잡해진다. 당구공의 궤적에 대해 수용할 만한 추정치를 얻기 위해서는 초기 상태를 더 정확하게 추정해야 하기 때문이다. 그 이후로는 상황이 점점 악화될 뿐이다. 예를 들어 아홉 번째 충돌을 정확하게 계산하려면 당구대 근처에 서 있는 누군가가 미치는 중력까지도 고려해야 한다. 더 나아가 56번째 충돌을 정확하게 계산하려는 경우에는 우주에 있는 모든 입자들까지 하나하나 모두 고려해야 할 것이다.

복잡계, 특히 생물학적 복잡계의 행동을 예측하는 데 따르는 한계를 잘 보여주는 또 다른 흥미로운 사례가 현재 폭넓게 사용되고 있는 빅데이터라는 접근방식에서 나오고 있다. 만약 한 특정 영역에 관해 막대한 양의 데이터를 담은 극단적인 대규모 데이터베이스를 구축할 수 있다면 머신러닝machine-learning 알고리즘을 이용해서 동일한 계의 미래 행동을 대단히 정확하게 예측할 수 있으리라는 개념이 지난 몇 년 동안 폭발적으로 쏟아져나왔다. 이 주제를 다루는 문헌도 엄청나게 많이 나와 있기 때문에 여기서는 자세히 다루지 않겠다. 하지만 나는 빅데이터 접근방식이 실패한 두 가지 사례를 지적하고 싶다. 하나는 선거 예측이고, 하나는 야구팀 운영의 사례이다.

2016년 미국 대선 기간 동안 개표 전은 말할 것도 없고 아예 투표 전에 선거의 승자를 예측하기 위해 빅데이터 기반의 시스템을 만들어내느라 수천만 달러의 돈이 들어갔다. 미국 동부에서 수백만 명이 투표를 하고, 출구조사가 마무되었을 즈음 〈뉴욕타임스〉, CNN, 그리고 미국 텔레비전 방송국 주요 3사 등 여러 전통적 매스컴에서는 자신의 빅데이터 시스템이 예측한 내용을 발표하기 시작했다. 이 시스템들은 거의 만장일치로 민주당 후보 힐러리 클린턴Hillary Clinton의 압도적 승리를 예측했다. 하지만 모두 알다시피 그 선거의 승자는 도널드 트럼프Donald Trump였다. 이는 미국의 대통령 선거 역사상 가장 예상치 못한 반전이었다. 트럼프의 승리가 임박하자 언론에서 보여준 미적지근한 태도는 〈시카고트리뷴〉이 1948년 11월 3일제1면에 찍어냈던 그 유명한 헤드라인보다 훨씬 더 극악하고 굴욕적이었다. 〈시카고트리뷴〉은 공화당 후보 토머스 듀이Thomas Dewey가 재선에 도전한 해리 트루먼Harry Truman을 당연히 이길 것이라 믿고 아예 투표 전날에 "듀이가 트루먼을 쓰러뜨렸다Dewey Defeats Truman"라는 헤드라인을 내보냈는데, 실상은 정반대의 결과가 나온 것이다.

하지만 어떻게 이런 막강한 언론 조직이 빅데이터에 그렇게 많은 돈을 투자했는데도 1948년의 예측만큼이나, 혹은 그보다 더 끔찍한 예측을 내놓을 수 있었을까? 내가 이 책을 쓰고 있는 시점에는 자세한 내용까지 모두 알려지진 않았지만 당시에 일어난 일들은 빅데이터 접근방식의 핵심 문제점을 아주 잘 보여준다. 이 시스템에서 내놓는 모든 예측은 미래의 사건이 빅데이터의 데이터베이스를 구축하는 데 사용한 과거 사건의 통계와 그로부터 유도되어 나온 상관관계를 그대로 재현할 것이라 가정한다. 이런 시스템이 내놓는 예측은 미래 사건이 선행 사건과 다르지 않은 방식으로 행동하는 경우에만 정확할 수 있다. 하지만 대단히 변덕스럽고 복잡한 동역학계에서는 빅데이터 예측이 쉽게 쓸모없어질 수 있다. 관련 변수들이 과거 사건과 다르거나 완전히 별개의 방식으로 상호작용하기 때문이다. 우리가 경험으로 알고 있듯이 인간의 사회집단은 대단히 변덕스러운 복잡계의 정의와 완벽하게 맞아떨어지기 때문에 미래의 선거 결과가 과거의 것과 비슷하게 나오리라고 예상할 이유가 별로 없다.

미국에서는 2011년에 브래드 피트가 연기한 영화 〈머니볼Moneyball〉이 흥행에 성공하면서 빅데이터 접근방식이 아주 인기를 끌게 됐다. 2003년에 출간된 마이클 루이스Michael Lewis의 책을 바탕으로 한 이 영화는 메이저리그에 소속되어 있지만 예산이 부족했던 오클랜드 애슬레틱스 야구팀의 단장 빌리 빈Billy Beane이 비정통적인 접근방식을 사용해서 경쟁력 있는 팀을 구축해가는 과정을 연대순으로 보여준다. 빈은 예산이 적은 팀인 애슬레틱스가 양키스, 레드삭스, 그리고 내가 좋아하는 팀인 필라델피파 필리스 같은 메이저리그의 거대 구단과 경쟁하려면 야구계에서 가장 재능 있는 선수를 발굴할 때 표준의 방식을 벗어나야만 최소의 예산으로 대박을 터트릴 수 있다고 확신했다. 그래서 빌리 빈은 세이버메트릭스sabermetrics의 신봉자가 됐다. 이것은 야구 관련 작가이자 통계학자인 조지 윌리엄 제임스George William James가 개척한 빅데이터 비슷한 접근방식으로, 야구 통계치를 실증적으로 분석해서 이기는 야구팀을 만들어줄 최고의 선수가 누구인지 예측한다. 빈은 경험 많은 스카우트팀의 조언을 거스르고 세이버메트릭스에서 나온 결론을 따른다. 이 결론이 출루율과 장타율이 많은 득점을 낼 팀을 구성할 선수를 선발하려 할 때 예측 변수로 더 낫다는 것이다.

결국 빈이 세이버메트릭스를 충실히 적용한 덕분에 오클랜드 애슬레틱스는 2002년, 2003년 연속으로 플레이오프에 진출했다. 그리고 그 후로 머지않아 다른 팀들도 빈의 전략을 따라

하기 시작했다. 미국 메이저리그 팀들이 21세기 버전의 야구 경기에서 가장 중요한 것은 통계라는 판단을 내린 후로 이 전략에 얼마나 많은 돈을 쏟아부었는지는 상상에 맡길 수밖에 없다. 아마도 수억 달러는 뿌렸을 것이다.

이상하게도 다른 스포츠 분야와 마찬가지로 이런 논의에서 종종 무시되는 부분이 있다. 야구에서 중요한 것은 공격력만이 아니라는 점이다. 특히 투수는 승리의 핵심 요인이고, 〈가디언〉이 2017년 기사에서 다루었듯이 그 시즌에서 애슬레틱스는 거의 매일 훌륭한 투수들을 라인업에 올리고 있었다. 수비력도 중요하고, 전략, 선수들의 지능, 선수들 간의 화합도 중요한 요소다. 더군다나 재능 있는 선수들로 구성된 팀이 팀워크가 잘 맞아서 챔피언이 될 수 있을지 여부에는 운동 역량뿐만 아니라 다른 인간적 요인들도 많이 작용한다. 내가 이런 언급을 하는 이유는 세이버메트릭스에서 강조하는 변수와 메이저리그 우승 사이에 실제로 인과관계가 성립하는지 측정하는 경우가 거의 없기 때문이다. 그냥 순진하게 우승이 모든 팀의 중심 목표라고 가정하고 있는데 어쩌면 어떤 구단주는 돈 버는 일에만 관심이 있는 것인지도 모르겠다.

오클랜드 애슬레틱스는 맹렬한 경쟁 속에서 좋은 성적을 내기는 했지만 빌리 빈의 팀은 플레이오프에 진출은 했어도 결국 월드시리즈 우승은 한 번도 못했다. 이 새로운 접근방식을 채택하기 위해 막대한 돈을 쏟아부은 다른 팀들 역시 마찬가지였다. 물론 10년 후에 빌리 빈의 접근방식을 채용한 뉴욕 메츠의 경우 2015년 월드시리즈에서 우승을 거두었다. 하지만 이 월드시리즈나 다른 월드시리즈에서 우승을 거둔 팀이 세이버메트릭스 덕분에 우승했다는 과학적 증거는 없다. 이번에도 역시 빅데이터 접근방식을 채용한 사람들의 머릿속에서 실제 현상을 증명하는 구체적 증거의 결과가 아니라 시대정신 같은 하나의 '추상'으로서 어떤 '불가피함'이 만들어진 것으로 보인다.

선거와 야구도 시뮬레이션과 예측을 하기에 만만치 않은 복잡한 과정이지만 860억 개의 뉴런으로 이루어진 뇌의 동역학을 다룰 때는 그 어려움이 훨씬 커진다. 사실 수십억 개의 뉴런이 다양한 조직 수준에서 정교하고 일관되게 행동해야 기능을 할 수 있는 동물의 뇌를 통째로 시뮬레이션하려면, 그 시뮬레이션의 일탈 가능성은 압도적으로 높아진다.

수학도 뇌를 시뮬레이션할 때 문제를 일으킨다. 제일 먼저 해결해야 할 문제는 계산 가능성이다. 계산 가능성이란 수학적 공식화를 디지털 기계에서 작동 가능한 효과적인 알고리즘으로 번역하는 것이 가능한지를 말한다. 계산 가능성은 문자-숫자 구성물alpha-numerical construct을 생성할 수 있느냐는 가능성과 관련이 있지, 계의 어떤 물리적 속성에 관련이 있는 것은 아니다. 여기서 우리는 큰 벽에 부딪힌다. 자연현상에 관한 대부분의 수학적 공식화는 알고리즘으로 환원할 수 없기 때문에 계산 불가능한 함수noncomputable function로 정의된다. 예를 들면 디지털 컴퓨터의 체계적인 디버깅을 가능하게 해주는 범용 절차는 존재하지 않는다. 컴퓨터의 작동을 방해할지 모를 미래의 잠재적 버그를 미리 감지할 수 있는 함수 F를 알고리즘으로 표현할 방법이 존재하지 않는다는 의미다. 아무리 애를 써도 기계는 항상 컴퓨터와 소프트웨어를 만들 때는 예상할 수 없던 잘못된 행동을 보이게 된다. 따라서 이 함수 F는 계산 불가능한 함수로 분류된다. 그래서 이것은 튜링기계로 시뮬레이션할 수 없는 함수의 종류를 정의하는 처치-튜링 명제를 통과하지 못한다.

만능 안티바이러스 소프트웨어 같은 것은 존재하지 않는다는 것도 잘 알려져 있다. 그 이유는 모든 프로그램에 바이러스가 들어 있지 않다는 출력을 내놓는 함수 F 역시 계산 불가능한 함수이기 때문이다. 디지털 기계에서 작동하는 만능 암호 시스템이나 동역학계dynamical system가 카오스적인지 아닌지 말해줄 알고리즘 절차가 존재하지 않는 이유도 동일한 유형의 추론을 통해 입증할 수 있다.

살아 있는 뇌도 마찬가지다. 뇌는 계산 불가능한 함수로만 온전한 기술할 수 있는 행동을 만들어낼 수 있다. 튜링기계는 그런 함수를 다룰 수 없기 때문에 이런 기능을 디지털 컴퓨터에서 정교하게 시뮬레이션하는 것은 애초에 불가능하다.

위에 나온 사례들은 자연현상의 수학적 표현에서 계산 불가능성이 얼마나 만연해 있는지 보여주는 작은 사례에 불과하다. 이 사례들은 모두 유명한 정지 문제halting problem의 결과이거나 그의 변형이다. 그중 한 버전은 다비트 힐베르트David Hilbert의 열 번째 문제로 알려져 있다. 정지 문제는 한 컴퓨터 프로그램이 어느 시점에 가서 정지할지 아니면 영원히 돌아갈지 예측할 수 있게 해줄 보편적 알고리즘이 존재하는지 묻는다. 앨런 튜링은 그런 알고리즘이 존재하지 않음을 증명해 보였다. 이에 힐베르트의 정지 문제는 그 이후로 계산 불가능한 함수의 최초 모형으로 자리 잡게 됐다.

정지 문제가 의미하는 바는 어떤 함수가 계산 가능하고, 어떤 함수가 계산 불가능한지 미리 판단할 방법이 없다는 것이다. 처치-튜링 가설이 가설로 남아 있는 이유도 이것 때문이다. 이 가설은 어떤 튜링기계로도 옳은지, 틀렸는지 결코 증명할 수 없다. 사실 거의 모든 함수가 튜링기계로 계산할 수 없다. 자연계를 기술하는 데 사용될 대다수의 함수도 그렇고, 로널드와 내 관점으로 보면, 고도로 진화한 동물의 뇌에서 만들어내는 함수도 그렇다.

이미 자신의 계산 기계가 갖고 있는 한계를 인식하고 있던 앨런 튜링은 1939년에 발표한 박사학위 논문에서 오라클기계 Oracle machine라는 것을 상상해서 직접 이것을 극복하려고 시도했다. 오라클기계의 핵심은 튜링기계를 통해 수학적으로 처리할 수 없는 것에 대응하기 위한 현실 세계의 도구를 도입하는 것이었다. 튜링기계는 오라클, 즉 신탁을 전하는 자가 응답한 이후에 계산을 이어갈 수 있다. 튜링은 일부 오라클기계가 튜링기계보다 강력하다는 것을 보여주었다. 그는 이렇게 결론 내렸다. "우리는 오라클이 기계일 수 없다고 말하는 것 말고는 그것의 본질에 대해 더 따지고 들어서는 안 된다."

튜링의 말이 그저 놀라울 따름이다. 디지털 정보 시대가 시작되던 순간부터 개척자 중 한 명이 이미 컴퓨터에 한계가 있음을 깨닫고 있었던 것이다. 어쩌면 더욱 충격적인 부분은 그와 동시에 튜링이 이미 인간 뇌의 계산 능력이 자신이 창조한 계산 기계보다 훨씬 뛰어나다고 확신하고 있었다는 점인지도 모르겠다. 그는 이렇게 말했다. "기계로 풀 수 있는 부류의 문제들은 꽤 구체적으로 정의할 수 있다. 이것은 본질을 이해하지 않아도 정해진 규칙에 따라 기계적으로 작업하면 풀 수 있는 문제들이다." 물론 여기에 덧붙여 종이도 무제한 공급해주어야 할 테지만. 이런 결론을 통해 튜링은 무심코 고도연산hypercomputation이라는 분야를 개시한 셈이 되었다.

하지만 튜링 자신은 오라클 같은 존재를 구축할 수 있으리라는 제안을 한 적이 전혀 없음을 강조해야겠다. 그는 직관(계산 불가능한 인간적 속성)은 수학적 사고의 모든 부분에 녹아 있다고 거듭해서 주장했다. 그렇게 말함으로써 튜링은 기본적으로 괴델이 자신의 정리에서 표현한 결론을 확증한 셈이다. 괴델의 입장에서는 수학적 증명이 공식화될 때 직관은 수학자가 기존에는 증명할 수 없었던 진술의 진리를 이해하는 그 단계들 속에서 명백하게 발현되는 것이다. 하지만 튜링은 그런 직관의 순간에 뇌가 물리적으로 무엇을 하고 있는 것인지에 관해서는 어떤 것도 제안한 바가 없다.

오라클기계가 도입된 지 수십 년 후, 그레고리 카이틴은 니우통 카르네이루 아폰수 다 코스타Newton Carneiro Affonso da

Costa 및 프란시스코 안토니오 도리아Francisco Antônio Dória와 공동 연구해서 그와 관련된 한 개념을 제안했다. "디지털 장치가 아닌 아날로그 장치는 일부 결정 불가능한 산술 문장을 결정할 수 있다." 그 이유는 아날로그 계산 엔진은 물리적으로 계산하기 때문이다. 이는 형식 체계 안에서 미리 주어진 알고리즘을 실행하는 것이 아니라 그냥 물리의 법칙을 따름으로써 계산한다는 의미다. 다르게 말하면 아날로그 컴퓨터에서는 하드웨어와 소프트웨어의 구분이 존재하지 않는다. 컴퓨터의 하드웨어 구성이 모든 계산 수행을 담당하고 있고 스스로를 변경할 수도 있기 때문이다. 이것이 바로 우리가 위에서 정의한 통합계다.

카이틴, 다 코스타, 도리아에 따르면 아날로그 장치는 하이퍼컴퓨터, 즉 "튜링기계로는 풀 수 없는 문제를 해결할 수 있는 현실 세계 장치"의 기반이 되어줄 수 있다. 이 저자들은 더 나아가 튜링기계를 아날로그 장치와 결합함으로써 그런 하이퍼컴퓨터의 실질적인 원형을 구축하는 것은 그저 적절한 기술만 개발되면 해결될 문제라 주장한다. 모든 문제가 공학적인 문제로 정리할 수 있다는 의미다. 이쯤이면 당신도 우리 연구실이 내 상대론적 뇌 이론의 주요 원리에 영감을 받아서 재귀적 아날로그-디지털 계산 장치인 신경자기반응기를 만들어 이 가설을 적극적으로 검증하고 있는 이유를 이해할 것이다. 바로 이런 개념들 중 일부를 검증하기 위함이다.

이런 이론적 맥락에서 보면 뇌 같은 통합계가 튜링기계의 계산 한계를 실제로 극복하는 것이 전혀 놀랍지 않다. 사실 동물의 뇌가 존재한다는 사실 자체를 이용해서 처치-튜링 가설의 '물리적 버전'이 존재할 수 없음을 증명할 수도 있다. 이런 관점에서 조사해보면 사람의 뇌는 일종의 하이퍼컴퓨터 자격을 갖추고 있다. 그와 같은 맥락에서 보면, 뇌를 뇌-기계 인터페이스를 통해 기계와 연결함으로써 또 다른 유형의 하이퍼컴퓨터, 혹은 여러 뇌가 상호연결된 경우에는 브레인넷을 만들어내고 있는 셈이다(7장 참조).

생물학적 계의 계산 가능성에 영향을 미치는 다른 수학적 문제도 있다. 예를 들면 20세기 초에 앙리 푸앵카레는 개별 구성요소 자체가 복잡하게 상호작용하는 요소들로 이루어진 실체인 복잡한 동역학계는 가적분함수integrable function로 기술할 수 없음을 입증했다. 가적분함수란 적분이 가능해서 수량들 간의 관계를 알아낼 수 있는 도함수를 말한다. 이런 동역학계는 계 속에 있는 입자들의 운동에너지의 합이라는 항으로 특징지어진다. 그리고 여기에 입자(요소)들 간의 상호작용에서 발생하는 위치에너지를 더해야 한다. 사실 이 두 번째 항 때문에 이런 함수가 선형성과 적분 가능성을 잃게 된다. 푸앵카레는 이런 함수들의 적분 불가능성nonintegrability를 증명했을 뿐 아니라 그 이유도 설명했다. 바로 자유도(입자의 숫자) 사이의 공명(상호작용) 때문이다.

이것의 의미는 복잡계의 동역학적 행동이 갖고 있는 풍부함은 단순한 미분방정식의 해결 가능한 집합으로 포착할 수 없다는 것이다. 그 이유는 대부분의 경우 이런 상호작용 때문에 무한한 항infinite term이 등장하기 때문이다. 무한한 항은 수학자들에게는 악몽이다. 수학자들이 분석적으로 방정식을 풀려고 할 때 이것이 등장해서 많은 문제를 일으키기 때문이다.

앞에서 보았듯이 동물의 뇌는 본질적으로 복잡하고, 자가 적응성이 있는(가소성이 있는) 개별 뉴런으로 형성된다. 그리고 이 뉴런들이 수십억 개의 다른 세포들과 정교하게 연결되어 기능적으로 통합되기 때문에 전체 신경계의 복잡성이 몇 단계 더 높아진다. 더군다나 주어진 신경 회로의 다양한 관찰 수준에서 나타나는 각 뉴런의 행동은 뇌의 전체적 활성 패턴을 참조하지 않고는 이해할 수 없다. 그런 만큼, 가장 초보적인 동물의 뇌라도 서로 다른 조직 수준 사이, 혹은 생물학적 구성요소(뉴런, 교세포 등) 사이에서 공명이 일어나는 복잡한 동역학계로 인정받는 데 필요한 푸앵카레의 기준을 충족한다. 이런 맥락에서 보면 뇌의 전체적 작동 방식을 기술할 수 있는 적분 가능한 수학적 기술을 찾아낼 가능성은 희박하다고 말할 수 있다.

더군다나 뇌에서 극히 중요한 계산(뇌의 창발성을 만들어내는 계산)이 상대론적 뇌 이론에서 주장하는 것처럼 부분적으로라도 아날로그 영역에서 일어나고 있다면 디지털화 과정으로는 정확한 순간에 뇌의 생리학적 행동의 근사치를 구하는 것도, 아주 가까운 미래에 뇌의 생리학적 행동이 어떻게 진화할지 예측하는 것도 불가능하리라는 결론이 나온다.

푸앵카레는 또한 복잡한 동역학계가 초기 조건에 대단히 민감할 수 있고, 불안정성과 예측 불가능한 행동에 지배될 수도 있음을 입증해 보였다. 이런 현상을 요즘에는 카오스chaos라고 한다. 바꿔 말하면 푸앵카레의 시가변적time-varying 아날로그 계의 행동과 관련해서 디지털 기계로 예측을 하려면 그 계의 정확한 초기 상태를 알고, 그 미래 상태에 대한 예측을 계산할 수 있는 가적분 계산 가능 함수가 있어야 한다는 것이다. 뇌에 대해 이야기할 때는 이런 조건은 양쪽 모두 충족 불가능하다.

다르게 표현하자면, 동물 뇌의 행동을 디지털 시뮬레이션으로 재현하는 모형을 구축하려는 사람이 직면하게 될 해결 불가능한 중요한 문제는 신경계가 본질적으로 동역학적인 성질을 갖고 있음을 고려할 때, 다양한 조직 수준에서 수십억 개 뉴런의 초기 조건을 정확하게 추정하기가 불가능하다는 점이다. 측정을 할 때마다 초기 조건이 변하게 된다. 더군다나 뇌의 동역학적 행동을 기술하기 위해 고른 방정식들 대부분이 적분 불가능한 함수가 될 것이다.

이런 제약을 생각하면 설사 수천 개의 마이크로프로세서를 장착한 현대의 슈퍼컴퓨터라도 튜링기계에서 작동하는 전형적인 시뮬레이션으로는 실제 뇌의 생리학적 속성을 밝힐 가능성이 높지 않다. 본질적으로 이런 시뮬레이션은 시작하자마자 실제 뇌의 동역학적 행동으로부터 일탈할 가능성이 높기 때문에 뇌의 작동 방식에 대해 무언가 새로운 것을 배우겠다는 목적에 전혀 부합하지 못하는 쓸모없는 결론을 내놓게 될 것이다.

디지털 기계에서 뇌를 시뮬레이션하려면 여러 가지 취급 불가능한 문제들도 취급해야 한다. 디지털 계산에서의 취급 용이성tractability은 주어진 계산을 마치는 데 필요한 컴퓨터 사이클의 횟수, 그리고 가용한 메모리나 에너지 자원 같은 다른 물리적 한계와 관련이 있다. 따라서 자연현상을 기술하는 수학 함수를 표현할 알고리즘을 찾아냈다 하더라도 이 알고리즘으로 시뮬레이션을 돌리는 데 필요한 계산 시간 때문에 실행 가능성이 없을 수 있다. 즉, 해답을 계산하는 데 우주 전체의 나이보다도 긴 시간이 필요할 수도 있다. 이런 유형의 문제를 취급 불가능 문제nontractable problem라고 한다. 범용튜링기계는 다른 튜링기계가 풀 수 있는 문제는 무엇이든 풀 수 있기 때문에 그냥 계산 능력이나 계산 속도를 높인다고 해서 취급 불가능 문제가 취급 가능 문제로 바뀌지는 않는다. 그저 주어진 시간에 더 나은 근사치를 구할 수 있을 뿐이다.

취급 불가능 문제의 사례를 살펴보자. 이온 채널ion channel은 뉴런의 세포막에 끼워져 있는 단백질 구조물이다. 이것은 뇌세포 사이에서 정보를 전달하는 데 없어선 안 될 중요한 역할을 한다. 그런데 단백질이 기능을 하려면 특정한 최적의 3차원 형태를 띠어야 한다. 단백질의 최종 3차원 형태는 단백질 접힘protein folding이라는 과정을 통해 만들어진다. 이런 형태는 뉴런이 적절히 기능하는 데 대단히 중요한 요소다. 단백질 접힘 과정은 단백질의 1차 구조를 이루는 아미노산 사슬이 팽창하고 구부러지고 꼬이면서 이루어진다. 각각의 개별 뉴런은 2만 가지 서로 다른 단백질 암호화 유전자protein coding gene와 수만 가지 비암호화 RNAnon-coding RNA를 발현할 수 있는 잠재력을 갖고 있다. 그래서 단백질은 뇌에서 정보를 생성하는 통합계의 일부분이다. 그럼 약 100개의 아미노산 선형 서열로 이루어진 단순한 단백질을 생각해보자. 그리고 각각의 아미노산은 세 가지 서로 다른 형태만 취할 수 있다고 가정해보자. 단백질의 3차원 구조를 추정하려 할 때 일반적으로 사용하는 최소 에너지 모형minimum energy model에 따르면 최종 결과에 도달하기 위해서는 3^{100}개, 혹은 10^{47}개의 가능한 상태를 조사해야 한다. 아미노산의 숫자와 고려해야 할 형태의 숫자가 늘어남에 따라 단백질 접힘 모형에서 조사해야 할 상태의 숫자가 기하급수적으로 늘어나기 때문에 이것은 취급 불가능 문제가 된다. 만약 단백질이 1피코초(10^{-12}초)마다 각각의 상태를 확인하면서 무작위 조사 방법으로 자신이 취할 구조를 찾아야 한다면 모든 상태를 조사하는 데 현재의 우주 나이보다 더 긴 시간이 필요하다.

단백질 접힘은 최적화 문제optimization problem다. 즉, 가능한 모든 해답 중에서 최적의 해답을 찾는 문제라는 뜻이다. 이것은 보통 수학 함수의 최솟값이나 최댓값으로 표현된다. 대부분의 최적화 문제는 취급 불가능 문제의 범주에 들어간다. 이것을 보통 NP 하드 문제NP hard problem라고 한다. NP 문제는 결정론적 튜링기계를 이용해서 해답을 다항식 시간polynomial time 안에 확인할 수 있는 문제다. 복잡한 뇌가 잘 푸는 문제들은 모두 이 범주에 들어간다. 시뮬레이션을 할 때는 일반적으로 이런 문제들을 최적에 가까운 해답을 낼 수 있는 근사 알고리즘approximation algorithm을 이용해서 다룬다. 하지만 뇌 시뮬레이션의 경우 근사해를 서로 다른 조직 수준에서(예를 들면 분자 수준, 약리학적 수준, 세포 수준, 회로 수준, 양자 수준) 동시에 찾아야 하기 때문에 문제가 훨씬 더 복잡해진다. 복잡 적응계를 최적화한다는 것은 그 하위계는 준최적화suboptimize한다는 것을 암시할 때가 많기 때문이다. 예를 들어 뇌를 조잡하게 시뮬레이션할 때 전통적으로 그러는 것처럼, 통합계를 시뮬레이션할 때 고려하는 조직 수준의 범위를 제한함으로써 통합계의 더 낮은 수준에서 일어나는 결정적인 현상을 놓칠 가능성이 높다. 이런 현상이 전체 계의 최적화에 결정적인 역할을 할 수도 있는데 말이다.

이 사례는 튜링이 '현실 세계 오라클'이라는 말에서 의도한 것이 무엇인지 잘 보여준다. 현실 세계에서 통합된 생물학적 계인 단백질은 문제를 몇 밀리초 만에 해결한다. 반면 알고리즘을 따르는 컴퓨터 번역은 같은 해답에 도달하기 위해 우주의 나이보다도 많은 시간이 걸릴 수 있다. 여기서의 차이점은 단백질 '하드웨어'는 최적의 해답을 계산하면서 아날로그 영역에서 그저 물리학의 법칙을 따라 자신의 3차원 구성을 찾아내는 반면, 튜링기계는 디지털 장치에서 같은 문제를 풀기 위해 만들어진 알고리즘을 돌려야 한다는 것이다. 현실 세계의 유기체들은 통합계이기 때문에 아날로그 방식으로 자신의 복잡성을 다룰 수 있다. 이것은 형식 체계로는, 그러므로 알고리즘으로는 제대로 포착할 수 없는 과정이다.

보통 취급 가능 알고리즘은 일부 초기 조건이 주어졌을 때 자연계의 미래 상태를 어느 정도 추정하기 위해 근사치로 설계된 것이다. 예를 들면 기상학자들도 이런 식으로 날씨 모형을 만들어서 예측을 시도한다. 이런 예측이 현실화될 가능성은 먼 미래를 예측할수록 급격히 낮아지는 것으로 알려져 있다. 뇌 시뮬레이션의 경우 취급 용이성 문제가 훨씬 더 중요해진다. 서로 연결된 엄청난 수의 뉴런이 정교한 시간 순서를 따라 상호작용하고 있기 때문이다. 예를 들어 디지털 컴퓨터가 한 단계씩 작동하는 시계를 갖고 있다는 점을 생각하면, 뇌의 현재 상태를 정의하는 수십억, 심지어 수조 개의 매개변수를 정확한 시간 순서에 따라 업데이트하는 것은 완전히 취급 불가능 문제가 된다. 이번에도 역시 임의로 선택한 초기 조건으로부터 뇌의 다음 상태를 예측하려는 시도는 질 낮은 근사치를 만들어낼 뿐이다. 그 결과 장기적으로, 심지어 몇 밀리초 정도의 짧은 시간 단위에서도 창발성에 대해 의미 있는 예측을 얻을 수 없다.

이번에도 역시 상대론적 뇌 이론의 뉴런 전자기장같이 아날로그 장에 의해 중재되는 뇌 기능의 근본적 측면이 존재한다는 것을 받아들인다면 디지털 기계는 이런 기능을 시뮬레이션할 수도, 동일한 클럭 사이클 동안에 정교하게 동기화된 상태로 막대한 양의 매개변수 공간(수십억, 수조 회의 연산)을 모두 업데이트할 수도 없다. 바꿔 말하면 디지털 시뮬레이션으로는 실질적인 뇌의 창발성을 만들어내지 못한다.

이 시점에서 한 가지 짚고 넘어가야 할 중요한 문제가 있다.

뇌 전체(즉, 동물의 몸 및 외부 환경과 상호작용하는 고도로 연결된 소산계)를 시뮬레이션 하고 싶은 경우 처리 속도가 현실 세계를 실시간으로 정확하게 따라잡지 못하면 자동으로 자격을 상실한다는 것이다. 아무리 슈퍼컴퓨터처럼 빠른 속도로 작동하는 뇌 시뮬레이션이라고 해도 자신이 연결되어 있고 끝없이 상호작용하고 있는 실제 환경보다 느린 속도로 작용한다면, 자연적으로 진화한 뇌가 만들어내고 느끼는 것과 비슷한 것을 생산하지 못할 것이다. 예를 들어 실제 동물의 뇌는 자신이 포식자에게 공격을 받게 될지를 1초도 안 되는 찰나의 순간에 감지해야만 한다. 만약 '시뮬레이션 뇌'가 이보다 훨씬 느린 속도로 반응한다면 이 시뮬레이션은 뇌가 포식자-먹이 상호작용이라는 자연현상에 어떻게 대처하는지 이해하려 할 때 아무런 쓸모가 없을 것이다. 이런 부분은 302개의 뉴런만 갖고 있는 예쁜꼬마선충Caenorhabditis elegans 같은 무척추동물의 가장 초보적인 뇌에서 860억 개에 이르는 뉴런으로 이루어진 인간의 뇌에 이르기까지 뇌의 계통발생 척도상의 다양한 스펙트럼에도 그대로 적용된다.

⊁

이 장에서 제기하는 반대 의견들은 모두 심지어 인공지능 분야 연구자들 사이에서도 잘 알려져 있는 것들이고, 기본적으로 무시하기 힘든 합리적인 비판으로 인정받고 있다. 그럼에도 이들은 디지털 기계가 사람과 비슷한 지능을 시뮬레이션할 수 있을 뿐 아니라 결국에는 우리 자신의 게임, 즉 인간으로서 생각하고 행동하고 살아가는 게임에서도 우리 모두를 능가하게 되리라는 유토피아를 고집스럽게 선전하고 있다.

나는 대중 강연을 할 때 보통 신경과학자와 인공지능연구자의 가상 대화를 이용해서 나처럼 최첨단 기술을 이용해 인류의 삶을 개선하고 고통을 줄이는 것을 환영할 일이라고 믿는 사람, 그리고 커즈와일의 미래에 대한 디스토피아적 관점을 충족시키는 방향으로 연구를 진행하고 있는 사람 사이에 존재하는 깊은 간극을 보여준다. 그 대화는 이렇게 진행된다.

신경과학자 말해보게. 자네는 튜링기계 속에 아름다움이라는 개념을 어떻게 프로그래밍할 생각인가?

인공지능연구자 아름다움을 정의해보게. 그럼 프로그래밍할 수 있지.

신경과학자 그게 핵심적인 문제야. 나는 정의할 수가 없거든. 자네 역시 정의할 수 없고, 지금까지 살면서 아름다움을 경험해본 사람 중 그 누구도 정의할 수 없지.

인공지능연구자 자네가 정확한 정의를 내릴 수 없다면 나도 프로그래밍할 수 없어. 사실 무언가 정확하게 정의할 수 없는 것이 있다면 한마디로 그건 문제가 안 돼. 존재하지 않는 거니까. 그리고 컴퓨터과학자로서 나는 아름다움에 대해서는 전혀 관심이 없네.

신경과학자 아름다움이 존재하지 않는다는 말인가, 아니면 그냥 관심이 없다는 말인가? 아마도 아름다움의 정의는 우리 종의 역사에서 살다 간 사람의 뇌 숫자만큼 많을 텐데. 우리들 각자는 삶이 펼쳐지는 조건이 다 다르기 때문에 아름다움에 대해 자기만의 독특한 정의를 갖고 있지. 그것을 정확하게 설명할 수는 없지만, 그것을 발견하고 보고 만지고 들으면 알 수 있지. 자네 어머니나 자네 딸은 아름다운가?

인공지능연구자 그럼. 아름답지.

신경과학자 그럼 아름다운 이유를 정의할 수 있겠나?

인공지능연구자 아니, 못하지. 하지만 나는 나의 이 개인적이고 주관적인 경험을 컴퓨터에 프로그래밍할 수는 없어. 따라서 과학적 관점에서 보면 아름다움은 존재하지 않거나 그 무엇도 의미하지 않지. 나는 물질주의자야. 아름다움에 대한 내 경험의 본질이 무엇인지 나는 양적이고 절차적인 방식으로 정확하게 정의할 수 없네. 그럼 내 물질주의적·과학적 세계에서는 아름다움은 그냥 존재하지 않는 거야.

신경과학자 그럼 아름다운 얼굴, 자네 어머니나 딸의 얼굴을 접했을 때의 느낌을 수량화할 수 없으므로 그 느낌은 무의미하다는 말인가?

인공지능연구자 그런 셈이지. 맞아. 내 말을 제대로 이해했군.

끔찍한 소리로 들리겠지만 현대의 수많은 사람이 이미 튜링기계가 할 수 없는 것은 무엇이든 과학을 위해서나 인류를 위해서나 중요하지 않은 것이라 판단을 내린 상태다. 그래서 나는 내 가상의 인공지능 연구자가 혼자만 이런 편견을 갖고 있는 것은 아니지 않을까 두려워진다. 그보다 더 걱정스러운 부분은 디지털 기계의 작동 방식에 너무 익숙해지고 또 거기에 의지하게 되다 보니 적응 능력이 대단히 뛰어난 우리의 영장류 뇌가 이 기계들의 작동 방식을 흉내 낼 위험이 있어 보인다는 것이다. 내가 이런 경향이 지속될 경우 뇌가 점점 쇠락해서 이러다 정말 일종의 생물학적 디지털 기계로 변할 수도 있겠다고 믿는 이유다. 그렇게 되면 우리 종 전체가 그럭저럭 똑똑한 수준의 좀비로 전락할지도 모른다.

7

브레인넷, 동기화된 뇌

뇌의 결합으로 사회적 행동을 만들다

그날 하루, 앞으로 무슨 일이 벌어질지는 아무도 모르고 있었다. 신경과학자들도, 그날 아침 노스캐롤라이나 더럼의 우리 연구소에 모여 있었던 실험 대상들도 알 수 없었다. 하지만 연구자들은 몇 주 전부터 계획한 이 실험의 결과가 어떻게 나올지 예측할 수는 없어도 그날이 이전의 어떤 날과도 다른 하루가 되리라는 것은 알고 있었다. 우선 우리 과학 연구진은 실험 대상 셋을 동시에 다루어야 했다. 각각의 실험 대상들은 우리 연구실의 방음 처리된 별도의 방에 들어가 있어서 나머지 두 실험 대상과 소통할 수 없었다. 사실은 다른 실험 대상의 존재조차 인식하지 못했다. 그럼에도 이 새로운 실험에서 성공을 거두려면 실험 대상 셋이 자기들끼리 긴밀하게 협동할 방법을 찾아내야 했다. 그들도, 다른 그 누구도 예전에는 시도해보지 않았던 방식으로 말이다.

분명 그 누구도 시도해보지 않은 방법이었다!

실험을 더 흥미롭게 진행하기 위해 우리는 실험 대상에게 우리가 그들에게 어떤 종류의 사회적 상호작용을 요구하고 있는

지에 대해 그 어떤 지시나 힌트도 주지 않았다. 사실 실험 대상자들은 자기가 실험실 안에서 해야 할 임무가 가상의 팔을 움직이는 것이라고만 알고 있었다. 이 가상의 팔은 그들의 얼굴 정면에 있는 컴퓨터 스크린에 투사되어 있었고, 자신의 진짜 팔과 꽤 비슷하게 생겼다. 일단 자기가 가상의 팔을 움직일 수 있음을 깨닫고 나면, 실험 대상들이 해야 할 일은 임무를 시도를 할 때마다 스크린에 무작위로 나타나는 구체의 중심으로 가상의 손을 뻗는 것이었다. 이 과제를 완수할 때마다 실험 대상들에게는 아주 맛있는 보상이 주어졌고, 실험 대상들은 모두 이것을 맛있게 즐겼다.

언뜻 보면 아주 간단해 보인다. 하지만 이것은 사실 겉보기보다 조금 더 복잡한 실험이었다. 첫째, 각각의 실험 대상에게는 2차원에 표시된 가상 팔만 보이지만, 사실 표적에 도달하기 위해서는 이 도구를 3차원의 가상공간에서 움직여야 했다. 둘째, 실험 대상들은 조이스틱을 움직이는 등 자신의 몸을 공공연히 움직여서 가상의 팔을 표적으로 유도할 수 없었다. 사실 사용할 수 있는 조이스틱, 기계식 작동기, 전자식 작동기 같은 것이 전혀 없었다. 적어도 자신의 생물학적 팔로 이용할 수 있는 것은 없었다. 대신 이들이 이 목표를 달성하기 위해서는 아주 다른 전략을 학습해야 했다. 말 그대로 자신들의 집단적 뇌 전기활성을 이용해서 이 임무를 수행해야 했다.

이런 과제가 가능했던 이유는 지난 몇 주에 걸쳐 이 실험 대상들이 우리 연구실에서 이 실험만을 위해 제작한 새로운 유형의 뇌-기계 인터페이스로 상호작용하는 법을 배웠기 때문이었다. 하지만 그날 오후 우리가 진행하려는 실험에서는 지금은 고전이 된 이 패러다임에 큰 혁신을 새로 도입했다. 원래의 뇌-기계 인터페이스는 다양한 피드백 신호를 통해 단일 실험 대상이 자신의 전기적 뇌 활성만을 이용해서 단일 인공장치의 움직임을 통제하는 법을 학습할 수 있었다. 우리의 실험 대상 셋은 각각 몇 년에 걸쳐 우리 연구실에서 제작한 서로 다른 뇌-기계 인터페이스로 상호작용해왔다. 사실 이 각각의 실험 대상들은 그런 장치를 구동하는 데 있어서는 세계적으로 알아주는 전문가라 할 수 있었다. 이 주제에 관한 연구에 아주 많이 참여해서 이 분야의 출판물에 여러 번 이름을 올렸기 때문이다. 하지만 그날 이들은 집단적으로 가상의 팔을 움직일 수 있도록 실험 대상 셋의 뇌가 하나의 컴퓨터에 연결된 상태에서 공동 뇌-기계 인터페이스를 처음으로 시도해볼 예정이었다.

몇 년 전에 나는 이 공동 뇌-기계 인터페이스에 '브레인넷brainet'이라는 이름을 붙였었다. 나는 이것을 실제 실험으로 시도하기까지는 여러 해가 걸릴 것이라 생각해서 그냥 이론적 틀로서 이런 개념을 만들었다. 하지만 세상일은 알 수 없다. 실제 실험 과학에서 종종 그러하듯 예상치 못한 사건들 덕에 우리는 2013년 실험실에서 이런 개념을 현실화할 수 있게 됐다. 브레인넷의 최초 버전은 내 박사후과정 연구자 중 가장 똑똑했던 포르투갈의 신경과학자 미겔 파이스-비에이라Miguel Pais-Vieira가 진행한 실험에서 테스트됐다. 미겔은 획기적 연구를

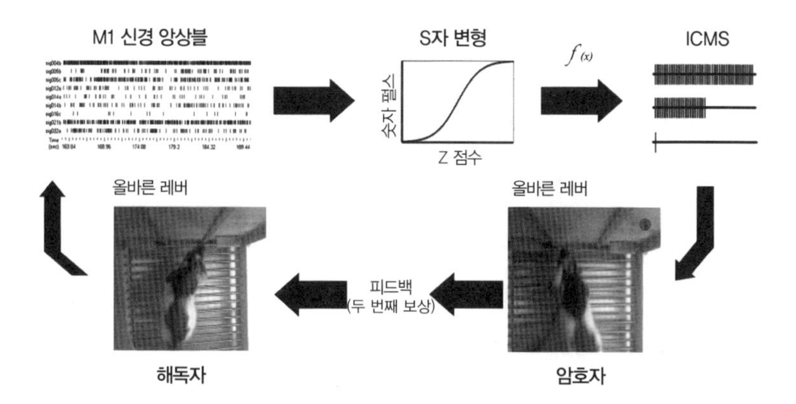

그림 7-1 겉질의 운동 신호를 전송하는 뇌-뇌 인터페이스 실험 장치의 도해. 화살표는 암호자 쥐에서 해독자 쥐로의 정보 흐름을 나타낸다. (M. Pais-Vieira, M. Lebedev, C. Kunicki, J. Wang, M. A. Nicolelis, "A Brain-to-Brain Interface for Real-Time Sharing of Sensorimotor Information," *Scientific Reports* 3 [2013]: 1319.)

통해 뇌가 직접 연결된 쥐의 쌍이 아주 단순한 이진binary 전기 메시지를 교환할 수 있음을 입증해 보였다(그림 7-1). 이 실험에서 암호자encoder라는 한 쥐는 음식을 보상으로 받기 위해 두 개의 레버 중 하나를 누르는 행동을 수행했다. 한편 해독자decoder라는 두 번째 쥐는 암호자의 뇌에서 생성한, 암호자 쥐가 방금 한 행동을 기술하는 짤막한 전기 메시지를 체성감각 겉질이나 운동겉질에 직접 수신했다. 이 전기 메시지는 해독자에게 자기도 보상을 받기 위해서는 무엇을 해야 하는지에 관한 정보, 즉 암호자의 행동을 흉내 내는 법을 알려주었다. 그리고 실험의 70퍼센트 정도에서 실제로 그런 일이 일어났다. 해독자 쥐가 또 다른 쥐(즉, 암호자 쥐)의 운동겉질에서 기원한 전기 신호를 바탕으로 어느 레버를 누를지 결정한 것이다!

뇌-뇌 커뮤니케이션의 이 첫 번째 시연에 묘미를 더하기 위해 미겔 파이스-비에이라는 암호자 쥐는 내가 2005년에 브라질 나타우에 설립한 신경과학연구소의 연구실에 데려다놓고, 해독자 쥐는 미국 듀크대학교의 우리 연구실에 그대로 남겨 놓았다. 일반적인 인터넷 연결을 이용해도 이 쥐 쌍 사이의 소통은 마치 서로 옆에 붙어 있는 것처럼 잘 작동했다.

2014년에 나는 또 다른 브레인넷 구성을 테스트해보기로 마음먹었다. 이번에는 운동 통제용 공동 뇌-기계 인터페이스였다. 이 연구를 진행하기 위해 나는 2012년에 내 연구실에 합류한 인도 벵갈루루 출신의 젊고 똑똑한 신경과학자 아르준 라마크리슈난Arjun Ramakrishnan을 끌어들였다. 일단 이 새로운 실험의 전반적 목표를 무엇으로 할 것인지 합의한 후에 아르준과 나는 우리 연구실에서 제작하는 이 최초의 운동 통제용 공동 뇌-기계 인터페이스의 일부가 될 핵심적 특성들을 구체적으로 정하는 작업에 착수했다. 우선 뇌와 뇌를 직접 연결했던 미겔 파이스-비에이라의 접근방식과 달리 세 개의 개별 뇌에서 동시에 발생한 가공되지 않은 전기 활성을 뒤섞어줄 컴퓨터를 이용하기로 결정했다. 가상 환경에서 아바타 팔을 제대로 움직이려면 3차원이 필요한데, 'B3-브레인넷'이라 부르기로 한 이 특이한 설정에서는 실험 대상 셋이 각각 자신의 전기적 뇌 활성을 이용해서 이 3차원 중 두 개의 차원만 통제할 수 있었다. 예를 들면 1번 실험 대상은 가상 팔의 X와 Y 차원의 운동 생성을 담당하고, 2번 실험 대상은 Y와 Z 차원의 통제를 담당하고, 3번 실험 대상은 X와 Z 차원을 담당하는 식이다. 그럼 컴퓨터가 뇌에서 유래한 입력들을 모두 합쳐서 동시에 3차원 모두에서 가상 팔의 운동을 유도하게 된다. 따라서 B3-브레인넷이 아바타 팔을 표적 구체의 중심부로 움직이려면 실험 대상 셋 중 적어도 둘이 자신의 집단적 운동겉질 전기 신호를 완벽하게 동기화할 수 있어야 했다. 동기화에 실패하면 가상 팔은 움직이지 않을 것이다. 하지만 이들의 운동겉질이 동기화가 되면 컴퓨터가 연속적인 3차원 운동 신호를 생성해서 팔을 표적으로 이동시킬 것이다. 이 모든 과정은 실험 대상 셋 모두 다른 둘이 이 실험에 함께 참여하고 있음을 인식하지 못하는 상태에서 일어나야 했다. 자신의 정신적 작업이 정확히 이루어지고 있는지 확인할 수 있도록 각각의 실험 대상은 컴퓨터 스크린에 표시되는 시각적 피드백을 받게 된다. 이 피드백은 각각의 뇌가 통제하고 있는 2차원 상에서 가상 팔의 움직임을 묘사한다. 이 과제를 시도할 때마다 가상 팔이 미리 정해놓은 시간 안에 표적을 가로채면 실험 대상 셋은 각각 아주 맛있는 과일 주스를 보상으로 받게 된다.

이 간단한 규칙을 이용해서 우리는 실험 대상 셋을 아주 성실히 훈련시켰다. 실험 대상들은 2차원 팔 운동 좌표를 통제하는 개별 임무는 쉽게 성공했다. 하지만 대부분의 시도에서 이들이 개별 임무는 정확히 수행했음에도 모두 동기화가 이루어지지는 않아서 올바른 3차원 아바타 팔 운동이 만들어지지 않았다. 그래서 아무도 주스를 먹지 못했다. 실험 대상들에게나 우리에게나 즐거운 일은 아니었다. 하지만 이 초기 훈련 단계에서도 난데없이 실험 대상 둘, 심지어는 셋이 가끔 완벽한 운동겉질 동기화를 이루어 팔이 표적에 정확히 도달했다.

이 역동적인 정신의 춤을 관찰하다 보니 자연스럽게 우리는 세 개의 뇌가 시간적으로 동기화되는 스위트 스폿을 열심히 눈여겨보게 되었고, 그렇게 3주가 흐른 후에는 일이 잘 풀릴 것 같아 보이는 몇 가지 조짐이 눈에 들어오기 시작했다. 훈련 일지를 계속 작성하다보니 둘, 심지어는 셋 모두에서 짧게나마 운동겉질 동기화가 이루어지는 경우가 느리지만 확실히 많아지기 시작한 것이다. 그런 일이 일어나자 실험 대상 셋 모두 짧지만 한결같이 승리의 맛을 만끽했다.

B3-브레인넷으로 첫 실험을 시도한 지 3주 후에 우리는 기대감에 들뜬 특별한 오후를 맞이하게 됐다. 테스트 시도가 11회로 접어들면서 실험 대상 셋이 이번에는 정말로 제대로 해보겠다고 단단히 벼르고 있는 듯 보였다. 처음에는 상황이 그 전과 아주 비슷해 보였다. 점잖게 말해서 그렇고, 사실 아무런 진전도 없었다는 의미다. 하지만 그러다 갑자기 일이 벌어졌다. 실험실에 있는 사람들의 귀에 고대하던 금속성 노랫가락이 들리기 시작한 것이다. 방마다 세 개의 솔레노이드 밸브 소리가 일관된 리듬으로 흘러나오면서 성공의 신호를 보냈고, 그 성공을 알리며 실험 대상 모두에게 동시에 보상이 배달되었다. 솔레노이드 소리가 커지면서 거의 연속적으로 이어지자 그곳에

있던 사람들 모두 무언가 극적인 일이 벌어지고 있음을 깨달았다. 세 개의 뇌로 구성된 브레인넷이 동기화해서 완벽한 시간적 조화 속에 작동하는 법을 드디어 배운 것이다. 실제로 그날이 끝날 즈음에는 실험 대상 셋의 전체 시도 중 거의 80퍼센트가량이 동기화되어 있었다. 모두 별개의 머릿속에 들어가 있고, 어떤 식으로도 물리적으로 연결되지 않은 세 개의 뇌가 이제 단일한 하나의 분산 유기 컴퓨터 유닛을 이룬 것이다. 이 유닛 속에서 이 뇌들은 고작 775개의 뉴런이 만들어낸 전기 신호를 디지털 컴퓨터로 혼합해서 가상 팔을 의도한 표적으로 움직일 수 있는 운동 프로그램을 계산해냈다.

우리 연구실에서 20년 전에 최초로 진행했던 뇌-기계 인터페이스 시연이 선풍을 일으켜 현대 뇌-기계 인터페이스 연구를 본격적으로 열어젖혔다면, 여러 개의 뇌가 자신의 전기 폭풍을 동기화해서 공통의 운동 목표를 달성할 수 있음을 최초로 시연해 보인 것은 어떤 결과를 낳았을까? 당시에는 우리도 전혀 알 수 없었다. 우리는 그저 그 3주 동안 수집된 수 테라바이트의 자료를 파헤쳐서, 실험 대상 셋이 정신적으로 협동하여 일관된 움직임을 만들어내는 법을 배우기까지 걸린 시간 동안 실제로 무슨 일이 일어났는지 확인하고 싶은 마음밖에 없었다. 하지만 이 분석이 끝날 즈음에는 다양한 행동학적·신경생리학적 연구 결과가 나와서 B3-브레인넷이 완전히 작동하고 있던 11일 동안 무슨 일이 일어났었는지 밝혀주었다. 첫째, 우리는 전체적으로 B3-브레인넷의 성공률이 20퍼센트(1일차)

에서 78퍼센트(11일차)로 높아진 것을 확인할 수 있었다. 애초에 예측했던 대로 가장 높은 성공률은 실험 대상 셋이 모두 온전히 몰입해서 자신의 겉질 활성을 적절하게 동기화할 수 있을 때 나왔다(그림 7-2). 실제로 두 개의 뇌 시스템, 즉 B2-브레인넷에서 얻은 일부 데이터를 보태서 B3-브레인넷을 작동하는 실험 대상 셋에서 얻은 겉질 동시 기록을 분석해보았더니 실험이 올바르게 진행되는 경우와 세 실험 대상에서 겉질 동기화 수준이 일시적으로 높아지는 것 사이에서 유의미한 상관관계가 나타났다. 즉, 하나의 뇌에 위치한 겉질 뉴런 집단이 다른 두 뇌의 겉질 뉴런 무리와 똑같은 시간에 전기 펄스를 발화하기 시작했다는 것이다.

몇 가지 다른 연구 결과도 우리의 관심을 사로잡았다. 예를 들어 실험 대상 중 하나가 태만해져서 한동안 게임에 참가하지 않는 경우에는 나머지 둘이 일시적으로 상실된 뇌의 힘을 그 이상으로 보상했다. 이 둘은 그냥 자기 운동겉질 뉴런의 발화율을 높여 둘 사이의 겉질 동기화 수준을 높임으로써 브레인넷의 세 번째 구성원이 기여하지 않아도 가상 팔을 표적으로 갖다놓았다. 이때 태만하게 낮잠을 잔 실험 대상에게는 주스를 보상으로 주지 않았더니 머지않아 그 개체도 다시 실험에 적극적으로 참여했다.

나는 이 실험을 위해 아주 오랜 시간을 기다려온 터라서 내 실험 대상에게로 달려가 함께 축하하고 싶은 유혹을 느꼈다. 우리는 방금 실험실에서 구축한 최초의 공동 뇌-기계 인터페이

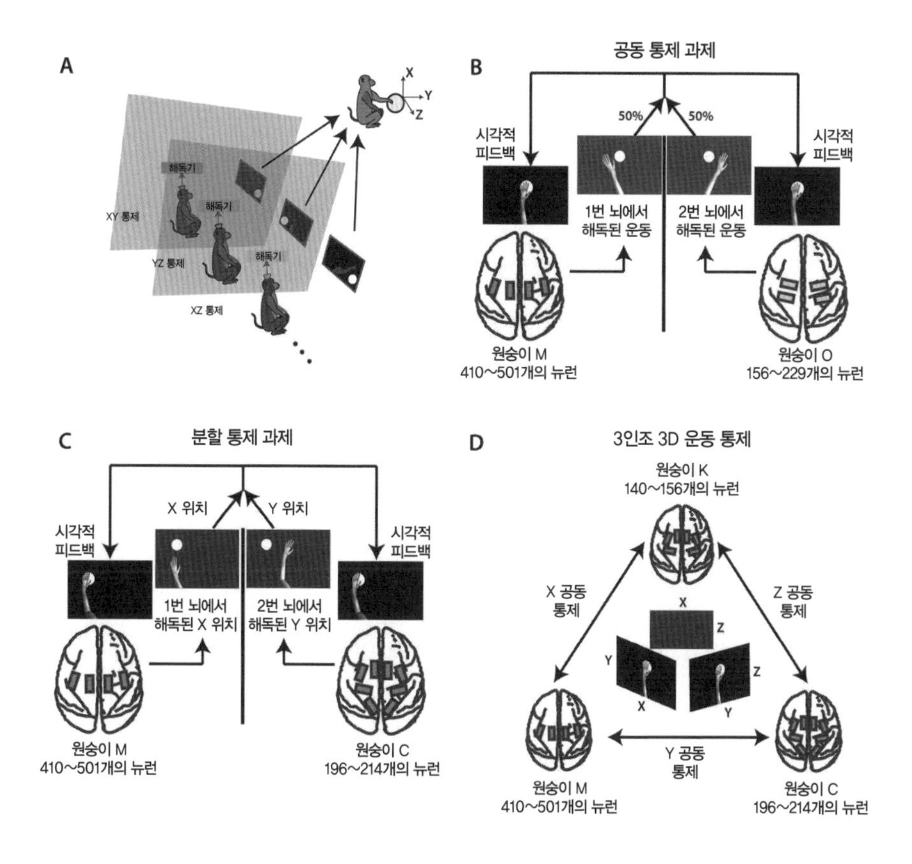

그림 7-2 원숭이 브레인넷의 서로 다른 구성. A: 공동 운동 과제를 수행하는 데 이용되는 원숭이 브레인넷의 일반적 구성. 원숭이들은 모두 다른 방에 들어가 있다. 각각의 원숭이는 가상의 아바타 팔을 보여주는 컴퓨터 스크린을 마주하고 있다. 이 실험의 행동 과제는 아바타 팔을 3차원적으로 움직여서 스크린 위 가상의 표적에 닿게 만드는 것이었다. 아바타 팔의 3차원 운동은 주어진 브레인넷을 이루고 있는 원숭이 집단이 동시에 만들어내는 겉질 전기활성의 조합으로 만들어졌다. B: 참가하는 원숭이 두 마리가 가상 팔의 (X, Y) 위치에 각각 50퍼센트씩 기여하는 공동 운동 통제 과제의 사례. C: 분할 통제 과제. 이 경우는 한 원숭이는 아바타 팔의 X 위치에 기여하고, 다른 원숭이는 Y 위치에 기여한다. D: 원숭이 세 마리 브레인넷 과제의 구체적 도해. 각각의 원숭이는 2차원 과제를 수행하고, 세 마리가 모두 함께 아바타 팔의 3차원 운동을 통제한다. (A. Ramakrishnan, P. J. Ifft, M. Pais-Vieira, Y. W. Byun, K. Z. Zhuang, M. A. Lebedev, and M. A. Nicolelis, "Computing Arm Movements with a Monkey Brainet," *Scientific Reports* 5 [July 2015]: 10767.)

스를 성공적으로 시연해 보였으니까 말이다. 하지만 우리의 실험 대상으로부터 꽥꽥거리는 소리 말고는 별다른 반응을 이끌어내기가 불가능했다. 이들이 부끄러움이 많아서 그런 것은 아니었다. 분명 그렇지는 않았다. 이들의 뇌는 2500만 년의 진화적 거리만큼 우리와 떨어져 있을 뿐이었다. 지금쯤 당신도 눈치챘겠지만 망고Mango, 체리Cherry, 오필리아Opheliaoph, 이 실험 대상 셋은 아주 멋진 붉은털원숭이들이다. 그래서 이들의 뇌는 사람의 언어나 하이파이브에 반응해서 동기화할 수 없었다.

⤚

첫 번째 성공 이후로 우리의 브레인넷 실험은 곧장 앞으로 나아갈 일만 남았다. 이 새로운 접근방식을 바탕으로 발전시킨 그다음의 실험에서는 우리 원숭이 실험 대상들을 그냥 '탑승자passenger'와 '관찰자observer'로 불렀다. 이들의 정신적 놀이터 역할을 해준 가로세로 3미터의 실험실 안에서 원숭이들은 신속하게 자신의 역할을 학습했다. 개조한 전기 휠체어에 올라탄 탑승자는 자신의 뇌 전기 활성을 이용해서 휠체어를 움직여 먹고 싶은 포도를 잡아챘다. 반면 관찰자는 자기 의자에 앉아서 자기 바로 눈앞에서 펼쳐지고 있는 특이한 운전 훈련을 눈으로만 따라가야 했다. 관찰자는 별로 할 일이 없는 보조적인 역할만 하는 것처럼 보이겠지만 이 임무와 관련해서 훌륭한 보상이 존재했다. 만약 탑승자가 실험 시간이 끝나기 전에 포도가 있는 곳까지 가면 관찰자는 좋아하는 과일 주스를 보상 받게 된다. 꼭 밝히고 넘어가야 할 부분이 있다. 우리 연구실에서 20년 동안 늘 그래왔던 것처럼 이 실험 역시 '마법사'라는 별명이 붙은 게리 르휴가 중고 전기 휠체어 두 개를 개조해서 전기 뇌활성만으로 조종하고 구동할 수 있게 만들어준 덕분에 가능했다는 점이다.

며칠이 걸리기는 했지만 탑승자-관찰자는 결국 이 과제에 통달해서 휠체어의 출발 위치가 어디든 상관없이 거의 모든 시도에서 탑승자가 포도까지 도달할 수 있는 지경에 이르렀다. 그래서 모든 시도에서 일단 명령이 떨어지면 탑승자의 뇌는 당장 방 안에서 포도의 새로운 위치뿐만 아니라 휠체어에 대한 상대적 공간적 위치도 탑승자 뇌의 통제 아래서 재배치했다. 그렇게 함으로써 탑승자의 뇌는 달콤한 포도에 도달할 수 있는 최고의 궤적을 정의할 수 있었다. 신속하게 머릿속으로 계산한 이후에 탑승자의 뇌는 휠체어를 표적으로 조종하는 데 필요한 운동 프로그램을 만들어냈다. 그리고 수백 밀리초 후에 탑승자는 자기 휠체어 조종석에 편안하게 앉아 운전을 시작했다.

두 원숭이가 다소 독특한 이 사회적 상호작용 수행법을 배우고 있는 동안 우리 연구실의 박사후과정 연구원이자 재능 많은 대만 공학자인 쳉 포허Po-He Tseng는 탑승자와 관찰자 양쪽의 뇌 속 여러 겉질영역에 자리 잡은 수백 개의 뉴런이 동시에 만들어내는 전기 스파크를 기록하느라 바빴다. 이것은 반세기가 넘은 겉질내intracortical 영장류 신경생리학의 역사 중에서 누군가가 상호작용하는 붉은털원숭이 두 마리의 뇌에서 동시에 생성되는 뉴런 전기 명령을 대규모로 기록한 첫 번째 사례다. 이 일이 더욱 놀라운 이유가 또 있다. 동물 당 최고 256개의 겉질 뉴런이 만들어내는 활동전위의 표본을 채취해서 중계할 수 있는 128채널의 무선 인터페이스를 통해 각각의 원숭이의 뇌 신호를 얻고 있었던 것이다. 사실 우리 연구실의 듀크 신경공학팀에서 이 새로운 다중채널 무선 인터페이스를 발명함에 따라 이것은 탑승자, 관찰자, 쳉포허, 그리고 우리 연구진의 나머지 사람들을 그 후로 여러 달 동안 아주 바쁘게 만든 특정 사회적 과제의 설계와 실행에서 필수적인 요소로 자리 잡게 됐다.

쳉포허가 자신의 라디오 뉴로몽키Radio NeuroMonkey가 들려주는 오후 중계방송에 매일 귀 기울이고 있는 동안 탑승자와 관찰자는 날마다 자신의 임무를 수행하며 아주 효율적인 팀으로 합쳐지고 있었다. 이 시대 가장 인기 있는 브라질 축구 방송 아나운서이자 내 친구인 오스카 울리세스Oscar Ulisses의 말을 빌리면, 이 둘은 함께 자주 뛰는 한 쌍의 축구 스트라이커나 복식 테니스 팀처럼 "아주 제대로 된 팀워크를 발전시켰다." 쳉포허가 곧 확인한 것처럼, 이 커플은 과제를 함께 수행했다. 즉, 서로를 완전히 볼 수 있는 상태에서 이 두 원숭이는 그냥 우연만으로 나타날 수 있는 것보다 훨씬 높은 수준에서 겉질의 전기적 동기성을 보여주었다(그림 7-3). 바꿔 말하면 탑승자는 휠체어를 운전하고 관찰자는 그 운전을 지켜보는 동안 이 두 동물의 운동 겉질에 있는 수백 개의 뉴런에서 만들어지는 전기

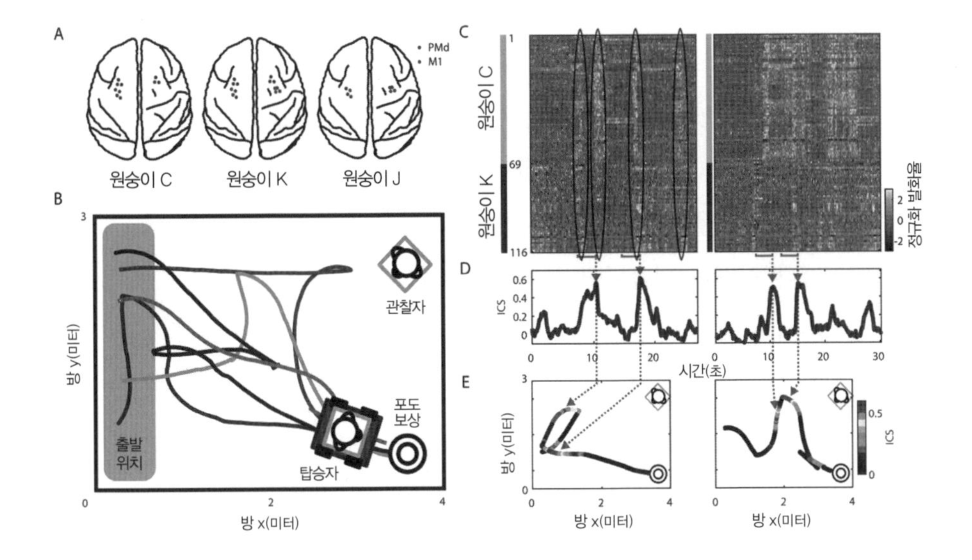

그림 7-3 영장류가 사회적 과제를 수행하는 동안의 뇌 사이 겉질 동기화Interbrain cortical synchronization(ICS). A: 세 마리 원숭이(C, J, K)에서 겉질 임플란트의 위치. 무선 다중영역, 다중채널 뉴런 앙상블 기록이 양쪽 대뇌반구의 일차운동겉질(M1)과 등쪽전운동겉질premotor dorsal cortex(PMd)에서 진행됐다. B: 두 마리의 원숭이(탑승자와 관찰자)를 5×3.9미터 방에 데려다놓았다. 각각의 시도에서 탑승자는 출발 위치에서 시작해서 위치가 고정된 포도 인출기까지 길을 찾아갔다. 휠체어가 움직인 다섯 개의 대표적 경로가 표시되어 있다. C: 두 번의 대표적 경로에 대한 뉴런 앙상블 활동. 각각의 수평선은 뉴런 하나에 해당한다. 개개의 뉴런 활동전위는 하얀색 수직 막대로 표시되어 있다. 원숭이 C(관찰자)와 원숭이 K(탑승자) 사이에 뇌 사이 겉질 동기화가 일어난 사건은 제일 왼쪽 도표에서 수직 타원형으로 강조되어 있다. D: C에 나온 실험에 대한 ICS의 수량화. 거리 연관성의 순간적인 수치가 C에 나온 회색 막대와 같은 3-s 폭을 가진 슬라이딩 윈도로 계산되어 있다. E: C 및 D와 동일한 시도에서의 휠체어 경로. (P. Tseng, S. Rajangam, G. Lehew, M. A. Lebedev, and M. A. L. Nicolelis, "Interbrain Cortical Synchronization Encodes Multiple Aspects of Social Interactions in Monkey Pairs," *Scientific Reports* 8, no. 1 [March 2018]: 4699.)

신호 중 상당 부분이 동일한 순간에 발생하기 시작한 것이다. 이 뉴런들이 뇌 두 개에 따로 자리를 잡고 있음에도 말이다. 실제로 이런 뇌 상호 연관성interbrain correlation 수준이 60퍼센트 가까운 값에 도달하는 경우가 많았다. 우연만으로 이런 일이 일어날 가능성은 0에 가깝다.

처음에 우리는 이런 동시적 뉴런 발화가 두 동물이 공통의 감각 입력에 노출되어 생기는 결과라고 생각했다. 예를 들면 동시에 양쪽 뇌에 도달하는, 방 내부를 기술하는 시각적 신호 같은 감각 입력 말이다. 하지만 상황은 이렇게 시시하게 설명하는 것보다 훨씬 흥미로웠다. 추가적으로 분석해보았더니 양쪽 원숭이 뇌의 운동겉질영역에 자리 잡고 있는 뉴런들이 함께 발화하는 이유가 탑승자의 휠체어를 포도가 있는 곳으로 조종하는 데 필요한 속도 벡터 쌍을 두 원숭이의 운동겉질이 동시에 계산하느라 그런 것으로 밝혀졌다. 탑승자의 뇌에서 그런 계산이 나오고 있다는 것은 당연히 예상할 수 있는 부분이었다. 이 원숭이가 휠체어의 운전을 담당하고 있었기 때문이다. 하지만 그와 동시에 수동적으로 관찰하는 역할만 담당하고 있는 관찰자의 뇌에서도 자신만의 관점에서 휠체어를 올바른 위치로 가져가는 데 필요한 계산이 바쁘게 일어나고 있었다. 본질적으로 이 원숭이의 운동겉질 뉴런 중 일부가 표적 위치로 향하는 휠체어의 움직임을 주의 깊게 감시하고 있었던 것이다. 이 표적에 도달하면 관찰자도 주스를 받기 때문이다! 양쪽 원숭이의 뇌가 둘 다 보상을 얻는 데 필요한 똑같은 유형의 운동 신호, 즉 휠체어를 유도하는 회전 속도 벡터와 병진 속도 벡터를 생성할 수 있도록 동조되어 있는 것이 분명했다.

데이터를 더 깊게 파고들어 본 쳉포허는 탑승자와 관찰자 역할을 맡은 이 특정 조합의 원숭이들이 서로 가까워졌을 때, 특히 이 거리가 1미터 정도가 되었을 때 이 두 원숭이의 뇌에서 일어나는 운동겉질 뉴런 동기화가 높아지는 것을 발견했다. 이것이 의미하는 바는 이 두 원숭이의 운동겉질 전반에서 기록된 동시적 뉴런 활성이 사회적 상호작용이 일어나는 동안 탑승자와 관찰자 사이의 거리와 상관관계가 있었다는 것이다. 데이터를 더 분석해보았더니 이런 겉질 동기화의 증가는 원숭이 쌍 중 서열이 높은 원숭이가 탑승자 역할을 맡고, 서열이 낮은 원숭이가 관찰자 역할을 할 때 일어난다는 것이 드러났다. 이 둘의 역할을 바꿔놓으면, 즉 서열이 높은 원숭이가 관찰자를 맡고, 서열이 낮은 원숭이가 탑승자 역할을 맡으면 이런 겉질 동기화가 증가하지 않거나 그전처럼 높지 않았다. 갑자기 우리는 이런 뇌 사이 겉질 동기화의 강도로 실험에 참여하는 원숭이들의 상대적인 사회적 지위를 예측할 수 있음을 깨닫게 됐다.

뇌 사이 동기화가 최대화되는 실험 대상 간 분리의 거리는 약 1미터였는데, 흥미롭게도 이것은 붉은털원숭이가 팔을 최대로 뻗었을 때의 거리와 얼추 비슷했다. 이것은 이 거리부터 원숭이가 자신의 손으로 집단의 또 다른 구성원의 털을 손질해주거나 공격할 수 있다는 의미다. 이는 서열이 높은 원숭이가 탑승자 역할을 맡으면서 서열이 낮은 원숭이에게 접근할 때 관찰되는 뇌 사이 동기화 증가가 이들의 사회적 관계에 대해 중요한 단서를 담고 있음을 추가적으로 암시하고 있다.

하지만 이야기는 여기서 끝나지 않았다. 우리 연구실의 의공학 대학원생인 앨런 인Allen Yin이 무선 뇌-기계 인터페이스로 휠체어를 운전하는 원숭이의 운동겉질에서 무슨 일이 일어나는지에만 초점을 맞춰 분석해보았더니 기록된 겉질 운동 뉴런들 중에서 보상에 대한 휠체어의 상대적 공간 위치에 따라 자신의 발화 활동 강도에 변화를 주는 뉴런의 비율이 높은 것으로 드러났다. 어떤 뉴런은 휠체어가 포도에 더 가까울 때 발화한 반면, 어떤 뉴런은 휠체어가 멀어졌을 때 더 활발했다. 이 발견의 결과로 갑자기 우리는 탑승자의 운동겉질만 보고 있어도 휠체어가 출발 위치에서 포도가 있는 곳까지 어떤 공간적 궤적을 그리며 움직이는지 정확하게 예측할 수 있게 됐다. 그리고 상대론적 뇌 이론의 신경 축중의 원리에서 예견했던 것처럼 이 궤적은 매 시도에서 서로 다른 겉질뉴런 표본의 집단적 발화를 가지고 추정할 수 있었다.

이 시점에서 우리는 이 모든 내용을 종합할 때 탑승자-관찰자 실험에서 얻은 결과를 통해 일차운동겉질에 대해 아주 다른 관점이 드러나게 되었음을 깨달았다. 이 관점은 개체들이 어떻게 서로 동기화되어 브레인넷을 형성하는지 이해할 때 필수적인 부분으로 입증될 것이며, 개별 뇌의 작동 방식에 대한 내 이론에도 더 많은 증거를 제공하게 될 것이다. 우선 일차운동겉질의 뉴런회로는 신경과학자들이 한 세기 넘게 이 겉질영역의 기능으로 여겨왔던 신체 운동 부호화 능력에 더해서 인공장치를 구동하는 데 필요한 운동을 부호화하는 법도 신속하게 학습할 수 있음이 밝혀졌다. 이런 부호화는 영장류 신체의 팔다리를 움직이는 데 필요한 것과는 완전히 다른 운동 프로그램을 필요로 한다. 게다가 일차운동겉질 뉴런들은 실험 대상의 몸과 계획된 전신 운동의 최종 목표물 사이 공간의 상대적 묘사뿐만 아니라 동종 개체들 사이의 거리도 동시에 부호화할 수 있었다. 우리는 보상을 기대하는 동안 혹은 보상에 대한 기대가 주어진 시도에서 충족되었는지 아닌지 여부에 따라 팔다리 운동 계획에 참여하는 원숭이 운동겉질 뉴런 중 절반 정도는 자신의 전기적 발화를 조정할 수 있다는 사실도 이 목록에 포함시켰다. 영장류의 운동겉질에 대해 다루는 현대의 이론 중에 이 모든 기능이 이 겉질영역에 들어 있는 뉴런 회로에 의해 동시에 수행될 수 있으리라 예상했던 이론은 없었다. 그리고 대단히 중요한 사회적 매개변수가 동물들 사이에서 나타나는 겉질 운동뉴런의 강화된 동기화 수준을 통해 부호화될 수 있으리라고 예상했던 이론도 없었다. 하지만 이것이 바로 상대론적 뇌 이론의 다중작업의 원리에서 예측했던 바로 그 부분이다. 즉, 일차운동겉질 등의 주어진 겉질 영역이 동시에 일어나는 여러 가지 기능적 과제에 한꺼번에 참여한다는 것이다.

내가 이 흥미로운 결과들을 이해해보려고 할 때 제일 처음 든 생각은 쳉포허가 거울뉴런mirror neuron이라는 특별한 유형의 겉질 세포와 우연히 만났다는 사실이었다. 파르마대학교 교수이자 이탈리아의 저명한 신경생리학자인 자코모 리촐라티 Giacomo Rizzolatti가 1990년대에 붉은털원숭이를 가지고 수행한 실험에서 처음 기술한 이 뉴런은 특이한 생리학적 행동 때문에 거울뉴런이라는 이름을 얻게 됐다. 이 세포들은 원숭이가 손동작을 준비하거나 수행할 때 발화율을 상향 혹은 하향 조절하는 데서 그치지 않고, 다른 원숭이나 연구자가 똑같은 종류의 운동을 하는 모습을 관찰하고 있는 동안에도 발화했다. 붉은털원숭이에서 이런 부분이 발견되고 몇 년 후에는 자기공명영상 같은 현대적인 뇌영상 촬영기법이 도입된 덕분에 거울뉴런의 활성을 사람에서도 관찰할 수 있었다.

원숭이에 관한 원래의 보고서에서 리촐라티 교수는 이마엽에서 더 가장자리 영역에 위치한 고차원 운동겉질에만 거울뉴런이 존재한다고 보고했다. 리촐라티는 이 겉질영역을 F5로 표현하곤 했다. 이것은 오래된 명명법에서 유래한 용어다. 겉질 신경생리학을 연구하는 사람들 대부분은 이 영역을 전운동겉질 배쪽부위ventral division of premotor cortex로 알고 있다. 하지만 머지않아 거울뉴런이 전운동겉질에만 국한된 것이 아님이 분명해졌다. 스테파노 로치Stefano Rozzi가 이 분야를 포괄적으로 살펴보면서 지적했듯이 그 이후로 진행된 연구를 통해 사람과 원숭이에서 거울뉴런이 이마엽과 마루엽의 다른 많은 겉질영역에도 존재한다는 것이 확인됐다. 이는 이 유형의 운동활성이 고도로 분산된 이마마루 뉴런 회로에 의해 만들어진다는 것을 암시한다. 그런 만큼 거울뉴런 회로는 손, 입, 눈 운동의 생성에 관여하는 다중의 겉질영역들을 포함하고 있다. 흥미롭게도 로치는 명금류의 경우 노래를 만들고 학습하는 데 관여하는 뇌 구조물에서 거울뉴런 활성이 관찰되었음을 지적했다.

원숭이와 사람의 이마엽과 마루엽에서 거울뉴런이 발견됐고, 또 이 거울뉴런의 활성이 넓은 영역에 걸쳐 관찰된다는 사실은 이 시스템이 동물과 사람의 집단 안에서 사회적 상호작용을 중재하는 데 아주 중요한 역할을 맡고 있음을 암시한다. 거울뉴런의 전기적 활성이 당사자의 운동 준비와 수행을 반영하는 데서 그치지 않고 자기와 가까운 사회집단의 다른 구성원, 심지어는 다른 영장류(실험실 원숭이의 경우 실험자)에 의해 수행되는 비슷한 운동에 대한 표상도 반영한다는 점을 깨닫고 나면 거울뉴런의 역할을 더 쉽게 이해할 수 있다. 연구자들은 거울뉴런이 또 다른 참가대상의 운동을 관찰하는 개체의 특정 관점뿐만 아니라 이 행동의 보상 가치도 신호로 보낼 수 있음을 발견했다. 종합하면 이 결과들은 고전적으로 사용되는 거울뉴런의 명칭이 이 세포의 이마마루 네트워크가 수행하는 수많은 기능을 제대로 표현하지 못하고 있을지 모른다는 것을 암시한다.

사실 거울뉴런의 발견은 운동겉질 영역이 시각 정보에 계속해서 접근할 수 있음을 밝혀주었다. 한 가지 흥미로운 측면은 시각적 입력이 뇌를 관통하는 서로 다른 경로를 통해 운동겉질에 도달할 수 있다는 점이다. 그중 가장 흥미로운 것은 영장류 시각계의 한 요소인 아래관자엽겉질로부터의 시각 신호가 마루엽에 있는 중계국을 통해 이마엽의 배쪽전운동겉질ventral premotor cortex에 도달할 수 있게 해주는 연결이다. 아래관자엽겉질 뉴런들은 원숭이와 사람이 복잡하고 정교한 사물을 볼 때 반응하는 경향이 있다. 더군다나 이들 뉴런의 한 하위집단은 다른 동종 개체의 얼굴을 제시해주었을 때 원숭이와 사람 모두에서 발화율이 높아지는 것으로 알려져 있다.

거울뉴런의 고전적인 속성과 쳉포허가 얻은 실험 결과 사이에는 몇 가지 유사점이 있었다. 하지만 누가 봐도 알 수 있는 불일치가 있었다. 우리가 발견한 내용은 일차운동겉질, 그리고 애초에 리촐라티가 이 세포들을 찾아냈던 전운동겉질 배쪽부위가 아니라 원숭이 이마엽 전운동겉질의 등쪽부위에서 얻은 뉴런 기록에서 이끌어낸 것이었다. 사람을 대상으로 이루어진 몇몇 뇌 영상 연구에서는 일차운동겉질에서 거울뉴런 활성을 확인하지 못했다는 사실 때문에 이런 불일치의 양상이 더 복잡해졌다. 하지만 나는 꼼꼼하게 문헌 조사를 해보고 난 후에 원숭이 일차운동겉질에서 거울뉴런 비슷한 활성을 기록한 원숭이 연구를 적어도 두 편 찾아낼 수 있었다. 그 연구 중 한 편에서 신경생리학자들은 다른 누군가가 동작을 수행하는 것을 관찰하고 있는 동안에 대부분의 거울뉴런이 발화율을 높이는 반면, 이 거울뉴런 중 더 작은 비율을 차지하는 일차운동겉질 뉴런은 발화율을 낮추는 반응을 보이는 것을 관찰했다. 이런 현상은 전운동겉질에서도 보고된 바 있었다. 이 연구는 또한 일차운동겉질의 거울뉴런들은 다른 누군가의 움직임을 관찰할 때보다 원숭이가 움직임을 수행하는 동안에 발화율이 훨씬 더 높아지는 경향이 있음을 보여주었다. 움직임을 관찰하는 동안에 발화율이 더 작게 조정되는 것이 사람에서 진행된 많은 영상 연구에서 사람의 일차운동겉질에서 거울뉴런 활성을 감지할 수 없었던 이유를 설명해줄지도 모른다. 겉질이 만들어내는 작은 자기장을 기록하는 뇌자도라는 새로운 방법을 채용하자 자기공명영상이 일차운동겉질에 이 뉴런들이 존재하는 것을 놓쳐버렸음이 거의 분명해졌다. 뇌자도를 채용한 연구자들은 사람의 일차운동겉질에서 거울뉴런의 발화를 아무런 어려움 없이 확인할 수 있었다. 흥미롭게도 뇌자도를 사용해보니 자폐증 아동은 일차운동겉질에 거울뉴런 활성을 보임에도 이런 뉴런의 존재와 활성을 이용해서 정상적인 사회적 행동에 참여하지는 않는 것으로 보였다.

거울뉴런에 대한 문헌조사를 통해 발견한 내용을 바탕으로 볼 때, 탑승자-관찰자 실험에서 청포허가 관찰한 내용은 지금까지 영장류 일차운동겉질 거울뉴런의 레퍼토리로 보고된 바 없던 유형의 상호작용으로부터 등장한다고 해석하는 것이 훨씬 설득력을 갖게 됐다.

하지만 이것이 전부가 아니었다.

거울뉴런을 특징짓는 신경생리학적 속성, 그리고 거울뉴런이 일차운동겉질과 일차체성감각겉질 모두에서 발견된다는 사실을 포괄적으로 검토하고 나니 우리 연구실에서 기존에 진행했던 연구에 대해 생각해보게 됐다. 이 연구에서 우리는 거의 우연히 이런 부류의 겉질 세포를 모르는 사이에 만나보았을지도 모른다. 2012년부터 원숭이들이 뇌-기계 인터페이스의 통제법을 배우기 위해 받아야 하는 훈련의 일부로 우리는 몇 차례의 실험을 진행했다. 이 실험에서 원숭이들은 자기 앞에 놓인 컴퓨터 스크린에 투사된 아바타 팔이 만들어내는 수백 건의 움직임을 수동적으로 관찰해야 했다(그림 7-4). 원숭이가 이렇게 수동적으로 관찰하는 동안 우리는 일차운동겉질과 일차체성감각겉질 양쪽에 있는 수백 개 뉴런의 전기적 활성을 동시에 기록했다. 그러자 예외 없이 이 뉴런들은 높은 비율로 아바타 팔이 만들어내는 다양한 움직임에 맞춰 동조되어 이런 움직임에 반응해서 발화율이 조절됐다. 일단 원숭이가 뇌-기계 인터페이스에 연결되자 이 동조된 뉴런들 덕분에 실험용 원숭이들은 자신의 뇌 활성만으로 아바타 팔의 움직임을 통제하는 데 빠르게 능숙해졌다. 간단히 말하자면, 가상 팔을 수동적으로 관찰하는 것만으로도 원숭이가 그런 능숙한 운동 능력을 습득하기에 충분했다는 것이다.

이런 발견을 뒤돌아보며 나는 일차운동겉질과 일차체성감각겉질의 뉴런들 중 상당 부분이 거울뉴런의 고전적 정의와 양립하는 생리적 특성을 보여줄 수 있음을 깨닫게 됐다. 사실 이것이야말로 이 동물들이 뇌-기계 인터페이스를 이용해서 가상 팔을 움직이는 법을 배울 수 있게 된 핵심 이유일지도 모른다. 신기하게도 원숭이들이 수동적 관찰 세션을 더 많이 거칠수록 이 두 영역에서 더 많은 뉴런이 자신의 발화율을 조절하기 시작했다. 이런 관찰을 통해 거울뉴런에 관한 문헌에서 자세히 논의되지 않은 아주 흥미로운 가설이 등장했다. 그냥 다른 누군가의 움직임을 관찰해서 운동 과제를 학습하는 것으로도 이 뉴런들의 특정 생리적 속성을 습득할 수 있다는 가설이다. 이 가설이 사실로 확인된다면 미래의 신경재활 분야에 심오한 영향을 미치겠지만, 브레인넷 개념의 다른 실용적 분야에 응용하는 데도 큰 영향을 미칠 수 있다. 예를 들면 단체 경기처럼 높은 수준의 집단적 지각-운동 수행 달성을 목적으로 하는 인간의 사회적 활동에서는 가상 환경에서의 연습이 상호작용하는 선수들의 뇌에서 거울뉴런 활성을 강화시켜줄지도 모른다. 거울뉴런 동원 능력이 높은 수준에 도달하면 그 결과로 팀 동료들 중 어느 누가 아주 살짝만 움직여도 그 움직임의 의도를 쉽게 예측하는 능력을 갖출 수 있게 될 것이다. 이런 시연이 기본적으로 암시하는 바는 선수들의 집단적 거울뉴런 활성을 강화시키는 훈련은 팀의 집단적 운동 수행 능력을 강화하는 데 기여할 수 있다는 것이다.

우리는 일차운동겉질에 거울뉴런이 존재한다는 첫 번째 불일치는 해결한 듯 보였지만 우리를 당혹스럽게 만든 다른 것이 있었다. 우리 탑승자-관찰자 실험에서 기록한 일차운동겉질과 전운동겉질 뉴런이 다른 원숭이의 손, 입, 혹은 눈의 운동을 관찰하는 것으로는 발화율이 올라가지 않았다는 점이다. 그보다는 탑승자가 휠체어를 움직여 방안을 움직이는 동안 인공 작동기, 전기 휠체어에 의해 중재되는 전신 움직임의 결과로 전기 활성이 올라가고 있었다. 지금까지는 거울뉴런의 활성을 조사

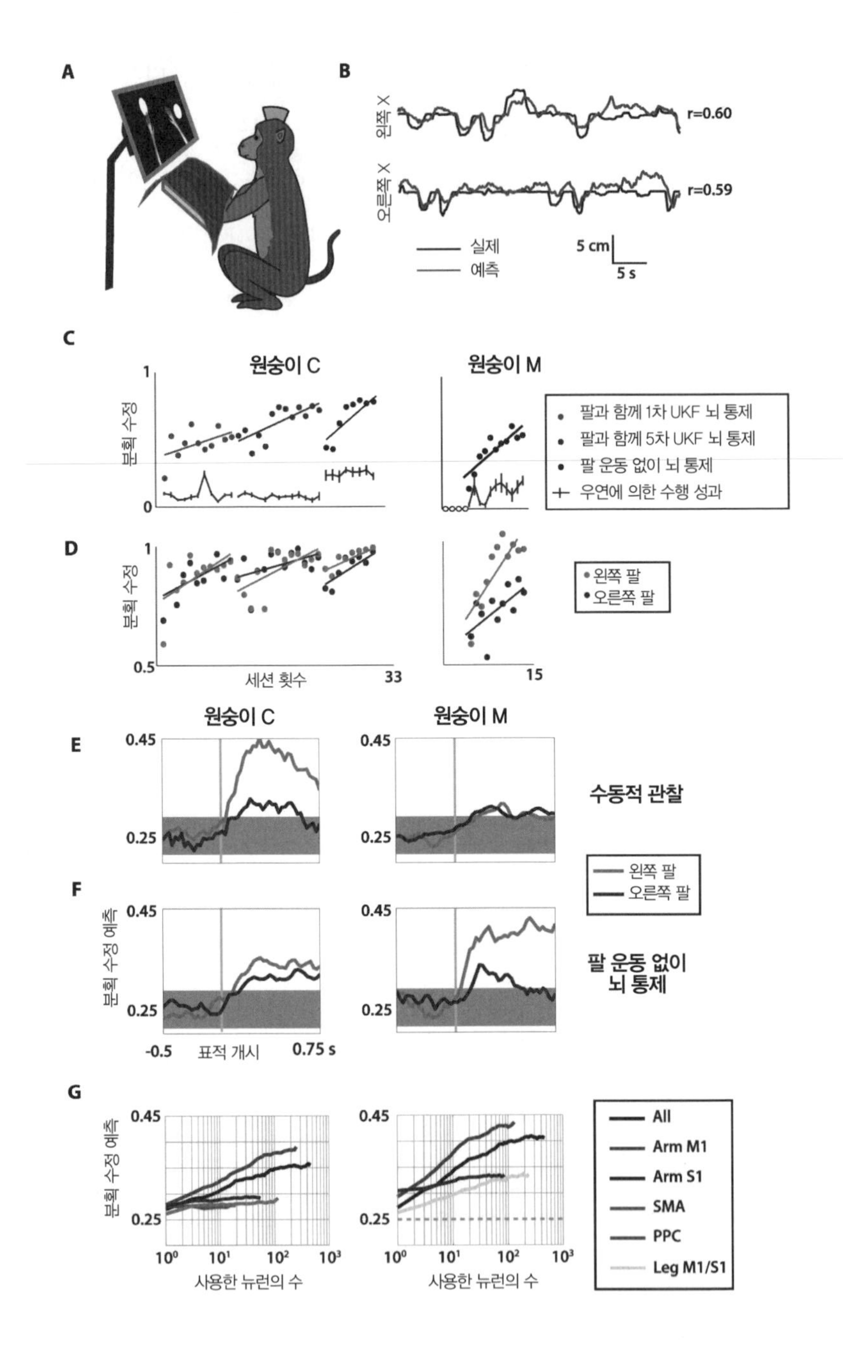
A
B
왼쪽 X
r=0.60
오른쪽 X
r=0.59
실제
예측
5 cm
5 s
C
원숭이 C
원숭이 M
분획 수정
팔과 함께 1차 UKF 뇌 통제
팔과 함께 5차 UKF 뇌 통제
팔 운동 없이 뇌 통제
우연에 의한 수행 성과
D
분획 수정
왼쪽 팔
오른쪽 팔
세션 횟수
33
15
원숭이 C
원숭이 M
E
수동적 관찰
F
왼쪽 팔
오른쪽 팔
분획 수정 예측
팔 운동 없이
뇌 통제
-0.5
표적 개시
0.75 s
G
분획 수정 예측
사용한 뉴런의 수
All
Arm M1
Arm S1
SMA
PPC
Leg M1/S1

그림 7-4 수동적 관찰. A: 원숭이가 스크린 앞에 앉아 있고, 양쪽 팔은 움직임을 느슨하게 제한한 후 불투명한 재질로 덮어놓았다. B: 실제 좌우 팔의 X 위치와 수동적 관찰 세션에서 예측된 X 위치의 비교. 피어슨 상관계수 r이 표시되어 있다. C: 원숭이 C와 원숭이 M의 수행 성과를 수량화해서 표시했다. 원숭이가 손을 사용하지 않고 이 가상의 작동기를 뇌로만 통제해서 아바타를 움직인 세션(팔 운동 없이 뇌 통제, 양쪽 원숭이 모두 검은색)뿐만 아니라 서로 다른 해독 모형 매개변수 설정에 대해서도 따로 나타냈다. D: 왼쪽 팔(회색 원)과 오른쪽 팔(검정색 원) 양쪽 모두 뇌를 통제하는 동안에 각각의 표적을 습득한 분획 실험. A–B에 보여준 각각의 패러다임에 대한 학습 성향의 선형적합. E–F: 원숭이 C 와 원숭이 M에서 수동적 관찰(E)과 팔 운동 없이 뇌 통제(F)의 실험 기간 동안 오른팔(검은색)과 왼팔(회색)의 표적 위치의 k–NN 분획 수정 예측. (허락 받아 발췌. P. Ifft, S. Shokur, Z. Li, M. A. Lebedev, and M. A. Nicolelis, "A Brain–Machine Interface Enables Bimanual Arm Movements in Monkeys," *Science Translational Medicine* 5, no. 210 [November 2013]: 210ra154.)

할 때 원숭이 한 마리를 움직이지 못하게 의자에 앉히고 다른 대상(일반적으로 실험자)의 행동을 관찰하게 하는 실험 구성을 사용해왔는데 이제 우리는 이런 고전적 구성과 달리 항상 적어도 원숭이 한 마리(탑승자)는 계속해서 방 안을 돌아다니게 만드는 과제를 주고 그 안에서 원숭이 한 쌍이 상호작용하게 만들었다. 더군다나 우리는 두 마리 원숭이의 운동겉질의 활성을 동시에 기록하고 있었다. 과제를 이렇게 특별하게 설계한 덕분에 우리 실험은 하나의 사회적 과제에 완전히 몰두하고 있는 원숭이 두 마리의 뇌에서 수백 개의 겉질 뉴런 활성을 동시에 기록할 수 있는 기회를 최초로 제공해주었다. 그리고 이것은 직접적인 사회적 상호작용이 일어나는 집단적 운동 과제에 참여하는 원숭이 쌍의 뇌로부터 거울뉴런으로 추정되는 뉴런 활성을 동시에 표본 조사한 최초의 사례로 밝혀졌다.

탑승자-관찰자 실험에서 관찰되는 유형과 같은 뇌 사이 동시적 겉질 활성은 현대 신경과학에서 뇌-뇌 결합brain-to-brain coupling이라는 용어로도 알려져 있다. 지난 10년 동안 신경과학자들 사이에서는 동물의 사회적 행동을 확립하고 유지하는 데 뇌-뇌 결합이 갖는 잠재적 중요성이 뇌 연구의 진정한 패러다임 변화로 탄력을 받기 시작했다. 이 관점은 기본적으로 한 실험 대상의 뇌에서 발생해 또 다른 뇌에서 수신하는 신호가 시간과 공간 속에서 두 중추신경계를 기능적으로 결합할 수 있다고 제안한다. 이 신생 분야에 대해 포괄적으로 잘 정리해놓은 논문에서 프린스턴대학교 교수 우리 하슨Uri Hasson과 그 동료들은 동물 실험 대상과 사람 실험 대상 모두에서 뇌-뇌 결합이 수반되는 핵심적인 사회적 행동의 여러 사례들을 기술하고 있다. 예를 들면 야생에서 명금류는 사회적 상호작용의 결과로 새로운 노래를 학습하는 경향이 있다. 하슨과 동료들은 찌르레기의 전형적인 구애 행동을 통해 이런 사실을 강조했다. 이 종의 수컷은 암컷에서 강력한 반응을 유발할 수 있는 노래를 학습한다. 암컷은 노래를 할 수 없는 대신 날개를 살짝 움직여서 훌륭한 세레나데를 잘 감상했다는 신호를 보낸다. 이 날개의 작은 움직임이 노래하는 수컷에게 강력한 동기화 신호 혹은 강화 신호로 역할한다. 이것은 거울뉴런 활성을 통해 이루어질 공산이 크다. 암컷의 긍정적인 운동 반응에 용기를 얻은 이 성악가 수컷은 과열 모드로 들어가 암컷의 마음을 훔친 특정 노래 구간을 반복하기 시작한다. 수컷은 거기서 만족하지 않고 다른 암컷들의 주목도 끌려고 더욱 정교한 노래를 만들기 시작한다. 이것이 핵심적인 부분이다. 수컷이 표적으로 삼은 암컷은 수컷의 노래에 다른 암컷들이 어떻게 반응하는지 판단해서 짝짓기하고 싶은 수컷을 선택하는 것으로 보이기 때문이다(보아하니 새들이 노래하는 법을 배운 이후 구애 전략이라는 면에서 볼 때 동물계에서는 그리 큰 변화가 없었던 것 같다).

언어를 이용해서 소통하는 두 성인 사이의 상호작용은 뇌-뇌 결합, 그리고 그것이 사람의 사회적 상호작용에 미치는 엄청난 영향력을 보여주는 또 다른 근본적 사례다. 사람의 언어에 관해서라면 흥미롭고 다양한 측면에 대해 할 말이 무척 많지만 여기서는 말의 생산과 수신을 통해 두 사람이 소통하는데 관여하는 핵심적인 신경생리학적 속성에만 초점을 맞추려 한다. 여느 운동 행동과 마찬가지로 말도 애초에 이마엽의 운동겉질에서 생성된 운동 프로그램의 결과로 만들어진다. 이 운동 프로그램이 일단 후두, 성대, 혀의 근육을 통제하는 뇌줄기 뉴런으로 다운로드되고 나면 음향신호가 만들어지는데, 이 음향신호는 자신의 진폭을 상향, 하향 조절할 뿐 아니라 3~8헤르츠의 기본 진동수대에서 진동한다. 이 진동의 한계 범위가 기본적으로 인간의 언어에서 음절을 발생시킬 수 있는 기본 리듬 혹은 진동수를 정의한다. 이 진동수는 초당 3음절에서 8음절까지로 나타난다. 이것은 뇌의 세타 리듬theta rhythm과도 잘 부합한다. 세타 리듬은 3~10헤르츠 범위에서 나타나는 뉴런 활성의 진동이다. 더군다나 사람의 청각겉질auditory cortex에 위치한 뉴런 집단은 실험 대상이 듣는 말로부터 입력을 수신하는 동안 3~8헤르츠의 세타 리듬 비슷한 진동을 만들어낸다. 하슨과 그 동료들이 지적한 바와 같이, 뇌에서 말을 생산하고 수신하는 시스템에 비슷한 진동 활동이 존재한다는 사실 때문에 많은 이론가가 이런 일치된 뇌 리듬이 사람의 구두 소통에서 핵심적인 역할을 할 수도 있다고 제안하게 됐다. 기본적으로 인간의 뇌는 비슷한 진동수 한계 범위를 이용하여 구두 언어를 생성, 전송, 처리함으로써 말을 정의하는 소리가 최적으로 전송, 더 나아가 증폭되게 하여 환경의 간섭으로 지장을 받을 때가 많은 신호 대 잡음 비율을 향상한다. 인간 청취자가 3~8헤르츠보다 높은 진동수로 진동하는 언어 신호에 노출되면 그 신호의 내용을 이해하는 데 어려움을 겪는 것을 봐도 3~8헤르츠의 리듬이 언어의 이해에서 얼마나 중요한지 알 수 있다.

분명 언어 소통에는 소리 처리 이상의 것이 존재한다. 성인에서는 대면 접촉 또한 언어를 더욱 잘 이해할 수 있게 해준다. 그 이유는 우리가 말을 생성할 때 사용하는 전형적인 입 운동이 세타 리듬의 진동수대를 대략적으로 따르기 때문이다. 이것이 기본적으로 의미하는 바는 자기에게 말을 하는 누군가를 마주하고 있을 때 뇌가 하나는 청각, 하나는 시각, 이렇게 두 줄기의 3~8헤르츠 신호를 수신한다는 것이다. 시각 신호의 흐름은 청각 신호를 강화해준다. 이 청각 신호는 일단 내이inner ear에서 전기 신호로 번역된 후에 언어 해석 과정이 시작되는 청각 겉질에 도달한다. 따라서 하슨과 동료들에 따르면 말을 하는 사람과 마주 보고 있으면 언어 신호의 진폭이 15데시벨 정도 올라간 것과 동등한 효과가 나타난다.

종합하면 이런 결과들은 언어 사용을 통해 뇌-뇌 결합이 화자의 뇌와 청자의 뇌 사이의 긴밀한 동시성에 의해 확립된다는 것을 강력하게 암시하고 있다. 내 용어를 사용하자면, 아날로그 말 신호가 화자와 청자의 뇌 양쪽 모두에서 동일한 진동수대로 일어나는 뇌 신호에 의해 중재되기 때문에 초기에 언어 기반 브레인넷이 확립된다는 것이다. 따라서 사실상 이런 진동수의 중첩은 뇌의 결합을 분산식 유기 컴퓨터, 즉 브레인넷으로 확립하는 데 필요한 첫 번째 단계다.

구어를 통한 대인 소통은 뇌-뇌 결합의 표준이 되는 사례를 제공해줄 뿐만 아니라 그 덕분에 나는 상대론적 뇌 이론이 브레인넷의 확립을 어떻게 설명할 수 있는지 기술할 수 있게 됐다. 5장에서 보았듯이 이 이론에서는 단일 뇌 안에서 여러 겉질영역들 사이에 이루어지는 결합이 뉴런 전자기장에 의해 중재된다고 제안한다. 이런 능력을 이용하면 상대론적 뇌는 그런 아날로그 뉴런 신호를 이용해서 안정적인 브레인넷을 신속하게 확립하고 유지할 수 있다. 예를 들어 구어의 경우 전자기장은 화자의 뇌가 언어 메시지를 만들어내고, 청자의 뇌가 수신한 메시지를 처리하고 해석하는 데 필요한 여러 겉질영역(그리고 겉질아래영역)이 동시에 활성화될 수 있게 해줄 것이다. 메시지를 수신하는 사람의 경우 이런 즉각적인 겉질 결합 덕분에 화자가 보낸 메시지에 담긴 구문론적 내용과 의미론적 내용 모두를 신속하게 해독하고 이해할 수 있게 된다. 그 결과 탑승자-관찰자 실험의 경우처럼 구어 대화에 관여하는 실험 대상 간의 뇌 사이 겉질 동기화가 신속하게 일어나서 뇌가 기능적으로 결합하게 될 것이다. 따라서 상대론적 뇌 이론에서는 브레인넷이 소통 신호를 통해 중재되는 디지털 뉴런 동기화보다는 아날로그 과정을 통해 형성된다. 사람에서는 구두 언어가 이런 결정적인 역할을 자주 담당한다. 사실 원시적인 단계에서는 우리 호미니드 선조들이 사용했던 이런 종류의 언어가 오늘날처럼 정교한 소통 매체보다는 뇌 사이 동기화 신호로 주로 역할을 했을 것이라 생각해볼 수도 있다.

브레인넷을 만들 때 디지털보다는 아날로그 동기화에 의존하면 몇 가지 장점이 있다. 우선 아날로그 동기화는 속도가 더 빠르고 확립이 더 쉽고 디지털보다 더 유연하다. 디지털 동기화가 일어나려면 참여하는 신호들 사이의 시간적 정확성이 훨씬 더 필요하기 때문이다. 더군다나 아날로그 동기화는 미리 정의된 하위 시스템이 없어도 작동할 수 있다. 밑바탕 신호에 대한 추가적인 정보가 없어도 된다는 의미다. 아날로그 동기화는 두 개의 연속적인 신호가 서로에게 유입되기만 하면 일어날 수 있다.

상대론적 뇌 이론은 아날로그 동기화 채용을 강조하는 한편, 브레인넷을 확립하고 장기적으로 유지하는 데 고전적인 헵의 학습 원리Hebbian learning principle가 관여하고 있다고 상정한다. 지금의 경우는 도널드 헵Donald Hebb이 1949년에 공식화해서 도입한 것처럼 하나의 시냅스를 공유하며 상호작용하는 두 뉴런이 아니라 신호나 메시지를 소통함으로써 연결된 둘이나 그 이상의 뇌에 대해 이야기하려고 한다. 헵의 학습 원리에서는 하나의 시냅스를 공유하는 두 뉴런이 가깝게 연이서 함께 흥분하면 그 시냅스의 강도가 강해진다고 말한다. 그림 7-5는 1번과 3번인 두 뉴런과, 1번 뉴런이 3번 뉴런과 만드는 직접적인 시냅스를 통해 이 원리를 보여주고 있다. 1번 뉴런(시냅스 전 뉴런)에 의해 만들어진 활동전위가 3번 뉴런(시냅스 후 뉴런)을 차례로 발화하게 만들면 이 두 뉴런 사이의 시냅스가 강화된다. 그와 마찬가지 맥락에서 나는 두 사람이 대화에 참여할 때는 그들의 뇌가 뇌 사이 동기화 수준을 올려주는 헵의 학습 메커니즘을 통해 기능적으로 결합될 수 있다고 제안한다. 시냅스의 경우에는 신경전달물질이라고 하는 화학물질이 시냅스 전 뉴런과 시냅스 후 뉴런 사이의 지연된 소통을 담당하는 반면, 대화하는 동안의 뇌-뇌 결합의 경우 다른 소통 신호에 더해서 언어가 결합 신호의 역할을 담당한다. 인간은 수많은 개별 뇌를 동기화해서 사회집단에 참여하게 만드는 브레인넷을 구축하는 경향이 있는데, 이런 경향이 생기는 이유를 간단한 '무선' 아날로그 결합 메커니즘으로 설명할 수 있다. 인간의 사회집단은 인류의 역사 전반에서 광대한 시간과 공간에 걸쳐 공통의 신념, 문화, 지식 같은 훨씬 추상적인 구성물의 교환을 잘 해나가고 있다.

하지만 인간 브레인넷의 일부가 되면서 화자와 청자의 뇌 안

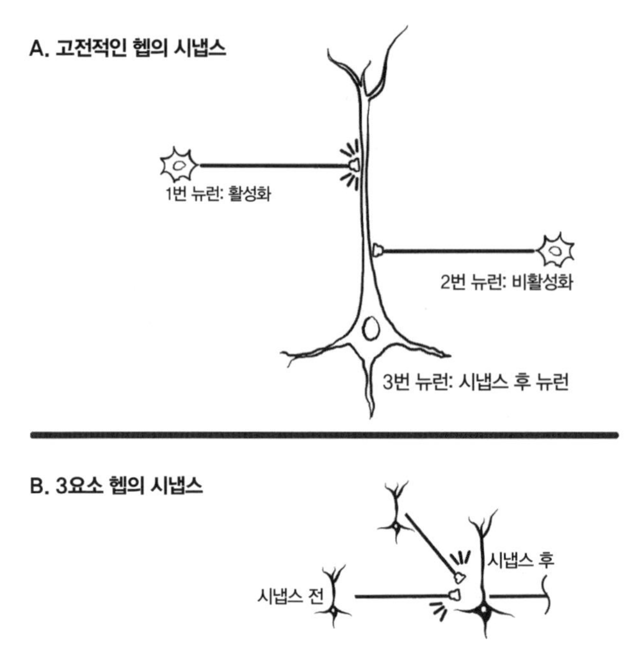

그림 7-5 고전적인 헵의 시냅스(A)와 3요소 헵의 시냅스(B). (그림: 쿠스토디우 로사.)

에서는 훨씬 많은 일이 일어나고 있다. 하슨의 논문 덕분에 나는 그레그 스티븐스Greg Stephens와 그 공동 연구자가 수행한 흥미로운 실험에 대해 알게 됐다. 이 실험은 언어를 기반으로 한 브레인넷의 확립에 관여하는 다른 측면들을 강조하는 실험이었다. 이 연구에서는 기능적 자기공명영상functional magnetic resonance imaging(fMRI)을 이용해서 아무런 연습도 없이 실제 인생 이야기를 큰 소리로 읽는 사람의 뇌 영역 활성화 지도를 만들었다. 그리고 거기서 녹음한 것을 한 청자에게 들려주었다. 청자의 뇌 활성 패턴 역시 fMRI를 이용해서 기록했다. 그다음에는 화자와 청자에서 얻은 뇌 활성화 패턴을 분석해서 잠재적 상관관계를 조사해보았다. 저자의 관찰에 따르면 화자와 청자의 뇌 패턴에서 분명한 시간적 동기화 신호가 나타났다. 이 시간적 뇌-뇌 결합이 실제로 화자와 청자 사이의 메시지 소통에 의미가 있었음을 입증하기 위해 연구자들은 대조실험을 진행해보았다. 이 대조실험에서는 화자가 청자는 이해할 수 없는 언어를 이용해서 이야기를 만들었다. 그러고 나서 두 사람의 뇌 패턴을 다시 분석해보았더니 뇌-뇌 동기화가 크게 감소한 것이 관찰되었다. 이는 이런 조건 아래서는 브레인넷이 제대로 형성되지 않았음을 보여준다.

사람의 중추신경계가 언어를 이해하는 방식도 상대론적 뇌 이론의 핵심 원리인 뇌의 자체적 관점의 중요성을 뒷받침하는 훌륭한 증거에 해당한다. 하슨과 공동 연구자들은 리뷰 논문에서 화자-청자 언어 상호작용에서는 특정한 겉질 구조물과 겉질 아래 구조물들이 능동적으로 참여해서 화자가 다음에 이어서 하려는 발언을 예상한다고 설명하고 있다. 언어에 관한 한 우리의 뇌는 실제로 말이 들리기도 전에 미리 듣고 있는 것이다.

아득한 태곳적부터 언어는 수많은 인간의 사회적 상호작용을 중재해왔지만 인간의 뇌가 서로 얽혀 브레인넷을 형성하는 방법이 언어만 있는 것은 아니다. 손짓도 그런 역할을 할 수 있고, 상호 간의 촉각 자극, 그리고 옥시토신 같은 일부 호르몬도 그런 역할을 할 수 있을 것이다. 옥시토신은 엄마가 아기에게 수유를 할 때나 사람이 사랑에 빠질 때 분비되는 호르몬이다.

양쪽의 경우 모두 옥시토신은 둘 사이에 강력한 유대감의 형성을 중재하는 듯 보인다. 이런 유대감이 형성될 때는 각자의 뇌 안에서 아날로그 겉질 동기화가 증가되는지도 모를 일이다.

또 한 편의 대단히 우아한 연구에서 하슨과 그 동료들은 실제 액션 영화에서 추출한 영상 클립들을 여러 실험 참가자에게 순차적으로 보여주며 뇌 자기공명영상으로 측정해보면 개별 관람자들 사이에서 놀라운 수준의 뇌 결합을 유도할 수 있음을 보여주었다. 시각영역visual area에만 초점을 맞추었던 기존의 연구들과 달리 하슨은 이 뇌 사이 동기화가 일반적으로 연합영역이라고 알려진 다른 겉질 영역들을 추가적으로 동원하여 확립되었음을 시사했다. 이 포괄적 겉질 동원과 뇌 사이 동기화 중 일부는 한슨이 더욱 일반적 요소라 정의한 것에 의해 발생했다. 이 일반적 요소는 실험 대상에게 제시된 복잡한 시각적 이미지를 겉질에 폭넓게 분산해서 표상하는 데 기여했다. 이런 전반적 반응의 두 번째 원천은 실험을 위해 고른 영상 클립 속에 들어 있는 감정적인 장면에 의해 관람자에게 생성된 각성과 주의 부하attention load의 증가인지도 모른다. 이런 연구 결과는 기본적인 과학적 흥미를 불러일으키는 것 말고도 더욱 흥미로운 가능성을 제시해준다. 미래에는 뇌 사이 동기화를 이용해서 영화 장면, 텔레비전 광고, 정치 집회 등의 시각적 혹은 청각적 메시지를 전달했을 때 청중이 거기에 얼마나 집중하는지를 주의 혹은 감정의 관점에서 양적으로 평가하게 될지도 모른다는 것이다.

저자들은 이런 일반적 요소에 더해서 실험 참가자들 사이의 뇌 사이 동기화에 영향을 미치는 영화 장면을 처리할 때 대단히 선택적인 메커니즘이 존재한다고 제안했다. 이들은 복잡한 대상을 확인하기 위해 일어나는 처리 과정은 특정 시각적 입력(예를 들면 사람의 얼굴)이 관람자의 망막 중 어느 위치에 맺히는지에는 크게 좌우되지 않는 것으로 보인다는 것을 알아냈다. 동영상 클립에서 얼굴을 어느 각도로 보여주었든 간에 얼굴 인식에 관여하는 아래관자엽겉질 뉴런은 별 어려움 없이 거기에 반응할 수 있는 것으로 보인다. 이 연구 결과는 정교한 디지털 메커니즘보다는 더욱 유연한 아날로그 기반의 동기화 메커니즘에 의존하는 것이 브레인넷 형성에 유리한 이유를 잘 보여준다. 기본적으로 디지털의 경우와 달리 아날로그 신호를 사용할 때는 엄격히 동일한 신호가 아니어도 동기화를 만들어낼 수 있다. 이것을 지금 다루고 있는 문제로 옮겨서 생각해보면, 같은 얼굴을 다른 각도에서 보고 있음에도 여러 참가자들의 뇌는 자신들 사이에서 동기화를 이루어 꽤 신속하게 브레인넷을 형성할 수 있다.

이 연구에서 내 관심을 끈 또 다른 측면은 동영상 클립에서 정교한 손동작을 보여줄 때마다 모든 관람자에게서 체성감각겉질의 뉴런들이 발화하는 경향이 보여 이것이 한슨과 공동 연구자들이 측정한 뇌-뇌 결합에 기여했다는 점이다. 이번에도 역시 우리는 여러 참가자에 걸쳐서 동원되는 거울뉴런 회로 이야기로 돌아왔다. 몇 년 전만 해도 전형적이고 원시적인 시각 식별 과제visual discrimination task라 여겼을 일인 영화 관람에 참여하는 동안에도 이런 일이 일어난다.

영화 관람이 갑자기 완전히 다른 차원을 갖게 됐다. 적어도 나에게는 그랬다!

행여 똑같은 영화를 보는 사람들의 뇌에서 동시에 비슷한 패턴의 활성이 나타나는 것이 뭐가 특별하냐고 생각해서 이 영화 관람 사례에 큰 인상을 받지 못했다면 아무래도 추가적인 설명이 필요할 것 같다. 내가 이 실험 얘기를 굳이 꺼낸 이유는 공통의 시각 신호가 여러 뇌를 일시적으로 동기화시킬 수 있기 때문이 아니다. 사실 이런 경우라면 별로 흥미로울 것이 없다. 내가 훨씬 흥미를 느꼈던 부분은 영화 관람이 극장을 떠난 관람객들에게 미치는 영향이다. 내가 무슨 말을 하려는 것인지 이해하기 위해서는 우리가 두 집단의 관람객이 참여하는 대조군 실험을 하기로 결정했을 때 무슨 일이 일어났을지 비교해보면 된다. 두 집단 중 하나는 사람으로만 구성되어 있고, 다른 하나는 침팬지로만 구성되어 있다. 이 실험에서 각각의 관람객 집단은 별개의 방에 들어가고, 양쪽 집단 모두 똑같은 드라마를 관람하게 된다. 1960년대에 방송되었던 드라마 〈스타트렉〉을 본다고 해보자. 드라마를 보는 동안 각 집단에 속한 모든 개체의 뇌가 만들어내는 전기적 활성을 무선 뇌전도 기록기로 측정한다. 한슨과 그 동료들이 보고한 바와 같이, 이렇게 하면 양쪽 관객 집단의 참가자들 사이에서 동기화가 일어나는 것이 밝혀질 것이다. 아마도 이것 역시 시시한 문제라 생각할 것이다. 물론 그 점은 나도 인정하지 않을 수 없다. 하지만 이 실험에서 하이라이트는 이 두 관객 집단을 따라가서 이들이 공통의 시각적 입력에 의해 짧은 시간 동안 뇌 활성 동기화를 경험하고 난 후에 어떤 일을 하는지 확인해보았을 때 나타난다. 침팬지 집단을 관찰해보면 영화가 끝난 후에도 별다른 일이 일어나지 않을 것이다. 즉, 침팬지 집단은 함께 영화를 관람한 것이 자신의 일상에 어떤 영향을 미쳤다는 뚜렷한 징조 없이 그냥 평소의 삶으로 돌아갈 것이다. 반면 사람 집단에서는 아주 다른 사회적 행동이 일어날 것이다. 드라마를 관람한 이후 사람 집단은 서로에게, 그리고 드라마를 함께 관람하지 않은 자기 사회집단의 다른 구성원에게 커크 선장과 스팍의 놀라운 모험에 대해 이야기하느라 바빠진다. 그 결과 관람객과 일부 비관람객이 〈스타트렉〉 팬클럽을 결성해 커크 선장이나 스팍처럼 차려입고 학교에 가고, 심지어는 휴머노이드 형 외계종족인 로뮬런Romulan을 믿지 말아야 할 이유에 대해 친구와 가족을 설득하기도 한다. 일부 사람은 심지어 클링곤 외계종족의 말을 유창하게 하기도 하고 사인을 받기 위해 매년 열리는 스타트렉 모임에 참가해 배우들과 사진을 찍기도 한다.

본질적으로 내가 말하고 싶은 것은 다음과 같다. 어두운 방에 함께 들어가 놀라운 시각적 입력과 자신의 감정, 기대, 바람, 신념, 세계관에 깊이 호소하는 매력적인 음악으로 화려하게 장식된 가상의 이야기를 경험하고 난 후 사람 집단의 구성원들이 새로운 정신적 추상의 틀에 통합되었다는 것이다. 그래서 이 판타지가 그 후 이들의 행동 방식을 크게 좌우하게 됐다. 내가 든 사례가 조금 만화 같다는 점은 인정한다. 하지만 그래도 공통의 시각적 입력으로 생겨난 초기의 일시적 뇌-뇌 결합 시기를 긴밀하게 결합된 인간 브레인넷으로 바꾸어놓는 잠재적 신경생리학적 메커니즘을 설명하기에는 부족하지 않을 것이다. 이 인간 브레인넷은 새로운 추상적 믿음, 이 경우는 공상과학 어드벤처의 일부가 되었다는 믿음으로 한데 묶인 사회집단에 소속되었다는 느낌에서 생겨났다. 상대론적 뇌 이론에 따르면 이런 일이 일어날 수 있는 이유는 그런 일시적인 뇌 사이 동기화 시기를 뒤따라서 겉질 전체에 걸쳐 강력한 신경화학 조절자neurochemical modulator의 분비로 중재되는 결정화 단계가 이어지기 때문이다. 이런 조절자 중에는 신경전달물질인 도파민도 있다. 초기의 일시적인 동기화는 강력한 쾌락의 감각을 만들어내고, 이 쾌락을 공통의 시각적 입력의 표적이 된 수많은 인간 참여자들이 공유하기 때문에 이런 동기화는 보상과 쾌락적 경험을 추구하는 강력한 욕망을 중재하는 뇌 회로를 광범위하게 활성화시킨다. 도파민은 운동 행동에서 맡는 역할에 더해서 섹스나 맛있는 음식, 더 나아가 약물 중독이나 강박적 도박 같은 중독성 행동 등 자연적인 보상 추구 행동을 중재하는 뉴런 회로에서도 핵심적인 신경전달물질로 이용된다.

여기서 나는 이렇게 제안한다. 초기에 일시적 뇌 사이 동기화 단계를 거친 후에는 공동 경험의 결과로 여러 뇌에서 도파민이 동시에 분비되면서 한 사회집단을 하나의 브레인넷으로 더 오랜 시간 동안 결합시키게 된다고 말이다. 뉴런 수준에서는 도파민이 시냅스 강도의 변화를 유도하는 것으로 알려져 있다. 이것을 그림 7-5의 아래쪽 그림에서 확인할 수 있다. 이 그림은 3요소 헵의 시냅스를 보여준다. 이 메커니즘에 따르면 도파민(혹은 다른 신경조절자neuromodulator)을 사용하는 뉴런은 고전적 헵의 뉴런 시냅스 상호작용에 중요한 조절 효과를 미쳐 시냅스 가소성을 감독하는 메커니즘을 만들어낸다. 본질적으로 이 세 번째 뉴런이 기여하는 부분은 잘못된 신호를 제공하거나 원래 예상했던 것과 비교해서 보상의 크기를 보고하거나 심지어는 전체적인 주의 수준attention level이나 뇌의 전반적 각성 상태에 대한 측정을 제공할 수도 있다. 도파민은 보상의 신호를 보내는 것으로 잘 알려져 있으며, 따라서 시냅스 가소성, 나아가 헵의 학습을 조절하는 데 사용 가능하다. 사회적 행동의 경우 여러 개별 뇌에서 도파민이 동시에 분비되면 헵-유사 메커니즘Hebbian-like mechanism을 강화해서 뇌 사이 동기화를 통해 뇌-뇌 결합이 등장하게 만들 수 있다. 이런 도파민을 통한 조절 효과 덕분에 공동의 시각적 입력을 통해 일시적인 뇌 사이 동기화 상태로 시작한 현상이 훨씬 긴 시간 동안 유지될 수 있다. 사회집단은 일단 한번 형성되면 잦은 상호작용을 통해 자기 강화적 쾌락 신호를 만들어내는 경향이 있음을 고려하면 이것은 특히나 중요해진다. 본질적으로 상대론적 뇌 이론은 헵의 학습과 보상 기반의 신경조절자같이 시냅스 수준에서 작동하는 메커니즘이 뇌-뇌 상호작용의 규모에서도 발현되어, 동물과 인간에서 사회집단 확립의 밑바탕을 이루는 브레인넷의 형성과 유지에 기여할 수 있다는 가설을 제시하고 있다.

지금쯤이면 일시적인 뇌-뇌 결합이 장기적 결합으로 진화하는 과정이 어째서 침팬지에서는 일어나지 않은 것인지 궁금해질지도 모르겠다. 2장에서 보았듯이 침팬지는 모방 능력을 분명 가지고 있음에도 불구하고 모방을 하는 경우가 인간보다 훨씬 덜하다. 본질적으로 이것이 의미하는 바는 침팬지가 여전히 목적의 최종 결과를 복사하는 따라 하기에 더 초점이 맞춰져 있는 반면, 인간은 흉내 내기에 훨씬 더 능해서 운동의 목적을 달성하는 데 필요한 과정을 재현하는 것에 주로 초점을 맞춘다는 것이다. 더군다나 언어가 제공해주는 소통을 통한 유대가 극적으로 강화된 덕분에 인간은 타인에게 새로운 기술을 가르치고 새로운 개념을 전파하는 데 훨씬 뛰어나다. 바꿔 말하면 인간에서는 정신적 통찰이나 추상이 가십을 통해, 그리고 장기적으로는 문화적 기구의 확립을 통해 사회집단 사이에서 더 신속하고 효율적으로 전파될 수 있다는 것이다.

이 독특한 브레인넷 형성 능력을 상대론적 뇌 이론의 관점에서 살펴보기 위해 이 논거의 핵심 요소에 초점을 맞추기로 하자. 바로 운동 행위를 관찰하는 동안 영장류의 종류에 따라 달라지는 뇌의 반응 방식이다.

운동공명 동안에 일어나는 겉질 활성의 시간적 패턴을 침팬지와 인간에서 비교해보면 그 자리에서 바로 현저한 차이를 확인할 수 있다. 이런 차이는 침팬지는 상대적으로 따라 하기에

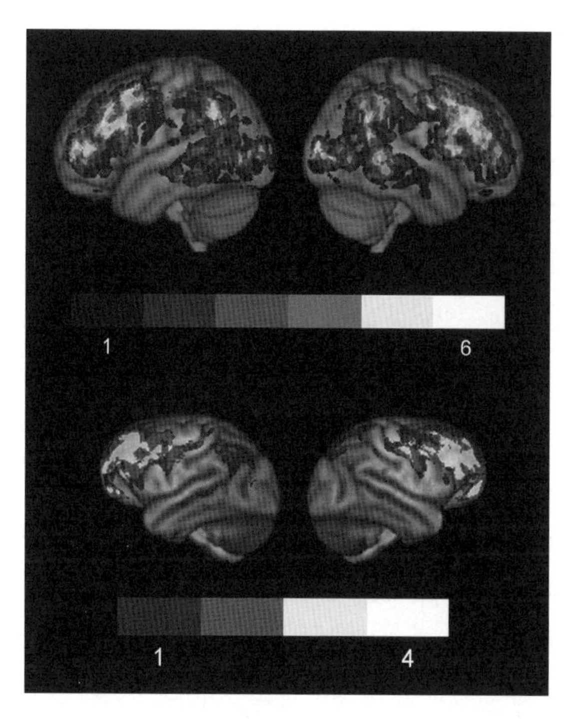

그림 7-6 제3자가 손을 움켜쥐는 행동을 관찰하는 동안 인간(위)과 침팬지(아래) 사이에서 나타나는 겉질 활성화 패턴의 차이. (허락을 받아 올림. Journal of Neuroscience, from E. E. Hecht, L. E. Murphy, D. A. Gutman, J. R. Votaw, D. M. Schuster, T. M. Preuss, G. A. Orban, D. Stout, and L. A. Parr, "Differences in Neural Activation for Object-Directed Grasping in Chimpanzees and Humans," *Journal of Neuroscience* 33, no. 35 [August 2013]: 14117–34; permission conveyed through Copyright Clearance Center, Inc)

더 방점을 두는 반면, 인간은 흉내 내기에 훨씬 더 능하다는 사실을 반영하고 있다. 그림 7-6은 침팬지나 인간이 실험자의 똑같은 운동 행위를 관찰하는 동안에 겉질 활성이 어떻게 분산되는지 보여줌으로써 이런 비교를 재현해 보이고 있다. 침팬지에서는 겉질 활성 패턴이 주로 이마엽에 제한되어 앞이마겉질은 크게 동원되고 마루엽은 훨씬 덜 동원되는 반면, 인간이 운동을 관찰하는 경우에는 겉질 활성 패턴이 이마엽겉질, 마루엽겉질, 뒤통수관자겉질occipitotemporal cortex에 광범위하게 펼쳐져 있는 것을 바로 알 수 있다. 이 방대한 겉질 영역 중에서 인간은 상호연결된 네 개의 영역에서 더 높은 활성을 보이는 경향이 있다. 배쪽앞이마겉질ventral prefrontal cortex, 배쪽전운동겉질, 아래마루엽inferior parietal lobe, 아래관자엽겉질inferotemporal cortex이다. 이런 결과를 분석해본 에린 헤흐트Erin Hecht와 리사 파르Lisa Parr가 내린 결론은 침팬지의 겉질 활성화 패턴은 운동공명 동안의 인간에서 측정한 패턴보다 붉은털원숭이에서 발견된 패턴에 더 가깝다는 것이었다. 실제로 자세히 조사해보면 운동공명 동안 인간의 겉질 활성 패턴은 겉질 영역들의 연결에 크게 의존한다. 이 연결은 배쪽앞이마겉질처럼 의도, 맥락, 목표 결과의 표상과 더욱 관련되어 있는 영역과 한 행동을 흉내 내는 데 필요한 운동 순서의 정교한 실행을 계획하는 데 필요한 핵심적인 감각-운동 통합을 주로 담당하는 겉질 영역 사이에 이루어진다. 이 후자의 회로는 거울뉴런이 처음으로 확인된 곳인 이마엽의 배쪽전운동영역과 마루엽영역과 뒤통수관자영역의 여러 영역을 포함하고 있다. 헤흐트와 파르는 침팬지가 흉내를 낼 능력이 있음에도 불구하고 일반적으로 흉내를 잘 내지 않는 이유를 겉질 활성 패턴에서 나타나는 이런 차이로 설명할 수 있을지 모른다고 추측한다.

위에서 소개한 연구들은 주로 겉질 회백질의 활성에 초

점을 맞춘 반면, 원숭이, 침팬지, 인간의 이마마루-관자 회로frontoparietal-temporal circuit에 걸쳐 분산되어 있는 백질을 비교 분석한 내용은 기능적 데이터와 아주 잘 맞아떨어지고 있다. 이 분석은 세 개의 주요 겉질 백질다발을 대상으로 이루어졌다. 첫 번째 다발은 소위 맨바깥섬유막이라는 것으로, 위관자고랑과 아래관자엽겉질에 자리 잡고 있는 것 같은 관자엽의 핵심 영역들을 아래앞이마겉질과 연결한다(그림 7-7). 두 번째 다발은 위관자고랑을 마루엽겉질에 있는 거울뉴런 영역과 연결하는 것으로 소위 아래세로다발과 중간세로다발로 이루어져 있다. 마지막 다발은 위세로다발로 마루엽과 이마엽에 위치한 거울뉴런 풀 사이의 소통을 중재한다.

이 세 개의 백질 구조물을 비교 분석해본 결과, 붉은털원숭이에서는 관자엽 구조물을 이마엽 겉질과 이어주는 연결, 즉 소위 배쪽요소ventral component가 위세로다발에 의해 중재되는 등쪽이마마루신경로dorsal frontoparietal pathway 및 관자-마루 연결보다 훨씬 큰 것으로 나왔다. 따라서 위관자고랑이 원숭이의 뇌 회로 도표의 연결 대부분을 제공해주는 접속점node이었다. 침팬지에서는 등쪽이마마루 연결이 어느 정도 증가하기는 했지만 여전히 배쪽 요소에는 비할 바가 아니었다. 그 결과 거울뉴런 회로에서 신경의 교통을 지배하는 겉질 영역이 존재하지 않았다.

인간의 뇌를 고려할 때는 상황이 상당히 바뀌었다. 등쪽과 배쪽 연결성의 밀도가 훨씬 균형이 잡혀 있었고, 거울뉴런이

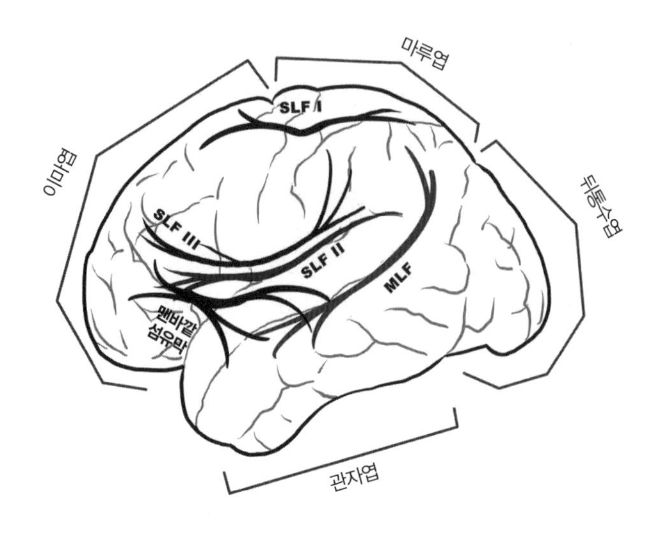

그림 7-7 인간 뇌의 측면도. 주요 엽(이마엽, 마루엽, 관자엽, 뒤통수엽)이 나와 있다. 여러 겉질 영역들을 연결하는 주요 백질 경로 중 하나인 위세로다발의 구체적인 짜임새와 세부 구분(SLF I, II, III)도 맨바깥섬유막, 중간세로다발(MLF)와 함께 나와 있다. (그림: 쿠스토디우 로사.)

집중되어 있는 마루엽영역이 관자엽, 마루엽, 이마엽을 연결하는 회로에서 연결의 핵심 허브 역할을 맡고 있었기 때문이다. 이런 일이 일어난 이유는 이마-마루 상호작용과 관자-마루 상호작용이 모두 강화된 덕분이었다. 헤흐트와 파르에 따르면, "이 네트워크 안에 들어 있는 배쪽 맨바깥섬유막 연결은 행동의 최종 결과를 복제할 수 있게 뒷받침하는 정보 전송 경로를 제공한다. 역으로 위세로다발, 중간세로다발, 아래세로다발을 관통하는 연결은 행동의 운동학kinematics을 복제할 수 있게 뒷받침하는 정보 전송 경로를 제공한다. 따라서 이 네트워크 안에서 배쪽 연결이 더 강하다는 것은 관찰된 행동을 관찰하는 동안 이마엽의 활성이 더 커지는 것, 따라서 행동의 최종 결과를 복제하는 경향이 더 크다는 점과 관련이 있을지도 모른다. 반면 등쪽 연결이 더 강하다는 것은 행동을 관찰하는 동안 뒤통수-관자 활성화와 마루 활성화가 더 크다는 것, 따라서 행동의 방법을 복제하는 경향이 더 큰 것과 관련이 있을지도 모른다."

헤흐트와 파르가 말하고 있는 것은, 영장류와 인간은 사회적으로 상호작용하면서 운동 행위를 관찰하고 복사할 때 서도 다른 정신적 전략을 사용하는데, 이런 전략을 정의하는 데 이마엽, 마루엽, 관자엽(그리고 뒤통수엽의 일부도)을 연결하는 겉질 백질의 특정한 분포와 밀도가 핵심적인 역할을 한다는 것이다.

헤흐트와 그 동료들은 위세로다발(그림 7-7)과 그 하위 구성 요소들을 더 자세하게 분석한 뒤 인류의 선조가 침팬지로부터 분리되어 나온 이후로 SLF III로도 알려진 위세로다발의 아래 가지가 크기 면에서 현저히 증가했음을 밝혀냈다. 아마도 그 과정에서 침팬지에서는 더욱 큰 구성 요소인 위가지, 즉 SLF I의 크기가 그 대가로 줄어들었을 가능성이 높다. SLF III는 아래앞이마겉질, 배쪽전운동영역, 아래마루엽겉질의 앞부분 사이의 연결을 담당한다. 인간의 경우 SLF III에서 아래이마이랑inferior frontal gyrus에서 종지하는 투사가 현저하게 늘어 있다. 따라서 아프리카에서 호모 사피엔스의 첫 인구집단이 출현한 이후로 이들은 뇌 속에서 거울뉴런 시스템의 연결이 분명하게 확장되어 고전적인 배쪽전운동영역, 마루엽영역, 뒤통수관자

영역뿐만 아니라 앞이마겉질의 핵심 요소도 포함하게 됐다.

상대론적 뇌 이론에서는 등쪽이마마루 연결성의 강화와 위세로다발의 하부 구성요소의 차별적 성장 등, 사람의 백질 구성에서 일어나는 이 모든 변화 때문에 이런 생물학적 솔레노이드에 의해 만들어지는 전자기장 패턴에 심오한 변화가 생긴다. 그 결과 침팬지, 원숭이와 비교했을 때 사람의 뇌에서는 완전히 별개의 겉질 병합 패턴이 일어난다. 사실 겉질 뉴런 연속체의 이런 극적 변화는 우리의 개별 뇌가 언어나 도구 제작 같은 훨씬 정교한 행동을 만들어낼 수 있는 이유뿐만 아니라, 우리가 선조들보다 훨씬 결합력이 강하고 창조적인 사회집단을 세우기 쉬운 이유도 밝힘으로써 우리 종과 우리와 가까운 호미니드 선조들의 차이를 설명하는 데 도움이 될지도 모른다.

⁂

우리 연구실에서 브레인넷으로 실험을 해보려는 생각을 하게 된 데는 몇 가지 이유가 있다. 첫째, 우리는 그냥 브레인넷을 구축하는 것이 가능한지 확인하고 여러 뇌가 함께 작업해서 몸의 명시적인 움직임이나 대상 간의 소통 없이도 일관된 운동 행위를 만들어낼 수 있음을 입증해 보이고 싶었다. 이렇게 개념을 입증한 다음에 확인해보고 싶은 부분도 있었다. '다시 걷기 프로젝트' 참여자 같은 마비 환자를 물리치료사 같은 건강한 개인과 쌍으로 연결하는 브레인넷을 구축하는 것이 가능한

가 하는 부분이다. 그렇게 함으로써 운동 능력을 회복시켜줄 뇌-기계 인터페이스 작동법을 마비 환자가 브레인넷의 집단적인 정신적 힘을 활용해서 신속하게 배울 수 있기를 바라는 마음 때문이었다. 만약 이런 개념이 실현 가능한 것으로 판명된다면 미래에는 한 명의 물리치료사나 의사가 자신의 뇌 활성을 이용해서 동시에 전 세계 수천 명 마비 환자의 훈련을 도와주는 모습을 상상할 수 있을 것이다. 그런 마비 환자들은 임상 증상을 향상할 수 있는 공유형 뇌-기계 인터페이스 작동법을 훈련할 수 있을 것이다. 그런데 내가 이 글을 쓰고 있는 지금, 이 개념을 입증해줄 첫 실험이 브라질 상파울루의 '다시 걷기 프로젝트' 연구실에서 성공적으로 마무리됐다. 이번에도 역시 원래 예상했던 것보다 훨씬 빠른 속도로 상황이 진척되고 있다.

이런 실험을 시도하게 된 세 번째 이유는 상대론적 뇌에 대한 나의 생각들을 검증해보고 싶은 마음이었다. 이 이론이 굳건히 버틸 수 있으려면 그런 광범위한 동기화를 만들어낼 수 있는 뇌의 메커니즘을 찾아야만 했다. 이렇게 말하는 이유는 내가 뉴런 전자기장이 이런 과정에 관여하고 있을지 모른다고 상정하기는 했지만, 온전한 뇌에서 뉴런 동기화가 등장하는 데 필요한 세부사항을 일일이 분석하기가 쉽지 않기 때문이다. 따라서 나는 여러 개의 개별 뇌로 구성된 브레인넷을 구축하면 그런 대규모 동기화를 확립하는 데 필요한 것을 연구하는 데 더 유리할 것이라 생각했다. 브레인넷의 구성에서는 각각의 실험 참가자에게 전달되는 감각 피드백과 보상 신호를 통제할 수 있기 때문에, 나는 여러 개의 뇌 사이에 언제 어떻게 뉴런 동기화가 일어나 협동이 일어나는지 측정함으로써 단일 뇌에서 어떻게 대규모 동기화가 만들어질 수 있는지를 알아낼 수 있을 것이라고 추론했다. 그리고 결국 B3-브레인넷에서 우리는 공동의 시각적 피드백과 보상을 조합한 것만으로도 실험에 참여하는 세 개의 개별 뇌가 만들어내는 전기적 뇌폭풍을 긴밀하게 동기화시킬 수 있음을 발견했다. 이것의 의미는 결합된 B3-브레인넷이 마치 단일 뇌에서 나오는 뉴런 신호처럼 가상 팔의 3차원 운동을 통제할 수 있었다는 것이다. 그래서 나는 이 조합이 개별 뇌에서의 뉴런 연속체 통합consolidation에서도 핵심적인 역할을 할 수 있을지 궁금해지기 시작했다. 바로 이것 때문에 나는 원래는 시냅스 가소성의 메커니즘으로 묘사되었던 3변수 헵의 학습 규칙이 수많은 복잡한 사회적 행동을 만들어낼 수 있는 대규모 브레인넷을 형성하고 유지할 수 있는 종으로서 우리의 능력을 뒷받침하고 있는지도 모른다고 제안하게 됐다. 그리고 이것으로 나의 체크리스트에서 항목을 하나 더 지울 수 있게 됐다.

내가 브레인넷을 간절히 시도해보고 싶었던 네 번째이자 마지막 이유는 그렇게 되면 자연에서 그런 유기 컴퓨터의 형성을 가능하게 해주는 핵심 원리들을 조사하고, 뇌가 인간 우주를 구축하기 위해 완수할 수 있는 모든 것을 설명할 수 있을 것이기 때문이었다. 이것이 바로 뇌와 브레인넷을 개인과 분산식 유기 컴퓨터와 동등하다고 간주하면, 벌집이 이집트 피라미드와 공통점이 많은 이유를 이해하는 데 도움이 될지도 모른다고 확고하게 믿고 있는 이유다. 이 작업가설에 따르면 벌집과 피라미드 양쪽 모두 분산식 유기 컴퓨터의 각기 다른 사례가 만들어낸 놀라운 결과물이다. 하나는 당연히 일벌들의 뇌 덕분에 만들어졌고, 다른 하나는 이집트의 돌에 영원히 투사되기도 전에 누군가의 신경계 안에서 생겨나 형태를 갖춘 공동의 건축 목표를 수십 년에 걸쳐 수십만 명의 사람이 설계하고 구축해서 만들어진 결과다. 물론 일벌의 유기 컴퓨터는 훨씬 덜 복잡하다. 이 컴퓨터는 단순한 환경적 혹은 생물학적 동기화 신호에 따라 개개 일벌의 뇌에 유전적으로 각인되어 있는 명령을 촉발하는 방식으로 작동하기 때문이다. 이런 방식은 매우 효율적으로 작동하지만 그 어떤 개체도 자신에게 당면한 과제를 인식하지도, 진정으로 이해하지도 못한다. 반대로 이집트 피라미드를 구축한 브레인넷은 추상적·정신적 기술을 학습하고, 새로운 도구를 만들고, 건축 과정에서 부딪히는 다양한 문제를 해결할 전략을 설계할 필요가 있었다. 각각의 참여자가 자기가 맡은 역할을 인식하고 있고 그 과제의 목적도 이해하고 있었음은 물론이다. 따라서 루이스 멈포드Lewis Mumford가 이집트의 건축 활동을 '메가머신 megamachine'이라 이름 붙인 것도 놀랄 일이 아니다. 인간의 이러한 집단적 활동은 수천 년 후에 번성하게 될 기계화 시대의 원형이자, 내 식으로 표현하면 인간 브레인넷의 고전적 사례로도 역할을 하게 됐다. 그럼에도 벌집과 이집트 피라미드의 두 가지 사례는 구체적인 결과가 나오려면 공동의 목표를 달성할 수 있도록 수많은 개별 뇌의 협력적 상호작용이 동기화되어야 한다는 사실을 잘 보여준다. 내가 주장하는 가설은 양쪽 사례 모두에서 이것이 뇌-뇌 결합으로 이어지는 아날로그 기반의 동기화를 통해 달성된다는 것이다.

이 시점에서 나는 내가 세균, 개미, 꿀벌, 물고기, 새, 인간에 의해 만들어지는 거대한 브레인넷 등 동물 무리를 하나로 이어주는 공통의 맥락이 존재한다고 주장하는 주된 이유를 분명히 말할 수 있다. 3장에서 소개한 열역학적 틀을 이용하면 다음과 같은 결론을 통해 이 모든 사례들을 하나로 이어줄 수 있다. 그 결론이란 우리 행성에서 처음 등장한 생명은 초라하기 그지없었기 때문에 개개의 유기체들이 주변 환경과 주고받는 에너지와 정보의 흐름을 통해 할 수 있는 유용한 일을 최대로 늘리기 위해 한데 모여 무리를 형성하고 스스로를 동기화시켰다는 것이다. 본질적으로 무리 짓기와 브레인넷은 외부 세계와의 에너지/정보 흐름의 단위당 괴델 정보 새김의 양은 말할 것도 없고, 자기조직화, 엔트로피 감소까지도 극대화할 수 있는 해결책을 공유하고 있다. 세상에 존재하는 대다수의 생명체에게 이것은 태양의 에너지를 더욱 많이 받아들여, 언제나 벼랑 끝에 놓여 있는 자신의 삶을 연장할 가능성이 더 커진다는 의미다. 우리의 경우에는 이것이 정교한 정신적 추상 능력을 갖추는 데 필요한 연료를 제공해서 우주로부터 잠재적 정보를 흡수해서 지식으로 전환할 수 있게 해주었다.

브레인넷 실험을 진행하고 몇 달 후에 나는 우리 실험 참가자 중 두 사람이 B2-브레인넷을 통제하다가 만들어낸 얼굴 표정이 담긴 동영상을 우연히 보게 됐다. 불과 1~2분 정도의 동영상을 보고 있는데 이 모습을 전에도 본 적이 있는 것 같은 으스스한 기분이 들었다. 연구실 같은 곳이 아니라 저 외부 세계의 다양한 상황에서 수없이 많이 본 것 같은 기분이었다. 극장에서 영화를 보다가 전체 관객의 집단적 감정, 기억, 희망, 욕망을 사로잡는 특정 장면에서, 동일한 정치적 신념을 공유하는 수십만 명의 마음을 사로잡는 연설이 펼쳐지는 시위 현장에서, 마치 축구 경기가 인생에서 가장 중요한 것인 듯 팬들이 자신의 팀을 열렬히 응원하는 축구 경기장에서 말이다. 이 모든 경우에서 사람들은 집단적 실체의 일부로 병합되어 개인이 아닌 전체의 일부로 행동하는 것처럼 보였다.

연구실에서 브레인넷 실험을 진행하니 갑자기 이런 일이 일어난 이유를 설명해줄 확실한 가설을 갖게 됐다. 극장, 시위, 축구 경기장에 있던 이 각각의 인간 사회집단은 기본적으로 결정적인 순간에 조합된 분산식 유기 컴퓨터의 사례들인 것이다.

처음에는 시스템신경과학자인 나조차도 이런 개념이 낯설게 느껴져서 이것을 잊어버리려고 했다. 하지만 그에 대해 생각하고, 동물과 사람의 사회적 행동과 그 기원에 대한 글을 읽으면 읽을수록 분산식 유기 컴퓨터라는 내 개념이 우리가 흔히 알고 있는 다양한 일화적 증거와 더욱 일맥상통하는 듯했다. 축구광인 나는 바로 축구계에서 잘 알려져 있는 격언을 떠올렸다. 스타 플레이어들이 많은 축구 팀이라고 해도 그 선수들이 하나의 팀으로 융화하지 못한다면 좋은 성적을 기대하지 않는 것이 좋다는 말이다. 팀의 융화, 즉 소위 팀의 '케미'라는 것은 내가 생각하는 사람의 분산식 유기 컴퓨터가 무엇인지, 그 컴퓨터가 할 수 있는 일이 무엇인지, 그리고 여러 개별 뇌가 대규모 동기화에 도달하여 그런 컴퓨터를 만들려면 많은 훈련이 필요한 이유가 무엇인지 설명할 때 아주 훌륭한 비유가 되어준다. 하지만 짧은 시간 동안이든, 수십 년에 걸친 지속적 집단 작업이든 그런 분산식 유기 컴퓨터가 만들어지고 나면 믿기 어려운 놀라운 일을 할 수 있다. 이런 일은 구체적인 물리적 지표를 통해 발현되기도 하고 사람의 경우는 더욱 정교한 지적 보물로 발현되기도 한다. 이런 보물들이 한데 모여 우리의 문화와 종으로서의 유산을 정의해준다.

축구 비유에 대한 통찰을 한 후에는 상황이 훨씬 안 좋아졌다. 이제는 갑자기 베를린필하모닉 같은 심포니 오케스트라가 내가 좋아하는 오페라 서곡 〈탄호이저Tannhäuser〉를 연주하는 모습을 상상하는데, 이것을 연주 실력이 뛰어난 음악가들이 모여 있는 집합으로 생각하는 것이 아니라 몇 년에 걸친 훈련 덕분에 지휘자의 지휘와 놀라운 실시간 청각 피드백을 통해 인간 뇌 수십 개의 운동 겉질들이 밀리초 단위로 동기화되어 그런 매혹적인 집단적 소리 만들기 작업에 참여할 수 있음을 보여주는 또 다른 정교한 사례로 생각하게 된 것이다.

이 모든 사례를 통해 이제 나는 브레인넷에 대한 조작적 정의operational definition를 내릴 수 있게 됐다. 기본적으로 브레인넷이란 빛, 소리, 언어, 화학물질, 전파, 전자기파 등의 외부 신호를 통해 아날로그 영역에서 동기화되어 그 결과 창발적인 집단적 사회 행동을 할 수 있게 된, 다중의 개별 뇌로 구성된 분산식 유기 컴퓨터다. 개별 뇌와 마찬가지로 이런 분산식 유기 컴퓨터는 섀넌 정보를 전송하는 동안 유기 기억 저장장치를 이용해서 괴델 정보를 유지하고, 상호작용하는 뇌들의 전체적인 수준에서 헵의 가소성과 비슷한 메커니즘을 통해 집단적 학습을 할 수 있다. 그래서 브레인넷은 자기적응self-adaptation 능력도 보여준다. 더군다나 이런 인간 분산식 유기 컴퓨터는 그 엄청난 복잡성 덕분에 적어도 지금까지는 이 우주에서 고유한 것으로 보이는 놀라운 유형의 계산도 할 수 있다. 이것은 우주가 제공하는 잠재적인 정보를 지식으로 전환할 수 있다. 그리고 이 지식을 미래 세대로 전달해서 그들이 우주 개발이라는 우리 종의 가장 큰 실존적 사명을 지속할 수 있게 해준다.

8

뇌 중심 우주론

THE
TRUE CREATOR
OF
EVERYTHING

살을 에는 듯한 추운 밤이었는데도 놀라울 정도로 많은 사람이 찾아왔다. 그들은 여러 무리로 흩어져 얼어붙은 어두운 숲 속 구석구석에서 등장한 후에 함께 모여 촘촘한 행렬을 이루었다. 그리고 그 행렬은 차츰 자기만의 리듬을 찾아갔다. 일단 그곳에 도착하면 남자, 여자, 아이, 그리고 아직 스스로 걸을 수 있는 노인들 모두 본능적으로 추운 몸을 이어 붙여 일종의 인간 방패를 만들어 눈보라를 뚫고 묵묵히 계속 걸어 나갔다. 마치 자연에 새로이 등장한 힘처럼 보였다. 침묵 속에 걸으며 그들은 가장 존경받는 주술사가 들고 있는 의식용 횃불의 희미한 불빛을 쫓아가고 있었다. 이 주술사는 행렬의 지도자로서 사람들을 새로운 지하 신전으로 이끌 책임이 있었다.

완전히 동기화된 상태에서 걸어가는 그들은 뼛속까지 파고드는 차가운 바람을 최대한 피하기 위해 머리를 낮추고 몸통을 앞으로 굽힌 채 걷고 있다. 그들이 깊은 눈 속에 남긴 발자국, 가까운 곳에서 따라오는 포식자들의 무시무시한 소리에도 흔들림 없는 의지, 밤을 뚫고 행진하는 느리지만 고집스러운 발걸음은 그들이 자신의 헌신을 입증하기 위해서라면 그 어떤 희생도 감내할 준비가 되어 있음을 보여주는 확고한 증거였다. 위험한 행진의 한가운데 갇혀 있는 이들은 모두 자발적 포로였다. 이들은 다른 어떤 동물도, 심지어는 그들과 가장 가까운 유인원 친척이나 호미니드 선조들도 결코 경험해본 적 없던, 거부할 수도 없고 뭐라 꼬집어 설명할 수도 없는 욕망에 어린 시절부터 넋을 빼앗겨 전향한 자들이었다. 깨닫지 못하고 있었겠지만 이들은 그런 사람들 중에서도 최초였다. 어떤 대가를 치르더라도 새로 만든 사원의 입구, 그리고 그 깊은 곳까지 도달하겠다는 결심으로 가차 없이 행군하고 있는 이 순례자들은 그 위험을 잘 인식하고 있음에도 불구하고 오직 정신적 기적만을 뒤따르고 있었다. 하지만 지구상의 그 무엇도 순수하게 신념만으로 조립된 최초의 인간 브레인넷이라 부를 만한 이것의 타협 없는 전진을 방해할 수는 없었다.

⨳

약 4만 년 전, 앞 문단에서 묘사한 것처럼 살을 에는 듯한 추운 빙하기의 한밤중에 우리와 비슷한 몸과 뇌를 가진 남녀들이 우리 종의 가장 오래된 특성 중 하나의 시작을 알렸다. 바로 정신적 추상을 창조하여 널리 퍼뜨릴 수 있는 독특한 능력이다. 이 정신적 추상은 그 진정한 기원이 우리 정신 속의 생물학적 고리에 있음에도 불구하고 마치 맹목적으로 숭배할 가치가 있는, 반박 불가능한 가장 확실한 진리라도 되는 것처럼 외부 세계에 투사된다.

그때는 시계가 없었기 때문에 그들의 삶에서 시간은 단순했다. 오직 밤과 낮, 그리고 밤과 낮의 경계, 그리고 달의 주기, 지구의 계절적 변화, 그리고 동물의 이동 패턴만이 그들의 시간을 구분해주었다. 그들은 낮에는 주로 수렵과 채집을 했다. 그리고 밤이면 모닥불 주위에 둘러앉아 이야기를 나누었고 나중에는 이 이야기에 대한 꿈을 꾸었을 것이다. 하지만 특별한 날이면 이들은 하나로 자랑스러운 무리를 이루어 그 지하의 장소를 향해 함께 행진했다. 4만 년이 지난 뒤, 그 후손들은 이 사람들이 동굴 깊숙한 곳으로 내려와서 바위벽에 정교한 그림을 그려 넣거나 전에 왔던 이들이 남긴 그림을 숭배한 것은 대체 어떤 의도로 한 행동인지 많은 시간 토론을 나누게 될 것이다. 이들은 바위 미술품에 자신의 손도장으로 사인을 남겼다. 이 화려하게 장식된 풍경은 그들이 사냥하거나 그들을 사냥했던 동물들로 가득했지만, 자신이나 자신의 친족에 대한 그림은 놀라울 정도로 없다. 그림을 그릴 기술이 부족해서 그런 것은 분명 아니었다. 바위 벽화에 사람의 모습이 분명하게 빠져 있는 것은 이 고대의 화가들이 자기 머릿속에서 만들어진 정신적 이미지를 영구적인 기록으로 남기고 싶어 했던 욕망을 가리키는 것으로 보인다. 앞에서 보았듯이 이것은 자연의 세계와 뇌가 그 세계를 인식하는 방식 사이에서 일어난 충돌의 결과였다.

오늘날 이런 지하 동굴벽화의 믿기 어려운 아름다움과 강인

함을 마주하고, 이 선사시대 선조들이 구석기 말기에 이런 그림을 그리는 데 얼마나 큰 노력이 필요했는지 알고 나면 이 초기 순례자들은 대체 어떤 물질적 보상이나 특전을 그리도 간절히 추구했기에 자신의 목숨과 사랑하는 이들의 목숨까지도 위험에 노출시키면서 그런 일을 했는지 궁금해진다. 대체 어떤 재물이 그들을 유혹하였기에 새로운 지하 동굴의 입구를 찾아 위험한 숲을 통과하는 여정을 떠난 것일까? 왜 그들은 자신의 목숨을 나이든 주술사의 예언과 그 손에 든 횃불의 어둑한 불빛에 맹목적으로 맡겼을까?

논의를 이어가기에 앞서 내가 이 책을 쓰고 있는 동안에 네안데르탈인이 약 6만 5,000년 전, 즉 호모 사피엔스보다 2만 5,000년 앞서서 비슷한 동굴벽화를 그렸음을 암시하는 새로운 증거가 나왔음을 지적하고 넘어가야겠다. 만약 이것이 사실로 확인되면 네안데르탈인이야말로 우리 혈통 중 최초의 화가로 인정받아야 할 것이다.

소비자 중심의 물질 사회와 방종한 문화가 정점을 찍고 있는 21세기에 들으면 놀라운 이야기일지도 모르겠지만, 모든 고고학적 증거들은 그때의 사람들이 어떤 귀한 물건이나 권력, 혹은 맛있는 음식을 찾아나선 것이 아니었음을 말해주고 있다. 당장의 생존에 필요한 것들을 수렵과 채집을 통해 충족시킨 구석기 말기의 남녀들은 자기들이 차지하고 들어가 손으로 풍성하게 꾸며서 정기적으로 찾아올 수 있는 지하 동굴을 찾아 꽤 규모가 큰 집단을 이루어 얼어붙은 숲속을 돌아다녔다. 사실 오늘날의 남부 프랑스와 북부 스페인에 해당하는 피레네 산맥의 남서부와 북동부를 가득 채우고 있던 빙하기 풍경의 한복판 어딘가에서 구석기 말기의 유목민들은 구불구불하고 깊은 지하 동굴 바위벽에 정교하고 화려한 그림의 형태로 풍성한 역사적 기록을 남겼다. 전체적으로 이 미술 유물들은 자신의 경험과 생각을 기억이 아닌 다른 매체에 남길 수 있는 의지와 기술을 습득한 우리 선조의 물리적·정신적 삶을 정의하는 근본적 측면이 남긴 조각이다. 따라서 구석기 말기의 사람들이 남긴 업적이 갖고 있는 장엄한 본성을 제대로 특징지으려면 이들이 지하 동굴 벽에 그림을 그리고 형상을 새기고 조각하기 전까지 수천 년 동안 우리 종의 구성원들이 자신의 경험을 소통할 수 있는 매체는 오직 구어뿐이었다는 점을 확실하게 기억해야 한다. 마찬가지로 그런 내용을 장기적으로 저장할 수 있는 매체는 인간의 기억력밖에 없었다. 따라서 3만 년 전에서 4만 년 전까지만 해도 인간 뇌의 뉴런 회로 기판이 개인의 삶의 이야기와 우리 종이 축적한 역사를 기록하는 1차적인 저장소로 역할을 했다고 할 수 있다. 그래서 이런 역사적 기록은 오직 언어를 통해서만 현재와 미래의 세대로 전달될 수 있었다. 우리 선조들이 지하로 내려가 동굴 벽과 천장에 그림을 그리기 시작한 순간, 이들은 인간의 역사가 기록되고 저장되는 방식에 거대한 소통 혁명을 촉발한 것이었다. 이들은 갑자기 바위 위에 자신의 가장 은밀한 느낌, 그리고 자기 주변 세상에 대한 표상을 투사할 수 있게 되었고, 경우에 따라서는 오늘날까지 그 어떤 구어나 문어도 제대로 재현할 수 없는 내면 깊숙한 곳의 인간적인 감정과 생각을 영구적인 기록으로 남겼다. 이런 맥락에서 보면 우리 선조들은 그림 그리는 법을 배움으로써 뇌를 두개골이라는 감방에 가두고 있던 마지막 문을 와장창 깨뜨려 열었노라고 말할 수도 있을 것이다. 실제로 오스트리아의 철학자 루트비히 비트겐슈타인Ludwig Wittgenstein이 생각했던 것처럼 구석기 말기 마들렌기의 사람들은 언어만으로는 제대로 표현할 수 없는 내용을 자신의 손으로 보여주는 전통을 시작했다. 상대론적 뇌 이론의 용어를 빌려 표현하자면, 구석기 말기 선조들은 언어 같은 저차원 섀넌 채널로는 제대로 전달하기 어려운 감정, 추상, 생각 등의 고차원 괴델 정보의 정신적 발현을 더욱 잘 묘사하기 위해 말 대신 그림을 이용했던 것이다.

일단 세상에 완전히 풀려나오고 나니 그것을 되돌릴 방법은 없었다. 뇌의 다른 모든 산물과 마찬가지로 대규모 뉴런 전자기 활동에서 유래한 가공되지 않은 인간의 정신적 이미지를 인위적인 매체, 이 경우에는 바위 위에 초라하게나마 옮기게 됨에 따라 인간은 삶의 철학, 도덕률, 우주론적 관점 등 자연 세계를 표상하고 해석하는 방식을 표현하고 소통할 수 있게 되었다. 그뿐 아니라 인간의 문명 전반에 최대한 널리, 최대한 신속하게 생각, 관점, 의견, 지식을 저장하고 전파할 새로운 형태의 매체와 새로운 소통 채널을 찾아내기 위한 탐구가 본격적으로 시작될 수 있었고, 이 탐구는 오늘날까지도 끊이지 않고 이어지고 있다. 지난 3만 년에서 4만 년 동안 이런 탐구는 정신적 이미지를 바위에 그림으로 그리는 수준에서 현재는 우리의 뇌-기계 인터페이스 실험에서 보듯, 감각 행위와 운동 행위를 뒷받침하는 전기적 뇌 활동을 디지털 미디어에 직접 실시간 다운로드할 수 있을 정도의 수준으로 진화했다.

이 정도면 부끄러운 수준은 아니다.

대체로 구석기 말기의 호모 사피엔스, 그리고 어쩌면 그들보다 앞서 살았던 네안데르탈인은 인간이 본래 안고 태어난 일종의 저주처럼 표현되곤 하고, 인간의 모든 문명의 역사 전반에서 다양한 방식으로 분명하게 확인할 수 있는 인간적 특질의 한 두드러진 특성을 표현할 방법을 개척했다. 이 인간적 특질이란 바로 그저 무형의 정신적 추상만을 바탕으로 완전한 충성을 맹세하고, 자신의 현재와 미래의 삶을 걸고, 엄격한 도덕률을 확립하는, 선천적으로 타고난 듯 보이는 인간의 강박을 말하는 것이다.

구석기 말기에 서부 유럽에서 동굴벽화를 그리던 사람들을 흔히 마들렌인Magdalenian(프랑스 도르도뉴 강 지역의 동굴인 마들렌에서 유래한 이름이다)이라고 하는데 이들은 오늘날의 우리처럼 막강한 정신적 추상의 마법 아래서 살고 죽었다. 뇌에 의해 그야말로 진정한 실체로서 창조되고 전파되고 동화된 원시 신화들이다. 내가 이 책에서 주장하는 이론에 따르면 그 당시에는, 그리고 우리 종의 역사 전반에 걸쳐서도 마찬가지로, 이런 세계관들은 처음에는 한 사람의 개인이나 제한된 한 집단의 뒤엉킨 뇌 회로 안에서만 태동되었다. 하지만 머지않아 개개의 정신적 추상들이 마른 벌판의 들풀처럼 인간 공동체 전체로 퍼져나가 스스로 생명력을 얻고, 거부할 수 없는 막강한 영향력을 가진 차원을 확보하였고, 결국 그 각각의 추상들은 예외 없이 인간의 문명 전체를 이끄는 핵심 원리를 정의하는 문화는 물론이고, 개인의 행동과 집단적 행동을 결정하는 지배적인 신화, 신조, 우주론, 이데올로기, 혹은 과학 이론으로 자리 잡게 됐다. 이름은 다양하지만 이들의 진정한 신경생물학적 기원은 동일하다.

이렇듯 사회를 통째로 장악하는 과정에서 이 지배적인 정신적 추상들은 저마다 역사의 한순간에 갑자기 나타나 삶의 모든 측면에 걸쳐 인간의 행실에서 합법적인 것과 불법적인 것, 용납되는 것과 용납되지 않는 것, 적절한 것과 부적절한 것의 구분을 강요했다. 이는 이런 추상이 인간 실존의 모든 측면에 빠짐없이 고압적인 그림자를 드리움으로써 생긴 결과였다. 그에 따라 인간의 역사 전반에서 새로운 정신적 추상이 부상해 기존에 지배하고 있던 신경의 신기루를 물리침에 따라 그 정신적 추상은 매번 자신의 도그마와 규범을 세상에 강제할 수 있었다. 그것이 주변의 자연 세상에 관한 합리적인 추론 및 확립된 사실과 노골적으로 모순을 일으키는 경우라 해도 말이다.

정신적 추상이 우리 종의 전체 역사에서 필수적인 역할을 했다는 이런 전제를 바탕으로 나는 인간 우주를 구축하는 데 필요했던 대략 10만 년 정도의 우주론적 기술description, 즉 호모 사피엔스가 이룩한 모든 지적·물질적 업적의 총체를 아주 다른 관점에 따라 근본적으로 새로운 틀 속에 담을 수 있다고 제안한다. 이 관점은 단독으로, 혹은 인간 브레인넷의 일부로 작동하는 인간의 뇌 속에 중심을 두는 관점이다. 이렇게 개편된 우주론에 따르면, 소위 인간 우주는 별개의 정신적 추상 그리고 그 추상에 충성을 맹세한 사회적 집단들이 인류의 집단적 정신을 지배하기 위한 거대한 투쟁에서 패권을 장악할 목적으로 자기들끼리 경쟁하는 과정에서 점진적으로 구축됐다. 인류 역사의 결정적인 갈림길마다 패권을 장악한 승자는 그 이후에 이어질 이야기를 쥐고 흔들 수 있는 권력을 잡았다.

우리 종의 역사를 쓸 대필 작가가 되려는 이 끝없는 정신적 전쟁 동안 낡은 지배적 정신 추상에서 새로운 것으로 바뀌는 첫 번째 단계는 한 개인이나 소규모 집단의 새로운 정신적 통찰로 도입된 새로운 정신적 구성물이 한 공동체 내에서 자유롭게 퍼져나가다가 결국 수많은 사람의 마음을 사로잡으면서 일어났을 것이다. 나는 이런 과정이 일어날 수 있는 이유는 개별 인간 뇌가 갖고 있는 정교한 신경생리학적 속성, 즉 작은 신경 전자기장을 이용해서 뉴런 공간과 뉴런 시간을 연속체로 융합하는 속성, 그리고 우리 종이 발전시킨 독특한 능력인, 많은 수의 인간 뇌를 동기화해서 대단히 응집력 강한 인간 사회집단, 즉 브레인넷을 형성하는 능력 덕분이라고 제안한다. 이 새로운 관점을 바탕으로 나는 우리 종이 탄생한 이후로 특정 정신적 추상이 전파되면서 형성된, 긴밀하게 얽힌 인간 브레인넷들이 권력을 차지하기 위해, 그리고 결국에는 우리 종의 운명을 결정하기 위해 서로 경쟁했다고 제안한다.

이 뇌 기반 체계 안에서는 인류 역사의 전체 궤적이 이런 사회적 분쟁의 결과에 영향을 받았고, 이런 충돌이 일어나는 동안에 등장한 자기조직 과정이 역사 전반에서 인류가 경험했던 별개의 문화적·종교적·정치적·경제적 시스템을 만들어냈다. 나는 감히 이 뇌 중심 우주론이야말로 우리 종이 우주에 남긴 독특한 유산을 조금이나마 제대로 평가할 수 있다고 주장한다. 우리가 알고 있는 우주는 우리가 지구 위에 하나의 동물종으로 출현하기 수십억 년 전부터 존재해왔지만, 우주는 자신의 뇌 중심적 관점을 준거틀로 삼아 우주의 역사를 재구성하려는 시간적 여유와 의지가 있었던 강박적인 관찰자에게 의지했다.

뇌 중심 우주론의 개념이 처음에는 과장되고, 심지어 허황되게 들릴 수도 있다. 그 주된 이유는 우주가 뇌를 등장시키고, 그 뇌가 자신이 기원한 우주 그 자체의 역사를 재구성하려 한다는 순환적 속성을 담고 있기 때문이다. 하지만 여러 세기에 걸쳐 수많은 위대한 지성들이 우주에서 우리 뇌가 차지하는 위치를 그와 비슷한 방식으로 틀 잡으려 했다는 사실을 알면 적잖이 안심된다. 예를 들면 1734년에 이탈리아의 학자 잠바티스타 비코Giambattista Vico는《새로운 과학의 원리Verum Factum》에서 '새로운 과학'이 탄생할 시기가 무르익었다고 주장했다. 이 과학은 인간 사회의 원리를 연구하는 데 주로 초점을 맞추는 과학이었다. 데이비드 루이스-윌리엄스J. David Lewis-Williams는 자신의 책《동굴 속의 정신The Mind in the Cave》에서 비코에 대해 이렇게 이야기했다.

> 비코는 인간의 정신이 물질세계에 형태를 부여하고, 이 형태 혹은 일관성coherence 덕분에 사람들이 효과적인 방식으로 세상을 이해할 수 있는 것이라 주장했다. 사람들은 세상을 자연발생적인 것 혹은 주어진 것으로 보지만 세상은 인간 정신의 형태를 따라, 인간 정신에 의해 형태가 만들어진다. 세상에 형태를 부여하는 이 과제를 수행하는 동안 인류는 스스로를 창조해냈다. 그렇기 때문에 모든 공동체에 공통으로 존재하는 보편적인 '정신의 언어'가 반드시 존재할 것이다. 자연 세계의 카오스로부터 무언가 일관된 것을 조직하고 만들어내는 것이야말로 인간 존재의 본질이다.

비코의 주장과 비슷하게 미국의 위대한 신화학자 조지프 캠벨Joseph Campbell도 《다시, 신화를 읽는 시간Myths to Live By》에서 이렇게 말했다. "우리가 가장假裝 행위를 통해 살고, 가장 행위를 자기 삶의 모델로 삼는 것은 미숙한 우리 종이 갖고 있는 신기한 특징이다." 그는 이 생각을 다음과 같이 더 자세하게 풀어서 설명하고 있다.

> 이런 종류의 사기가 여전히 효과를 보고 있다. 이런 사기는 실제 일상의 경험이 아니라 우리가 무의식이라 부르는 것의 심연으로부터 가져온 꿈같은 신화적 이미지를 인간의 육체, 의례복, 건

축 석조물 등의 형태로 현실세계에 투사한다. 그래서 그것을 보는 사람에게서 꿈같은 비합리적인 반응을 이끌어낸다. 그 결과 신화적 주제나 모티프를 의례ritual로 옮겼을 때는 개인을 개인의 수준을 초월한 목적과 힘에 연결시키는 특징적인 효과가 나타난다. 이미 생물권에서는 구애가 이루어지는 상황이나 구애의 전투가 벌어지는 상황처럼 종에 중요한 관심사species-concerns가 지배하고 있는 상황에서는 정형화되고 의례화된 행동 패턴이 생물 개체들을 그 종에 공통으로 프로그래밍된 행동 순서에 따라 움직이게 만든다는 사실이 동물 행동을 연구하는 사람에 의해 관찰된 바 있다. 그와 마찬가지로 사람의 사회적 교류의 모든 영역에서 의례화된 과정은 그 참가자들을 몰개성화해서 자기 자신으로부터 떨어져나오게 만든다. 그럼 이제 그들의 행동은 자기 자신의 행동이 아니라 자신의 종, 사회, 계급, 직종의 행동이 된다.

의심의 여지를 남기지 않기 위해 캠벨은 다음과 같이 결론 내리고 있다. "신화와 거기에 나오는 신들이 우리 정신세계(즉, 인간의 뇌)가 투사되어 만들어진 산물이라는 것은 하나의 사실이다. 나는 이제 우리 모두가 이런 점을 인정하게 되었다고 믿는다. 그렇다면 인간의 상상력에서 비롯되지 않은 신이 있을까? 그런 신이 있기는 했을까?"

이 장과 다음 장에서 보겠지만 다른 많은 과학자, 철학자, 예술가도 이와 똑같은 관점을 공유하고 있다. 물론 이런 일반적 개념을 뇌 중심 우주론이라 부르는 경우는 드물지만 말이다.

이것은 내가 이 이론에 붙여주기로 결심해서 사용하는 이름이다. 이런 점에 비추어볼 때, 캠벨의 주장과 과거에 동일한 관점을 지지했던 다른 많은 사상가들의 주장을 바탕으로 나는 현재 우리가 인간 우주를 기술할 새로운 인식론적 모형으로 뇌 중심 우주론을 채용하고, 그것을 과학적으로 뒷받침할 수 있는 훨씬 나은 위치에 서 있다고 믿는다. 내가 이렇게 말하는 이유는 주로 수사적·철학적 주장에 그쳤던 기존의 시도와 달리 이제 우리는 포괄적이고 일관적인 신경생리학적 주장을 바탕으로 그런 뇌 중심 우주론을 옹호할 수 있게 되었기 때문이다. 사실 앞에 나온 장들에서는 상대론적 뇌 이론의 주요 원리를 소개했고, 여기서 이야기할 그다음의 목표는 그 원리들을 모두 결합해서 인간 뇌에 중심을 둔 우주론에 대해 이야기하는 것이 어째서 합리적인지 형식적 근거를 구축하는 것이다. 사실 내가 지금 알고 있는 것을 바탕으로 생각해보면 오히려 이런 관점을 피해가는 것 자체가 불가능해 보인다.

하지만 이야기를 시작하기 전에 뇌 중심 우주론이 우주에 대한 인간중심적 정의를 지지하는 것이 아님을 강조하고 싶다. 사실 이 새로운 우주론에서는 인류가 우주에서 어떤 특별한 역할을 한다고 상정하지 않는다. 더 나아가 이 뇌 중심 우주론은 유아론이나 칸트파 철학의 이상주의와 같은 것이 아니기 때문에 그것과 같은 것이라 그냥 무시해버릴 수도 없다. 이 뇌 중심적 관점은 외부 자연 세계의 존재를 전혀 부인하지 않는다. 오히려 그 반대다. 이 관점은 그냥 우주는 잠재적 정보를 제공하고, 인간의 뇌는 그 정보를 이용해서 우주에 대한 정신적 표상을 만들어낸다고 제안할 뿐이다. 따라서 정의에 따르면 내가 제안하는 뇌 중심 우주론은 저 외부 세계에 우주가 실재함을 분명하게 인정하고 있다.

내 주장의 순서는 그림 8-1에 나온 뒤집어놓은 상향식 피라미드 모양을 따르게 될 것이다. 처음으로 잡은 목표는 상대론적 뇌 이론이 정신적 추상을 만들고 퍼뜨릴 수 있는 인간 뇌의 정교한 능력을 어떻게 설명할 수 있는지 논의하는 것이다. 지금까지 신체도식, 자기감, 통증, 환각지 감각 같은 현상을 이야기하면서 인간의 이 독특한 특성에 대해 몇 가지 사례를 접했다. 이런 것들은 인간의 뇌가 자신이 살고 있는 몸에 대한 내적 신경 표현을 정의하는 자기참조적 self-referred 정신적 구성물을 어떻게 창조하는지 보여주는 명확한 사례들이다. 사실 나는 이 믿기 어려운 속성 덕분에 뇌가 우리 인간이 경험할 수 있는 실재에 대한 유일한 포괄적 정의를 실제로 구축하게 되었다고 주장하려고 한다.

하지만 거기까지 나아가기 전에 한 번에 한 단계씩 논증을 쌓아 올려보자.

먼저 인간의 뇌가 외부 세계가 자신에게 제공해야 하는 것들을 어떻게 다루는지부터 이야기해보자. 나의 뇌 중심 모형에 따르면 우주가 우리나 어딘가 있을 지적 관찰자에게 제공하는 것은 잠재적 정보밖에 없다. 사실 이런 관점은 양자역학의 고전적인 코펜하겐 해석Copenhagen interpretation과 매우 유사하다.

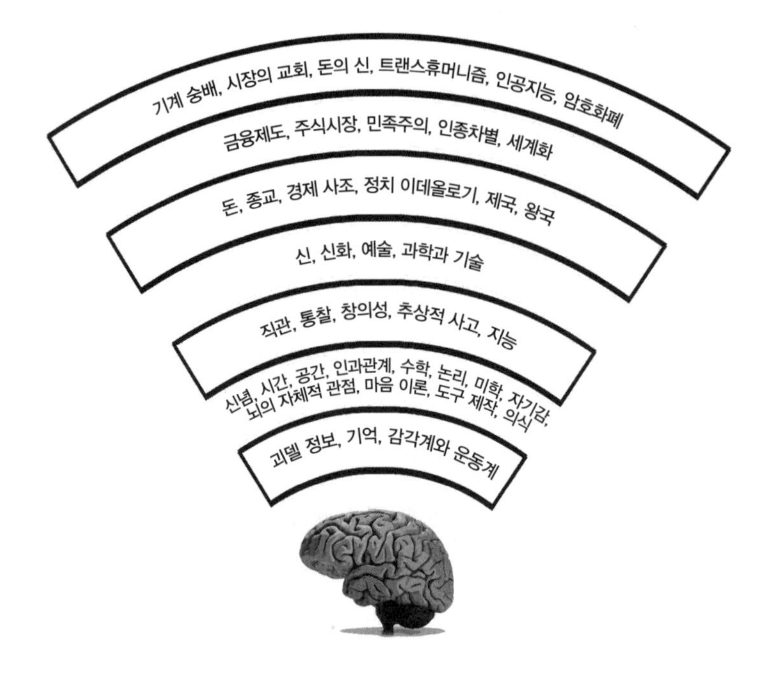

그림 8-1 뇌 중심 우주론. 인간의 뇌가 창조한 다른 수준의 정신적 추상들. (그림: 쿠스토디우 로사.)

코펜하겐 해석에서는 관찰이나 측정이 이루어지기 전에는 외부 세계에 대해서 확률적으로만 이야기할 수 있다고 주장한다. 바꿔 말하면 측정하기 전에는 세상에 존재하는 것들이 정의 불가능한 상태로 남아 있다는 것이다. 즉, 저 바깥에 무언가가 존재하기는 하지만, 그리고 그런 부분에 대해서는 추호의 의심도 없지만 지적 관찰자에 의해 그것이 목격되거나 측정되기 전까지는 그것의 본질에 대해 얘기하는 것이 무의미하다는 뜻이다.

나는 이 정의 불가능한 양을 기술할 때 확률이라는 용어보다는 잠재적 정보라는 용어를 좋아한다. 내 관점에서 보면 열렬한 관찰자와 해석자의 역할을 담당하는 우리 같은 지적 생명체 없이는 세상에 존재하는 그 무엇도 정보가 되는 데 필수적인 역치를 넘어설 수 없기 때문이다. 그래서 나는 미국의 저명한 물리학자 존 아치볼드 휠러처럼 우주는 자기가 살고 있는 바로 그 우주를 일관되게 기술할 능력이 있는 모든 지적 생명체가 쌓아 올린 관찰을 통해서만 정의되거나 기술될 수 있다는 개념에 동의한다. 지금까지 그 존재를 확실히 알고 있는 그런 관찰자가 호모 사피엔스밖에 없음을 고려하면 상대론적 뇌 이론에서는 인간의 뇌가 우리를 둘러싼 방대한 우주에 존재하는 잠재적 정보를 취해서 그것을 먼저 섀넌 정보로 전환하고, 그다음에는 실재에 대한 뇌의 내적 기술을 구축하는 데 사용할 수 있는 괴델 정보로 전환하는 핵심적인 활동을 담당하고 있다(그림 3-2). 따라서 그런 전환이야말로 뇌가 만들어낸 버전의 우주, 내가 이 책 전반에서 지금까지 이야기해온 인간 우주를 구축하는 첫 단계이다.

이제 그림 8-1의 뒤집어진 피라미드를 따라가며 뇌 중심 우주론을 뒷받침하는 전체적인 논거들을 밝혀보자. 그림의 첫 번째 층은 인간의 뇌라고 알려진 유기 컴퓨터의 작동을 정의하는 해부학적·생리학적 핵심 속성들을 떠올려주기 위한 것이다. 앞에서 보았듯이 인간 뇌의 핵심적인 속성 중 하나는 특정 방식으로 연결된 대량의 뉴런을 마음대로 사용해서 복잡한 전자기장을 만들어낼 수 있다는 것이다. 이런 아날로그 장은 여러 가지 기능을 뒷받침하는데, 나는 그런 기능에 뇌를 하나의 연속체로 융합하는 기능, 그리고 다수의 뇌가 브레인넷으로 동기화될 수 있게 해주는 아날로그 기질을 제공하는 기능도 포함시켰다. 외부 세계로부터의 입력을 지속적으로 추출하고 변환해서 다중으로 유입되는 섀넌 정보로 만들어내는 다양화된 멀티채널 감각 장치도 이 첫 번째 수준에 포함시킬 수 있다. 일단 몸의 말초(눈, 피부, 귀, 혀)에서 특화된 감각수용기에 의해 이런 변화 과정이 일어나면 그 결과로 순차적인 활동전위의 형태로 섀넌 정보 흐름이 생겨나는데, 이 정보 흐름은 말초신경, 그리고 겉질로 가는 감각신경경로를 정의하는 겉질아래 구조물들에 의해 신속하게 전송된다. 일단 겉질에 도착하면 이제 뉴런 회로 수준에서 또 다른 근본적인 변환이 일어난다. 디지털 섀넌 정보를 아날로그 괴델 정보로 전환하는 것을 담당하는 전자기장이 뉴런의 전류로부터 발생하는 것이다(그림 3-2). 3장에서 보았듯이 괴델 정보는 장기기억으로 뉴런 조직에 지속적으로 새겨지는 과정에서 신경가소성의 과정을 통해 뇌 조직의 미시·거시 구조를 새롭게 바꿔놓는다. 이런 메커니즘 덕분에 인간의 뇌는 평생 자신의 자체적인 관점을 점진적으로 발달시키고 개선할 수 있다. 따라서 새로운 감각 정보를 습득할 때마다 뇌는 자신의 내적 관점에 담긴 내용과 그 정보를 비교해보면서 자신의 관점을 업데이트하고, 주어진 순간마다 자신의 지각 경험을 정의한다. 그림 8-1의 첫 번째 수준은 신경 앙상블의 원리들이 우리 뇌의 작동을 제약한다는 것도 상기시켜준다(4장 참조).

그림 8-1의 두 번째 층은 이런 기본적 속성들 덕분에 단독으로, 혹은 브레인넷의 일부로 작동하는 인간의 뇌는 외부 세계로부터 수집한 잠재적 정보의 토막들을 광범위한 정신적 구성물로 전환할 수 있음을 지적하고 있다. 이런 정신적 구성물이 한데 결합해서 물질적 실재에 대한 뇌의 해석을 정의하게 된다. 그림 8-1의 두 번째 층에서 위쪽으로 따라가보면 그런 정신적 추상이 가장 기초적인 것에서 가장 정교한 것에 이르기까지 위계적으로 전진하는 것을 확인할 수 있다. 내가 설정한 위계에 따르면 가장 낮은 수준에서 이 목록에 포함되는 것은 시간, 공간, 개별 대상의 분리와 이름 붙이기, 인과관계에 대한 포괄적인 내적 표상, 우리의 풍부한 지각적 경험의 등장 같은 기초적인 개념들이다. 나는 의미와 의미론을 생성하는 뇌의 능력도 이 수준에 포함시켰다. 더 나아가 이 수준은 뇌의 자체적 관점과 거기에 가장 크게 기여하는 요소인, 흔히 신념이라고 부르는 인간의 독특한 정신적 속성도 함께 아우르고 있다. 이 두 번째 층은 자연현상을 설명하기 위해 수학과 논리를 창조할 수 있는 능력도 함께 포함하고 있다.

나에게는 우리 뇌가 어떻게 순수한 신념을 생성하고, 또 거기에 의존해서 수많은 인간의 행동을 이끌어가는지 설명해줄 신경생리학적 메커니즘을 밝히는 것이 엄청나게 중요하다. 이렇게 말하는 이유는 우주의 기원이나 삶의 의미 같은 원초적인 실존적 질문에 답하려 할 때 우리 인간은 보통 오직 노골적인 신념을 통해 광범위하고 이질적인 스펙트럼의 정신적 추상을 창조하거나 지지하기 때문이다. 신경과학자들은 보통 신념의 잠재적 신경생리학적 메커니즘에 대해서는 이야기하지 않지만 상대론적 뇌 이론에서는 신념을 '괴델 연산자Gödelian operator'로 정의할 수 있다고 주장한다. 이 말의 의미는 우리 뇌에서는 신념이 전형적인 수학 연산자(예를 들면 곱셈 기호나 나누기 기호)가 수에게 하는 것과 비슷한 방식으로 괴델 정보를 조작하는 메커니즘을 정의하고 있다는 것이다. 그렇게 함으로써 신념은 인간의 지각, 감정, 기대, 주의, 기억의 판독, 그리고 다른 많은 본질적 정신 기능에 영향을 미칠 수 있다(그리고 그런 정신 기능을 증폭, 증가, 감소, 창조, 삭제, 극대화, 최소화할 수도 있다). 본질적으로 신념은 하나의 전체로서 뇌의 자체적 관점에 담긴 내용물을 전부는 아니어도 대부분 구현할 힘을 갖고 있다. 따라서 인간이 언뜻 보기에는 전혀 이해할 수 없을 것 같은 온갖 자연현상을 아무런 실증적 검증 없이 설명하려고 하면서 수많은 신, 여신, 영웅, 악당은 물론이고 다양한 신화적·종교적 설명을 만들어내는 데 통달한 것도 전혀 놀랄 일이 아니다. 사실 대부분의 인류가 자연에 의해 혹은 인간이 만들어낸 정치 체제나 경제 체제에 의해 가해진 위험천만한 생활 조건 아래서 수천 년 동안 견뎌낼 수 있었던 것은 초자연적인 대의명분이 존재한다는 순수하고 매혹적인 신념이 널리 퍼진 덕분이었다고 주장할 수 있다.

나는 신념을 우리 뇌 회로에 깊숙이 첫 뿌리를 내리고 있는 괴델 연산자로 취급하고 있지만 신념은 평생에 걸쳐 습득될 수도 있고, 구어와 문어처럼 새넌 정보를 전달하는 전형적인 채널을 통해 전파될 수도 있다. 이 말의 의미는 우리는 모두 사회적 접촉에 의해 신념에 영향을 받는 경향이 있다는 것이다. 특히 가족, 친구, 교사, 그리고 자기 분야의 권위자로 인식되거나 사회에서 지배적인 역할을 담당하는 다른 사람들에게 영향을 크게 받는다. 예를 들어 앞에서 이야기했던 위약 효과 같은 의학적 현상이나 수많은 사람이 현대적 기술의 대중매체를 통해 전파되는 소위 가짜뉴스, 특히나 한 국가의 대통령처럼 대부분의 사람이 신뢰할 만하다고 여기는 누군가가 발신한 가짜뉴스를 믿게 되는 이유도 신념의 학습 가능성으로 설명할 수 있을지 모른다. 11장에서 짧게나마 더 구체적으로 알아볼 테지만 매스컴을 통해 사람의 신념에 영향을 미칠 수 있다는 가능성은 이 장을 시작하면서 묘사한 것과 같은 신념 기반의 브레인넷 형성에서 결정적인 역할을 한다.

누군가의 지도 아래 신념을 학습할 수 있다는 사실은 현대 사회의 교육제도가 갖고 있는 중요성과 잠재적 영향력에 대해서도 많은 부분을 시사한다. 이렇게 말하는 이유는 여기서 기술하고 있는 이론에 따르면, 적절한 인본주의적 교육이 인종차별, 동성애 혐오, 외국인 혐오, 소수자와 여성을 향한 폭력 등 요즘 널리 퍼지고 있는 다양한 심각한 사회적 문제에 대한 인간의 집단적 태도를 바꾸어놓을 강력한 도구가 될 수 있기 때문이다. 이것은 중요한 부분이라 13장에서 다시 다룰 것이다.

그림 8-1에서 한 수준 더 올라가면 직관, 통찰, 창의성, 추상적 사고, 지능 등 더 복잡한 정신 기능의 영역으로 들어간다. 여

기서부터는 신, 영웅, 신화뿐만 아니라 예술적 표현, 과학, 그리고 대단히 정교한 도구를 이용해 주변 환경, 최근에는 우리 자신까지도 변화시킬 수 있는 도구를 만들고 능숙하게 사용할 수 있는 능력 등 복잡한 정신적 추상을 이끌어낼 수 있다. 이런 것을 바탕으로 이제 우리는 동기화를 통해 브레인넷을 만들어낼 수 있는 인간 뇌의 능력 덕분에 역치를 뛰어넘어 수많은 개인들이 복잡한 정신적 추상을 중심으로 스스로를 조직하여 점점 커지는 사회적·경제적·종교적·정치적 구조를 세울 수 있는 영역으로 넘어갈 수 있다. 뇌 중심적 관점에 따르면 왕국과 제국, 도시국가와 국가, 정당과 경제철학, 예술 운동, 학파 등이 여기서 비롯된다. 가톨릭교회나 국제 금융제도처럼 순수하게 신념을 바탕으로 세워진 제도가 수십억 명의 사람들에게 신성한 창조물이나 구체적인 실체로 받아들여지게 되는 것 역시 그와 동일한 초기의 정신적 기질에서 비롯된다. 내가 보기에 이 모든 것들은 정신적 추상이 궁극적으로는 인간의 삶 그 자체보다 더 위대해질 수 있음을 보여주는 명확한 사례들이다.

여기까지 왔으니 드디어 정신적 추상에 대한 나의 정의를 밝힐 준비가 됐다. 나에게 정신적 추상이란 외부 세계로부터 추출한 잠재적 정보를 뇌의 자체적 관점(이곳은 신념이 최고인 세계다)과 비교한 이후에 괴델 표상Gödelian representation을 만들어내 그 잠재적 정보의 막대한 양을 크게 줄이려 시도하는 아날로그 뇌 계산이다. 그 결과 물질적 실재의 일부 혹은 전체를 총망라하는 저차원의 정신적 모형이 만들어진다. 이런 정의에 따르면 정신적 추상이란 괴델정보합성물Gödelian-info composite이다. 우리의 상대론적 뇌가 생존 가능성을 높이는 생태적 이점을 획득하려 노력하는 과정에서 이 우주에 존재하는 것을 이해하기 위해 만들어내는 최선의 추측 혹은 가설인 것이다.

이런 정의를 더욱 가다듬기 위해 나는 수학을 좋아하는 독자들에게 더 호소력이 있을 것 같은 비유를 사용해보려 한다. 하지만 이런 수학적 비유를 사용할 때 가장 불리한 부분은 이것이 구체적인 부분에서는 그다지 정확하지 않고, 내가 내린 정의의 개괄적인 골자만 명확하게 밝혀준다는 점이다. 이런 점을 계속 주의하면서 나는 정신적 추상이 주성분 분석principal component analysis이라는 잘 알려진 다변수 통계적 방법론과 어느 정도 비슷한 뉴런 변환에 의해 형성되는 것이라 말하고 싶다. 아주 단순화해서 설명하자면, 주성분 분석은 특정 현상을 기술하기 위해 수많은 선택된 변수들 사이에서 선형상관linear correlation의 존재를 확인하고 싶을 때 사용한다. 일단 이런 상관이 확인되면 그런 분석을 통해 이 선택된 변수들에 의해 정의되는 원래의 다차원 공간을 그보다 훨씬 작은 직교성분orthogonal component의 집합으로 축소할 수 있다. 이 직교성분들을 한데 모으면 훨씬 더 큰 초기 변수들의 집합으로 기술되는 원래의 변동성을 설명할 수 있다. 이런 일이 일어나는 이유는 만들어진 각각의 주성분들이 원래 변수들의 특정 선형 결합에 의해 형성되기 때문이다.

여기서 더 나아가기 전에 뇌가 정신적 추상을 만들기 위해 말 그대로 주성분 분석을 해본다는 말이 아님을 강조해야겠다. 오히려 그것과는 거리가 멀다! 만약 그랬다면 어느 튜링 기계든 정신적 추상을 아주 풍성하게 만들어낼 수 있었을 것이다. 알다시피 이런 일은 지금도 일어나지 않고 있고, 미래에도 일어나지 않을 것이다. 하지만 어째서 주성분 분석은 완벽한 비유가 아닐까? 우선 이것은 선형적인 방식인데, 주요 정신적 부산물을 만들어낼 때 뇌는 분명 자신의 비선형적 과정을 이용한다. 더 중요한 부분이 있다. 뇌가 가용한 변수들의 차원수dimensionality를 줄이기 위해 정신적 추상을 만들어낼 때는 그것을 자기 내부의 자체적 편견, 즉 뇌 내부의 자체적 관점을 통해 추가하거나 걸러내는 방식으로 한다. 바꿔 말하면 뇌는 신념이나 다른 원초적인 뉴런 루틴neuronal routine 같은 괴델 연산자를 이용한다는 말이다. 이런 뉴런 루틴은 잠재적 정보가 새로운 정신적 추상으로 통합되고 결합되는 과정을 조절하기 위해 우리가 선조로부터 수백만 년에 걸쳐 물려받은 집단적 유전의 일부로 각인된 것이다. 따라서 3장, 5장, 6장에서 전개한 논거를 이용해서 나는 정신적 추상이 괴델 정보로 만들어진 아날로그 구성물이라 제안한다. 이 구성물은 뉴런 전자기장을 동역학적·비선형적으로 혼합하는 계산 불가능한 연산을 통해 구축된다. 이것이 바로 그 어떤 디지털 컴퓨터도 스스로는 새로운 신이나 과학 이론을 생각해내지 못할 것이라는 이유다. 하지만 신념의 경우에서 보듯, 우리 뇌는 정신적 추상을 저차원 섀넌 정보로 투사하고, 구어나 문어 같은 흔한 소통 채널을 통해 전파할 수도 있다.

간단한 사례를 통해 내 정신적 추상의 정의와 더불어 자연 세계에서 일어나는 특정 사건을 기술하는 잠재적 정보와 관찰의 집합이 주어져도 두 개의 뇌가 그것을 설명하는 정반대의 정신적 추상을 만들어낼 수 있다는 잘 알려진 사실까지도 더 분명하게 설명할 수 있을 것이다.

배경이 아주 다른 두 사람이 있다고 가정해보자. 한 사람은 대단히 종교적인 사람이고, 한 사람은 불가지론자인 기상학자다. 이 두 사람이 브라질 상파울루의 한 고층건물 꼭대기에 있다. 그런데 그 순간 도시의 하늘 위로 당장 폭풍이 몰아칠 것처럼 뇌우가 일기 시작한다. 두 관찰자 모두 먹구름이 끼는 것이 보이고, 바람이 거세지는 것을 느낄 수 있다. 그러다 난데없이 날카로운 번개들이 번쩍번쩍 지평선을 할퀴기 시작하고, 뒤이어 귀를 먹먹하게 만드는 불길한 천둥소리가 하늘에 구멍이라도 뚫린 듯 폭우가 쏟아지리라는 것을 알린다. 두 관찰자는 똑같은 정보에 노출되었지만, 그들에게 방금 목격한 자연현상을 야기한 것이 무엇이었는지 설명해달라고 하면 두 사람의 의견은 아마도 크게 엇갈릴 것이다. 십중팔구 종교심이 강한 사람은 폭풍이 신의 창조물이라 말할 것이다. 구름 위에 인간 세상을 내려다보던 신이 사람들 하는 꼴이 마음에 들지 않아서 번개를 내리치며 고함을 지르는 것이라고 말이다. 반면 기상학자는 열대폭풍을 만들어내는 기후 조건에 대해 축적된 지식을 바탕으로 완전히 다른 설명을 내놓을 것이다.

양쪽 경우 모두 관찰자들은 서로 아주 다른 정신적 추상(종교와 과학), 그리고 그에 대한 각자의 신념을 이용해서 자신이 방금 목격한 복잡한 기후 사건을 포괄적으로 설명하고 있다. 이들 각자의 신념이 자신의 뇌에 유입되는 섀넌 정보와 괴델 정보 사이의 충돌에 작용했을 때 양쪽 모두에서 원래의 변수와 관찰에서 현저한 차원 축소가 일어났다고 주장할 수 있다. 바꿔 말하면 가장 일반적인 의미에서 볼 때 신과 과학 이론은 모두 미가공 데이터와 관찰의 복잡한 집합을 붕괴시켜 저차원의 설명을 만들어내는 비슷한 정신적 연산의 결과로 나온 것이란 뜻이다. 이렇듯 축소되었지만 포괄적인 설명을 만들어내는 데 따르는 추가적인 이점은 이 두 가지 정신적 추상은 서로 완전히 이질적임에도 언어화해서 널리 전파할 수 있기 때문에 그 말에 귀 기울이는 사람의 신념에 따라 전체 사회집단 안에서 두 가지 아주 다른 브레인넷이 등장할 수 있다는 점이다. 비슷한 뉴런 장치에 의해 만들어졌지만 이 두 정신적 추상 사이에는 건너기 힘든 심오한 간극이 존재한다고 말할 수 있다. 이 정신적 추상들이 달성할 수 있는 것이 무엇인가 하는 부분에서도 많은 차이점이 존재한다. 예를 들면 신이 만들어낸 뇌우라는 설명은 마찬가지로 신에 대해 깊은 신앙을 공유하는 사람들에게만 만족스러운 설명을 제공해주는 반면, 과학적 설명은 특정 방법론을 적용하면 누구나 독립적으로 타당성을 검증해볼 수 있기 때문에 특정 신념을 받아들일 필요가 없다. 인간의 정신이 수학과 과학적 방법론을 이용함으로써 자연현상에 대해 대단히 훌륭한 근사치를 만들어낼 수 있다는 사실을 인정하기만 하면 된다. 물론 후자에서 요구하는 것 역시 특정 형태의 신념이라 부를 수 있다. 하지만 여기에는 대단히 중요한 가치가 추가로 담겨 있음을 인정해야 할 것이다. 내가 이렇게 말하는 이유는 양쪽 설명 모두 사건에 대해 간결한 설명을 제공하지만 기상학자가 소개한 설명만이 그 안에 어떤 예측 능력을 갖추고 있기 때문이다. 초자연적인 신이 뇌우를 창조했다고 주장하는 것은 앞으로 비슷한 사건이 일어났을 때 대처하는 데 도움이 되지 않는다. 반면 과학적 기술을 이용해서 현재의 뇌우를 분석하고 새로운 뇌우를 예측할 수 있다면 미래에 그런 사건이 다시 일어나도 버틸 가능성이 올라간다. 뇌우가 닥치기 전에 미리 피난처를 찾는 등의 방법으로 대응할 수 있기 때문이다. 본질적으로는 양쪽 해석 모두 뇌에서 만들어낸 자연에 대한 설명이지만, 과학적 해석이 외부 세계의 여러 변동에서 살아남을 확률을 훨씬 더 높여준다. 그런 해석을 통해 우리는 우리 종에게 생태적으로 유리해지도록 그런 변동에 적응하고, 그런 변동을 조작할 수 있기 때문이다.

전체적으로 볼 때 나는 가장 단순한 것에서 가장 복잡한 것에 이르기까지 모든 정신적 추상은 내가 방금 기술했던 것과 똑같은 유형의 괴델식 차원 축소 메커니즘에 의해 만들어진다고 믿는다. 이런 신념을 바탕으로 나는 뇌 중심 우주론에서 우리가 생각할 수 있는 인간 우주의 최선의 정의는 '지금까지 살았고, 지금 살고 있고, 우리 종이 종말을 맞이할 때까지 앞으로 살게 될 모든 사람이 창조한 모든 정신적 추상의 통합'이라고 생각한다. 내가 의미하는 바를 더 뒷받침하기 위해 이 장의 마지막 부분에서는 뇌 중심 우주론에서 제안하는 관점 아래서 우리 종의 근래 역사에서 일어난 몇 가지 중요한 사건을 재구성해보는 짧은 훈련을 진행하겠다. 이 제한적인 훈련의 중심 목표는 역사란 기본적으로 서로 다른 정신적 추상, 그리고 그 정신적 추상에 충성을 맹세하는 사회집단들 사이에서 인간 집단 지성의 헤게모니를 장악하기 위해 일어나는 지속적이고 역동적인 싸움을 반영한다는 생각을 바탕으로, 그런 역사를 어떻게 새로운 틀에서 고쳐 말할 수 있는지 보여주려는 것이다.

⋇

뇌 중심 우주론에 영감을 받은 이 역사에 대한 여담을 시작하면서 이 구석기 말기의 그림들이 우리 선조들에 대해 정확히 어떤 부분을 말해주는지 물어보자. 선사시대 화가들이 소통하려 했던 내용이 정확히 무엇인지 단언하기는 어렵고 여러 잠재적 이론이 존재하지만, 지하 미술 작품의 첫 흔적이 발견된 이후로 몇몇 전문가는 마들렌 벽화는 이 선사시대 공동체의 사회 조직에 대한 대단히 정교한 시각적 비유를 표현한 것이라 기술해왔다. 예를 들어 구석기시대 동굴 미술을 감명 깊고 통찰력 넘치게 재구성해놓은 《선사시대 동굴벽화Prehistoric Cave Paintings》에서 독일의 미술사학자 막스 라파엘Max Raphael은 인간 삶의 모든 측면에 영향을 미친 것으로 알려진 최초의 정신적 추상은 다소 놀라운 일이지만 사람 그 자체보다는 주변 자연 세계를 차지하고 있으면서 자신의 희생을 통해 식량, 의복, 그리고 주요 도구와 사냥 무기 제조에 필요한 재료(예를 들면 뼈)를 제공해서 인간의 생존을 보장해주었던 동물에 초점이 맞추어져 있었다고 제안한다.

유럽의 여러 동굴 바위 위에 선조들이 그려놓은 그림들을 꼼꼼하게 분석해본 막스 라파엘은 여기 묘사된 동물들은 일부 고고학자들이 원래 생각했던 것처럼 단순히 멀리서 바라본 모습을 표현한 것이 아니라는 결론에 도달하게 됐다. 대신 고대의 고전적인 그림들과는 대조적으로 마들렌인들은 가까운 거리에서 바라본 특정 동물 집단으로 풍성하게 꾸며진 장면을 묘사한 것이었다. 라파엘은 이렇게 제안하고 있다. “구석기시대의 사냥꾼들은 동물들과 몸을 맞대고 가까운 거리에서 싸웠다. …… 따라서 구석기시대 미술의 목적은 동물과 인간의 존재를 개별적으로 그리는 것이 아니라 동물 떼와 인간 무리의 집단적 존재를 묘사하는 것이었다.”

우리 선조들의 미술적 재능이 전혀 원시적이거나 단순하지 않았음을 말해주는 추가적인 증언이 다른 이도 아닌 불멸의 파블로 피카소의 입에서 나왔다. 그는 이 동굴벽화의 발견 후에 이렇게 외쳤다. “우리 중 그 누구도 이런 그림은 못 그린다.”

사실 쇼베Chauvet, 알타미라Altamira, 니오Niaux, 라스코Lascaux, 그리고 다른 여러 곳에서 웅장한 구석기시대 그림이 발견된 것은 근래에 살았던 우리 선조들의 역사를 재구성하려는 시도에서 하나의 분수령으로 생각할 수 있는 사건이었다. 막스 라파엘은 그런 발견의 웅대함과 그 발견이 불어넣은 경외심을 완전히 이해하고 있었다. 그는 이 동굴벽화들을 적절한 역사적 관점에서 바라볼 수 있게 해준 최초의 저자 중 한 명이었기 때문이다. 그는 걸작 같은 설명을 통해 이것들이 순전히 동물적인 존재 방식에서 벗어나 동물(그리고 자연계의 셀 수 없이 많은 변동과 위험)의 지배를 받기보다는 오히려 그것들을 지배한 최초의 사람들의 뇌가 만들어낸 최초의 이미지임을 지적했다.

이 과정에서 그들은 인류, 지구에 살았던 모든 생명체의 다사다난한 기나긴 역사, 그리고 어쩌면 우주 전체의 역사 중에 처음으로 이런 경험에 대해 숙고하고, 순수한 반항과 혁명적 창의성의 행동 안에서 자신의 정신적 이미지들을 오래가는 표현 매체인 견고한 바위에 아로새겨 실재에 대한 자기 뇌의 관점을 화려하게 묘사할 수 있는 특권을 경험했다. 이들은 아마도 이 동굴벽화에 각인된 '정신적 스냅샷'이 수천 년 동안 보존되어 그들의 신경이 각성했음을 보여주는 이 원초적 자극, 인간 정신의 진정한 빅뱅이라 할 수 있는 이것이 미래 세대에게도 고스란히 전해져 만물의 진정한 창조자의 여명기에 인간으로서 살아가는 것이 어떤 것인지 엿볼 수 있게 해주리라고는 예상하지 못했을 것이다. 이런 이유, 그리고 다른 많은 이유로 막스 라파엘은 구석기시대 사람들을 다음과 같이 정의하고 있다. "그들은 역사를 만드는 데 대단히 뛰어난 사람들로, 연속적이고 완전히 새로운 탈바꿈 과정의 진통을 겪고 있었다. 그들은 역사상 최초로 환경의 장애물과 위험을 정면으로 마주하며 그것들의 주인이 되려 노력하고 있었기 때문이다."

막스 라파엘은 이 예술가들의 작품 뒤에 숨어 있는 진정한 동기가 무엇일지 추측해보았다. 동물들은 화가의 행동, 욕망, 혹은 더 깊은 생각의 일부였을까? 이 동물들은 화가가 자연에서 그들을 보는 방식을 상징하는 것일까? 아니면 더 도발적으로 생각해서, 이 동물들은 실제로 화가, 그의 사회집단, 혹은 경쟁 관계에 있는 인간 부족을 상징하는 것일까? 확실하게 알 방법은 없지만 이 질문에 대한 답이 무엇이든 라파엘은 자신 있게 결론을 내놓고 있다. 그는 이것이 반박 불가능한 결론이라 생각했다. "구석기인들의 세계관에서는 토템 숭배와 마법이 공존했다." 라파엘에게 자신의 생각을 기록하고 숭배한 다음 외부 매체에 옮기는 이 거의 신성한 행동, 그리고 이런 창발적인 정신 중심 세계관의 결과로 뒤에 남게 된 미술 기록은 양쪽 모두 현대적인 인간 정신의 출현을 말해주는 고유의 증거에 해당한다.

라파엘은 동물을 살육하는 데 사용된 것과 똑같은 도구인 인간의 손이 사냥꾼의 정신적 이미지를 묘사하는 데도 사용되었다고 생각했다. 이 선조들에게도 십중팔구 구어가 있었을 테지만 손이라는 도구가 구어의 부족을 메워준 것이다. 자신의 가장 은밀한 생각, 욕망, 두려움 등을 말로는 완전히 표현할 수 없었기에 그 부분을 보충하기 위해 남자와 여자는 자기 손으로 바위 위에 그림을 그려 인류의 역사 전체에 걸쳐 지속된 미술의 전통을 개시한 것이다. 가끔 바뀐 것은 이들이 자신의 가장 깊숙한 느낌과 신념을 아로새기는 데 사용할 매체뿐이었다. 바위, 도자기, 종이, 캔버스, 사진, 전자기파, 자기테이프, LP판, CD, DVD, 인터넷 클라우드에 이르기까지 이 각각의 매체는 인간의 정신에 담겨 있는 내용을 담아둘 외부 저장소 역할을 했다. 이들의 정신적 이미지가 갖고 있는 측면 중 일부는 말로 표현할 수 없었다. 대신 그들은 자신을 온전히 표현하기 위해서는 전자기가 새겨놓은 자신의 생각을 손을 이용해서 외부 매체에 온전하게 각인해야 한다는 것을 발견했다. 그런 면에서 보면 구석기 후기의 지하 동굴 화가들로 하여금 미술 작품을 만들겠다는 동기를 부여했던 숨은 이유가 그로부터 수만 년 후에 우리 종의 또 다른 탁월한 구성원인 미켈란젤로 부오나로티로 하여금 그의 뇌가 빚어낸 강력한 다비드 상을 흠집 하나 없는 대리석 덩어리로 조각하도록 이끌었던 것과 똑같은 이유였음을 깨닫게 되었으니 그저 놀라울 따름이다. 전설에 따르면 미켈란젤로는 오랜 사투 끝에 자신의 최종 창조물을 바라보며 이렇게 애원했다고 한다. "말하라, 다비드여, 말하라!"

구석기인들에게 손은 도구를 제작하고 무기를 다루는 기구이자 사회적 상호작용과 은밀한 상호작용의 도구였을 뿐만 아니라 없어서는 안 될 '마법의 기구'로도 자리 잡았다.

라파엘에 따르면 사람의 손이 신비로움과 관련해서 새롭고 본질적인 역할을 맡았음을 뒷받침하는 증거는 가르가스Gargas

와 카스티요Castillo 같은 여러 동굴에서 단독으로 혹은 여러 개가 함께 찍혀 있는 수십 개의 손바닥 자국이 발견되었다는 사실을 통해 더욱 분명해진다. 이 손바닥 자국들은 구석기시대 화가들이 자신의 동물 우주에 대한 정신적 구성물을 묘사해놓은 것 옆에 찍혀 있었다. 이 손바닥 자국에는 두 가지 형태가 있다. 하나는 손바닥 전체에 물감을 발라 바위 표면에 눌러서 만든 양화positive print이고, 하나는 손을 바위 표면에 올려놓은 후에 화가가 물감을 입으로 뿌려서 손의 윤곽만 드러나게 만든 음화negative print다.

나는 대단히 감동적인 이 증거를 이렇게 해석한다. 성인과 아이의 수많은 손바닥 자국이 나란히 찍혀 있다는 사실은 규모가 큰 인간 사회집단이 이 지하 안식처를 방문하는 동안 이 예술 작품의 원작자와 진실성을 인정하고 옹호했으며, 또한 이 예술 작품을 여러 인간 정신의 집단적 작업을 부호화한 브레인넷에 의해 최초로 구축된, 우주universe에 관한 가장 정확한 우주론적cosmological 관점으로 받아들였음이 틀림없다는 메시지도 전달하고 있을 것이라고 말이다.

막스 라파엘은 구석기 후기 사람들이 손을 온갖 종류의 기준점으로 신뢰했다는 관점을 뒷받침하는 또 다른 사실을 밝혀냈다. 많은 수의 그림에서 묘사된 동물의 높이와 폭이 그 유명한 황금률(3:5)을 따르는 듯 보인다는 것이다. 손바닥을 최대한 자연스럽게 펴고 중간을 나누어 〈스타트렉〉에서 벌컨족의 인사법처럼 엄지손가락, 집게손가락, 가운뎃손가락을 나머지 두 손가락과 최대한 벌려서 바위 위에 갖다 대면 이 황금률을 쉽게 얻을 수 있다.

내가 구석기 후기 동굴벽화에서 가장 놀라는 부분은 거기서 드러나는 영웅적 요소다. 그 그림을 그리거나 숭배한 화가의 손바닥 자국 서명을 바위벽에 도장처럼 찍어 거기에 존재함으로써 나타나는 상징 말이다. 화가가 이 그림을 그릴 때 원래 의도했던 바가 무엇이었는지는 확실하게 알 수 없겠지만 그들의 활동으로부터 추출할 수 있는 변하지 않는 심오한 메시지가 하나 있다. 인간의 뇌가 우리를 둘러싸고 우리를 놀라게 만드는 모든 것들에 대해 최소한의 신뢰할 만한 설명을 내놓을 수 있기까지 걸린 수백만 년의 구석기 후기 동안 사람의 머릿속에서 만들어진 정신적 추상이 화가의 손을 이끄는 수의적 운동 명령을 통해 영구적인 매체로 옮겨져 그 결과 우리 종의 다른 많은 구성원들도 그 사람들이 경험한 실재의 측면들을 모두는 아니어도 거의 다 설명할 수 있는 지식을 습득할 수 있었다는 것이다. 이 시점에서 이 지식이 현대의 기준에서 볼 때 정말 사실이었는지 아닌지는 전혀 중요하지 않다. 정말 중요한 것은 따로 있다. 그때까지만 해도 인간의 생활 방식은 지금 당장 살아남아 종을 존속하는 데 필요한 행동으로만 점철되어 있었지만, 지식을 생성하고 전파할 수 있는 과정을 도입함으로써 이 구석기 후기 선구자들이 이런 생활 방식에 심오한 변화를 촉발하였다는 점이다. 막스 라파엘이 지적한 바와 같이 기존의 순수하게 동물적인 존재 방식과는 대조적으로 지하 사원의 그림 속에 숨겨져 있는 메시지에 대해 숙고하고 동화하기 위해 4만 년 전 그 얼어붙은 숲속의 온갖 위험을 뚫고 나섰던 독실한 인간의 무리는 한낱 정신적 추상에 불과한 것을 올림포스 산의 꼭대기 위에 떠받들어 그로부터 인간으로서의 따분한 삶을 이끌어가고 견뎌낼 수 있게 인도해주는 힘을 뽑아내는 전통을 개시한 것이다.

그리고 그 이후로는 똑같은 현상이 대다수 인류 문명의 역사 속에서 거듭해서 일어났다. 그리고 그럴 때마다 새로운 정신적 추상이 사람의 개별적·집단적 정신을 장악해서 그 사회집단을 진정한 신봉자로 개종하고 나면, 모든 사람이 자기 삶의 모든 측면을 새로운 도그마에 내어주며 자기 마음속에 여전히 남아 있을지 모를 반대 의견을 철회하고, 자신의 뇌에 심어진 새로운 '정신적 바이러스'의 필연성과 마법을 받아들였다.

《다시, 신화를 읽는 시간》에서 조지프 캠벨은 아주 비슷한 관점을 소개했고, 문화사가 레오 프로베니우스Leo Frobenius도 이런 관점을 공유했다. 그는 다음과 같이 제안했다. "신경계의 발산 메커니즘이 고정되어 있지 않고 각인에 좌우되는, 미숙하고 불확실한 동물인 인간은 자신의 문화를 만들어낼 때 역사 전반에서 교육학적 힘pedagogical power을 통해 지배되고 영감을 받았다." 캠벨의 말처럼 "우리가 가장假裝 행위를 통해 살고, 가장 행위를 자기 삶의 모델로 삼는" 이유도 이것으로 설명할 수 있을 것이다.

현대 신경과학의 언어로 설명하면, 호모 사피엔스의 뇌는 대단히 가소성이 뛰어나기 때문에 정신적 추상이라는 막대한 포식자의 힘에 쉬운 먹잇감이 됐다. 그래서 이 정신적 추상은 자연 세계에 대한 그 어떤 합리적 해석 방식도 쉽게 장악할 수 있었다. 프로베니우스는 위에서 보았듯이 인간의 우주론적 관점을 지배한 최초의 정신적 추상은 순수하게 사람이 동물의 행동에서 찾아낸 미스터리에 좌우됐다고 제안했다. 약 1만 년 전에 한 무리의 사람들이 한곳에 정착해서 농사로 생계를 이어가기 시작하자 지구의 계절 주기, 토양의 비옥함, 식물의 풍성함이 인간의 종교적·우주론적 관점의 새로운 중심으로 자리 잡았다. 구석기 후기 사람들의 경우처럼 이런 새로운 신념은 예술의 발현에서부터 종교 의식에 이르기까지 신석기시대 사람들의 모든 측면에 영향을 미쳤다. 데이비드 루이스-윌리엄스David Lewis-Williams와 데이비드 피어스David Pearce가 《신석기인의 내면Inside the Neolithic Mind》에서 지적했듯이, 신석기 사회는 구석기 후기 선조들과 달리 지상에 사원을 구축했다. 버트런드 러셀Bertrand Russel은 《서양철학사History of Western Philosophy》에서 이렇게 덧붙였다. "이집트와 바빌론의 종교와 다른 고대 종교들은 지구가 여성으로 표상되고 태양은 남성으로 표상되는 비옥함에 대한 숭배로 시작되었다."

이 새로운 정신적 추상은 구석기 후기에 이미 막 촉발된 사회적 계층화를 더욱 강화했다. 그 결과 루이스-윌리엄스와 피어스가 말한 대로 신석기 최초의 영구 정착지, 즉 우리 종이 건설한 최초의 도시에서는 사회적 엘리트가 등장하게 됐다. 이들은 소수만이 비밀리에 전해지는 지식에 접근할 특권을 누리고, 대중을 상대로 정기적인 의식의 수행을 담당하고, 계율을 가르치는 차별화된 상류계급이었다. 이 선택받은 사제직은 아주 큰 영향력을 행사하게 되었고 이들 사회의 정치적 삶에서도 핵심적인 역할을 하기 시작했다. 루이스-윌리엄스와 피어스는 이런 샤머니즘 의식의 변화가 신석기시대 사회들이 "거대한 도시를 만들고 거대한 기념물을 구축하기로" 선택한 결과라 생각한다. 그렇게 하는 과정에서 이런 문화들은 자기 삶의 실재보다는 인간의 상상이 낳은 세상을 더 크게 반영하고 찬양하는 호화 건물과 기념물을 건설하는 또 다른 지속적인 전통을 개시한 것인지도 모른다. 토템, 조각, 피라미드, 사원, 대성당 등은 조각, 건축, 정교한 공학기술 등이 순수한 정신적 추상에서 만들어진 인간의 신념을 공고화하는 데 어떻게 동원되었는지 보여주는 일부 사례일 뿐이다. 이런 견고한 구조물들은 그것을 제작한 사람의 수명이나 그들이 창조한 사회의 역사보다 더 오래 살아남게 하기 위해 만들어진 것이었다.

레오 프로베니우스에 따르면 인간이 자신의 정신적 추상을 차용해서 사회적·정치적 규범을 창조하는 다음 단계는 근동Near East(캠벨은 이들을 옛 수메르의 사제들이라 부른다)의 초기 천문학자들이 "관심의 초점을 지구 위 하늘에서 움직이는 우주 불빛 일곱 개의 수학으로 돌리는 데" 성공했을 때 찾아왔다. 그리하여 갑자기 하늘이 인간이 느끼는 매혹의 중심이자 우주론적 관점의 버팀대가 됐다. 조지프 캠벨의 말을 빌리면, "상징적인 왕관을 쓰고 근엄한 의복을 차려입은 왕, 여왕, 궁중 신하들은 천상의 광경을 지상에 그대로 복제했다."

처음에는 이렇듯 천상의 힘에 헌신하던 것이 강력한 왕국이 등장하면서 기자 피라미드처럼 인류 역사상 인간이 만든 가장 놀라운 구조물을 세움으로 하늘에서 부여한 권력의 원천을 뒤집으려는 모습으로 바뀌었다. 모든 이집트 파라오 중에서 가장 많은 피라미드를 건설한 람세스 2세가 스스로 최초의 신왕god-king 자리에 오름으로써 정신-천상의 연결을 극한까지 밀어붙인 것도 이집트에서 있었던 일이다.

하지만 기원전 2000년경에 인류를 우주와 연관 짓는 지배적인 정신적 추상에 큰 변화가 일어났다. 캠벨은 이렇게 표현했다. "기원전 2000년경의 메소포타미아 문서를 보면 한낱 인간인 왕과 그 왕이 섬겨야 할 신이 구별되기 시작했다. 그는 더 이상 이집트 파라오 같은 신왕이 아니다. 왕이 신의 소작인으로 불리고 있다. 왕이 통치하는 도시는 신이 속세에서 가지고 있는 자산이며 왕 자신은 그 자산을 관리하는 우두머리 집사에 불과하다. 더 나아가 신들이 자신의 노예로 인간을 창조했다는 메소포타미아 신화가 등장하기 시작한 것이 이때부터였다. 인간은 그저 종에 불과하며 신이 절대적인 주인이 된 것이다. 인간은 더 이상 어떤 의미에서도 신성한 존재의 화신이 아니었고, 죽을 운명을 타고난 세속적인 존재에 불과했다." 캠벨은 이런 발달을 '신화적 분리mythic dissociation'라 칭하고 그 안에서 핵심적인 특징을 찾아낸다. 이 특징이 먼 훗날 레반트Levant와 아라비아 반도에서 등장한 세 가지 주요 단일신 종교의 신학 체계를 지배하게 된다. 바로 유대교, 기독교, 이슬람교다.

역사상 처음으로 인류가 자신을 자기 우주의 중심에 놓게 된 것은 고대 그리스 문명이 등장하고 나서야 일어난 일이었다. 조각과 건축물로 표현된 다른 표현 방식들 중에서도, 특히나 우주론의 이런 중대한 변화는 호메로스가 쓴《일리아스Iliad》와 《오디세이아Odysseia》 같은 서사시의 배경이 되었다. 이 시들의 첫 문자 기록 버전은 기원전 8세기경의 것으로 추정되고 있지만, 이 시에서 기술하는 사건들은 그보다 몇 세기 앞선, 기원전 12세기경에 있었던 일들이다.

《일리아스》와《오디세이아》에서 제우스에서 아폴로에 이르기까지 올림포스 산의 그리스 신들은 인간의 모든 운명을 통제할 수 있는 힘을 갖고 있음에도 허영심, 질투심, 미움, 호색, 욕정 등 분명한 인간적 속성을 갖고 있는 것으로 묘사된다. 사실 이들은 대부분 심각한 성격적 결함을 다수 갖고 있다.

이 서사시에서 인간이 중심적인 위치를 차지하고 있음을 분명하게 인식할 수 있는 부분이 있다. 호메로스는 가장 소름끼치는 전투 장면을 기술하고 있는 와중에도 이제 곧 죽을 사람이 누구인지, 그가 어디 출신인지, 그 사람의 부모와 아내는 누구인지, 아들은 누구인지, 그가 이제 머지않아 죽은 자들의 나라 하데스Hades 깊은 곳에 들어갈 것이라 두 번 다시 안아볼 수 없는 사람이 누구인지 자세히 기술하는 데 많은 시간을 할애했다. 나는 지난 40년 동안 이 구절을 읽고, 또 읽으면서 우리 인류가 인간성을 너무도 많이 잃어버렸다는 느낌을 피할 수가 없었다. 내 말의 의미를 이해하려면《일리아스》에서 발췌한 다음의 두 묘사를 요즘에 전장에서 사람의 죽음을 묘사하는 방식과 비교해보면 된다.

> 곧 텔라몬의 아들 아이아스가 안테미온의 아들 젊은 시모에이시우스를 죽였다. 시모에이시우스의 어머니는 부모님들과 함께 가축을 돌보고 이다 산에서 내려오다가 시모에이스 강둑에서 그를 낳았다. 하여 그의 이름이 시모에이시우스가 되었다. 하지만 그는 살아서 자기를 키워준 부모의 은혜를 갚지 못하였다. 힘센 아이아스의 창에 때 이른 죽임을 당하였기 때문이다.

혹은

> 그리고 메리오네스가 테크톤의 아들 페레클로스를 죽였다. 테크톤은 헤르몬의 아들이었고, 헤르몬은 온갖 재주에 능한 손을 갖고 있어 팔라스 미네르바가 그를 몹시도 아꼈다. 알렉산드로스를 위해 배를 만든 것도 그였으니, 이것이 그 모든 해악의 시작이었고, 결국 트로이 사람들과 알렉산드로스 자신 모두에게 화를 자초하였다.

이것을 시리아 전쟁의 피해자들을 묘사한 2016년 CNN 뉴스와 비교해보자.

그와 인접한 이들리브에서는 일요일에 이루어진 공습으로 19명 이 추가로 사망했다고 알레포미디어센터에서 전했습니다.

조지프 캠벨은 그리스인들이 우리의 인간적 기풍에 미친 엄청난 기여를 이렇게 평가한다. "인간과 밀착된 이 새로운 경외의 중심에 대한 최초의 인식과 축하를 그리스의 비극 작품에서 찾을 수 있다. 그 당시 다른 모든 사람의 의례는 동물, 식물, 우주, 초자연적 질서를 다루고 있었다. 하지만 그리스에서는 이미 호메로스 시대부터 세상은 인간의 세상이 되었고, 5세기 위대한 시인들의 비극 작품들 속에서 이러한 새로운 관심의 초점이 갖는 궁극적인 영적 함축이 선언되어 세상에 펼쳐졌다."

하지만 위대한 그리스인들의 중요한 정신적 과업은 인간을 자기 우주의 중심에 처음 세워놓았다는 데 그치지 않았다. 이들은 정신적 추상의 고유한 3원소라 할 수 있는 수학, 철학, 과학을 창조한 공로도 인정받고 있다. 버트런드 러셀이 말한 바와 같이 위대한 시기에 그리스인들이 위대해질 수 있었던 것은 열정, 그리고 지적 삶을 추구하려는 강렬할 열망의 조합 덕분이었다. 앞선 문명과 마찬가지로 조각과 아크로폴리스의 파르테논 신전 같은 육중한 건물의 형태로 등장했던 그리스 예술은 그리스인들의 정신적 구성물을 장엄한 건축물에 투사하여 그리스의 국경과 시간을 넘어 수세기에 걸쳐 고대 고전 건축물의 기준을 정의하게 된다.

인류 그 자체를 중심에 두는 우주론적 관점과 그런 관점에 의해 생겨난 고유의 혁신을 선택한 그리스식 사고방식이 지배하던 시대는 인류 역사에 일어난 또 다른 거대한 정신적 지진에 의해 땅속 깊숙이 묻히게 된다. 이 지진은 서유럽에서 여러 세기 지속된 반계몽주의를 낳았다. 그리스의 것과는 정반대되는 세계관과 우주론을 투사하는 정신적 추상이 등장하여 널리 퍼짐에 따라 소위 암흑시대가 찾아온 것이다. 그 후로 1,000년 동안 유럽에서는 초자연적인 정신적 추상에 의해 인간은 결코 들리지도 보이지도 않지만 어디에나 존재하고 모든 것을 알고 있는 전지전능한 신의 종에 불과한 존재로 격하된다. 이때의 1,000년 동안에는 그리스 시대와 정반대로 레반트와 아라비아 반도에서 기원한 세 가지 주요 종교의 계율들은 인간을 우주의 중심에서 끌어내려 부차적이고 중요하지 않고 순종적인 노예의 역할로 내몰았다. 일단 인간이 죄인으로 인식되자 인간과 인간의 세속적인 삶은 타락한 존재가 되어버렸다. 그 후로 이승의 인간에게 가치 있는 삶의 목표는 신을 숭배하며 죽어서는 천국에 올라가 신의 곁에서 사후의 삶을 누리는 특권을 누리기는 것밖에 없게 되었다.

이런 막강한 단 하나의 신성한 존재를 무엇이라 부를지는 당시 어떤 브레인넷에 속해 있었느냐에 따라 여호와, 하나님, 알라신 등으로 달라졌지만, 그것이 각각의 인간 사회에 미친 파괴적인 영향력은 모두 암울했다. 《기술과 문명Technics and Civilization》에서 루이스 멈퍼드Lewis Mumford는 서유럽에 대해 이렇게 말했다. "중세시대 동안 외부 세계는 인간의 정신에 개념적으로 아무런 중요성도 없었다. 자연의 사실들은 예수와 그의 교회에서 밝힌 신성한 질서와 의도에 비하면 하찮은 것이었다. 눈에 보이는 세상은 그저 영원한 세상에 대한 약속과 상징에 불과했다. 일상생활이 그 어떤 중요한 의미를 갖고 있든 결국 그것은 무대 장치와 무대 의상, 그리고 영원히 이어질 순례의 드라마를 위한 리허설에 불과했다." 멈퍼드는 또 다른 저자 에밀 말Emile Mâle의 말을 인용했다. "중세시대에는 무언가에 대해 사람이 스스로 생각해낸 개념이 실제 그 대상 자체보다 항상 더 실제적이었다. 이 미신의 시대에 우리가 지금 과학이라 부르는 것에 대한 개념이 없었던 이유를 이것으로 이해할 수 있다." 멈퍼드의 통렬하기 그지없는 비유를 조금 바꾸어 표현하자면, 인간은 역사에서 거듭되는 저주에 빠져 자신의 족쇄를 스스로 만들어낸 셈이다. 그것도 자기 자신의 정신을 이용해서 말이다.

터무니없는 정신적 추상들이 항상 그렇듯, 인간이라는 존재를 이끄는 등불을 그런 신성에 의지하는 것은 많은 위험을 안고 있다. 캠벨이 지적한 바와 같이 수많은 고대 문명에서 이런 신념이 아무리 추상적이고 비현실적이어도 그에 상관없이 이것을 삶과 죽음의 문제로 만들어놓았다는 것만 봐도 이런 점을 확인할 수 있다. 일부 경우에서는 이런 무형의 신념 때문에 인간의 문명 전체가 완전히 멸망하기도 했다. 캠벨은 고대 아즈텍 문명의 사례를 지적한다. "고대 아즈텍 문명에서는 여러 제단에서 계속해서 인간을 제물로 바치지 않으면 태양이 움직임을 멈추고 시간이 정지하고 우주가 무너질 것이라 믿었다. 아즈텍 문명이 이웃 문명에 지속적으로 전쟁을 일으킨 이유도 그저 수백 명, 수천 명씩 인간 제물을 조달하기 위함이었다."

이런 주장을 뒷받침하듯 버트런드 러셀에 따르면 이집트인들은 죽음과 사후 세계를 숭배하는 데 강박적으로 집착한 나머지 사회의 발전과 혁신에 더 이상 노력을 기울이지 않았다고 한다. 그 결과 이집트는 기원전 16세기와 17세기에 셈족 힉소스 왕조의 침략을 받아 손쉽게 정복당하고 말았다.

이집트, 그리고 압도적으로 막강한 정신적 추상에 의해 지배되고 통합된 다른 주요 문명에서 그랬던 것처럼 중세시대에도 가톨릭교회는 건축물을 자신의 신학 체계를 전파하고 자신의 주요 추종자인 유럽의 대중들에게 지배력을 행사할 가장 효율적이고 효과적인 수단으로 이용했다. 즉, 기독교의 신화(성부와 성자와 성령의 관계 등 기독교 신화의 주요 교리들은 가끔 열리는 교회 평의회에서 만난 200명도 안 되는 주교들의 투표로 정해진다)를 돌로 된 거대한 대성당을 비롯해서 바위벽, 탑, 신도석, 교회 제단 등에 새겨놓았다는 의미다. 이런 건축물들은 이들이 세워진 작은 중세시대의 지역 공동체와는 어울리지 않을 정도로 거대했다. 미술사가 에른스트 곰브리치는 이렇게 지적했다. "교회는 그 지역에서 유일한 석조 건축물인 경우가 많았다. 주변 몇 킬로미터 범위에서 유일하게 사람의 눈길을 사로잡는 구조물이었고, 교회의 첨탑은 멀리서 찾아오는 사람들에게 길을 알려주는 랜드마크였다. 일요일에 예배가 열릴 때면 도시의 모든 거주자들이 그곳에서 만났고, 그 숭고하고 거대한 건축물은 사람들이 살아가는 초라한 거주용 건물과 대비되어 분명 압도적인 분위기를 연출했을 것이다. 따라서 지역공동체 전체가 이 교회 건물에 관심이 많고, 당연하게도 그 교회를 수놓은 장식물에 자부심을 느꼈다.

하지만 이런 경험에는 또 다른 측면이 존재했다. 벨기에의 투르네 성당, 영국의 더럼 대성당, 그리고 랭스 대성당와 쾰른 대성당처럼 중세시대 초기의 거대한 건물들을 보면 비천하고 가난한 유럽의 소작농들이 이런 사원 안에 들어왔을 때 얼마나 기가 죽고 압도되었을지 어렵지 않게 상상할 수 있다. 이런 화려한 중세시대 대성당과 고딕 양식 대성당들은 중세시대의 지배적인 정신적 추상을 지역 공동체 전체에 의도적으로 각인시키는 데 핵심적인 역할을 했을 것이다. 신 앞에서 인간이 얼마나 무가치한 존재인지 보여줌으로써 인간을 신에게 예속시키고 신의 무한한 권능, 그리고 신의 호화로운 소유물인 대성당과 비교하면 인간이 이 우주에서 맡는 역할이 얼마나 보잘것없는지 설득한 것이다. 13장에서 보겠지만 인간의 역할을 폄훼하는 이런 전략은 지금까지도 별로 변한 것이 없다.

결국 중요한 것은 통제였다. 그리고 이런 압제의 공범은 다른 아닌 인간 자신의 정신이었다.

인간의 조건을 향상하기보다는 오히려 저하시킨 중세의 우주론적 관점이 가한 파괴적 영향은 비단 기독교만의 문제가 아니었다. 8세기와 11세기 사이에는 이슬람교 르네상스가 일어나 메르브(현재의 투크르메니스탄에 있다), 니샤푸르(현재의 이란에 있다), 부하라(현재의 우즈베키스탄에 있다)를 비롯한 중앙아시아, 그리고 나중에는 바그다드, 그리고 스페인 안달루시아의 아랍 칼리프의 일부인 코르도바와 톨레도에 이르기까지 여러 도시에서 살면서 일한 무슬림학자, 천문학자, 수학자가 고대 그리스의 전통에 의존하고 그러한 전통을 확장해나간 덕분에 의학, 천문학, 수학, 철학의 최전선에서 중요한 발전이 있었다. 이 르네상스가 비극적인 결말을 맞이하게 된 이유를 추적해보면 한 명의 독단적인 페르시아 신학자 아부 무함마드 알-가잘리Abu Muhammad Al-Ghazali를 만나게 된다. 알-가잘리는 여러 반과학적 관점을 가지고 있었지만 그중에서도 특히 독실한 이슬람교도가 읽을 가치가 있는 책은 《코란》뿐이라고 설교하고 다녔다. 열정적으로 말을 구사하는 재능을 타고났고, 막강한 권력의 바그다드 친구들을 등에 짊어진 알-가잘리는 혼자만의 힘으로 이슬람의 놀라운 과학적 성취와 휴머니즘을 그 후 열 세기 동안 지워버리는 데 성공했다.

중세의 세기말적인 정신적 블랙홀로부터 인류를 구원하는 데는 단테, 플루타르크, 도나텔로, 브루넬레스키, 레오나르도 다빈치, 미켈란젤로 등 이탈리아의 천재들로부터 비롯된 또 한 번의 르네상스가 필요했다. 이탈리아 르네상스가 융성하면서 모든 것이 변했다. 천사, 성모 마리아, 성자들의 초상화 대신 근육과 핏줄, 그리고 사랑, 질투, 고통, 슬픔이 어린 표정, 뚫어지게 쳐다보는 사람의 눈동자 등 인체를 가장 세밀한 부분까지 묘사하는 새로운 세대의 그림과 조각이 등장했다.

그리하여 미켈란젤로의 뇌가 신의 신성한 손길이 인간에게 생명의 정수를 부여하는 순간을 시스티나 성당의 천장화에 담겠다는 통찰을 떠올렸을 때 그는 중세시대의 화가들과는 대조적으로 신과 아담의 몸을 서로 동일한 수준의 생물학적 화려함과 정교함으로 그려냈다.

분명 이것이 교황 율리우스 2세의 날카로운 눈을 피하지는 못했을 것이다. 이 교황은 성당 대신 교황의 무덤에 들어갈 그림을 그리겠다고 고집을 피운 것에 대한 벌을 내리듯이 미켈란젤로에게 천장에 그림을 그리라는 사실상 불가능에 가까운 일을 의뢰했다. 하지만 1512년의 어느 여름날 아직 물기가 마르지 않은 천장화를 바라보며 교황 율리우스 2세는 자기가 아무리 발버둥쳐봤자 헛수고라는 것을 단번에 마음 깊숙이 깨닫게 되었을 것이다. 인류의 슬픈 역사 속에서 찰나의 순간에 다시 한번 인간은 자신이 손수 그려낸 작품을 통해서 영장류 뇌가 가진 심오함을 바위벽에 드러냈다. 그는 이 대담하고 천재적인 행위를 통해 정신의 불꽃을 해방시켜, 하나밖에 없는 진정한 인간 우주의 창조자로서의 지위를 선포한 것이다.

9

시간과 공간의 발명

THE
TRUE CREATOR
OF
EVERYTHING

1300년대 초반의 어느 겨울 아침, 어둑한 햇살이 얼어붙은 스위스의 하늘에 색을 더하여 그리스 시詩에나 어울릴 법한 장밋빛 여명을 드러냈다. 8세기에 베네딕트회에서 세운 장크트갈렌 수도원의 돌담 주변으로는 장크트갈렌 마을이 있었다. 이 마을 사람들의 수면의 마지막 주기가 다시 한번 갑자기 방해를 받게 될 참이었다. 한동안 그래왔듯이 매일 아침이면 이 전형적인 중세 지역 공동체의 주민들은 자신의 삶을 영원히 바꿔놓은 소리에 달콤한 꿈에서 깨어나 따듯한 침대에서 몸을 일으켜야 했다. 수도원 종탑의 거대한 철제 종이 울려 하루 일곱 번의 정시과canonical hours 중 첫 번째 예배 시간이 찾아왔음을 알리면, 그 성스러운 음파를 접한 뇌는 다시 한번 모두 잘 동기화된 브레인넷의 일부로 동원되었다.

정시과의 전통을 도입한 사비니아노 교황의 7세기 칙령에 따라 이후 24시간 동안 이 수도원의 종은 이런 위협적인 소리를 여섯 번 더 울릴 것이다(1시과는 오전 6시, 3시과는 오전 9시, 6시과는 정오, 9시과는 오후 3시, 만과는 이른 저녁, 종과는 자기 직전). 종소리는 일상을 살아가는 사람들에게 시간을 알려주어 14세기 사람들의 뇌를 되돌릴 수 없이 지배해왔는데, 이 정시과는 그런 지배를 더욱 강화했다. 이런 관습이 법으로 자리 잡은 이후로 사람들은 오전 6시(1시과)에 잠에서 깨어 정오(6시과)에 밥을 먹었다. 저녁을 먹고 잠자리에 드는 것까지도 모두 수도원의 종이 내리는 명령을 따라 이루어졌다. 그리고 이런 관습이 베네딕트회의 돌담 주변 사람들의 삶을 장악하자 종이 울릴 때마다 마을 사람들의 뇌는 그 소유자에게 이제 시간은 더 이상 연속적인 현상으로 경험되지 않는다는 것을 떠올려주었다. 이제 시간은 여명부터 황혼에 이르기까지 끊김이나 의미 없이 물 흐르듯 펼쳐지는 현상이 아니었다.

정시과의 등장으로 인해, 그리고 이어서 중세 수도원의 종탑 자리를 차지하고 들어간 기계식 시계의 등장으로 인해 새로운 통치자, 즉 인간에 의해 만들어진 불연속적인 시간이 생활의 일정을 장악해서, 심지어는 인간의 생물학적 일주기의 선천적인 리듬조차 거기에 예속시켜버렸다. 1시간을 60분으로, 1분을 60초로 나누자는 공감대는 1345년이 되어서야 형성되었지만, 이런 시간 나누기가 사람들이 생각하고 행동하고 살아가는 방식에 미친 영향은 실로 엄청났다. 중세 수도원에 의한 시간 나누기는 삶을 바꾸어놓는 사건이었고, 새로운 질서의식을 만들어내고, 루이스 멈포드가 "기계의 규칙적이고 집단적인 고동과 리듬"이라고 이름 붙인 것을 인위적으로 부과함으로써 인간의 삶을 한층 규격화해놓았다. 인간 브레인넷의 성립 원리와 인류의 등장 이후로 생겨난 강력한 사회적 행동에 관한 나의 관점에 영향을 미친 중심 주제를 상기시키며 멈포드는 이런 말로 자기 진술의 정당성을 주장하고 있다. "시계는 그저 시간만 알려주는 도구가 아니라 인간의 행동을 동기화시키는 도구이기도 하다."

인간사의 시간적 동조라는 이 새로운 현실은 막강한 영향을 미쳤다. 그 영향이 어찌나 컸던지 수 세기 후에 산업혁명이 성공적으로 자리 잡고 그와 동시에 또 다른 강력한 정신적 추상인 자본주의가 등장해서 널리 받아들여지는 데 필요한 핵심적인 정신적 틀을 도입하게 된 것은 서유럽의 베네딕트 수도원 덕분이었다고 말할 수 있을 것이다. 멈포드가 산업시대, 그리고 그가 '기계 숭배Cult of the Machine'라는 세례명을 부여한(13장 참조) 또 하나의 '인간이 만든 종교'의 탄생을 알린 발명품이라는 영광을 증기기관이 아니라 기계식 시계에게 부여한 이유도 이 때문이다.

그와 함께 시간 재기time-keeping는 대단히 큰 영향력을 미친 인간의 또 다른 정신적 추상, 즉 과학의 번성에도 필수적인 요소로 자리 잡게 된다. 다시 루이스 멈포드의 말을 들어보자. "더군다나 시계는 초와 분을 생산품으로 내놓는 동력 기계다. 그 본질적 속성 때문에 시계는 시간을 인간의 사건으로부터 분리해서 수학적으로 측정 가능한 연속적 사건으로 이루어진 독립적인 세상, 즉 과학이라는 특별한 세상에 대한 신념을 만드는 데 도움을 주었다."

대규모 인간 집단의 생활 리듬을 지시하는 사명이 서유럽의 수도원에만 있던 것이 아니었음을 알고 나면, 시간을 나누는 것이 인간의 행동에 미친 영향을 더 잘 이해할 수 있다. 7세기 예언자 마호메트의 시절 이후로 이슬람 세계는 살라 시간Salah times을 채용했다. 이것은 하루에 다섯 번 모든 이슬람교도가 하던 일을 멈추고 기도를 하는 시간이다. 다섯 번 기도를 올리는 정확한 시간은 태양의 위치에 달려 있다. 따라서 각각의 지리적 위치에 따라 시간이 달라진다. 이 다섯 번의 예배 시간은 일출 전의 파즈르Fajr, 정오의 주흐르Dhuhr, 오후의 아스르Asr, 일몰 무렵의 마그립Maghrib, 자정 전, 일몰과 일출의 중간 시간에 올리는 이샤Isháa가 있다. 전 세계 곳곳에서 이슬람 사원의 뾰족탑에서 무에진muezzin이 노래로 알리는 하루 다섯 번의 기도 호출은 이슬람교도와 비신자 모두에게 지난 14세기 동안 뇌 동기화의 소스가 되어왔다. 전설에 따르면 예언자 마호메트가 직접 알라신으로부터 이 시간을 배운 이후부터 그래왔다고 한다. 유대교의 즈마님Zmanim도 탈무드의 율법에 따라 어떤 의무를 수행해야 하는 하루 중의 특정 순간을 나타낸다.

역사적 배경에 관한 간략한 설명을 통해 전달하고 싶은 요점은 본질적으로 중세시대부터는 가톨릭 신자, 이슬람 신자, 유대교 신자, 그리고 다른 거의 모든 사람 역시 시간 재기라는 새로운 주문으로부터 벗어날 수 없었다는 것이다. 사실 어떤 면에서는 유럽에 최초의 시계가 도입된 후로 지난 700년 동안 대부분의 인간은 사람이 만들어낸 째깍째깍 시계 소리에 완전히 노예가 되어버렸다고도 할 수 있을 것이다. 형태와 스타일의 변화는 있었지만 시계는 수세기 동안 사실상 똑같은 모습으로 남아 있다. 그리고 시간 나누기라는 이 독과점 사업이 압도적인 성공을 거두었다는 증거는 오늘날까지도 시계가 여전히 우리의 일상을 통제하고 있다는 사실로 확인할 수 있다. 이 말이 의심스럽다면 지금 스마트폰의 시계 어플을 보면서 자신이 지금 일곱 세기 넘게 우리와 함께해온 중세 기술의 흔적을 보고 있음을 상기해보기 바란다.

시간 재기와 시간 나누기가 발명되어 이렇게 인간의 일상 곳곳에 스며들지 않았다면 우리가 지금 살고 있는 세상이 얼마나 달라졌을지는 추측만 할 수 있을 뿐이다. 시계 장치의 인위적 리듬에 굴복하지 않은 얼마 안 남은 사회나 문명권의 사람들이 어떻게 살아가는지 관찰하면 시계 없는 삶의 방식이 어떨지 어렴풋이나마 확인할 수 있다. 아니면 상상력을 발휘해서 시간이라는 개념이 없던 시대로 시간을 거슬러 올라가볼 수도 있다. 예를 들어 인간으로 하여금 세대에서 세대로 정보를 전해주는 구전의 전통을 확립해줄 언어가 아직 등장하지 않은 몇백만 년 전에는 한 명의 호미니드가 간직할 수 있는 가장 긴 시간적 기록은 장기기억의 형태로 자기 뇌 속에 담아놓을 수 있는 기록이 고작이었다. 각 겉질에 각인된 이 기억들은 각자가 평생 경험하고 관찰했던 경험의 흔적들을 담고 있었다. 하지만 누군가의 평생의 기록 중에서 의식적으로 떠올릴 수 있는 것은 일부에 불과했기 때문에 개인이 살아온 역사를 재구성해보려 해도 파편화되고 편향된 불완전한 구성이 될 수밖에 없었다. 하지만 장기기억을 뉴런 조직에 새겨 미래에도 평생 저장하고 접근할 수 있게 해줄 신경생리학적 메커니즘이 등장하면서 유기물에 의한 시간 재기의 자연적 과정에 근본적이고 새로운 발전이 이루어진다.

오래 저장되는 장기기억이 우리 호미니드 선조와 우리 현대인들의 삶에 미친 막대한 영향은 신경질환이나 뇌의 외상성 손상에 의해 이 탁월한 능력을 잃어버렸을 때 분명하게 알 수 있다. 이 분야에서는 신경과학 문헌 속에서 H. M.이라는 이름으로 불멸의 삶을 이어가게 된 헨리 몰래슨Henry G. Molaison의 사례가 가장 상징적이다. 열 살 때부터 뇌전증을 앓아온 H. M.은 청년이 되었을 즈음에는 발작이 심해져서 정상적인 생활을 전혀 할 수 없을 지경이 됐다. 당시에 있던 항경련제에는 이 발작이 더 이상 반응하지 않았다. 이런 상황을 개선하기 위한 최후의 시도로 1953년에 H. M.은 광범위하고 급진적인 신경외과 시술을 받게 된다. 이 수술에서 그는 발작의 기원인, 안쪽 관자엽에 위치한 겉질 조직을 상당 부분 제거했다. 이 수술의 결과 H. M.의 해마hippocampus와 더불어 안쪽 관자엽에 위치한 다른 핵심 구조물이 양측으로 상당 부분 제거되었다.

수술에서 회복한 후에 H. M.은 심각한 기억장애를 경험하기 시작했다. 수술 직후에는 자신을 매일 돌봐준 직원도 기억하지 못하고, 병원에 있는 동안 일어난 일들도 전혀 기억하지 못했다. 그의 주의력, 지적 능력, 성격은 영향을 받지 않았지만, 머지않아 그가 새로 습득하거나 머릿속에서 시연해본 새로운 정보를 장기기억으로 새기지 못한다는 것이 분명해졌다. 이런 기억 상실이 미친 가장 놀라운 영향은 그가 방금 만난 사람과 대화할 때 드러났다. 그는 새로 만난 사람과 대화에 참여하고 서로 교류할 수도 있었지만 몇 분 후에는 대화도, 그 대화를 함께 나눈 사람도 기억하지 못했다.

H. M.의 이러한 이상한 상태는 전향성 기억상실증anterograde amnesia(특정 사건 이후의 일을 기억하지 못하는 기억상실증 – 옮긴이)이라 알려지게 됐다. 기본적으로 그는 새로운 장기 기억을 만들어서 나중에 떠올릴 수가 없었다. 그는 새로운 운동 과제나 지각 과제의 수행 방법을 배울 수는 있었지만, 이런 유형의 학습과 관련된 반복적 행동을 수행했다는 것을 기억하지 못했고, 실험자와 함께했던 경험이나 상호작용도 말로 묘사할 수 없었다.

하지만 그것이 전부가 아니었다.

수술 받기 전의 과거 기억들은 대부분 보존되어 있었지만 H. M.은 수술 전의 삶에서 겪은 단편적인 사건도 떠올리지 못하게 됐다. 이는 그가 어느 정도의 후향성 기억상실증retrograde amnesia(특정 사건 이전의 일을 기억하지 못하는 기억상실증 – 옮긴이)도 생겼음을 암시하는 것이었다. 이런 신경장애의 결과로 전신마취에서 깨어난 순간부터 죽는 날까지 H. M.의 뇌는 현재의 순간을 영구적인 기록으로 남기는 일을 멈추어 마치 시간의 흐름이 얼어붙은 것처럼 보였다.

장기기억을 만들고 유지하는 신경생리학적 메커니즘의 발달에 뒤이어 생물학적 시간 재기에서 그다음으로 중요한 단계는 우리 선조들 사이에서 언어가 널리 채용되면서 일어났다. 여러 다양한 이유로 구어의 등장은 하나의 분수령을 이루는 사건으로, 인간의 정신에 일어난 또 하나의 진정한 빅뱅이라 할 수 있다. 하지만 인간의 시간 재기라는 맥락에서 보면 언어를 통해 자신의 생각을 표현할 수 있는 능력이 생겼다는 것은 호모 사피엔스 공동체가 자기 존재의 역사를 개인적으로 기록하는 데 그치지 않고 이제는 전통, 업적, 감정, 희망, 욕망 등을 집단적이고 포괄적으로 설명할 수 있게 되었다는 의미였다. 새로 등장한 이런 집단적인 역사적 설명 역시 장기간 보존되려면 개개인의 뉴런 조직에 각인되어야 하지만, 그럼에도 그것이 우리 초기 선조들 사이에서 시간이라는 개념을 크게 퍼뜨리는 데 기여했음은 분명하다. 따라서 호모 사피엔스 부족 사이에서 구두 소통과 언어가 등장한 것은 저 바깥에 존재하는 우주를 재구성하는 동안에 끝없이 인간 우주를 구축하는 과정을 촉발시킨 원초적인 정신적 기록 보존 메커니즘으로 생각할 수 있다. 따라서 역사학이라는 학문은 아주 오랜 옛날에 모닥불 주변에 둘러앉아 할아버지, 할머니가 자식과 손자들에게 자신의 할아버지, 할머니에게 들은 전설과 신화를 반복해서 말해주는 과정에서 탄생했다고 할 수 있다. 그리고 이런 과정은 끊어지지 않고 수천 년을 이어져 내려왔다. 내가 역사와 시간 재기는 언어라는 하나의 어머니로부터 태어난 쌍둥이라고 말하는 이유가 이것이다.

우리는 무시할 때가 많지만, 말이나 노래를 통한 구전의 전통은 전 세계적으로 우리 종의 역사 전반에서 종의 소통 전략 대부분을 지배해왔다. 예를 들어《일리아스》와《오디세이아》의 시적인 구절들도 대부분 기원전 8세기경에 매체에 기록되기 전까지는 셀 수 없이 많은 세대를 거치며 그리스인들에 의해 암기되고 노래로 불리다가 그리스 문화와 전통의 주요 교리로 자리 잡게 되었을 가능성이 크다. 이런 구전 의례는 너무도 중요했기 때문에 전설에 따르면 플라톤과 소크라테스 모두 그리스의 위대한 시들을 문자로 기록하는 것을 단호히 반대했다고 한다. 글이라는 새로운 매체가 자기 학생들의 정신적 기술을 갉아먹으리라 믿었기 때문이다. 소크라테스에 따르면 문자 기록을 갖고 있으면 학생들은 게을러질 것이고, 따라서 시를 입으로 반복해 말하면서 외우는 전통을 점차 버리게 될 것이라고 했다. 12장에서 보겠지만 새로운 소통 매체가 인간의 인지에 미치는 영향에 대해서는 기원전 5세기부터 지금까지 여전히 뜨거운 논란이 이어지고 있다.

앞에서 보았듯이 우리의 구석기 후기 선조들은 자신의 정신적 추상을 지하 동굴 벽에 그림을 그리는 방식으로 인공 매체에 재현하는 방법을 만들어냄으로써 자신의 세계관을 기록할 새로운 방법을 찾아냈다. 그렇게 함으로써 이들은 시간을 자신의 정신 속에서 확장시키는 데 그치지 않고, 과거의 역사적 사건을 영원한 시각적 표상으로 남김으로써 현재와 미래의 세대들이 그 사건을 이해할 수 있는 길을 터주었다. 시간 재기가 동굴벽화에서 또 다른 유형의 인공 매체로 옮겨 오는 데 350세기가 걸렸다. 태양 주위를 도는 지구의 상대적 운동이나 달의 위상 변화에서 나타나는 주기 등 되풀이되는 천체의 사건을 관찰하여 만들어진 최초의 천체력이 등장함으로써 새로운 시간의 표준이 도입되었다. 수메르인과 이집트인들이 처음 만들고 조금 뒤에 중국인들이 만든 이 천체력은 기원전 4000년경 최초의 문자 기록 등장과 때를 같이했다. 이어서 바빌로니아, 페르시아, 조로아스터교, 히브리의 달력이 뒤따랐다. 이는 시간 재기가 짧은 시간 안에 인류의 주요 문화권에서 대단히 중요한 일로 자리 잡게 되었음을 보여준다.

문자, 달력, 그리고 나중에 나온 대량 인쇄술은 인간 브레인넷 동기화를 위한 막강하고 새로운 메커니즘을 제공해주었다. 이 각각의 사례 덕에 여러 개별 뇌들은 이제 서로 보이지 않고 들리지 않아도 동기화할 수 있게 됐다. 자신의 생각, 통찰, 개념, 의심, 이론을 종이에 기록할 수 있게 됨에 따라, 그리고 인쇄된 자료를 대량으로 퍼뜨릴 수 있게 됨에 따라 개인들은 지질학적 공간이나 역사적 시간 모두에서 폭넓게 퍼져 있는 청중을 대상으로 소통할 수 있게 됐다. 특히나 인쇄 서적은 브레인넷이 시간의 흐름에 따라 확립, 유지, 확장되는 방식에 혁명을 일으켰다. 세대 안, 세대 간 사람들 사이에서 일방향 소통을 가능하게 해주었기 때문이다. 이런 브레인넷을 형성해준 신경생리학적 메커니즘은 7장에서 언급한 메커니즘과 비슷했다. 주요한 차이점이라면 앞선 세대가 글로 남긴 지적 유산과 접할 때 특정 시대의 독자의 뇌에서 기대와 정신적 추상에 대한 도파민 의존성 강화dopamine-dependent reinforcement가 일어났다는 점이다. 그 예로 나도 이 문단을 쓰는 동안 특히나 루이스 멈포드가 남긴 활자화된 언어가 내 개념과 글에 미치는 영향을 분명하게 느낄 수 있다. 그와 마찬가지 맥락에서 유능한 과학자라면 누구든 수십 년 혹은 수백 년 전에 살았던 지성과 지적으로 결합되는 느낌이 어떤 것인지 잘 알고 있을 것이다. 육신이 세상을 뜬 지는 오래됐지만 그들이 활자로 영구히 남긴 개념들은 지금까지도 우리의 철학적 관점, 개념, 실험 의제에 계속해서 영향을 미치며 우리를 인도하고 있다. 방대한 시간과 공간에 걸쳐 동기화할 수 있는 이 놀라운 능력은 인간의 뇌만 갖고 있는 고유의 속성이며, 그런 만큼 인간의 뇌가 에너지를 소산시켜 지식을 발생시키는 과정에서 결정적인 역할을 한다.

이제 시간 재기에 관한 이 짤막한 논의를 마무리하고 이어서 인류의 역사에서 공간이라는 개념이 어떻게 진화하였는지를 살펴보자. 이렇게 갑작스레 주제를 변경하는 것을 정당화하기 위해 내가 지금 이 순간에 속해 있는 멈포드-브레인넷에 또 한 명의 강력한 지성을 초대하는 것을 허락해주기 바란다. 조지프 캠벨을 말하는 것이다. 선견지명이 있던 그는 다음과 같이 썼다. "칸트가 이미 인식한 바와 같이 시간과 공간은 '선험적 형태의 감각'이다. 이는 모든 경험과 행위의 선행 전제조건으로, 우리의 몸과 감각은 태어나기 전부터 시간과 공간이 우리가 기능하게 될 장임을 알고 있었다. 시간과 공간은 행성들처럼 저기 어딘가에 그저 존재하다가 별개의 관찰을 통해 분석적으로 학습하게 되는 대상이 아니다. 우리는 시간과 공간의 법칙을 자기 안에 내포하고 있기 때문에 이미 우주에 대해 이해하고 있다."

7장에서 탑승자-관찰자 실험에 대해 이야기할 때 나는 간략하게 공간 속에서 자신의 절대적 위치를 추적하는 한두 가지 뇌 기반 메커니즘, 그리고 보상까지의 거리나 사회집단 구성원 간의 거리 같은 상대적 공간 좌표를 계산하는 다른 신경생리학적 방법을 간단히 소개했다. 지난 수십 년 동안의 뇌 연구를 통해 포유류와 영장류에서 그런 기본적인 신경 메커니즘이 확인되었지만 수백만 년 전, 우리 호미니드 선조들도 그런 메커니즘을 사용할 수 있었음은 분명하다. 하지만 인간 뇌의 자체적 관점에서 바라본 공간의 개념은 호모 사피엔스의 등장 이후로 엄청나게 확대됐다. 호모 사피엔스의 공간 개념이 자신을 둘러싼 자연환경 너머로 처음 확대된 것은 용감한 이주를 통해 이루어졌을 공산이 크다. 이 이주를 통해 우리 선조들은 처음에는 아프리카를 벗어나 유럽, 레반트, 아시아, 그다음에는 지구 전체로 퍼져나갔다. 하지만 우리 선조들이 이루었던 이 최초의 장대한 탐험에 대한 역사적 기록은 선조들의 생물학적 기억에만 새겨졌기 때문에 오래전에 사라지고 없다. 그 당시는 이 여정을 일기로 기록할 수 있는 인공 매체가 발명되지 않았기 때문이다.

구석기 후기 동안에 지하 동굴을 인류가 새로 습득한 미술적 재능을 표현할 장소로 사용한 것도 공간에 대한 정신적 표상이 크게 확장하는 데 기여했을지도 모른다. 일부 전문가들이 보기에 이것은 지하 공간이 '사후 세계'라는 영역을 수용하기 위해 우리 정신 깊숙한 곳에 구축된 완전히 새로운 공간 영역을 표상한다는 우리 선조들의 믿음을 상징하는 것이기 때문이다.

시간이 흘러 하늘이 우리에게 영감을 주는 주요 원천이 되자 공간에 대한 인류의 개념은 지표면을 넘어 천상의 세계로 확장됐다. 비록 당시에는 지구가 어떻게 생겼는지, 지구의 경계가 존재하는지, 존재한다면 어디서 찾을 수 있는지 아무도 모르고 있었지만 말이다.

신석기시대에 최초의 영구 정착지가 세워지면서 땅이라는 형태의 공간이 공동체 안에서 사회를 구분하는 방법으로 자리 잡기 시작했고, 나중에는 왕국과 왕의 세력 범위를 확대하는 방법으로 자리 잡게 됐다. 정복과 전쟁을 통한 영토 확장, 그리고 기술자와 건축자 들이 새로 습득한 지식을 활용한 치열한 건축은 고대 문명들이 자기네 백성과 이웃한 영토들에 대한 지배를 강화하는 작동 방식으로 자리 잡았다. 공간은 하나의 재화가 되어 그것을 정복하고 차지하고 개조한 사람들에게 사회적·경제적 권력과 공권력이 돌아가게 되는 정신적 통화로 자리 잡았다.

수천 년 후에는 공간이 수학적 용어로 표현되기 시작하면서 중요한 변화가 일어났다. 이 놀라운 정신적 업적은 유클리드Euclid가 기하학geometry(고대 그리스어로는 '땅의 측량'을 의미한다)을 소개하면서 이루어졌다. 유클리드는 기원전 4세기 말에서 기원전 3세기가 시작될 때까지 이집트 알렉산드리아의 항구에서 살았던 그리스 수학자다. 고대 바빌로니아의 문헌에 영향을 받았을 가능성이 높은 유클리드의 《원론Stoicheia》은 여러 권으로 이루어진 기하학 교과서로, 그 후로 1800년대 중반에 독일의 수학 메카였던 괴팅겐대학교에서 독일의 수학자 게오르크 프리드리히 베른하르트 리만Georg Friedrich Bernhard Riemann이 비유클리드 기하학을 제안할 때까지 20세기 동안 공간에 대해 유일하게 수량화된 수학적 공식화로 자리를 지키게 된다. 다차원의 매끄러운 다양체smooth manifolds를 다루는 리만 기하학Riemannian geometry은 이름을 알리지 못하고 묻혀 있다가 반세기 후에 다름 아닌 알베르트 아인슈타인에 의해 구원받게 된다. 아인슈타인이 일반상대성이론을 공식화하면서 이 새로운 다차원 공간의 관점을 채용한 것이다.

하지만 아인슈타인의 뇌가 시간과 공간이 시공간 연속체space-time continuum로 융합된 우주를 탄생시키기 전에도 다른 혁명들이 공간에 대한 인간의 관점을 새로이 개조해서 그 도달 범위를 아주 작은 것에서 거대한 것에 이르기까지 확장시켰다.

이번에도 역시 유럽 중세에서 르네상스로의 이행을 이끈 정신적 추상의 변화가 결정적인 역할을 했다. 이런 변화가 이번에는 공간을 확장하고 재정의하는 과정에서 이루어졌다. 인류를 다시 지배적인 우주론적 관점의 중심으로 되돌려놓은 이 심오한 변화는 일반인들이 공간을 인식하는 방법을 바꾸어놓았고, 역사에서 자주 그랬듯이 예술가, 특히 화가들이 공간을 표상하는 방법도 바꾸어놓았다. 나는 다시 한번 루이스 멈포드의 말을 통해 이 전환의 시기에 공간에 대한 표상에서 어떻게 근본적인 변화가 일어났는지 강조하고자 한다. "중세시대에는 공간적 관계가 상징과 가치로 조직화되는 경향이 있었다. 도시에서 가장 높은 물체는 하늘을 가리키면서 그보다 낮은 모든 건축물들을 지배한 교회 첨탑이었다. 그리고 교회는 사람들의 희망과 두려움을 지배했다. 공간은 7주덕이나 12사도 10계명 혹은 삼위일체를 표상하기 위해 임의로 분할되었다. 기독교의 우화와 신화들을 상징을 통해 지속적으로 언급하지 않았다면 중세적 공간의 근거는 붕괴되고 말았을 것이다."

중세시대 그림에서 등장인물의 집단 내 사회적 중요도를 그 등장인물의 크기로 암시한 이유를 이것으로 설명할 수 있다. 요즘에 와서 보면 이런 그림 중에는 이상한 느낌을 자아내는 것이 있다. 동등한 인체는 동일한 시각 평면을 공유하고 있기 때문에 같은 크기로 그려야 하는데 크기가 아주 다르게 묘사되어 있기 때문이다. 예를 들면 그중 한 명은 성인이고, 또 한 명은 그냥 교인인 경우다. 그림 안에서 과거 수백 년 전에 있었던 예수의 삶과 관련된 장면을 현대의 이미지와 함께 섞어서 그림으로써 중세의 화가들은 동일한 공간 영역 안에서 다양한 시대를 융합하는 데 아무런 문제도 겪지 않았다. 이런 경향을 보여주는 사례로 멈포드는 보티첼리의 〈성 제노비우스의 세 가지 기적The Three Miracles of Saint Zenobius〉을 들었다. 이 그림은 하나의 도시를 배경으로 그 안에 시간대가 서로 다른 세 개의 순간을 합쳐놓았다. 대상이 아무런 논리도 없이 등장하거나 사라지고, 혹은 한 장면 안에서 어색하거나 심지어 물리적으로 불가능한 위치에 놓이기도 하는 이 중세식 공간 관점을 요약하면서 멈포드는 이렇게 결론 내리고 있다. "공간과 시간의 이 상징적 세계에서는 모든 것이 미스터리 아니면 기적이다. 사건들 사이를 연결하는 것은 우주적 질서와 종교적 질서였다. 공간의 진정한 질서는 천국Heaven이었고, 시간의 진정한 질서는 영원Eternity이었다."

공간 묘사의 예술 전통뿐만 아니라 천년을 이어온 중세의 다른 제도들까지 강력하게 뒤흔들어놓은 이 충격은 새로운 정신적 추상의 승리가 낳은 직접적인 결과였다. 이 정신적 추상은 인간 정신의 역사에 있었던 주요 혁명의 또 다른 사례로 어렵지 않게 목록에 올릴 만한 것이었다. 기원전 5세기의 그리스에 이어 14세기와 17세기 사이 유럽에서 평범한 사람이 인간 우주의 중심으로 올라가는 두 번째 커다란 사건이 일어났다. 특히나 인간이 더 이상 수치스러운 줄 모르는 죄인이 아니라 이제 우주의 새로운 주인공으로 캐스팅되어 웅장하게 다시 부활했다는 것은 자연 세상에 대한 표상의 틀을 공간적으로 새로 짜야함을 의미했다. 이제부터 공간은 더 이상 신성한 질서의 부속물에 불과한 것으로 여겨지지 않을 것이다. 대신 세상은 이제 사람의 눈을 통해 바라본 모습으로 묘사되어야 했다. 이 새로운 맥락 안에서 원근법의 원리가 발견되고, 이탈리아에서 그 원리를 적용하는 완전히 새로운 미술 학파가 탄생하면서 새로운 세계 질서가 캔버스에 시각적으로 투사되었다. 그것은 인간의 뇌가 보고 채우는 질서였다. 이제는 뇌 자신의 관점이 화가의 손에게 지시를 내려 색과 그림자를 대비시키며 주변 세상과 비슷한 연출을 창조해낸다. 이 새로운 통찰은 사람들의 정신 속에서 거의 천년의 세월에 걸쳐 무르익은 후에 드디어 해방되어 나와 수백, 수천 명의 인간 정신으로 퍼져나갔고, 그들을 브레인넷으로 동기화시켰다. 그리고 이 브레인넷은 일관성 있고 집단적인 창조 작업과 용기를 통해 이탈리아 르네상스를 탄생시켰다. 멈포드는 이렇게 평가한다. "14세기와 17세기 사이에 서유럽에서 공간의 개념에 혁명적인 변화가 일어났다. 가치의 위계로서의 공간이 크기 체계로서의 공간으로 대체되었다. …… 이제 물체들은 절대적인 크기로 별도로 존재하지 않았다. 물체들은 동일한 시각적 틀 안에서 다른 물체들과 함께 편성되어 축적에 따라 창조되었다. 이런 축적을 달성하기 위해서는 그림과 이미지 사이에서 점 대 점으로 대응하면서 물체 그 자체를 정확하게 표상할 수 있어야 했다. …… 원근법에 대한 새로운 흥미가 그림에 깊이를, 정신에 거리를 부여했다."

우주의 새로운 중심으로 부상한 인간은 자기 주변의 세상들을 새로 개편하고 처음에는 자신의 머릿속에, 그리고 나중에는 캔버스 위에 오늘날까지도 추앙받는 그림으로 그려냈다. 이 시기의 걸작들을 관람하면 르네상스 시대 천재들의 뇌와 손이 이룬 업적을 감상하며 시간을 보낼 수 있을 것이다.

르네상스 시대의 미술을 넘어 지도 제작이라는 완전히 다른 장르에 초점을 맞추면 이 천국으로부터의 해방을 더 확실하게 확인할 수 있다. 과거 그리스와 이슬람의 지도 제작자들의 업적을 바탕으로 1436년에는 공간에 대한 새로운 르네상스식 관점이 지도 제작자들의 지도 작성 방식에도 영향을 미쳤다. 위도선과 경도선의 등장으로 지구 위 알려진 모든 공간은 정확한 2차원 위치를 부여받게 됐다. 아스트롤라베astrolabe, 천체력ephemeride, 나침반, 18세기 육분의sextant의 전신인 직각기Jacob's staff 등 외해 항해를 위한 새로운 세대의 지도와 신기술들이 포르투갈과 스페인의 개척적인 항해사들로 하여금 15세기와 16세기의 대항해시대를 열어젖히게 만들어 공간에 대한 르네상스식 관점을 확장하는 또 다른 큰 추진력을 만들어냈다. 수세기 동안 땅에 묶여 경건하게 참회만 하다가 갑자기 광대한, 그리고 당시에는 완전한 미지의 공간이었던 바다를 항해하며 그 안에 숨겨져 있던 풍요로움을 탐험하는 일이 유럽의 왕실과 모험가들의 강박적 집착이 되고 말았다. 그리고 이들의 이름과 장대한 여정은 위대한 탐험으로, 혹은 누군가에게는 범죄로 오늘날까지도 남겨지게 됐다. 몇몇 경우는 신을 위해, 그리고 재물을 위해 미지의 공간으로 나아간 유럽의 탐사원정대들이 전 세계 토착민을 상대로 끔찍한 대량학살을 저지르기도 했다. 이 끔찍하고 비극적인 오점을 잊지 않아야겠지만, 콜럼버스Columbus, 바스코 다 가마Vasco da Gama, 페드로 알바레즈 카브랄Pedro Álvarez Cabral, 아메리고 베스푸치Amerigo Vespucci, 에르난 코르테스Hernán Cortés, 프란시스코 피사로Francisco Pizarro,

페르디난드 마젤란Ferdinand Magellan 같은 사람들은 자신의 행동을 통해 지구라는 공간 속에 정말로 어떤 것이 들어 있는지에 관한 중세시대의 집단적 정신에 큰 혁명을 일으켰다. 베스푸치, 콜럼버스, 페드로 알바레즈 카브랄이 상륙했던 새로운 지역이 신세계로 불리게 된 것도 놀랄 일이 아니다. 중세 유럽인들의 지구 공간에 대한 개념으로 보건대 아메리카 대륙의 발견은 비유하자면 21세기에 멀리 떨어진 항성계에서 새로운 외행성을 발견한 것에 버금간다고 할 수 있다.

이 새로운 지역은 너무도 이질적이었기 때문에 유럽의 왕실들은 신세계 토착 원주민들과 그 문화는 말할 것도 없고, 그곳의 동물, 식물, 먹거리 등 어마어마한 다양성에 깊은 충격을 받았다. 하지만 이들의 충격은 그들의 사절이 새로운 속국으로부터 채굴해서 왕과 여왕에게 가져온 막대한 양의 금, 은, 보석으로 쉽게 달랠 수 있었다.

16세기 왕가들에게 돈을 의미하는 것은 신세계의 시간이 아니라 그 공간이었다.

인간의 공간 개념에 관한 한 15세기 중반부터 17세기 중반까지 200년은 격동의 시기였다. 신세계의 발견만으로는 충분치 않았는지 니컬러스 코페르니쿠스, 요하네스 케플러, 갈릴레오 갈릴레이, 아이작 뉴턴, 로버트 훅Robert Hooke, 안톤 판 레이우엔훅Antonie van Leeuwenhoek 등의 독특한 지성인들이 만들어낸 사상과 발견이 동기화되어 만들어진 브레인넷이 공간의 개념에 인류의 역사 전체에서 가장 거대한 초신성 폭발을 일으켰다. 사실 이것과 어깨를 견줄 만한 것은 아인슈타인의 일반상대성이론과 양자역학 덕분에 19세기 후반에서 20세기 중반에 걸쳐서 일어난 공간의 확장 말고는 없다.

15~17세기 브레인넷이 미친 영향은 니컬러스 코페르니쿠스가 볼로냐대학교에 입학하기 위해 나고 자란 폴란드를 떠나 이탈리아로 이사했을 때부터 구체화되기 시작했다. 그리고 이 볼로냐대학교에서 역사상 가장 역설적인 사건 중 하나가 일어난다. 그가 나중에 하고 많은 학문 분야 중 하필 교회법에서 박사학위를 받은 것이다. 자기 삶의 처음 몇십 년 동안 코페르니쿠스는 천체를 관찰한다. 그리고 자신의 측정 결과를 분석하고 그리스와 이슬람 천문학자들의 연구를 폭넓게 섭렵한 결과, 기원전 100년경에 제안된 프톨레마이오스Ptolemaios의 고전적인 태양계 모형에 심각한 결함이 있음을 알아차리기 시작한다. 프톨레마이오스의 모형에서는 지구가 태양계뿐만 아니라 우주 전체의 움직이지 않는 중심이라 인정하고 있었다. 보통은 프톨레마이오스가 이런 지구 중심적 관점을 만들어냈다고 생각하지만, 사실 그의 모형은 그보다 몇백 년 앞서 살았던 여러 천문학자들에 의해 그리스에서 발전한 유사한 모형을 개선한 버전이다. 천문학자들이 대체로 공감대를 이루고 있는 듯 보이기는 했지만 알렉산드리아의 아르타르코스Aristarchus 같은 다른 그리스 천문학자들은 '지구 중심 우주'라는 개념에 의심의 눈길을 보냈다. 이런 의심은 기록되어 남았고, 코페르니쿠스가 살던 시대까지 살아남았을 가능성이 크다.

프톨레마이오스의 지구중심설 모형에서는 항성, 태양계의 모든 행성, 달, 태양 그 자체가 고정된 지구를 중심으로 그 주변을 돈다. 그런데 5세기 전에 우주에서 지구의 진정한 위치에 대한 논의가 일어났는데, 이것은 엄청난 정치적·종교적 의미를 함축하고 있었다. 특히 중세시대를 탄생시킨 핵심적인 정신적 추상을 사람들이 의문을 제기하지 않고 계속 받아들이느냐에 자신의 생존이 달려 있는 가톨릭교회에게는 특히나 중요한 문제였다. 내가 이렇게 말하는 이유는 서유럽의 중세 사회에서 지구가 전체 우주의 중심지로서 하나밖에 없는 공간적 위치를 차지하고 있다는 것은 그저 하나의 추상적인 천문학적 혹은 과학적 문제에 그치지 않았기 때문이다. 이것은 당시에 가장 소중하게 여기던 신념 두 가지를 증명해주는 것이었다. 즉, 인류가 영광스러운 신의 유일한 자손이라는 신념, 가톨릭교회, 그리고 교회의 대변인, 추기경의 군대, 주교, 수녀, 사제 등은 지상에서 유일하게 신을 대표하는 존재라는 반박할 수 없는 신념 말이다. 이런 맥락에서 보면 프톨레마이오스가 제안한 지구중심 우주 모형은 가톨릭교회의 지배를 강화해주는 대단히 강력한 도구였다. 그래서 사람에게 아무리 많은 고통을 안겨주고 얼마나 많은 목숨을 앗아가든, 이 모형에 대한 신뢰는 무슨 일이 있어도 지켜야 했다.

지금이야 이런 편협한 지구 중심 우주관을 어렵지 않게 무시할 수 있지만 15세기만 해도 프톨레마이오스의 모형을 이용해서 행성의 궤적을 놀라울 정도의 정확도로 수없이 많이 예측했다는 것을 알아야 한다. 물리학자 리 스몰린Lee Smolin이 《시간의 재탄생Time Reborn》에서 지적했듯이 주전원epicycle의 개념을 채용하고 이슬람 천문학자들이 개선한 몇 가지 부분을 따라감으로써 프톨레마이오스의 모형은 행성, 태양, 달의 위치를 0.1퍼센트라는 작은 오차로 예측할 수 있었다. 오차가 1000분의 1에 불과하다!

공식적으로 발표되지는 않았지만 16세기 초반의 학자들 사이에서 널리 읽히던 〈코멘타리올루스Commentariolus(짧은 해설서)〉라는 제목의 약 40쪽짜리 논문에서 코페르니쿠스는 그가 과학에 길이 남을 족적이 될, 〈천구의 회전에 관하여De revolutionibus orbium coelestium〉라는 논문의 서문이 될 부분을 쓴다. 이 논문은 1543년 그가 사망하기 바로 전에 발표됐다. 이 논문에서 코페르니쿠스는 반세기가 넘는 연구를 배경으로 한 천재적인 필치로 지구, 그리고 그 안에 있는 모든 인간, 동물, 산, 바다, 사막, 구세계, 신세계 그리고 가톨릭교회와 그 관료주의까지도 모두 우주의 중심에서 추방시켜버렸다. 그리고 그 자리에 태양을 앉혀놓고, 우주 전체의 새로운 중심을 할당했다. 이렇게 새로 배치하면 지구의 그레고리력Gregorian calendar이 태양 주위를 한 바퀴 도는 데 약 1년이 걸렸다. 그리고 지구의 자전으로 우리 모두가 경험하는 낮과 밤의 주기를 설명할 수 있었다. 그리고 코페르니쿠스는 지구와 별 사이의 거리에 비하면 지구와 태양 사이의 거리는 무시할 수 있을 수준이라고 추론했다.

코페르니쿠스는 자신의 태양중심설 모형이 얼마나 심오하고 광범위한 영향을 미쳤는지, 가톨릭교회가 거기에 얼마나 가혹하게 반응했는지 살아서 목격하지 못했다. 코페르니쿠스와 그의 신봉자들이 가한 충격을 요약하며 조지프 캠벨은 이렇게 적었다. "코페르니쿠스가 제안한 것은 눈으로는 볼 수 없고 머릿속으로만 상상할 수 있는 우주였다. 이는 눈에는 전혀 보이지 않는 수학적 구성물로, 천문학자들만 흥미를 느낄 뿐 시야와 느낌이 여전히 지구에 갇혀 있는 나머지 인류에게는 보이지도, 느껴지지도 않는 우주였다."

하지만 교회가 선호하는 지구중심설에 대항해서 태양중심설을 옹호하던 많은 이들이 궁극의 희생을 치러야 했음에도 불구하고 태양중심설 모형은 널리 퍼지게 된다. 코페르니쿠스 학설의 옹호자였던 이탈리아 도미니크회 수사 조르다노 브루노Giordano Bruno의 운명은 코페르니쿠스의 새로운 우주 모형에 가톨릭교회가 어떻게 반응했는지를 가장 잘 보여주는 사례다. 브루노는 별들은 그저 지구 같은 행성이 그 주위를 돌고 있는, 멀리 떨어져 있는 태양일 뿐이라는 과감한 주장을 했다. 브루노는 이단 행위로 종교재판에서 유죄를 선고받았다. 그리고 이탈리아 르네상스가 한창이던 1600년에 그의 '범죄'에 대한 벌로 화형대에서 타죽었다.

코페르니쿠스로부터 배턴을 이어받은 독일의 천문학자 요하네스 케플러는 공간에 대한 인간의 지각을 확장하는 데 크게 기여한 그다음 주자가 되었다. 케플러는 인류 역사에서 맨

눈으로 천체를 관찰한 마지막 천문학자인 덴마크의 튀코 브라헤Tycho Brahe가 고통스럽게 수집한 꼼꼼한 관찰 자료를 이용해서, 프톨레마이오스의 모형으로 화성의 궤도를 예측할 때 생기는 작은 불일치를 설명하는 데 자신의 모든 에너지를 쏟아붓고 있었다. 프톨레마이오스의 예측에서 생기는 이 작은 오류로부터 케플러는 행성이 태양 주위를 어떻게 도는지에 관한 완전히 새로운 정신적 추상을 수학이라는 언어의 형태로 이끌어낼 수 있었다. 그는 행성운동의 법칙을 통해 태양계의 모든 행성이 태양 주위로 원형 궤도가 아니라 타원 궤도를 따라 움직인다는 것을 입증해 보였다.

케플러가 미친 영향은 사람들이 생각하는 것보다 훨씬 심오했다. 케플러는 자신의 연구를 통해 당시 공간에 관한 한 가장 성공적인 정신적 추상이었던 유클리드 기하학을 하늘로 확장했기 때문이다. 이것은 다시 코페르니쿠스의 태양중심설 모형에 훨씬 정교한 수학적 정확도를 부여했다. 그때까지만 해도 코페르니쿠스조차 화성의 궤도가 원형이 아닌 것을 설명하기 위해 주전원이라는 개념을 사용했기 때문이다. 케플러가 내놓은 우아한 해법은 다른 두 천재를 위한 무대도 마련해주었다.

갈릴레오 갈릴레이와 아이작 뉴턴이다. 갈릴레오 갈릴레이는 도구를 기반으로 하는 관측 천문학을 비롯해서 여러 실험물리학 분야의 창시자로 인정받고 있다. 그는 또한 오늘날까지도 과학적 연구 절차를 좌우하고 있는 연구 방법의 탄생에도 기여했다. 소위 과학적 방법론scientific method이라는 것이다.

그는 은하수, 목성의 위성, 금성의 위상 변화, 태양의 흑점, 달의 분화구와 산 등을 선구적으로 관찰했는데, 이런 것들은 모두 르네상스 시대에 새로 탄생해서 공간의 개념을 확장시킨 가장 강력한 도구 두 가지 중 하나, 바로 망원경을 이용해서 이루어진 것이다. 망원경과 쌍을 이루는 현미경처럼 망원경도 렌즈 생산 과정이 완벽해진 덕분에 1608년에 세상에 등장할 수 있었다. 기술의 역사에서 찾아볼 수 있는 다른 수많은 사례와 마찬가지로 렌즈 산업 역시 수세기 전에 일어난 발전에 덕을 보았다. 12세기와 13세기 동안에 유럽 전역에서 교회 유리창 장식에 사용할 스테인드글라스 창의 수요가 폭증한 바람에 유리 생산이 엄청나게 증가했던 것이다. 13세기에 베네치아 근처의 무라노에 유리 공업이 기반을 다지게 되면서 이탈리아 르네상스 덕분에 인류가 다른 범위의 공간을 탐험하는 방식을 영원히 바꿔줄 선물의 등장이 용이해졌다. 아주 크고 먼 범위에서 아주 가깝고 작은 범위에 이르기까지, 그전에는 절대 탐험이 불가능했던 공간 영역을 인간이 관찰하고 숙고하고 경탄할 수 있게 된 것이다.

현미경의 도입으로 눈으로 볼 수 있는 공간의 한계가 갑자기 마이크로미터(10^{-6}미터) 수준의 영역으로 확장됐다. 이 미시세계에서 로버트 훅은 동물과 식물의 조직 모두에서 핵심적인 기능 단위인 세포를 관찰하고 확인하고 명명할 수 있었다. 1665년에 로버트 훅은 《마이크로그라피아Micrographia》라는 책에서 이것과 다른 관찰에 대해 묘사했다. 학교도 다니지 않고 정식 과학

교육을 받은 적도 없는 네덜란드의 상인 안토니 판 레이우엔훅은 로버트 훅의 책을 읽은 후에 렌즈 만드는 법을 배워서 직접 현미경을 만들어보겠다고 마음먹었다. 순수한 지적 호기심에서 시작된 이런 노력의 결과로 판 레이우엔훅은 자기가 만든 현미경을 이용해 자기 타액 속에서 세균의 존재를 발견하고, 또 현미경적으로 작은 다양한 기생충과 다른 생명체들도 발견했다.

로버트 훅, 판 레이우엔훅, 그리고 다른 현미경학자들의 연구는 머지않아 우리의 맨눈에 보이는 것만큼이나 풍부하고 다양하고 방대한 미시세계가 존재한다는 것을 보여주어 사람들을 깜짝 놀라게 했다. 그리고 머지않아 인간의 뇌 자체도 현미경적으로 작은 수십억 개의 세포 망으로 이루어졌다는 것이 밝혀졌고, 이 세포를 뉴런이라 명명하게 됐다.

그 반대 방향인 하늘을 바라보며 갈릴레오는 망원경을 이용해 행성, 태양, 그리고 머나먼 별 등의 천체를 관측했다. 그는 이 별들은 기본적으로 우리의 태양과 비슷한 천체의 용광로라는 조르다노 브루노의 개념을 옹호함으로써 천체 공간에 대한 인간의 개념을 망원경으로 볼 수 있는 한계까지 더욱 넓혔다. 갈릴레오, 그리고 그와 동시대 인물이었던 케플러는 우주에 대한 이해가 인간이 도달할 수 있는 영역 안에 들어 있을 가능성을 말해주었다. 특히 케플러가 의존했던 17세기의 새로운 정신적 추상인 수학을 통해 그 가능성은 더 커졌다. 암호화된 기호언어인 수학은 그 이후로 우리 주변, 그리고 우리 안에 존재하는 모든 것을 기술하는 데 사용되어왔다.

갈릴레오는 무겁든 가볍든 모든 물체는 간단한 수학 방정식으로 표현되는 포물선을 따라 일정한 가속도로 땅을 향해 떨어진다는 것을 입증해 보임으로써 지표면 위에서 수학적 사고를 통해 유도한 법칙을 훨씬 더 넓은 우주 공간에 그대로 적용할 수 있다는 전제를 생각해낸다. 대부분의 사람은 아직 모르고 있었지만 적어도 갈릴레오의 정신 속에서는 공간의 범위가 기하급수적으로 커지고 있었다.

갈릴레오의 독창적인 연구 프로그램에서 한 가지 중요한 측면, 즉 오로지 인간 정신 내부의 전자기 동역학에서 유래한 수학적 추상과 대상을 방대한 우주 전체에 적용되는 법칙으로 바꾸어놓는 중대한 도약을 이룰 인물은 갈릴레오가 생을 마감한 바로 그날에 태어났다. 공간에 대한 인류의 감각을 영원히 바꾸어놓은 브레인넷의 또 다른 탁월한 멤버인 아이작 뉴턴은 중력의 개념을 도입함으로써 인간의 정신을 전에는 한 번도 방문한 적이 없었던 공간 영역으로, 오늘날까지도 그 경계가 미스터리로 남아 있는 알려진 우주와 알려지지 않은 우주의 광대한 영역으로 투사했다.

뉴턴이 얼마나 거대한 정신적 성취를 이루었는지는 말로 다 표현하기가 어렵다. 뉴턴의 중력 이론은 공식화된 이후로 두 세기 동안 자연의 기본 힘fundamental force에 대한 최초이자 유일한 기술로 남아 있었다. 이 힘은 원격으로 작용할 수 있었고, 우주 어디를 가든 똑같은 원리를 따랐다. 이런 경천동지할 발견을 단순한 공식 하나로 기술할 수 있다는 사실은 인간의 이성이 신비주의를 상대로 거둔 위대한 승리를 말해주는 으뜸 사례로 자리 잡았다. 머지않아 뉴턴 물리학은 유물론을 지배적인 철학적 위치로 쏘아올리는 자체 추진 로켓이 되었고, 오늘날의 과학에서도 그 위치는 흔들리지 않고 있다.

뉴턴의 발견에 담긴 위대한 통찰 중 하나는 '궤도를 도는 것이 일종의 낙하'라는 사실을 깨달음으로써 갈릴레오의 관점을 극적으로 확장시켜놓았다는 것이다. 이것을 이해하자 뉴턴은 지구에서의 물체의 낙하를 다루고 있는 갈릴레오의 발견과 케플러의 행동운동의 법칙을 중력이라는 하나의 우아한 개념으로 통합하는 데 성공했다.

뉴턴의 모형은 우주가 어떤 방식으로 행동해야 하는지에 관해 여러 가지 예측을 낳았고, 그뿐 아니라 설명의 부담도 안겼다. 우선 뉴턴의 우주에서 공간은 그 기원이나 본질, 행동에 대해 그 어떤 설명도 필요 없는, 이미 주어져 있는 절대적인 존재였다. 공간은 그저 거기 있을 뿐이었다. 공간은 우주, 그리고 우리를 비롯해서 우주에 속해 있는 그 모든 존재에게 그냥 처음부터 주어진 것이었다. 이런 관점은 또한 공간이 수학자에게는 축복임을 암시했다. 뉴턴에 따르면 수학자들은 공간에 대해 아무것도 걱정할 필요가 없었다. 공간은 힘이 물체에 작용해서 정교한 운동을 빚어내는 아름다운 쇼를 뒷받침하기 위해 존재하는 것이었다. 따라서 우리는 그저 알아주는 이 없어도 공간이 조용히 제 할 일을 하도록 놔두면 될 일이었다. 공간이 우리를 수학적으로 귀찮고 어렵게 만들 이유는 없었다.

어쩌면 우주에 대한 뉴턴의 설명에서 더욱 놀라운 것은 공간을 부차적으로 만들어버렸다는 것보다 시간이 이 천체의 쇼에 입장권을 받지 못했다는 것인지도 모르겠다. 뉴턴의 우주 극장 안에서 일어나는 모든 사건은 전적으로 결정론적deterministic이었다. 이것은 한 계의 초기 조건과 물체에 가해진 힘만 주어지면 뉴턴의 운동 법칙을 적용하여 물체의 가속도, 운동 방향, 전체 궤적 같은 것을 이끌어냄으로써 그 물체의 앞으로의 운동을 완벽하게 예측할 수 있다는 의미였다. 바꿔 말하면 한 계의 초기 조건과 힘을 알고 있다면 뉴턴의 운동 법칙을 이용해서 물체의 미래 위치를 간단하게 계산할 수 있다는 것이다. 그 물체가 그 위치에 도달하기도 전에 말이다. 뉴턴의 우주에서 그 어떤 놀라움도 존재하지 않는 이유도 바로 이 때문이다. 이 우주에서는 그 무엇도 우연에 의해 정해지지 않는다. 미래로 이어지는 모든 단계가 미리 예측이 가능하다. 내가 6장에서 사용한 계산의 비유를 이용하자면, 뉴턴의 우주는 튜링기계, 디지털 컴퓨터와 비슷하다. 입력값과 프로그램이 주어지면 항상 똑같은 결과가 나온다. 그리고 그 결과는 시간과 아무런 관계도 없다. 시간의 흐름이 컴퓨터 프로그램도, 컴퓨터가 원래의 입력값을 읽는 방법도 바꾸지 못하기 때문이다. 더군다나 디지털 컴퓨터처럼 뉴턴의 우주에서는 시간의 흐름을 손바닥 뒤집듯 쉽게 뒤집을 수 있다. 어떤 운동의 결과가 주어졌을 때 운동 법칙을 적용하는 방향만 뒤집어주면 그 특정 운동을 낳은 초기 조건으로 다시 돌아갈 수 있다.

자연을 바라보는 뉴턴식 관점은 결정론determinism으로 알려지게 됐다. 인간의 의지를 비롯한 모든 자연현상을 잘 정의된 원인으로 결정할 수 있다는 것이다. 뉴턴 우주의 핵심 공리에 바탕을 둔 결정론적인 철학적 사고방식을 받아들였을 때 어떤 일이 일어날지를 프랑스의 수학 천재 피에르 시몽 라플라스Pierre Simon Laplace처럼 잘 정의한 사람은 없다. 그는 이렇게 주장했다. "만약 우주에 있는 모든 원자의 정확한 위치와 운동, 그리고 그 원자들에 가해지는 정확한 힘이 주어진다면 우주의 미래를 완벽하고 정확하게 예측할 수 있을 것이다."

이런 관점은 뉴턴만의 것이 아니었다. 코페르니쿠스, 케플러, 갈릴레오의 우주 모형은 본질적으로 절대적 공간과 시간의 초월이라는 동일한 속성을 공유했다.

뉴턴의 우주에서는 관찰자에게 아무런 역할도 주어지지 않았다. 우리 혹은 다른 그 어떤 존재가 쇼를 관람하고 있거나 말거나, 일어날 일은 그저 일어날 뿐이었다.

19세기 말과 20세기 초반 20년 동안 인류는 공간의 개념을 새로이 확장하고 정의하는 경험을 하게 됐다. 17세기의 경우와 마찬가지로 공간이란 개념이 다시 한번 두 가지 큰 방향으로 폭발을 일으켰다. 하나는 우주 전체의 크기를 정의하는 수십억 광년 단위를 포괄하는 아주 큰 방향이었고, 하나는 반대로 원자 세계를 정의하는 나노미터(1×10^{-9}미터)와 옹스트롬(1×10^{-10}미터) 단위를 포괄하는 아주 작은 방향이었다. 먼저 아주 큰 방향으로의 폭발에 대해 간략하게 살펴보자.

20세기 초반 20년 동안에는 알베르트 아인슈타인이라는 혁명적인 정신적 추상이 혼자만의 힘으로 상대적 운동relative movement, 공간, 중력에 대한 지배적인 관점을 바꾸어놓았다. 그리고 그 과정에서 아이작 뉴턴이 상상했던 것과는 아주 다른 우주가 만들어졌다. 1905년 특수상대성이론의 발표로 아인슈타인은 관찰자의 기준점을 중앙 무대로 데리고 나왔다. 그는 멀리 떨어져 서로 다른 상대적 속도로 운동하는 두 명의 관찰자가 멀리 떨어져 일어나는 두 사건이 동시에 일어난다고 동의할 수 있는지 생각해봄으로써 이 일을 해냈다. 아인슈타인이 이런 질문을 던지게 된 데는 오스트리아의 저명한 물리학자 에른스트 마흐의 개념이 큰 영향을 미쳤다. 마흐는 우주에서 일어나는 모든 운동이 상대적이라 믿었다. 바꿔 말하면 사물은 그 자체로 운동하는 것이 아니라 다른 물체에 대해 상대적으로 운동한다는 것이다. 아인슈타인이 천재적이었던 이유는 마흐의 운동에 대한 상대적 관점을 받아들이고 거기에 근본적인 가정을 한 가지만 더 추가하면 시간이나 공간 모두 더 이상 절대적인 존재로 생각할 수 없음을 깨달은 것이다. 그 근본적 가정이란 빛의 속도가 보편상수라는 것이다. 이것은 두 관찰자가 얼마나 멀리 떨어져 있든 빛의 속도를 측정해보면 항상 같은 값(초속 299,792킬로미터)을 얻는다는 의미다. 이 딜레마 앞에서 아인슈타인은 주저하지 않았다. 그는 이 기초 요소에 대해 폴 핼펀Paul Halpern이 《아인슈타인의 주사위와 슈뢰딩거의 고양이Einstein's Dice and Schrödinger's Cat》에서 지적한 것처럼 '좀 더 유연한 개념'을 제안함으로써 공간과 시간에 대한 뉴턴의 관점에 완전한 결별을 고했다. 그 과정에서 아인슈타인은 시간, 그리고 서로 멀리 떨어진 곳에서 일어나는 사건의 동시성에 대한 판단은 상대적이고 모호하다는 것을 발견했다.

아인슈타인의 특수상대성이론을 설명할 때 사용하는 고전적 사례에서는 쌍둥이 형제로 등장하는 두 관찰자의 상호작용을 보여준다. 한 명은 우주선에 올라타 광속에 가까운 속도로 머나먼 곳으로 여행을 다녀오고, 한 명은 지구에 남아 형제의 귀환을 기다린다. 두 쌍둥이는 각각 시간이 얼마나 흘렀는지 알 수 있는 시계를 하나씩 갖고 있다. 이런 조건 아래서 만약 지구에 남은 쌍둥이가 멀리 떨어진 곳에서 빠른 속도로 운동하는 우주선에 탑승하고 있는 형제의 시계를 볼 수 있다면 그 시계가 지구에 남은 자신의 시계보다 시간이 더 느리게 가고 있음을 알게 된다. 시간 지연time dilation이라고 하는 이 효과 때문에 쌍둥이가 다시 지구로 돌아왔을 때 우주여행을 다녀온 형제는 지구에 남아 있던 형제가 자기보다 훨씬 나이가 들었음을 알게 될 것이다. 흥미롭게도 각자의 자체적 관점에서 보면 지구에 남았든, 우주선을 타고 날아갔든 두 사람 모두에게 시간은 언제나처럼 똑같은 속도로 흘렀다.

그와 비슷한 맥락에서 지구에 남은 형제가 아주 강력한 망원경을 이용해서 자기 형제가 우주여행을 하는 그 우주선의 길이를 평가했다면, 우주선이 광속에 가까운 속도로 날수록 길이가 조금 짧아진 것을 알아차렸을 것이다. 이런 길이 수축length contraction이 기본적으로 의미하는 바는 운동 속도가 광속에 가까워지면 공간 자체가 압축된다는 것이다!

다르게 표현하자면 아인슈타인의 특수상대성이론은 두 사건의 동시성을 판단하는 것이 결코 간단한 일이 아님을 보여주었다. 멀리 떨어져 서로 다른 속도로 운동하는 두 관찰자는 서로 다른 평가를 내리게 되기 때문이다. 이 수수께끼는 두 쌍둥이 형제의 시계 동기화에 관해 약간의 혼란을 일으키는 데서 그치지 않고 우주에 절대적인 시간이 존재한다는 개념을 더욱 박살내버렸다. 그보다 더 충격적인 것은 아인슈타인의 특수상대성이론이 서로 멀리 떨어진 곳에서 일어나는 두 사건이 인과관계로 얽혀 있는지, 즉 어느 한 사건이 다른 사건의 발생으로 이어졌는지 여부를 객관적으로 분별할 수 있는지 의문을 제기했다는 점이다. 리 스몰린은 이렇게 말했다. "이를테면 서로 멀리 떨어져 있는 두 사건이 동시에 일어났는가라는 질문처럼 관찰자들의 의견이 엇갈리는 질문에서 정답이란 것은 존재하지 않는다. 따라서 동시성에 관해서는 객관적인 진리가 존재할 수 없다. '지금'에 관한 한 그 어떤 진리도 없다. 동시의 상대성은 시간은 진리라는 개념에 큰 타격을 가했다."

스몰린은 이렇게 이어간다. "이런 이유로 특수상대성이론이 진정한 원리에 바탕을 두고 있는 한 (아인슈타인이 제안한) 우주에는 두 가지 의미에서 시간이 존재하지 않는다. 우선 현재 순간의 경험에 해당하는 것이 존재하지 않고, 가장 심오한 기술은 인과관계의 전체 (우주) 역사에 관한 동시적 기술이다. 인과관계에 의해 주어지는 우주의 역사라는 그림은 라이프니츠가 꿈꾸었던, 시간이 사건들 간의 관계에 의해 완전히 정의되는 우주를 실현하는 것이다. 관계야말로 시간과 대응하는 유일한 실재다. 인과 비슷한 관계 말이다."

시간이 존재하지 않는 이런 우주를 제안함으로써 아인슈타인은 그의 브레인넷 동료인 갈릴레오와 뉴턴이 시작한 쿠데타를 마무리했다. 기본적으로 시간을 또 하나의 공간 차원으로 생각하는 소위 '블록 우주block universe'라는 것을 확립하기 위한 쿠데타였다. 이런 전환을 더욱 분명히 보여준 일이 있었다. 아인슈타인이 자신의 이론을 발표하고 4년이 지난 1909년에 그가 취리히에 있을 때 교수 중 한 명이었던 수학자 헤르만 민코프스키Hermann Minkowski가 아인슈타인의 특수상대성이론을 순수하게 기하학적으로 기술하는 방법을 소개한 것이다. 민코프스키는 종래의 3차원 공간에 시간의 차원을 융합해서 우주의 모든 움직임을 기하학적으로 설명할 수 있는 4차원의 시공간 연속체를 만들어냄으로써 이 일을 가능하게 했다.

수학자가 눈 한 번 깜빡할 시간에 스위스의 정신적 추상인 시공간 연속체가 시간을 갑자기 우주 전체에서 완전히 사라지게 만들어버렸다.

다시 한번 리 스몰린은 위대한 수학자 헤르만 바일Hermann Weyl을 인용하여 이것이 큰 그림 속에서 무엇의 의미하는지에 대해 완벽한 비유를 제공해주고 있다. 헤르만 바일은 아인슈타인의 성취가 얼마나 대단한 것인지 생각하며 이런 말을 했다. "객관적 세계를 한마디로 말하자면 그런 것은 존재하지 않는다. 내 몸의 세계선world line(상대성이론에서 4차원 민코프스키 공간에 표시된 운동의 궤도 – 옮긴이)을 따라 기어 올라가는 내 의식의 시선에만 세계의 한 단면이 시간 속에서 지속적으로 변하는 공간 속의 덧없는 이미지로 살아날 뿐이다."

지금쯤이면 신경과학자인 내가 왜 이렇게 파고들어 아인슈타인의 혁명을 낳은 사고방식까지 살펴보았는지를 짐작할 수 있을 것이다. 바일의 말을 당분간 장기기억 속에 담아두기 바란다. 조금 뒤에서 다시 살펴볼 것이다.

우주에 대한 더 심오한 수학적 기술, 특히 중력에 대한 새로운 관점을 포함하는 기술을 추구하는 아인슈타인의 결심을 아직 방해하고 있는 장애물이 있다고 해도 민코프스키가 수학적으로 표현한 특수상대성이론이 폭넓게 영향을 미치고 완전히 받아들여진 것이 아인슈타인을 더욱 내몰았을 가능성이 크다.

그 후로 10년 동안 아인슈타인은 우주에 대한 새로운 기하학적 기술을 강박적으로 추구했다. 이 장엄한 연구의 최종 결과물이 바로 일반상대성이론이다. 리만 기하학이라고도 하는 다차원곡선 혹은 다양체manifold의 행동을 기술하는 수학을 채용함으로써 아인슈타인은 또다시 여러 번에 걸쳐 혁신을 이루었다. 그의 정신적 추상의 결과로 촉발된 첫 번째 중요한 혁명은 우주의 발판인 민코프스키 시공간 연속체가 뻣뻣하게 고정되어 있지 않고 역동적이라는 개념을 도입한 것이다. 즉, 시공간 연속체가 휘어지고 접힐 수 있어서 파동을 전파할 수 있다는 의미였다.

하지만 우주의 시공간 연속체를 통해 전파되는 파동의 원천이 무엇이란 말인가? 뉴턴의 우주를 당장 안으로부터 붕괴시켜버린 그 충격적인 해답은 바로 중력이었다!

물체의 낙하라는 개념을 일반화시키는 전통을 이어간 아인슈타인은 중력이 뉴턴의 고전적인 관점처럼 우주 전체에 걸친 원격작용이 아니라 행성이나 항성의 질량에 의해 야기되는 시공간 연속체의 휘어짐에 의해 발현되는 것이라 주장했다. 리 스몰린의 멋진 설명에 따르면, "행성이 태양 주변 궤도를 도는 이유는 태양이 행성에 힘을 가하기 때문이 아니라 태양의 막대한 질량이 시공간 기하학을 휘어서 구체나 휘어진 곡면에 놓인 두 점 사이의 최단 거리 경로인 측지선geodesic이 태양 주변으로 휘어져 돌아가기 때문이다."

아인슈타인의 우주에서 중력파gravitational wave는 우주 곳곳에 있는 육중한 천체들의 운동에 의해 만들어진다. 그리고 이 중력파는 그 안에 이 천체들의 춤에 관한 정보를 담고 있다. 더욱 극적인 부분도 있다. 빅뱅의 결과로 우주가 폭발해 존재하게 된 이후로 중력파는 계속 만들어져왔기 때문에 이 중력파를 감지할 새로운 방법을 발견하면 소위 우주재결합시대recombinant epoch 안에 광자가 분리되어 나오던 시기 이전에 일어난 우주적 사건에 대한 기록을 확보할 수 있을지도 모른다. 우주재결합시대란 방출된 광자들이 다른 입자들에게 바로 다시 포착되지 않고 빛의 형태로 멀리 방사될 수 있게 된 시기를 말한다. 이런 맥락에서 보면 시공간 연속체는 진동하는 끈의 거대한 앙상블에 비교할 수 있다. 이 앙상블의 끝없는 진동은 그 안에 우주 전체가 영고성쇠를 거듭해온 역사적 기록을 담고 있다. 최근에 레이저간섭계중력파관측소Laser Interferometer Gravitational-Wave Observatory(LIGO) 프로젝트에서는 미세한 중력파의 형태로 시공간 연속체의 이 진동을 측정해냈다. 이 발견은 아인슈타인의 일반상대성이론을 다시 한번 확인해주었고, 2017년에는 이 프로젝트를 이끈 세 명의 선구적 연구자가 노벨 물리학상을 수상했다.

아인슈타인의 지적 움직임이 얼마나 급진적인 것인지는 리 스몰린의 또 다른 완벽한 인용문을 통해 이해할 수 있다. "기하학이 물질의 운동에 영향을 미치듯 물질도 기하학의 변화에 영향을 미친다. 전자기장처럼 기하학도 완전히 물리학의 한 측면으로 자리 잡았다. …… 기하학이 역동적이며 물질의 분포에 의해 영향을 받는다는 사실은 시간과 공간이 순수하게 관계적이라는 라이프니츠의 개념을 현실화하고 있다."

앞에서도 그랬지만, 아인슈타인의 일반상대성이론을 적용함으로써 물리학자들은 태양 주위를 도는 행성, 특히 수성의 궤적에 대한 예측을 더욱 향상할 수 있었다. 하지만 아인슈타인의 새로운 모형 속에 담긴 다른 심오한 예측들 때문에 과학자들은 깜짝 놀라고 말았다. 예를 들면 시간을 거슬러 역으로 풀어보면 일반상대성이론의 방정식들은 결국 더 이상 공간과 시간이 존재하지 않는 한 점으로 수렴하고 만다. 여기서는 방정식에서 무한한 값만 나오기 때문에 분석적으로 문제를 풀 수 없다. 이런 가상의 한계를 특이점singularity라고 한다. 내가 뉴턴의 우주를 기술할 때 사용한 튜링기계의 비유를 빌리면, 이것은 '아인슈타인 컴퓨터'가 절대로 멈추지 않음을 의미한다. 이 특정 사례에서는 이 가상의 특이점이 여러 사람이 우주의 시작이라 믿고 있는 것에 해당한다. 바로 빅뱅이다.

아인슈타인이 자신의 정신적 추상을 투사해서 우주 전체를 기술하자 수학과 수학적 대상들의 지위가 바뀌어 공식적인 과학의 언어와 창조의 기본 구조 자체에서 정점의 위치에 오르게 됐다.

마침내 과학이 신성과 만나 자신의 신과 그의 율법을 본 것이다. 그리고 이 모든 것은 시간과 공간의 배경에 적용된 우아한 수학의 문법을 이용해서 적혔다.

하지만 시간과 공간은 어디서 왔을까?

이 질문을 둘러싸고 오랫동안 이어진 역사적 논란이 있었음을 생각하면, 내가 여기서 지금 내놓으려는 대답이 어떤 사람에게는 이 책 전체에서 가장 논쟁의 여지가 크게 느껴질 수도 있을 것이다. 하지만 내가 그림 8-1을 소개하면서 앞 장에서 예상한 바와 같이 상대론적 뇌 이론은 시간과 공간의 기원에 대한 미스터리에 아주 단순한 해답을 제공한다. 시간과 공간 모두 우리 인간의 뇌가 만들어낸 창조물이다.

처음에는 충격적으로 들릴 수도 있겠지만 이제 나는 상대론적 뇌 이론의 관점에서 보면 시간은 통증과 비슷하고 공간은 자기감과 비슷한 이유를 밝힐 준비가 됐다. 내가 이 진술에서 의미하는 바는 시간과 공간이라는 대단히 원초적인 개념 또한 인간의 정신이 외부 세계에서 획득한 복잡하고 잠재적인 정보의 차원 수를 줄일 목적으로 창조한 정신적 추상이라는 것이다. 더 나아가 나는 기본적인 정신적 추상으로서의 시간과 공간은 자연선택 과정의 결과로 등장했다고 주장한다. 즉, 우리의 진화 적합성evolutionary fitness을 강화하기 위한 방법으로 자연과의 상호작용을 통해 진화했다는 것이다. 바꿔 말하면 인간의 우주를 시간과 공간으로 만들어진 연속적인 발판으로 채움으로써 우리 뇌는 탄생 이후로 우리 종이 몸 담아온 환경에 발생하는 만일의 사태에서도 살아남을 가능성을 강화하는 것이다.

시간과 공간이 뇌에서 기원했다는 주장에 대한 근거는 꽤 단순하다. 외부 세계에는 시간이나 공간의 물리적 발현이라고 할 수 있는 것이 없다는 점이다. 사실 위에서 보았듯이 역사적으로 제안되었던 대부분의 우주 모형에서 시간과 공간은 절대적인 양으로 여겨지거나(뉴턴의 우주), 기하학적 기술로 환원되었다(상대성이론). 그 누구도 '시간의 기본입자나 공간의 기본입자'가 존재한다고 주장한 적이 없다. 이 두 기초 요소의 존재나 속성을 설명해줄 물리적 실체에 해당하는 시간 보손boson이나 공간 보존 따위는 존재하지 않는다. 그 이유는 시간이나 공간 그 자체가 외부 세계에 존재하는 것이 아니기 때문이라는 것이 나의 첫 번째 논거다. 대신 시간과 공간은 모두 우리가 외부 세계에서 일어나는 물리적 상태나 물체의 연속적 변화(우리는 이것을 시간의 흐름으로 인식한다), 혹은 우리가 개개의 것으로 취급하는 대상들 사이에 존재하는 그 무엇(우리는 이것을 '공간'이라 부른다)을 이해할 수 있게 해주는, 뇌가 구축한 정신적 추상에 해당한다. 우리가 일반적으로 시간 자체를 측정하지 않고 시간의 흐름, 혹은 델타 시간delta time만을 측정한다는 사실도 이런 관점과 잘 부합한다.

간단하게 소개를 했으니 이제 시간이 통증과 비슷한 이유를 설명할 수 있겠다. 간단하게 설명하면 양쪽 모두 그 자체로는 존재하지 않기 때문이다. 시간이나 통증 모두 직접 측정하거나 말초의 감각기관을 통해 감지할 수 없다. 대신 시간과 통증은 모두 외부 세계가 제공하는 다양한 잠재적 정보를 뇌가 합쳤을 때의 결과로 생긴다. 일단 이 정보를 통합해서 뇌의 자체적 관점과 대조해본 후에야 우리 각자에게 시간과 통증이라는 대단히 원초적인 감각으로 경험되는 것이다. 상대론적 뇌 이론에 따르면 본질적으로 시간은 뇌가 구축한 창발성의 발현이다.

이 장을 시작하면서 수도원 종이나 기계식 시계같이 인위적으로 시간을 재는 방식이 도입되기 전에는 시간이 하루에 해당하는 낮에서 밤으로의 점진적이고 연속적인 전환, 그리고 일 년에 해당하는 계절의 점진적 전환으로 정의되는, 연속적인 실체로 인식되었다고 했던 것을 기억할 것이다. 우리의 일주기 리듬의 기원을 밝히려는 연구에서는 수십 년 동안 이런 환경 현상이 생명체에 미치는 영향을 집중적으로 조사해왔다. 일주기 리듬이란 24시간에 가까운 주기로 진동하는 내재적인 생물학적 과정을 말한다. 생물학적 일주기 리듬이 세균에서 식물, 동물, 인간에 이르기까지 모든 형태의 생명체에서 관찰되는 것을 보면, 이것이 핵심적인 생물학적 과정인 환경 속 산소 농도와 같이 생명을 뒷받침하는 변수에서 나타나는 24시간 주기 변동과 최대한 동기화하기 위해 자연의 진화 과정에서 초기에 등장했을 가능성이 크다. 따라서 생명체는 생존 가능성을 극대화하기 위해 24시간의 유기 시계를 자신의 생물학적 틀 속에 체화시켜야 했던 것이다. 일주기 리듬에 영향을 미치는 외부 환경 신호는 생물학적 과정을 24시간 주기에 동조시키는 데 핵심적인 역할을 하기 때문에 차이트게버Zeitgeber(영어로는 'time giver[시간 부여자]')라고 한다. 2017년에는 제프리 홀Jeffrey Hall, 마이클 로스바시Michael Rosbash, 마이클 영Michael Young이 초파리에서 일주기 리듬의 생성에 관여하는 뉴런 회로와 유전자를 밝힌 공로를 인정받아 노벨 생리의학상을 수상함으로써 일주기 리듬이 생물학적 과정의 통제에 근본적으로 중요한 역할을 한다는 것이 세상의 인정을 받게 됐다.

우리 같은 포유류에서는 중요한 생리학적 과정이 일주기 리듬을 따르는 경우가 많다. 두 가지만 언급해보자면 수면 주기나 호르몬 생산 같은 것이 있다. 이런 일주기 리듬의 유지는 뇌 기반의 시계가 담당하고 있다. 이것은 해마에 자리 잡고 있는 뉴런의 작은 무리로 시교차상핵suprachiasmatic nucleus으로 알려져 있으며 여기서 만들어내는 일주기 리듬이 결국에는 뇌와 몸 전체로 퍼진다. 시교차상핵의 뉴런들이 이런 일을 수행할 수 있는 이유는 바깥에 빛이 존재하는지를 신호로 보내주는 동물의 망막 속 세포로부터 직접 투사를 받기 때문이다. 더 나아가 일부 시교차상핵 뉴런은 완전한 어둠 속에서도 지속되는 내인성 24시간 주기를 나타낸다. 따라서 시교차상핵과 그로부터 투사를 받는 뉴런 회로는 우리 선조에서 시간이 처음 등장할 때 없어서는 안 될 역할을 했을 가능성이 높다. 하지만 그 당시에는 시간이 외부 세계의 광도에 따라 점진적으로 변화하는 연속적 실체로 인식되었다.

이런 원시적인 뇌 기반의 일주기 시계가 존재한다는 사실은 어떻게 인간의 뇌가 외부 환경 신호(이 경우는 햇빛의 강도 변화)를 이용해서 우리 모두가 흔히 경험하는, 시간이 흐르는 경험을 만들어냈는지 보여주는 사례를 제공해주었다. 사실 우리 뇌는 외부 세계에서든 우리 정신 속에서든, 지속적으로 변화하는 과정이 있다면 그로부터 시간의 흐름을 만들어낼 수 있다. 정신 속 변화의 경우 시간의 흐름은 자연스럽게 연속적인 현상으로 지각된다. 괴델 정보의 표현이 필요한 정신적 현상과 주로 연관되어 있기 때문이다. 여기에 포함되는 것으로는 감정과 느낌이 있다. 이것을 리듬으로 새겨서 특정 노래로 부르거나 시로 암송할 수도 있다. 이 후자의 혼합체의 경우 또 다른 정신적 추상, 즉 미적 감각의 안내를 받는다. 따라서 외부의 우주에서 무슨 일이 일어났는지 설명하기 위해 만들어진 대부분의 과학 이론에서 시간이 항상 미스터리하면서도 중요한 자리를 차지하는 것도 놀랄 일이 아니다.

일주기 리듬의 기원은 시계를 비롯한 다른 모든 인위적인 '시간 재기' 방법이 뉴런 조직에 영향을 미쳐 개별적인 방식으로 시간의 흐름을 경험할 수 있게 한다고 이 장을 시작하면서 설명한 모든 역사적 자료를 이해할 수 있게 도와주었다. 사실 하나의 종으로서 초, 분, 시간 같은 인위적인 개념에 몇 세기 동안 노출되고 나니 우리 각자는 이런 시간 측정 단위들이 어떻게 느껴지는지 경험할 수 있게 됐다. 이런 시간 구분이 인간이 만들어낸 기술과 정신적 추상이 부과한 인위적인 산물인 것을 깨닫지는 못하지만 말이다.

시간과 마찬가지로 공간이란 개념 또한 뇌가 만들어낸 것이라 할 수 있다. 간단히 말하자면 공간에 대한 감각은 저 외부 세계의 배경과 따로 떼어낼 수 있는 대상들 사이에 존재하는 그 무언가에 대해 뇌가 만들어낸 추론에 불과하다는 것이다. 그런 면에서 보면 공간의 발생을 뒷받침하는 신경생리학적 메커니즘은 우리 뇌에 다양한 감각 입력(촉각, 고유감각 proprioception, 시각 등)을 엮어 우리의 자기감, 그리고 외부 세계와 분리된 유한한 신체를 차지하고 있다는 생생한 경험을 만들어낼 능력을 부여해준 메커니즘과 아주 유사하다.

한 가지 사례를 제시하려고 한다. 간단한 것이지만 이 사례를 통해 인간의 뇌가 공간이라는 우리의 공통 개념을 어떻게 구축하는지에 관한 가설을 소개할 수 있을 것이다. 이 문단을 쓰고 있는 지금 나는 주변시peripheral vision를 이용해서 내 책상 위에 놓인 물컵을 볼 수 있다. 뉴질랜드의 물리학자이자 노벨상 수상자인 어니스트 러더퍼드Ernest Rutherford의 맨체스터대학교 연구실에서 1908년에서 1913년 사이에 진행된 한스 가이거Hans Geiger와 어니스트 마르스덴Ernest Marsden의 선구적 실험 이후 우리는 내가 지금 별개의 연속적인 실체로 인식하고 있는 유리컵과 물을 이루는 원자들이 기본적으로는 아주 작고 육중한 원자핵, 전자의 구름, 그리고 거대한 빈 공간으로 이루어져 있다는 것을 알게 됐다. 각각의 원자가 차지하고 있는 부피의 대부분은 아무것도 없이 비어 있다는 의미다. 가이거-마르스덴 금박 실험Geiger-Marsden experiment은 아주 얇은 금박에 알파 입자alpha particle(양성자 2개와 중성자 2개로 이루어진 헬륨의 원자핵)를 쏘았을 때 대부분의 입자가 금박을 그대로 통과한다는 것을 보여줌으로써 이 기본적인 원자 구조를 밝혀냈다. 하지만 당신과 나, 그리고 모든 인간, 그리고 지구상에 존재하는 다른 모든 동물은 유리컵과 물이 저 바깥에서 연속적인 3차원 공간을 차지하고 있는 것으로 경험한다. 지금의 나처럼 물이 든 컵을 바라보고 있으면 거기에 빈 공간이 존재한다는 흔적은 전혀 보이지 않는다. 원자 수준에서는 각각의 원자 안에 빈 공간이 방대하게 존재하고 있음에도 우리 눈에는 연속적인 구조물만 보인다.

상대론적 뇌 이론의 시각에서 보면 우리가 공간이라 부르는 것은 기본적으로 우리 뇌가 만들어낸 산물, 우리 앞에 놓인 장면을 특히 개개의 물체들이 서로에 대해 상대적으로 어느 위치에 있는지 이해할 수 있도록 뉴런 회로가 창조한 정신적 추상이다. 물이나 유리컵을 구성하고 있는 개개 원자나 소규모 원자 집단의 속성을 분석해서는 우리가 지각하는 유리컵과 물의 특정한 거시적 속성, 즉 물의 액체성과 유리컵의 매끄러움을 예측할 수 없다는 점을 받아들일 수 있다면, 이렇게 창발적으로 등장하는 공간의 개념이 그리 이상하게 느껴지지는 않을 것이다. 바꿔 말하면 원자로 이루어진 구조가 본래의 나노미터 척도에서 우리가 살고 사물을 지각하는 거시세계로 투사될 때 우리는 개별 원자에 대해 아무리 철저하게 기술해도 이끌어낼 수 없는 물체의 속성, 즉 물의 '액체성'과 유리컵의 '매끄러움'을 경험하게 된다는 것이다. 이런 효과를 만들어내는 계를 복잡계라 부르고, 그 구성요소 간 상호작용의 결과로 창발적으로 등장하는 구조를 창발성이라 부른다. 우리 뇌는 추상을 만들어내는 성향이 있기 때문에 물의 액체성이나 유리컵의 매끄러움 같은 창발성을 지속적으로 만들어낸다. 이것이 의미하는 바는 우리가 살면서 경험하는 것들이 우리 뇌가 이런 복잡계에 의해 제공되는 잠재적 정보를 해석할 때 만들어지는 창발성으로부터 비롯되거나 혹은 그런 창발성에 의존한다는 것이다.

지금까지는 복잡계, 창발성 등 그리 멀지 않은 과거에만 해도 분명 많은 논란을 만들었지만 2019년에 와서는 더 이상 그리 큰 논란 없이 잘 받아들여지는 개념에 대해 이야기해왔다.

이 주제에 대해 골똘히 생각해본 후에 나는 뇌가 우리가 이해할 수 있는 외부 세계의 연속적 표상을 구축할 창발성을 만들어내기 위해 쉬지 않고 바쁘게 일하고 있음을 깨닫게 됐다. 이것에 대해 생각하다 나는 다음과 같은 결론을 내렸다. 우리 같은 관찰자가 없다면, 그러니까 그 안에 들어 있는 뇌에서 생존 가능성을 높이기 위해 외부 세계를 이해하려 적극적으로 시도하는 관찰자가 없다면 애초에 창발성이 어떻게 경험될 수 있겠는가? 물리학자 줄리안 바버Julian Barbour가 《시간의 종말The End of Time》에서 제안한 비유를 빌려와서 또 하나의 구체적인 사례에 대해 생각해보자. 바로 고양이다. 이 사례는 시간이 없는 우주론의 핵심을 잘 보여준다. 양자 수준에서 보면 고양이는 다소 복잡하지만 특정 분자 배열로 배치되어 있는 원자들의 거대한 집합에 불과하다. 매 순간 이 엄청나게 큰 원자 무더기는 서로 다른 상태나 구성을 취한다. 이것은 원자의 척도에서 보면 별다른 큰 의미가 없다. 하지만 우리가 관찰하는 수준에서, 그리고 아마도 가엾은 생쥐가 관찰하는 수준에서 보면 고양이는 완전히 다른 짐승이다. 고양이는 살아서 숨 쉬는 존재로, 우리는 이 고양이를 점프하고 달리고 우리를 할퀴고 가끔 무릎 위에 얌전히 앉아서 자기를 어루만질 수 있는 특권을 부여해주기도 하는 연속적인 실체로 경험한다.

이 비유를 염두에 두면서 내가 처음으로 떠올린 개념은 우리가 물컵이나 고양이 같은 원자 무더기를 이런 거시적 수준에서 바라볼 때 빈 공간을 경험하지 않고 연속적인 물체로 인지하는 이유를 설명하려면 인간의 뇌, 그중에서도 특히 시각계가 외부 세계에서 뜻하지 않은 불연속성을 직면했을 때 반응하는 방식을 생각해보아야 한다는 것이었다. 이런 뜻하지 않은 상태와 관련해서 나타나는 일반적인 신경생리학적 현상을 '시각적 채워넣기 visual filling in'라고 한다. 이것을 이해하려면 내가 좋아하는 경구를 기억할 필요가 있다. 바로 "우리는 보기 전에 이미 보고 있다"라는 경구다. 내가 이 경구를 통해 강조하려는 부분은 우리의 상대론적 뇌는 항상 자신의 내적 세계 모형에 기대어 자기가 가까운 미래에 보게 될 것이 무엇인지 판단하고 있다는 것이다. 시각적 채워넣기 현상(그림 9-1)은 이 근본적 속성을 명확하게 보여준다. 그림 9-1에는 하얀색 삼각형이 그려져 있지 않지만 당신의 뇌는 그림에 나와 있는 이가 빠진 동그라미와 검정색 삼각형의 배열에 의해 남겨진 빈 공간들을 결합해서 하얀색 삼각형에 해당하는 이미지를 만들어낸다. 망막에 병소가 있는 환자들도 똑같은 시각적 채워넣기 현상을 경험한다. 이들이 자꾸만 문틀에 머리를 찍고 차고에 자동차를 긁기 시작하기 전까지는 자기에게 심각한 시각적 결함이 있음을 전혀 눈치채지 못할 때가 많은 이유도 이것으로 설명할 수 있다. 이것이 시각적 채워넣기 현상의 본질이다. 뇌가 자신의 맹점(망막 병소에 의해 생기는 암부)을 장면 속에 들어 있는 주변 요소로 채워넣고 있는 것이다.

채워넣기 현상은 다른 감각 채널에서도 나타난다. 이는 채워넣기 현상이 일부 정보가 사라지는 시나리오를 이해하기 위해

그림 9-1 시각적 채워넣기 현상. (그림: 쿠스토디우 로사.)

뇌에서 채용한 일반적 전략임을 암시한다. 따라서 뇌의 입장에서는 세상에 맹점 때문에 생기는 구멍이 있어서는 안된다. 마찬가지 이유로 우리는 대화를 하는 동안에도 부분적인 문장이나 중간에 끊어진 문장을 들으면 보통 그 안에 단어들을 채워넣는다. 그와 동일한 메커니즘으로, 개별 촉각 자극을 특정 주파수로 피부에 연이어 가하면 팔에서는 이것을 연속적으로 이어지는 촉각으로 느낄 수 있다. 상대론적 뇌 이론의 관점에서 보면, 겉질 수준에서 일어나는 것으로 보이는 채워넣기 현상은 광범위한 뉴런 동기화를 통해 외부 세계에 대한 연속적인 아날로그 묘사를 만들어내는 뉴런 전자기장의 힘을 보여주는 또 하나의 사례에 해당한다.

전체적으로 보면 이는 채워넣기 현상이 말초의 감각수용기에 의해 생기는 국소적인 정보 구멍이 존재하는 가운데서도 외부 세계를 표현할 최적의 방법을 제공해주기만 한다면, 뇌가 채워넣기 현상을 전반적으로 활용하는 것이 진화의 관점에서 이득임을 암시한다. 공교롭게도 내가 이 단락을 쓰고 있는 도중에 시각적 채워넣기 현상의 잠재적 역할을 분명하게 보여주는 사례가 바로 옆에서 일어났다. 내 시선은 노트북 화면에 초점을 맞추고 있었기 때문에 스탠드 위에 올려놓은 아이패드는 왼쪽 눈의 주변시에 간신히 보이는 듯 마는 듯했다. 그런데 갑자기 나는 의자에서 벌떡 일어났다. 바퀴벌레 한 마리가 책상 위에서 나를 향해 달려오는 듯한 감각을 느꼈기 때문이다. 그런데 알고 보니 바퀴벌레인 줄 알았던 그것은 아이패드 스크린의 팝업창 광고에서 수평으로 움직이는 갈색 구체였다. 채워넣기 현상 덕분에 내 뇌는 해로울 것 없는 갈색 구체를 바퀴벌레라는 잠재적 위협으로 바꾸어 나를 펄쩍 뛰게 만든 것이다.

나는 양자 수준에서는 완전히 불연속적인 실체를 거시적 수준에서는 연속적인 존재로 인식하는 데는 시각적 채워넣기가 관련이 많다고 제안한다. 다르게 말하자면, 우리가 갖고 있는 것과 비슷한 종류의 뇌가 아니면, 양자 세계를 우리의 영역으로 투사한 것이 연속적인 물체로 지각되지 않으리라는 것이다. 하지만 어떻게 이런 일이 일어나는지 완전히 설명하려면 시각계가 물체가 연속적이리라 예상하도록 훈련을 받고, 그것을 기준으로 삼아 장면이나 물체에서 어떤 수준의 불연속성을 관찰하더라도 평생에 걸쳐 그런 연속성을 만들어내게 하는 메커니즘을 도입해야만 한다. 나는 우리 뇌가 그런 일을 하도록 만들어졌다고 믿는다. 처음에는 우리를 여기까지 데리고 온 기나긴 진화 과정을 통해 그렇게 만들어졌지만, 출생 후의 긴 발달 과정에서도 그런 일이 일어났을 것이다. 후자의 경우 나는 다른 감각 양식 sensory modality, 그중에서도 특히 촉각이 우리의 시각을 정확히 조정하는 데 사용되었고(그리고 그 역으로도), 결국 시행착오를 통해 우리 뇌는 물체들이 연속적인 존재로 지각되어야 한다는 최종 해법으로 수렴된 것이라 믿는다. 이와 같은 맥락에서 사실 우리는 그 무엇도 진짜로 만지지는 못한다는 사실도 생각해볼 필요가 있다. 파울리의 배타원리 Pauli exclusion principle 때문에, 그리고 어떤 물체든 그 표면에 존재하는 전자는 우리 몸 표면에 있는 전자를 밀어내는 경향이 있다는 사실 때문에(음전하는 서로 밀어낸다) 우리 손가락 끝은 다른 물체의 표면에 현미경적으로 대단히 가깝게 다가갈 수는 있지만 절대 접촉할 수는 없다. 이것은 감각 신경생물학 최대의 역설 중 하나라 할 수 있는데, 우리가 접촉이라고 느끼는 것이 사실은 전자기적 반발력이 만들어낸 산물에 불과한 것이다.

다중감각 양식의 교정에 덧붙여 우리 뇌는 출생 후 어린 시절 동안에 다양한 사회적 상호작용에 영향을 받을 가능성도 크다. 이런 상호작용은 외부 세계에 대해 무엇을 예상해야 하는지 사람들 사이에서 합의된 모형을 학습하는 데 도움을 준다. 엄마가 아기와 대화하면서 "뜨거운 물은 조심해야 해", "칼날은 만지면 안 돼" 등 인생의 모든 측면에 대해 이것저것 지시할 때 이것은 아이의 뇌로 하여금 물체를 어떻게 지각해야 하는지에 관해 특정한 모형을 강화하도록 도울 공산이 크다. 진화, 여러 감각 양식에 의한 조정, 출생 후의 사회적 합의 등 이런 메커니즘들을 합치면, 원자 수준에서는 주로 텅 빈 공간으로 이루어져 있는 물체를 연속적으로 이어진 정교하고 단단한 물체로 경험하게 하는 창발성이 어떻게 만들어지는지 설명할 수 있을 것이다.

이 가설에서 한 발만 더 나가면 우리가 경험하는 시간과 공간의 원초적 개념 역시 뇌가 채워넣기 현상과 비슷한, 하지만 조금 확장된 버전을 이용해서 만들어내는 창발성이라 상상하기가 그리 어렵지는 않을 것이다. 지금까지 이 가설을 뒷받침해줄 만한 최고의 증거는 환각제의 영향 아래 놓인 실험 참가자들이 보고한 내용으로부터 나왔다. LSD에 취한 사람들이 자기 주변의 공간이 갑자기 액체처럼 변했다고 말하는 경우가 있음은 잘 알려져 있다. 여러 해 전 의대에 다닐 때 들었던 고전적인 사례가 있다. 어떤 사람이 LSD를 먹고 몇 분 후에 보도가 수영장으로 바뀌었다고 믿고 갑자기 딱딱한 보도로 다이빙을 하려고 했다는 이야기다. 《올더스 헉슬리 지각의 문The Doors of Perception》에서 올더스 헉슬리Aldous Huxley는 소량의 메스칼린mescaline(선인장의 일종에서 추출한 환각물질 – 옮긴이)을 복용하고 반 시간 후에 느낀 것을 자세하게 기술했다. 그에게 주변 공간이 어떻게 느껴지냐고 물었더니 헉슬리는 이렇게 말했다. "대답하기 어려웠다. …… 사실 원근법이 좀 이상하게 보였고, 방의 벽들이 이제는 직각으로 만나는 것 같지 않았다. 정말로 중요한 사실은 공간적 관계가 더 이상 별로 중요한 문제로 여겨지지 않고, 내 정신이 세상을 공간적 분류가 아닌 다른 것을 기준으로 지각하고 있었다는 것이다. 평상시에는 눈이 '어디에 있지?', '얼마나 떨어져 있지?', '다른 것과 상대적으로 어느 위치에 있지?' 이런 문제에 신경을 썼다면, 메스칼린에 취해 있는 동안에는 눈이 반응하는 함축적인 질문의 순서가 달라진다. 위치와 거리에 대해서는 관심이 별로 생기지 않는다."

방안에 있는 가구를 묘사해달라고 하자 그는 탁자, 의자, 의자 뒤에 자리 잡고 있는 책상 사이의 공간적 관계에 무슨 일이 일어났는지 말했다. "그 가구 세 개가 수평, 수직, 대각의 정교한 패턴을 이루었다. 공간적 관계로 해석되지 않으니 패턴이 훨씬 더 흥미로웠다. 탁자, 의자, 책상이 조르주 브라크Georges Braque(파블로 피카소와 함께 입체파의 창시자 중 한 명)나 후안 그리스Juan Gris의 그림과 비슷한 구성으로 합쳐졌다. 객관적인 세상과 관련해서 여전히 알아볼 수는 있지만, 심도가 표현되지 않고 사진 같은 사실적 표현은 전혀 시도하지 않은 정물화처럼 보였다."

시간은 어떻게 지각했는지 물어보자 헉슬리는 훨씬 더 단정적으로 말했다. "시간이 아주 많아 보였다. 아주 많기는 하지만 대체 얼마나 더 많은지는 전혀 상관없는 일이었다. 물론 시계를 볼 수는 있었지만 내 시계가 다른 우주에 있음을 나는 알고 있었다. 나의 실제 경험은 무한히 지속되고 있었다고도 할 수 있고, 아니면 지속적으로 변화하는 세상의 종말로 이루진 영원한 현재에 머물고 있었다고도 할 수 있다."

나중에 아주 특이했던 자신의 경험을 되돌아보면서 헉슬리는 이렇게 결론 내렸다. "하지만 우리가 동물인 한, 우리의 과제는 무슨 수를 써서든 살아남는 것이다. 생물학적인 생존이 가능하려면 우리의 정신은 전체적으로 뇌와 신경계의 감압밸브을 통과해야 한다. 그리하여 밸브의 반대편에서는 우리가 이 행성 표면에서 살아남을 수 있게 도와줄 쥐꼬리만 한 의식만 졸졸 흘러나온다."

대부분의 사람은 헉슬리와 비슷한 설명을 이용해서, 우리는 뇌를 간섭해서 시간과 공간을 지각하는 방식만을 바꾸어놓을 뿐이라고 주장한다. 이는 시간과 공간이 여전히 외부 세계에 그 자체로 존재하는 실체임을 암시하는 것이다. 이것이 현재 주류의 관점이다. 나는 이런 해석에서 벗어나야 한다고 생각한다. 본질적으로 내 가설은 시간과 공간은 채워넣기 현상을 비롯한 신경생리학적 메커니즘을 통해 우리 뇌에서 만들어낸 진정한 정신적 추상이라 제안하고 있다. 이것은 독일의 박식가이고 아이작 뉴턴의 최대 라이벌이었던 고트프리트 빌헬름 라이프니츠Gottfried Wilhelm Leibniz가 제안한 개념을 떠올리게 한다. 그는 17세기에 공간은 그 자체로 하나의 실체라 볼 수 없고, 물체들 사이에 확립된 관계로부터 유래하는 창발성으로 여겨야 한다고 주장했다. 이 책에서 소개한 리 스몰린 같은 일부 철학자들은 그와 동일한 관계적 관점을 시간에도 적용할 것을 주장했다.

나는 시간과 공간에 대한 우리의 특이한 감각은 뇌가 생존 가능성을 최적화하기 위해 만들어낸 '꾸러미' 속에 포함된 것이라 믿는다. 하지만 헉슬리와 다른 많은 사람들이 증언하듯, 뇌가 조각해낸 이 시공간 연속체의 정교한 구조는 쉽게 불안정해질 수 있다.

아마 당신은 지금쯤 이렇게 스스로에게 묻고 있을지도 모르겠다. "하지만 프리고진의 시간의 화살arrow of time은 어쩌고? 이 개념에서는 열역학 제2법칙을 엄격하게 강화함으로써 시간이 등장할 수 있는 안내 신호를 자연이 제공하고 있을지도 모른다고 주장하지 않나?" 잠재적인 자연의 시계가 존재한다는 것과, 그로부터 시간을 추출하는 것은 완전히 다른 문제다. 내가 주장하는 바는 시간이 현실화되어 지각되기 위해서는 관찰자가, 더 구체적으로는 관찰자의 뇌가 필요하다는 것이다. 더군다나 앙리 푸앵카레의 유명한 영겁 회귀 정리recurrence theorem에 따르면 아주 길지만 유한한 시간이 흐르고 난 다음에는 특정 구성으로 진화한 동역학계가 결국에는 원래의 상태로 돌아올 수도 있다. 이런 맥락에서 보면 프리고진의 잠재적인 시간의 화살은 아주 거대한 스케일 안에서는 계가 원래의 상태로 돌아오면서 그냥 사라져버릴지도 모른다.

10

우주에 대한 수학적 기술의 기원

시간과 공간의 생성에 관한 뇌 기반 가설에 대해 설명했으니 이제 인간의 뇌가 실재와 외부 세계에 대한 실체적 설명을 구축하기 위해 채용한 또 다른 핵심적인 정신적 추상에 대해 논의할 수 있게 됐다. 이 논의를 시작하기에 앞서 한 가지 대단히 기본적인 질문을 해야겠다. 수학은 어디서 오는 것일까?

본질적으로 이 질문은 또 다른 유명한 연구의 핵심에 자리 잡고 있다. 이것은 알베르트 아인슈타인 자신뿐만 아니라 20세기의 몇몇 선도적 수학자들도 어리둥절하게 만들었던 연구였다. 예를 들면 뉴욕대학교에서 열린 '리하르트 쿠란트 수리과학 강의Richard Courant lecture in mathematical sciences'에서 수학자이자 물리학자인 노벨상 수상자 유진 위그너Eugene Wigner는 외부 세계를 설명하는 데서 수학의 '불합리한 유효성unreasonable effectiveness'에 대해 언급했다. 이 수수께끼의 뿌리는 지난 네 세기 동안 우리가 앞에서 보았던 수학적 대상과 공식화가 우리를 둘러싼 우주 자연현상의 행동을 대단히 정확하게 기술한다는 것이 거듭해서 입증되었다는 것이다. 그에 따라 양자혁명에 기여한 수많은 지성들이 얼마나 놀랐는지는 마리오 리비오Mario Livio가 《신은 수학자인가?Is God a Mathematician?》에서 인용한 위그너의 또 다른 멋진 진술에 잘 드러나 있다. "수학이라는 언어가 물리학 법칙의 공식화에 더할 나위 없이 적절하다는 기적은 우리가 이해할 수도, 감히 바랄 수도 없었던 놀라운 선물이다. 우리는 여기에 감사해야 하고, 미래의 연구에서도 이 선물의 정당성이 그대로 유지되고, 그 선물이 좋든 싫든 우리의 즐거움으로 확장되기를 바라야 할 것이다. 물론 여러 학습 분야에서 좌절로 이어지기도 하겠지만 말이다."

뇌 중심 우주론에 따르면, 이 미스터리를 풀려면 수학의 진정한 창조자가 누구인지 확인하는 일부터 시작해야 한다. 수학은 다중의 인간 브레인넷이 우주를 포괄적이고 정확하게 기술하는 최고의 문법으로 창조하고 가꾸고 승격시켜온 '언어'다.

수학자 대다수가 수학이 우주에 그 자체로 존재한다고 믿는다는 것은 비밀도 아니다. 수학은 인간의 뇌, 정신과 완전히 독립적으로 존재한다는 의미다. 수학자들은 이론을 전문적 편의성의 문제로 바라본다. 이론이 있으면 자기가 연구하고 있는 영역을 더 잘 이해할 수 있기 때문이다. 하지만 이런 관점을 극한으로 밀어붙이면 기본적으로 우리가 알고 있는 모든 수학은 수학을 하는 사람들에 의한 순수한 발견의 산물로 등장한다는 의미가 된다. 이렇게 주장하는 학파에 속한 사람들을 보통 플라톤주의자Platonist라고 한다. 플라톤주의적 수학의 존재를 옹호하기 때문이다. 플라톤주의자들은 만약 신이 존재한다면 그가 자기네 학파의 일원일 것임을 의심하지 않는다. 역설적으로 들리겠지만 공리적 형식체계axiomatic formal system의 내재적 불완전성을 입증해 보인 쿠르트 괴델 자신도 열렬한 플라톤주의자였다.

이 논의의 반대쪽 극단에서는 조지 레이코프George Lakoff와 라파엘 누네스Rafael Núñez 같은 인지신경과학자와 심리학자가 수학의 플라톤주의적 관점을 반박한다. 이들은 자신의 주장을 뒷받침할 많은 실험적 증거를 바탕으로 수학은 인간의 뇌에서 나온 또 하나의 순수한 창조물이라고 강력하게 주장한다. 그 결과 이들은 모든 수학은 우리 정신 속에서 발명된 된 후에 외부 세계에서 일어나는 자연현상을 기술하는 데, 심지어는 아직 관찰되지 않은 사건의 발생을 예측하는 데 이용되는 것이라 믿는다. 《수학은 어디서 오는가Where Mathematics Comes From》의 서문에서 레이코프와 누네스는 이렇게 말한다. "인간에게 가능한 것은 인간의 뇌와 정신이 감당할 수 있는 선 안에서 수학을 이해하는 것뿐이다. 우리가 수학에 대해 할 수 있는 개념화는 인간적인 개념화밖에 없다. 따라서 우리가 알고 가르치는 수학은 인간이 창조하고, 인간적으로 개념화된 수학일 수밖에 없다." 이들은 이어서 이렇게 말한다. "수학의 본질에 관한 문제가 과학적인 질문이라 생각한다면 수학은 뇌의 인지 메커니즘을 이용해서 인간에 의해 개념화된 수학이다."

따라서 어떻게 수학자와 물리학자들이 거듭 수학을 이용해 우주에 대한 포괄적이고 정확한 공식화를 할 수 있었가라는 본질적 질문에 레이코프와 누네스는 망설임 없이 이렇게 대답한다. "수학과 세계 사이에 존재하는 조화는 어떤 것이든 너무도 인간적인 정신과 뇌를 이용해서 세상을 가까이서 관찰하고, 그에 적절한 수학을 잘 학습하고(혹은 발명하고), 둘을 조화롭게 잘 끼워 맞춘 과학자들의 정신 속에서 생겨난다." 이 관점에 따르면 수학의 기원이 무엇인지에 대해서는 의문의 여지가 없다. 수학은 우리로부터, 더 정확하게는 우리가 갖고 있는 유형의 뇌와 정신으로부터 온다.

마리오 리비오가 《신은 수학자인가?》에서 이야기하고 있듯이 오랜 세월 동안 많은 저명한 수학자가 대오에서 이탈해 수학은 우리 뇌에서 태동하여 만들어진 인간의 창조물이라는 개념을 공개적으로 옹호했다. 예를 들면 필즈상과 코플리메달 수상자인 저명한 영국계 이집트인 수학자 마이클 아티야Michael Atiyah는 이렇게 말했다. "뇌를 진화적 맥락에서 바라보면 수학이 물리학에서 거둔 불가사의한 성공을 적어도 부분적으로는 이해할 수 있다. 뇌는 물리세계에 대응하기 위해 진화했다. 따라서 뇌가 그런 목적에 잘 부합하는 언어인 수학을 발전시켰다는 것이 전혀 놀랍지 않다." 아티야는 아무런 거리낌 없이 공개적으로 이렇게 인정했다. "자연수같이 기초적인 개념조차도 인간에 의해 물리세계의 요소들을 추출해서 만들어졌다."

흥미롭게도 뇌에 의해 구축된 수학을 옹호하는 관점은 알베르트 아인슈타인의 유명한 경구에서 정면으로 의문을 제기한다. 아인슈타인의 경구는 다음과 같다. "우주에서 가장 놀라운 점은 그것을 이해할 수 있다는 것이다." 진화를 거치며 인간의 뇌를 기반으로 수학이 구축되었다는 관점에서 보면 아인슈타인이 놀라야 할 근거가 사라진다. 실제로 컴퓨터과학자 제프 래스킨Jef Raskin은 이렇게 지적했다. "수학의 토대는 오래전 우리 선조 때 수백만 세대에 걸쳐 마련되어 있었다."

리비오의 책에서 언급하고 있듯이 래스킨은 수학은 물리세계와 모순이 없어야 했으므로, 우리 머리 바깥에 존재하는 우주를 기술할 용도로 인간이 만든 도구라고 주장했다. 따라서 수학이 주변 세상과 아주 잘 맞아떨어지는 것은 그다지 미스터리가 아니다. 한마디로 애초에 이런 기초 요소들을 우리 뇌 속에 아로새겨 논리와 수학을 등장하게 만든 것이 이 세상과 그 특유의 속성들이었기 때문이다.

다른 척추동물, 포유류, 그리고 우리의 가까운 선조인 원숭이와 유인원을 비롯한 다른 동물들에서도 초보적인 수학적 능력, 특히 계산 능력이 있음이 입증된 것도 수학의 진화적 본성을 강력하게 뒷받침해주고 있다. 레이코프와 누녜스는 지난 60년에 걸쳐서 수집된 일련의 설득력 있는 사례들을 나열해 보이고 있다. 예를 들어 쥐를 훈련시키면 특정 회수만큼 레버를 눌러 먹이 보상을 얻게 만들 수 있다. 설치류는 음조나 빛의 깜박임을 지각해서 유한한 수를 평가하는 법도 배울 수 있다. 이는 설치류들이 감각 양식과는 독립적으로 뇌를 통해 일반적인 수를 평가하는 능력이 있음을 보여준다.

실험적 증거는 인간을 제외한 영장류들이 쥐보다 더 나은 수학자임을 보여준다. 예를 들면 야생 붉은털원숭이는 인간의 유아기에 버금가는 수준의 산수 능력을 보여준다. 다른 연구에서는 침팬지가 4분의 1, 2분의 1, 4분의 3 같은 분수를 이용한 연산을 수행할 수 있음을 보여주었다. 침팬지에게 4분의 1개의 과일(사과)과 색이 있는 액체로 절반이 채워진 유리잔을 제시하면 항상 이 수학 퍼즐의 답으로 4분의 3을 선택했다.

요약하면, 설치류와 영장류의 뇌는 인간의 뇌와 달리 일부 기초적인 수준을 넘어서는 수학 능력을 보여주지 못한다는 공감대가 있다. 따라서 이들은 우리 인간처럼 자연 세계를 추상적으로 기술하지 못한다.

포유류와 영장류의 1차 시각겉질에 있는 개별 뉴런들의 경우 빛의 선들이 서로 다른 방향으로 제시되었을 때 혹은 움직이는 막대가 뉴런의 시각수용야visual receptive field 안에 자리 잡았을 때 최대로 발화하는 예민한 속성을 나타낸다는 것을 신경과학자들이 알게 된 지도 반세기가 넘어간다. 이것을 보며 나는 직선 등 기하학의 기초 요소가 외부 환경과의 상호작용의 결과로 진화 과정 동안 동물의 뇌 속에 각인된 것이라는 생각을 하게 됐다. 그리고 이런 각인은 진화적으로 큰 이점을 주었기 때문에 세대에서 세대로, 종에서 종으로 전달되다가 결국 인간 뇌의 시각겉질 깊숙한 곳에 둥지를 틀게 된 것이다.

지금까지 나는 포유류와 영장류에 대해 이야기해왔다. 하지만 2년 전에 로널드 시큐렐이 자신이 어느 과학 학회에서 본 동영상을 이야기했다. 이 동영상은 일본복어가 암컷의 관심을 끌기 위해 해저에서 보여주는 짝짓기 의식에 관한 것이었다. 파란 기운이 도는 바닷물 속에서는 거의 눈에 띄지 않는 이 작은 물고기는 한 번의 데이트를 위해 꼬박 일주일 동안 하루 24시간 한 번도 쉬지 않고 일해서 자신의 기하학적 걸작을 완성한다. 이 물고기는 진화가 자신의 작은 뇌 속에 새겨놓은 청사진을 이용해 지느러미로 해저를 쟁기질해서 깨끗한 모래와 순수한 수학적 본능만으로 이루어진 웅장한 3차원의 '짝짓기 신호'를 만들 수 있다. 영국의 동식물연구자이자 방송인인 데이비드 아텐버러David Attenborough의 말을 살짝 비틀어 이야기하자면, 오래전 진화의 과정 동안에 주변 세상과 상호작용한 결과로 수학과 기하학의 기초 요소가 우리의 뇌를 비롯한 동물의 뇌에 새겨져 있다는 것을 이 일본복어를 보고도 믿지 못한다면, 그 무엇으로도 믿지 못할 것이다. 사실 이 일본복어 동영상에 대해 이야기하면서 로널드는 핵심을 직접 지적했다. "우리는 실재를 있는 그대로 보거나 경험하도록 진화에 의해 선택된 것이 아니라, 우리를 둘러싼 세상이 부과하는 대부분의 상황에서 살아남을 능력을 극대화하도록 선택되었다. 이 둘은 별개의 문제다. 실재를 있는 그대로 경험한다고 해서 적합성이 보장되는 것은 절대 아니다. 오히려 그것이 불리하게 작용할 수도 있다. 따라서 우리 뇌는 세상을 설명할 때 '실재적'이어야 할 이유가 없다. 대신 뇌의 기능은 우리가 이 세상에 몸을 담고 있는 동안 일어날 수 있는 잠재적 위험을 예상하고 완화하는 것이다. 우리가 세상을 결코 있는 그대로 경험하지 않고 우리 영장류 뇌가 만들어 제공하는 관점을 통해 경험한다 하더라도 말이다."

레이코프와 누네스는 출생 후 대단히 이른 시기에 수학적 능력을 보여주는 아기들의 모습을 통해 우리의 일부 수학적 능력이 선천적임을 보여주는 연구 목록을 포괄적으로 제공하여 이런 개념을 뒷받침한다. 이 저자들은 문화적 배경이나 교육적 배경에 상관없이 모든 사람은 자기가 마주하고 있는 대상이 하나인지 둘인지 셋인지 즉각적으로 말할 수 있는 능력을 갖고 있음을 강조한다. 모든 실험적 증거는 '직산subitizing'이라는 이 능력이 선천적임을 가리키고 있다. 사람은 분류하기, 더하기, 빼기 같은 연산의 기본적 측면과 기초적인 기하학적 개념 역시 선천적으로 타고나는 것일 수 있다.

지난 몇 년 사이 뇌의 어느 부분이 '수학하기' 과정에 관여하는지 확인하기 위해 신경생리학적 기법과 영상 촬영 기법이 동원되었다. 이런 연구 결과 중에는 정말 특이한 것도 있었다. 신경과학자들이 찾아낸 일부 환자들은 수학 계산을 시작하는 순간에 뇌전증 발작이 촉발되었던 것이다. '수학 뇌전증Epilepsia arithmetices'이라는 적절한 이름이 붙은 이 뇌전증 발작은 아래마루엽겉질의 한 영역에서 기원한다고 밝혀졌다. 그리고 추가적인 영상 연구를 통해 더 복잡한 수학 연산을 수행하는 동안에는 앞이마겉질이 관여한다는 암시도 나왔다. 흥미롭게도 구구단을 외울 때 사용하는 기계적 암기rote memory에는 바닥핵 같은 겉질아래 구조물이 관여해야 한다. 그와 마찬가지로 대수학algebra에는 산술에 이용되는 것과는 다른 뇌 회로가 관여하는 것으로 보인다.

레이코프와 누네스는 인간이 수학 능력을 선천적으로 확장할 수 있는 핵심적 이유는 '개념적 비유conceptual metaphors'를 구축하는 능력 덕분이라고 제시한다. 이것은 수학을 인간이 갖고 있는 또 다른 형태의 정교한 정신적 추상이라고 보는 내 개념과 유사하다. 레이코프와 누네스는 이것을 원래는 추상적 개념에 불과했던 것을 그에 대한 훨씬 실질적인 투사로 해석할 수 있는 우리 종의 정교한 정신적 능력이라 정의한다. 이런 주장을 뒷받침하기 위해 이 저자들은 인간의 삶에서 아주 실체적인 도구로 자리 잡게 된 산술의 정신적 기원은 사물의 모음object collection에 대한 비유에 뿌리를 두고 있는지도 모른다고 제시한다. 같은 이유로 이들은 불 논리boolean logic를 특징짓는 더 추상적인 대수학은 분류를 수와 연결시키는 비유로부터 생겨났을지도 모른다고 제안한다.

이 논의를 마무리하면서 만물의 진정한 창조자가 인간 우주의 자연현상을 설명하기 위해 만들어진 수학과 모든 수학적 대상의 저작권 소유자라고 선언하는 관점에 대해 레이코프와 누네스에게 마지막으로 한마디 할 기회를 주는 것이 공정하다고 생각된다. "수학은 인간의 자연스러운 일부다. 수학은 우리의 몸, 뇌, 그리고 세상 속 일상의 경험으로부터 생겨난다. 수학은 인간의 인지라는 평범한 도구를 평범하지 않게 사용하는 인간의 개념 시스템이다. …… 수학을 창조한 것은 인간이고, 그것을 유지하고 확장하는 것 역시 인간의 책임으로 남아 있다. 수학의 초상화는 인간의 얼굴을 갖고 있다."

지금껏 주요 논거들을 철저히 다루어보았다. 하지만 수학의 플라톤주의자라도 부정할 수 없는 한 가지가 남아 있다. 언젠가 그들이 자신의 관점을 증명하게 된다고 해도 그 증명은 수학의 역사에서 나온 다른 모든 증명과 마찬가지로 인간의 뇌에서 나오리라는 점이다.

어떻게든 만물의 진정한 창조자, 뇌로부터 벗어날 길은 없다.

이제 나는 수학이 뇌가 만들어낸 것임을 받아들이는 것이 지대한 결과를 낳게 된다고 말할 수 있다. 만약 수학이 당연히 진화에서 기원한 것이라 받아들인다면 인간의 논리와 수학 모두 보편적인 것이라 생각할 수 없게 된다. 이것은 인간의 수학을 이용해서 구축한 이론이 우주에 대한 유일한 참된 기술로 인정받을 수 없음을 의미한다. 그럼 논리적으로 다음과 같은 결론이 뒤따른다. 만약 우주에 다른 형태의 지적 생명체가 존재하고 언젠가 우리가 그들과 접촉해서 소통할 수 있게 됐을 경우, 특히나 그 생명체가 예를 들어 쌍성binary star(두 개 이상의 별들이 서로의 인력에 의해 공통의 무게중심 주위로 공전하는 항성-옮긴이)의 주변을 도는 행성처럼 우리와는 아주 다른 자연 조건에 놓인 우주의 다른 영역에서 진화했다면, 우리의 논리와 수학이 그 외계인에게는 전혀 이치에 닿지 않을 수도 있다는 것이다. 대신 그들은 우주에 대해 우리에게는 너무도 낯선 대안의 설명을 제시할 것이다. 이것이 기본적으로 의미하는 바는 우주에 관한 모든 우주론적 관점은 '상대론적'으로만 이해할 수 있다는 것이다. 서로 다른 지적 생명체들은 지능의 생물학적 기질이 서로 다르게 진화해서 우주에 대해 별개의 관점을 만들어낼 가능성이 높기 때문이다. 본질적으로 이것의 의미는 아인슈타인에게 큰 영감을 불어넣어 특수상대성이론을 생각해내게 만들었던 에른스트 마흐의 상대적 운동 개념이 운동의 분석이라는 제한된 영역을 벗어나 우주에 대한 완전히 새로운 우주론적 관점을 설명할 새로운 틀로 확장되어야 한다는 것이다. 이것이 바로 나의 뇌 중심 우주론이 의도하는 바다.

이 개념은 수학자 에드워드 프렌켈Edward Frenkel의 아주 단순화된 수학적 비유를 통해 나타낼 수 있다. 이 비유에서는 똑같이 단순한 벡터라 해도 두 개의 서로 다른 준거틀 혹은 좌표의 관점에 따라 다르게 정의된다. 선택한 준거틀이 어느 쪽이냐에 따라 똑같은 벡터라도 서로 다른 숫자의 쌍으로 정의된다. 내가 우주론적 기술은 상대론적으로만 이해할 수 있다고 말하는 의미가 바로 이것이다. 벡터의 경우와 마찬가지로 우주의 서로 다른 영역에 사는 서로 다른 지적 생명체가 적용하는 준거틀에 따라 똑같은 우주도 아주 다른 방식으로 기술될 것이다.

상대론적 뇌 이론에 따르면 인간 뇌가 갖고 있는 아날로그-디지털 하이브리드 엔진을 특징짓는 뉴런 전자기 상호작용의 비선형적 속성 덕분에 하나의 뇌 안에서 정교한 수학 같은 고차원 정신적 추상이 만들어질 수 있다. 그리고 그 뒤로 여러 세대에 걸쳐 다른 수학자들과 사회적으로 의견을 교환하면서 수학적 개념과 대상들이 자연히 진화해나올 수 있다. 본질적으로 나는 인간의 개별 뇌와 거대한 인간 브레인넷의 내적 비선형 동역학이 프랑스의 수학 천재 앙리 푸앵카레가 초기 조건을 살짝 바꾸었을 때 자신의 비선형 방정식에서 관찰했던 것, 그리고 일리야 프리고진이 어떤 화학 반응에서 복잡한 시공간 구조가 등장했을 때(3장 참조) 관찰했던 것과 동일한 유형의 예측 불가능한 행동을 만들어내는 것이 보인다. 인간의 브레인넷은 풍부한 동역학적 상호작용과 혼합을 만들어내는 성향이 있기 때문에, 동물과 호미니드 선조들의 뇌 속에 원시적인 수학과 기하학의 씨앗이 심어져 초라하게 싹을 틔운 것이 수백 세대에 걸쳐 인간의 수학 브레인넷이 장기적으로 작동하게 되면서 온갖 독특한 성질과 계층 구조를 갖춘 복잡한 수학이 등장하게 되었다는 설명이 분명 가능할 것이다. 따라서 축적된 수학 지식 전체는 시간과 공간 속에 분산되어 있는 인간의 브레인넷이 인류의 전체 역사에 걸쳐서 만들어낸 또 다른 유형의 창발성으로 볼 수 있다.

하지만 이런 논의가 대체 왜 중요할까? 여기에는 대부분의 과학자, 특히 물리학자들이 오랫동안 간직해온 두 가지 개념의 성패가 달려 있다. 슈뢰딩거가 《생명이란 무엇인가》에서 잘 지적하듯이 이 두 개념은 우리가 갈릴레오 시대 이후로 선택한 유형의 과학에서 핵심 역할을 하기 때문이다. 이 두 개념이 없었다면 우리가 세상을 탐구하는 방식, 아니면 적어도 우리가 발견한 내용을 해석하는 방식이 아주 많이 달라져 있었을 것이다. 이 두 가지 근본 개념은 인간의 정신과는 독립적인 객관적 실재의 존재, 그리고 인과관계다. 이미 눈치챘는지 모르겠지만, 내가 여기서 제안하는 뇌 중심 우주론은 우주에 존재하는 것을 기술할 때 우리 뇌의 간섭을 고려하지 않고도 그런 객관적 실재에 대해 이야기할 수 있다는 개념에 의문을 제기한다. 이런 논란이 일어난 지도 이제 꽤 많은 시간이 흘렀지만, 내 입장에서는 다행스럽게도 과거 몇 년 동안 대단히 저명한 사상가들이 이 책에서 옹호하는 뇌 중심적 관점을 지지해주었다. 물론 그들은 자신의 관점을 기술할 때 이런 용어를 결코 사용하지 않았지만 말이다. 이 장의 마지막 부분에서는 오늘날 이 책에서 주장하는 뇌 중심 우주론을 뒷받침하는 기틀을 마련한 물리학자, 과학자, 저술가, 철학자에 대해 살펴보려고 한다.

19세기 말, 오스트리아의 저명한 물리학자인 에른스트 마흐와 루트비히 볼츠만이 벌인 격렬한 논쟁이 실재의 진정한 본성에 대한 최초의 현대적 논쟁이었다고 주장할 수도 있겠지만, 나는 대비되는 이 두 관점 사이의 간극을 다른 만남의 이야기를 통해 보여주고자 한다. 이는 20세기 가장 위대한 지적 결투 중 하나라 부를 수 있는 대화였다. 이 거대한 세계관의 충돌은 1930년 7월 14일에 시작됐다. 이날 노벨상을 받은 인도의 시인이자 브라모 철학자(브라모는 서양 교육을 받은 인도 지식인들이 19세기 전반에 전개한 힌두교 개혁 운동을 말한다 – 옮긴이)인 라빈드라나드 타고르Rabindranath Tagore가 오후에 베를린에 있는 알베르트 아인슈타인의 집을 방문했다. 이 첫 만남에서 다음의 대화가 기록으로 남아 있다.

아인슈타인 우주의 본성에 관해서는 두 가지 서로 다른 개념이 존재합니다. 세상을 인간에 의존하는 하나의 통일체로 보는 개념, 그리고 세상을 인간적 요소와는 독립된 하나의 실체로 보는 개념이죠.

타고르 우주가 인간과 조화를 이룰 때, 영원, 우리는 그것을 진리로 알고 아름다움으로 느낍니다.

아인슈타인 이것은 순수하게 인간적인 우주의 개념이군요.

타고르 그렇지 않은 다른 개념은 존재할 수 없습니다. 이 세계는 인간의 세계입니다. 세계에 대한 과학적 관점 역시 과학적인 인간의 관점이죠. 거기에 진리를 부여하는 이성과 즐거움의 기준이 존재합니다. 우리의 경험을 통해 경험하는 영원한 자Eternal Man의 기준이죠.

아인슈타인 이것은 인간 실체에 대한 깨달음입니다.

타고르 그렇습니다. 하나의 영원한 실체죠. 우리는 우리의 감정과 행동을 통해 그것을 깨달아야 합니다. 우리는 개인적 한계가 없는 위대한 자Supreme Man를 우리의 한계를 통해 깨달았습니다. 과학은 개인에 국한되지 않은 것에 관심을 둡니다. 이것은 인간적인 것이 개입되지 않은 진리의 인간 세계죠. 종교는 이런 진리를 깨닫고 그것을 우리의 더욱 깊은 욕구와 연결합니다. 진리에 대한 우리의 개인적 의식이 보편적인 중요성을 얻는 거죠. 종교는 진리에 가치를 적용합니다. 그리고 우리는 그것과 우리의 조화를 통해 이 진리가 좋다고 알게 되죠.

아인슈타인 그렇다면 진리나 아름다움은 인간과 독립적이지 않다는 건가요?

타고르 독립적이지 않죠.

아인슈타인 만약 더 이상 인간이 존재하지 않는다면 벨베데레의 아폴로Apollo of Belvedere는 더 이상 아름답지 않겠군요.

타고르 아름답지 않죠.

아인슈타인 이 아름다움의 개념에 대해서는 저도 동의합니다. 하지만 진리에 대해서는 동의할 수 없군요.

타고르 어째서죠? 진리는 인간이 깨닫는 것입니다.

아인슈타인 내 개념이 옳다는 것을 제가 증명할 수는 없습니다만, 그것이 저의 종교입니다.

타고르 아름다움은 보편적 존재Universal Being인 완벽한 조화의 이상 속에 있습니다. 진리는 보편적 정신Universal Mind의 완벽한 이해 속에 있죠. 우리 개인은 자신의 오류와 실수와 통해, 축적된 경험을 통해, 계몽된 의식을 통해 진리에 다가갑니다. 그렇지 않고서야 우리가 어떻게 진리를 알겠습니까?

아인슈타인 진리를 인간과 상관없이 정당한 진리로 생각해야 한다는 것을 제가 과학적으로 증명할 수는 없습니다. 하지만 저는 그것을 확고하게 믿고 있습니다. 예를 들면 저는 기하학의 피타고라스 정리가 인간의 존재와 상관없이 진실이라고 믿습니다. 어쨌거나 인간과 독립적인 실재가 존재한다면, 이런 실재와 관련된 진리 또한 존재하죠. 그리고 마찬가지로 첫 번째 것을 부정하면 후자의 존재 또한 부정되는 결과를 낳습니다.

타고르 보편적 존재와 함께하는 진리는 본질적으로 인간적인 것일 수밖에 없습니다. 아니면 우리 개개인이 진리라 깨닫는 것들이 결코 진리로 불릴 수 없겠죠. 적어도 과학적이라 기술되고, 논리의 과정을 통해서만 도달할 수 있는 진리, 바꿔 말하면 생각하는 기관(뇌), 즉 인간에 의해서만 도달할 수 있는 진리는 그렇습니다. 인도 철학에 따르면 절대 진리인 브라만Brahman이 존재합니다. 이것은 고립된 개개의 정신이 상상하거나 언어로는 기술될 수 없고, 오직 개인이 그 무한과 완전히 하나로 융합될 때만 깨달을 수 있죠. 하지만 그런 진리는 과학에 속할 수가 없습니다. 우리가 지금 이야기하고 있는 진리의 본질은 겉모습입니다. 즉, 인간의 정신에 진리로 보이는 것이기 때문에 결국 인간적인 것일 수밖에 없고, 이것은 마야maya(현상 세계-옮긴이) 혹은 환영이라 부를 수 있겠죠.

아인슈타인 그럼 인도의 개념이라 할 수 있을 당신의 개념에 따르면 이것은 개인의 환영이 아니라 인류 전체의 환영이겠군요.

타고르 종species 또한 통일체, 인류에 속한 것입니다. 따라서 인간의 정신 전체가 진리를 깨닫는 것이죠. 인도의 정신이나 유럽의 정신이 공통의 깨달음 속에서 만나는 것입니다.

아인슈타인 종이라는 단어가 독일에서는 모든 인간을 의미하는 것으로 사용됩니다. 영장류와 개구리도 거기에 속하게 되죠.

타고르 과학에서는 우리의 개별 정신이 갖고 있는 개인적 한계를 제거하는 과정을 통해 진리의 이해에 도달하죠. 이것은 보편적 인간의 정신입니다.

아인슈타인 과연 진리가 우리 의식과 독립적인가의 여부에서 문제가 시작됩니다.

타고르 우리가 진리라 부르는 것은 실재의 주관적 측면과 객관적 측면 사이의 이성적 조화에 놓여 있습니다. 양쪽 모두 초개인 인간super-personal man의 것이죠.

아인슈타인 심지어 일상생활에서도 우리는 우리가 사용하는 물체에 인간과 독립적인 실체를 부여하려는 강박을 느낍니다. 우리는 우리 감각의 경험들을 합리적인 방식으로 연결하기 위해 이렇게 하죠. 예를 들어 집에 아무도 없다 해도 탁자는 자기가 있는 곳에 남아 있습니다.

타고르 그렇습니다. 탁자는 개인의 정신 바깥에 남아 있죠. 하지만 보편적 정신 바깥에 있지는 않습니다. 제가 지각하는 탁자는 제 것과 똑같은 종류의 의식에 의해 지각될 수 있습니다.

아인슈타인 만약 집에 아무도 없더라도 탁자는 똑같은 상태로 존재할 것입니다. 하지만 당신의 관점에서 보면 이것은 이미 틀린 것이로군요. 탁자가 우리와 독립적으로 존재한다는 것의 의미를 우리가 설명할 수 없으니까요. 인간과 독립적인 진리의 존재에 관한 우리의 자연스러운 관점을 설명하거나 증명할 수는 없습니다. 하지만 이것은 누구에게도 결핍될 수 없는 신념입니다. 우리는 진리에 초인간적인 객관성을 부여합니다. 우리의 존재, 우리의 경험, 우리의 정신과 독립적인 이 실체는 우리에게 필연적인 부분입니다. 비록 그것의 의미를 우리는 말할 수 없지만 말입니다.

타고르 과학은 단단한 물체로서의 탁자는 겉모습이며 따라서 정신이란 것이 없었다면 인간의 정신이 탁자로 지각하는 것 또한 존재하지 않았으리라는 것을 증명해 보였습니다. 그와 함께 궁극의 물리적 실재는 그저 아주 많은 별개의 전기력 회전의 중심에 불과하다는 사실 또한 인간의 정신에서 나온 것이라는 점도 인정해야 합니다. 진리에 대한 판단에서는 보편적 정신과 개인 안에 한정되어 있는 동일한 정신 사이에 영원한 충돌이 존재합니다. 우리의 과학, 철학, 윤리 안에서는 영원히 조화 과정이 이루어지고 있죠. 어쨌든 인간과 절대적으로 아무 관련 없는 진리가 존재한다면 우리에게 그것은 절대적으로 존재하지 않는 것입니다. 순차적인 사건이 공간이 아니라 음악의 음표처럼 시간에서만 일어나는 정신을 어렵지 않게 상상해볼 수 있습니다. 그런 정신에게 그런 실재의 개념은 피타고라스의 기하학이 아무런 의미도 가질 수 없는 음악적 실재와 비슷하겠죠. 문헌의 실재와는 무한히 다른 종이의 실재가 존재합니다. 그 종이를 먹는 좀벌레가 갖고 있는 형태의 정신에게는 문헌이란 것이 절대적으로 존재하지 않지만, 인간의 정신에게는 문헌이 종이 자체보다 훨씬 가치 있는 진실을 담고 있죠. 그와 마찬가지로 만약 인간의 정신과 아무런 감각적 혹은 이성적 관계가 없는 진리가 존재한다면, 우리가 인간으로 남아 있는 한 그 진리는 존재하지 않는 것으로 영원히 남게 될 것입니다.

아인슈타인 그렇다면 제가 선생님보다 더 종교적이로군요!

타고르 제 종교는 저의 개별 존재 안에서 보편적 인간의 영혼인 초개인 인간이 조화를 이루는 것입니다.

1930년 8월 19일의 두 번째 만남에서 이 탁월한 대화는 계속 이어진다.

타고르 오늘 새로운 수학적 발견에 대해 이야기하고 있었습니다. 그에 따르면 무한히 작은 원자의 영역에서는 확률이 역할을 한다고 합니다. 존재의 드라마가 특성상 절대적으로 미리 운명지어진 것이 아닌 것이죠.

아인슈타인 과학을 그런 관점으로 기울게 만드는 사실들이 있다고 해서 인과의 법칙에 안녕을 고하는 것은 아닙니다.

타고르 아마도 그렇겠죠. 하지만 인과관계라는 개념이 원소 안에 존재하는 것이 아니라 어떤 다른 힘이 그것들과 함께 조직화된 우주를 구축하는 것으로 보입니다.

아인슈타인 사람들은 질서가 어떻게 더 높은 차원에 존재하는지 이해하려고 합니다. 질서는 그곳에 존재합니다. 그곳에서는 커다란 원소들이 존재를 결합하고 인도하죠. 하지만 극미의 원소들 속에서는 이런 질서를 지각할 수 없습니다.

타고르 이런 이중성이 존재의 심연에 존재합니다. 자유로운 충동free impulse과 거기에 작동하면서 질서정연한 체제를 진화시키는 지시적 의지directive will 사이의 모순이죠.

아인슈타인 현대 물리학에서는 그것이 모순이라 말하지 않습니다. 구름은 멀리서 보면 한 가지 방식으로 보이지만 가까이서 보면 무질서한 물방울들로 드러나죠.

타고르 심리학에서도 비슷한 것을 볼 수 있습니다. 우리의 열정과 욕망은 제멋대로지만 우리의 성격이 이런 원소들을 가라앉혀 조화로운 전체로 만들어내죠. 이 원소들이 개인의 충동으로 반항적이거나 역동적인가요? 그것들을 지배하고, 질서정연하게 정리하는 물리세계의 원리가 존재하나요?

아인슈타인 원소들조차 통계학적 질서가 없지 않습니다. 라듐 원소는 지금까지 그래온 것처럼 자신의 특정한 질서를 현재도, 앞으로도 항상 유지할 것입니다. 그렇다면 원소에 통계학적 질서가 존재하는 것이죠.

타고르 그렇지 않았다면 존재의 드라마가 너무 산만해졌겠죠. 그 드라마를 영원히 새롭고 살아 있게 만드는 것은 우연과 결정 사이의 지속적인 조화입니다.

아인슈타인 저는 우리가 무엇을 하든, 무엇을 위해 살든 거기에는 인과관계가 존재한다고 믿습니다. 하지만 우리가 그것을 간파할 수 없다는 것은 좋은 일이죠.

_데이비드 고슬링 David L. Gosling, 《과학과 인도 전통 science and the indian tradition》에서.

만약 5년 전에 내게 누가 이 논쟁의 승자인지 물어봤다면 나는 당장 아인슈타인의 승리라고 대답했을 것이다. 하지만 지금 그렇게 물어온다면 시인 타고르 때문에 독립적인 객관적 실재의 존재를 평생 강박적으로 옹호해왔던 아인슈타인이 개인의 지적 편향까지는 아니더라도 종교적 신념의 산물에 불과하다는 것을 마침내 인정할 수밖에 없었으니 나는 아무 거리낌 없이 타고르가 이 논쟁에서 정정당당하게 승리했다고 인정할 것이다. 따라서 타고르는 2장에서 내가 종합하려고 노력했던 주장을 오직 거룩한 시인만이 할 수 있는 방식으로 가장 적절하게 요약해낸 것이다. 사실 타고르의 용어와 화법에 익숙해지려고 이 대화를 몇 번 읽어보면 그의 담론 안에 이곳에서 제시하는 뇌 중심 우주론의 핵심 개념이 들어 있음을 쉽게 확인할 수 있다. 예를 들면 괴델 정보, 괴델 연산자(신념 등), 외부 세계를 설명하려는 시도로 사람의 정신적 추상을 이용하는 것, 그리고 결국에 우리가 접근할 수 있는 실재는 우리 뇌가 빚어낸 실재밖에 없기 때문에 우리가 우주에 대해 어떤 과학적 기술을 내놓고, 실험적으로 얼마나 잘 정당화했든 그것은 항상 인간 뇌의 신경생물학적 속성에 의해 제한된다는 깨달음 등이다. 이것이 의미하는 바는 우주에 의미를 부여하려는 우리의 강박적인 욕망에 대해 우리의 인간 조건은 선물이자 동시에 제약으로 작동한다는 것이다.

타고르의 철학적 입장은 내가 또 다른 중요한 논의 주제인 인과관계에 대해 간략히 언급할 수 있게 도움도 준다. 상대론적 뇌 이론에 따르면 우리 뇌는 내부적으로 인과관계의 방대한 지도를 구축한다. 뇌는 외부 세계에서 추출한 잠재적 정보로부터 이 지도를 추출한다. 공간, 시간, 수학과 마찬가지로 뇌에서 유래한 인과관계 데이터베이스는 생존에 필수적이다. 그리고 그런 만큼 우리의 적합성을 강화할 방법으로 자연선택 과정을 통해 선택되어왔다. 내 관점에서 보면 지각의 경우와 마찬가지로 뇌가 구축한 인과관계는 기본적으로 다량의 미가공 입력을 뇌의 자체적 관점과 뒤섞는 과정을 수반한다. 이런 작동 과정에서 뇌는 우리가 일상의 존재를 경험하는 시간 척도에서 유용한 단기적 인과관계를 구축하는 데 집중한다. 이런 맥락에서는 뇌가 자연현상 뒤에 자리 잡고 있을지 모를 훨씬 더 복잡하고 장기적인 인과의 사슬들은 자신의 인과관계 데이터베이스를 구축하는 데 필요하지 않다고 아예 걸러버릴지도 모른다. 인과관계에 대한 이런 관점은 18세기 스코틀랜드의 철학자 데이비드 흄David Hume이 제안한 관점을 떠오르게 만든다. 그는 우리의 모든 정신적 추상(혹은 흄의 용어로 표현하자면 아이디어idea)과 그 연관성은 뇌에 의해 창조되며, 우리의 감각, 경험, 사고에 의해 좌우된다고 주장했다.

분명 아인슈타인처럼 대부분의 물리학자는 타고르의 관점이나 다른 뇌 중심적 관점을 인정하지 않는다. 플라톤주의 수학자들처럼 대부분의 주류 물리학자들은 객관적 실제 혹은 철학자들의 표현을 빌리면 사실주의realism의 요새를 계속해서 수호하고 있다. 이들은 우주와 그 안에 담겨 있는 모든 미스터리를 설명할 때 인간의 주관성이 눈곱만큼이라도 들어가는 것을 본능적으로 혐오하기 때문이다. 최근에 이론물리학자 션 캐롤Sean Carroll과 불교철학자 브루스 앨런 월리스Bruce Alan Wallace가 나눈 대화가 유튜브에 올라왔는데 그것만 봐도 타고르와 아인슈타인의 만남 이후로 별로 변한 것이 없음을 확인할 수 있다. 이번에도 역시 불교철학자가 실재의 기원에 대해 훨씬 설득력 있는 관점을 제시하여 토론에서 승리를 거둔 것으로 보인다.

신기하게도 이론물리학자 자비네 호젠펠더Sabine Hossenfelder가 《수학의 함정Lost in Math》에 쓴 것처럼, 대부분의 물리학자는 새로 나온 이론의 잠재력을 평가할 때나 실험적으로 검증되지 않은(그리고 끈이론string theory의 경우에는 앞으로도 결코 검증되지 않을) 물리 세계에 대해 새롭게 기술하기 위해 특정 유형의 수학을 선택한 이유를 설명할 때 여전히 아름다움, 단순성, 우아함, 자연스러움 등을 이야기한다. 실제로 이런 명백하게 주관적인 기준을 사용하는 것에 대해 언급하며 자비네는 직설적으로 이렇게 말한다. "이런 숨은 규칙은 물리학의 어디에나 존재한다. 이 규칙은 가치를 헤아릴 수 없을 정도로 소중한 것이다. 그리고 객관성이라는 과학적 지상과제와도 정면으로 충돌한다."

서로 충돌하는 실재에 대한 이 두 가지 관점이 서로 맞붙어야 할 궁극의 전장은 인간이 창조한 가장 성공적인 과학 이론이라 할 수 있는 양자역학 분야라 할 것이다. 양자역학은 이론적 예측과 실험을 통해 셀 수 없이 여러 번에 걸쳐 그 정당성이 입증되었음에도 이 연구 결과를 어떻게 해석할 것인지를 두고는 의견이 모이지 않고 있다. 기본적으로 물리학자들은 아주 자랑스럽게 양자역학이 잘 작동한다고 얘기하지만, 정작 그 이유는 자기도 모르겠고, 잘 작동하기만 하면 그것은 전혀 문제될 것이 없다고 말한다.

양자역학이 실재에 대해 무엇을 말하고 있는지 정의하는 데 따르는 온갖 어려움이 시작된 기원은 다름 아닌 분산식 뇌 부호화distributed brain coding의 아버지이자 영국의 박식가였던 토머스 영Thomas Young이 1800년대 초에 수행한 고전적 실험이었다. 판지에 수직으로 좁게 뚫어놓은 슬릿으로 빛을 투사해본 영은 판지에서 어느 정도 거리를 띄워서 설치해놓은 스크린에 전형적인 파동 간섭 패턴이 생기는 것을 관찰했다. 그리하여 영은 뉴턴의 관점과는 반대로 빛은 입자가 아니라 파동처럼 행동한다고 결론 내렸다. 그는 빛을 이중 슬릿에 통과시켰을 때 스크린에 만들어지는 패턴이 수면에 돌 두 개를 던졌을 때 만들어지는 물의 파동이 서로 간섭해서 생기는 패턴과 동일하다는 사실에 입각해서 이런 결론을 이끌어냈다.

아인슈타인이 파장이 짧은 자외선을 금속 표면에 비추면 금속에서 방출되는 전자를 측정할 수 있다고 제안하면서 빛의 진정한 본성에 대한 논란이 더욱 복잡해졌다. 아인슈타인의 말에 따르면 이런 효과가 만들어지기 위해서는 빛이 각각 고정된 양의 에너지(혹은 양자)를 갖고 있는 개별 입자들의 흐름으로 이루어져 있어야 했다. 이것은 광전효과photoelectric effect로 알려지게 됐고 불과 2년 후에 로버트 밀리컨Robert Millikan에 의해 실험적으로 입증되었다. 그 덕에 이론가(아인슈타인)와 실험가(밀리컨) 모두 노벨 물리학상을 따놓은 당상이 되었다.

하지만 영의 이중슬릿 실험이 실로 엄청난 것이었다는 점은 그가 그 실험을 수행하고 200년이 넘게 흘렀는데도 물리학자들이 그의 실험과 그것을 여러 가지로 변형한 실험에서 얻은 다양한 결과를 두고 어떻게 해석할 것인지 여전히 논쟁을 벌이고 있다는 사실만 봐도 확인할 수 있다.

오늘날 우리는 광자, 전자, 원자, 심지어는 버키볼buckyball(풀러린을 구성하는 공 모양의 분자–옮긴이) 같은 작은 분자의 흐름을 영의 이중슬릿 실험 장치를 현대식으로 개선한 것에 통과시키면 똑같은 간섭 패턴을 얻을 수 있음을 알고 있다. 하지만 상황이 더 이상해진다. 각각의(혹은 양측의) 슬릿 바로 앞에 감지기를 설치하면 개개의 광자(또는 전자, 원자, 분자)가 슬릿을 통과하기 직전 이 측정 기구를 때릴 때 입자처럼 행동하기 때문에 간섭 패턴이 아니라 개별 충격의 기록만 남는다. 바꿔 말하면 슬릿을 통과하기 전에 측정이 이루어지면 빛이 입자처럼 행동한다는 것이다. 이 입자-파동 이중성particle-wave duality은 양자역학의 해석에서 중추적인 미스터리로 계속 남아 있다.

이 파동 같은 간섭 측정 패턴을 설명하는 세 가지 주요 해석이 있다. 저명한 물리학자 닐스 보어와 베르너 하이젠베르크가 공동 작업으로 공식화환 소위 코펜하겐 합의Copenhagen consensus에 따르면 간섭 측정 패턴이 등장하는 이유는 슬릿을 실제로 통과하는 것은 빛 그 자체가 아니라 측정되는 순간에 빛이 취할 수 있는 서로 다른 잠재적 상태를 기술하는 확률파동 함수이기 때문이다. 일단 이 함수가 슬릿 뒤에 있는 스크린에 도달하고 관찰자가 그것을 바라보면(이것이 우리에게는 가장 중요한 부분이다) 이 함수가 붕괴하면서 이 경우에는 영이 관찰했던 간섭 측정 패턴이 만들어진다. 그와는 반대로 감지기를 슬릿

앞에 설치해놓으면 파동함수가 다른 방식으로 붕괴해서 입자 같은 흔적을 만들어낸다.

왜 이런 일이 일어날까? 이것은 양자역학의 측정 문제measurement problem로 알려져 있다. 코펜하겐 합의에서 본질적으로 제안하는 바는 물리계의 잠재적 속성을 기술하는 확률의 집합(파동함수)을 단일한 속성(입자 혹은 파동)으로 줄이기 위해서는 외부 관찰자가 직접, 혹은 장치를 통해 수행하는 관찰 행동이 필요하다는 것이다. 양자역학은 이런 측정이 이루어지기 전에는 수학적(혹은 정신적) 구성물인 파동함수를 통해서만 물리계를 기술할 수 있다.

두 번째 설명은 미국의 물리학자 휴 에버릿Hugh Everett이 1950년대에 공식화한 다중세계 가설many worlds hypothesis이다. 이 가설에서는 코펜하겐 합의와 달리 확률파동 함수의 붕괴를 촉발하는 실험 관찰자의 역할을 부정한다. 대신 간섭 측정 패턴이 등장하는 이유는 우리는 우리의 우주에서 실험을 수행하고 있지만 우리가 실험을 진행하기 위해 만드는 광자, 혹은 전자가 슬릿에 도달할 때 즈음 다양한 다른 우주에 존재하는 동일한 입자와 간섭을 일으키기 때문이라 주장한다. 이 이론에 따르면 우리가 관찰하는 간섭 측정 패턴은 그저 무한히 많은 다른 세상들 사이에서 일어나는 복잡한 상호작용의 산물을 반영하는 것이다.

마지막으로 세 번째는 파일럿파동이론pilot-wave theory 혹은 노벨상을 수상한 프랑스의 물리학자 루이 드 브로이Louis De

Broglie와 미국의 물리학자 데이비드 봄을 기려 드브로이-봄 이론De Broglie–Bohm theory으로 알려진 해석이다. 이 관점을 아주 단순화해서 설명하면, 간섭 측정 패턴이 등장하는 이유는 각각의 광자 혹은 전자가 양쪽 슬릿을 동시에 통과하는 파일럿 파동 위에 올라타고 있기 때문이다. 따라서 우리가 관찰하는 간섭 측정 패턴은 각각의 입자가 붙어 있는 파일럿 파동의 간섭으로부터 등장한다. 다중세계 이론과 마찬가지로 파일럿 파동 설명에서도 관찰자의 역할은 상정하지 않는다.

대부분의 주류 물리학자들은 나와 의견이 다르겠지만 이 책에서 제안하는 뇌 중심 우주론은 이중슬릿 실험의 코펜하겐 해석과 일치한다. 첫째, 코펜하겐 해석에서 제안하는 확률파동함수는 잠재적 정보를 외부 세계가 관찰자에게 제공하는 미가공 입력이라고 정의하는 나의 주장과 본질적으로 동일하다. 둘째, 두 관점 모두 양자 수준에서의 결과를 결정하는 데 관찰자의 능동적 역할을 인정한다. 이 점은 코펜하겐 해석이 '파동함수의 붕괴'를 일으키기 위해 관찰자의 존재를 요구한 데서 분명하게 드러난다. 뇌 중심적 관점과 양자역학의 코펜하겐 해석이 서로 수렴한다는 것은 닐스 보어의 인용문에서도 분명하게 드러난다. "양자 세계는 존재하지 않는다. 추상적인 양자물리학적 기술이 존재할 뿐이다. 과학자의 임무가 자연의 존재 방식을 알아내는 것이라는 생각은 틀렸다. 물리학은 우리가 자연에 대해 말할 수 있는 것이 무엇인지에 관한 것이다."

이것은 닐스 보어만의 관점이 아니었다. 여기 영국의 위대한 천문학자이자 물리학자인 아서 에딩턴Arthur Eddington이 양자 물리학의 여명기에 해야 했던 말을 소개한다. "물리학에서 다루는 대상의 본성에 대한 우리의 지식은 오로지 장치 계기판에 달린 바늘과 다른 표시 장치의 측정값으로만 이루어져 있다."

버트런드 러셀도 똑같은 관점을 옹호하며 이렇게 말했다. "물리학이 수학적인 이유는 우리가 물리세계에 대해 많이 알아서가 아니라, 아는 것이 너무 없어서다. 우리가 발견할 수 있는 것은 물리세계의 수학적 속성밖에 없다."

《의미와 진실의 탐구An Inquiry into Meaning and Truth》에서 버트런드 러셀은 이렇게 적었다. "우리는 모두 '순진한 사실주의naive realism', 즉 세상은 우리 눈에 보이는 그대로라는 독트린에서 시작한다. 우리는 풀은 초록색이고 돌은 단단하고 눈은 차갑다고 생각한다. 하지만 물리학은 풀의 초록색, 돌의 단단함, 눈의 차가움은 우리가 경험을 통해 알고 있는 그 초록색, 단단함, 차가움이 아니라 아주 다른 것임을 확인해준다. 관찰자는 자신이 돌을 관찰하고 있다고 여기겠지만 사실 물리학이 옳다면 돌이 자신에게 미치는 영향을 관찰하고 있는 것이다. 따라서 과학은 자기 자신과 전쟁을 벌이고 있는 듯 보인다. 과학이 가장 객관적이고자 할 때는 자신의 의지와 달리 주관성으로 빠져들고 만다. 순진한 사실주의는 물리학으로 이어지는데, 물리학은 자신이 옳다면 순진한 사실주의는 거짓임을 보여준다. 따라서 행동주의자가 자신이 외부 세계에 대한 관찰을 기록하고 있다고 생각할 때 사실은 자신에게 일어나고 있는 것에 대한 관찰을 기록하고 있는 것이다."

필립 고프Philip Goff는 〈가디언〉에서 버트런드 러셀과 아서 에딩턴 두 사람이 하고 싶었던 말이 무엇인지 정확하게 지적했다. "물리학은 물질이 무엇을 하는지는 잘 말해줄 수 있지만, 물질이 무엇인지에 대해서는 제대로 말해주지 못한다." 이어서 고프는 이렇게 말한다. "물질이 우리의 측정 장치에 어떻게 영향을 미치는지를 빼면 물질의 본질에 대해 우리가 아는 것이 대체 무엇인가? 겨우 그 물질 중 일부, 즉 뇌가 의식을 수반한다는 것을 알 뿐이다. 그렇다면 의식은 나중에 생각나서 억지로 끼워 넣으려 할 무언가가 아니라 물질이 무엇인지 알아내려 할 때 그 출발점으로 삼는 존재가 되어야 한다."

고프의 관점은 물리학자들이 실재를 기술할 때 사용하는, 환원주의reductionism로 알려진 통상적인 무한 후퇴infinite regress를 따라가려 할 때 분명하게 드러난다. 처음에 우리는 우주 전체가 원자로 이루어졌다는 말을 듣는다. 그래, 그건 좋다. 더 깊숙이 들어가면 우리는 원자가 전자, 양성자, 중성자 같은 소립자로 이루어졌음을 알게 된다. 지금까지는 문제없다. 더 깊숙이 들어가면 양성자와 중성자는 쿼크quark라는 이상한 실체로 이루어졌다는 이야기를 듣는다. 좋다. 쿼크는 너무도 이상한 존재라서 지금까지 그 어떤 과학자도 그것을 눈이나 정교한 장치로 본 적이 없다. 그 이유는 쿼크가 물질의 행동을 예측할 때 유용한 수학적 대상으로만 존재하기 때문이다. 그럼 쿼크는 무엇으로 이루어졌을까? 환원주의가 최근에 내놓은 수학적 추상을 그대로 믿어보자면, 쿼크가 우리가 일상에서 인식하는 4차원(3차원 공간 + 1차원 시간)보다 한참 더 높은 차원 속에 감겨 있는, 무한히 작은 진동하는 끈(10^{-35}미터)으로 이루어졌음을 받아들여야 한다. 이 끈은 현대 이론물리학에서 가장 뜨거운 주제 중 하나로 여겨지고 있지만 그 존재를 검증해볼 수 있는 실험은 존재하지 않는다. 이들은 재능이 뛰어난 수학자의 뇌가 만들어낸 정신적 추상에 의해 창조된 대단히 정교한 수학적 대상으로서만 존재할 수 있을 뿐이다. 그런 만큼 수학자들에게는 엄청나게 유용한 존재로 보인다.

유진 위그너도 러셀, 에딩턴, 고프의 생각과 뜻을 같이하여 《심신 문제에 대한 논평Remarks on the Mind-Body Question》에 이렇게 적었다.

> 물리학 이론이 양자역학의 창조를 통해 미시 현상까지 아우르도록 확장되자 의식이라는 개념이 다시 대두되었다. 의식에 대해 언급하지 않고는 완전히 일관된 방식으로 양자역학의 법칙을 공식화하기가 불가능했던 것이다. 양자역학이 제공한다고 주장하는 것들은 의식의 차후 인상('통각apperception[지각에 항상 동반하면서 다양한 지각들을 통일하는 의식 - 옮긴이]'이라고도 한다) 사이의 확률적 연관성이 전부다. 의식이 영향을 받고 있는 관찰자 그리고 관찰되는 물리적 대상 사이를 나누는 경계선을 어느 한쪽으로 밀어내는 것은 가능하지만 경계선 자체를 제거할 수는 없다. 양자역학에 관한 현재의 철학이 미래의 물리학 이론에서도 영구적인 속

성으로 남으리라 믿는 것은 시기상조일 것이다. 하지만 앞으로 개념이 어떤 식으로 전개되든 외부 세계에 대한 연구가 의식의 내용물이야말로 궁극의 실재라는 결론으로 이어졌다는 사실은 놀라운 일로 남게 될 것이다.

양자역학 혁명이 개시된 이후 몇몇 저명한 물리학자가 내가 여기서 옹호하고 있는 뇌 중심 우주론의 원리들을 노골적으로 지지하고 나섰다. 2005년에 〈네이처〉에 발표한 〈정신적 우주The Mental Universe〉에서 존스홉킨스대학교의 저명한 천문학자 리처드 콘 헨리Richard Conn Henry는 이 물리학자들 중 몇몇의 말을 인용해서 우주에 대한 뇌 중심적 관점을 채용할 것을 강력하게 주장했다. 헨리는 20세기 양자 혁명과 물리세계의 저명한 권위자 중에서 영국의 물리학자 제임스 호프우드 진스James Hopwood Jeans의 말을 인용했다. "쏟아져 나오는 지식들이 비기계적 실재non-mechanical reality를 향해 나아가고 있다. 우주는 거대한 기계보다는 거대한 생각에 더 가까워 보이기 시작하고 있다. 정신은 더 이상 물질의 왕국으로 우연히 침입해 들어온 존재로 보이지 않는다. …… 우리는 오히려 정신을 물질 왕국의 창조자이자 통치자로 일컬어야 할 것이다."

뇌 중심 우주론에 대한 추가적인 지지는 양자역학에 대한 새로운 해석에서 찾아볼 수 있다. 예를 들면 1994년에 엑스마르세유대학교 이론물리학센터 출신의 이탈리아 물리학자 카를로 로벨리Carlo Rovelli는 관계적 양자역학relational quantum mechanics

이라는 새로운 이론을 소개했다. 이 이론에서 로벨리는 절대적인 물리량은 존재하지 않는다는 개념을 지지하는 주장을 펼쳤다. 대신 그는 모든 양자계의 상태는 관계적이라고 주장했다. 양자계의 상태가 계와 관찰자 사이에 확립된 상관관계나 상호작용에 전적으로 달려 있다는 의미다. 본질적으로 로벨리의 접근방식은 물리계를 정의할 때 관찰자의 준거틀을 이용할 것을 주장하고 있어서 나의 뇌 중심 우주론과 상당히 비슷하다.

로널드 시큐렐과 내가 보기에 파동함수 붕괴 동안에 일어나는 일을 더욱 잘 이해하기 위한 핵심은 양자 얽힘quantum entanglement이라는 잘 알려진 현상과 관련이 있는 것 같다. 양자 얽힘은 현대 물리학의 주요 연구 분야로 자리 잡은 분야다. 간단히 설명하자면 입자들의 양자 상태를 서로 독립적으로 기술하는 것이 불가능할 때 그 입자들을 얽혔다고 말한다. 그래서 한쪽 입자의 특정 물리적 속성을 측정하면, 예를 들어 그 입자의 스핀을 측정하면, 그와 얽혀 있는 쌍둥이 입자의 똑같은 속성이 즉각적으로 영향을 받는다. 따라서 첫 번째 입자를 초기 측정한 스핀 값이 -2분의 1이면 그와 얽혀 있는 쌍둥이 입자는 2분의 1이라는 스핀 값을 취하게 된다. 따라서 정의상 얽힌 입자들은 상관되어 있다. 로널드와 나는 우리가 관찰을 할 때, 예를 들어 이중 슬릿을 통과하는 빛을 볼 때 우리 망막에 자리 잡은 입자들이 빛의 광자들과 얽혀 코펜하겐 해석에서 예측하는 파동함수 붕괴를 만들어내는 것이라 믿는다. 물리학자들과 협업하여 이 가설에 대해 더 탐구해보면 미래에는 뇌 중심 우주론적 관점의 채용을 양자적으로 정당화할 수 있게 될지도 모른다.

다시 큰 맥락으로 돌아가보자. 우리의 모든 과학 이론 뒤에 정신적 추상이 자리하고 있다는 나의 가설을 뒷받침해줄 마지막 사례를 소개하겠다. 입자물리학의 최신 연구에 따르면 소립자의 주요 속성 중 하나인 질량이 추상적인 수학적 실체인 힉스 장Higgs field과의 상호작용을 통해 부여되며, 이 작용은 지금은 유명해진 힉스 보손Higgs boson을 통해 중재된다고 한다. 이번에도 역시 실재에 대한 주류의 설명에서 필수적 요소인 입자의 질량이 물리학자들에 의해 오직 수학적 대상으로만 정의될 수 있다. 이런 사실들이 다시 한번 암시하는 바는 물리학에 관한 한 저기 존재하는 우주 전체가 잠재적 정보로 이루어진 거대한 수프로 구성되어 있다는 것이다. 그리고 이런 잠재적 정보는 가장 똑똑한 인간의 뇌 안에서 구축된 정교한 정신적 구성물, 혹은 수학적 대상을 채용함으로써만 기술이 가능하다. 내 물리학자 친구들 몇몇이 이 주장에 유감스럽게 생각함에도 불구하고 내가 인간 우주야말로 우리에게 유효한 우주에 대한 유일한 기술이라 말하는 이유다. 이번에도 역시 루이스 멈포드는 모든 것을 이해하고 있었다. "오직 인간 정신의 계몽을 통해서만 우주의 드라마나 인간의 드라마가 의미가 통할 수 있다."

내가 주장하는 뇌 이론도 위에서 말한 한계로부터 자유로울 수 없는 것이 아니냐고 주장할 수도 있다. 나는 인간이 만든 그 어떤 이론도 동일한 신경생리학적 제약으로부터 자유로울 수 없다고 생각한다. 따라서 신경과학자들이 우리 뇌의 작동 방식을 설명할 방법을 찾으려 할 때도 물리학자들이 물질적 실재를 설명하려 할 때 부딪히는 것과 똑같은 한계를 겪게 된다. 그나마 우리가 동료 물리학자들보다 한 가지 유리한 점이 있다면 우리 중에는 인간의 뇌를 인간 우주의 중심에 가져다놓고, 과학 이론을 주장할 때 관찰자의 뇌를 고려해야 할 시간이 되었음을 기꺼이 인정하려는 사람이 더 많다는 것이다.

요약하면, 독립적인 객관적 실재가 존재함을 설명하기 위해 제안된 모든 수학적 추상들은 우주에 존재하는 그 어떤 독립적 과정의 산물이 아니라 인간의 뇌가 만들어낸 산물임을 더 이상 무시할 수 없다는 것이다. 물리학자들은 보통 여기에 대한 답으로, 우주는 우리 종이 지구에 출현하기 한참 전부터 존재했기 때문에 인간의 존재나 주관적 경험과 지각은 우리보다 앞서 존재했던 실재를 설명할 수 없다고 말한다. 하지만 그와 똑같은 추론을 적용하면 우리가 등장하기 전 수십억 년 동안 존재했던 우주가 인간 뇌의 내재적인 신경생물학적 속성으로부터 유래한 논리와 수학으로 설명되는 것 자체가 말이 안 된다고 할 수 있다. 그런 일이 일어날 확률은 지극히 낮아서 0이나 마찬가지다. 따라서 우리로부터 유래한 물리 법칙은 인간의 정신과 그것이 낳은 가장 놀라운 창조물인 인간 우주에 한해서만 보편적인 것으로 고려할 수 있다. 궁극적으로 보면 물리 법칙의 구상과 정당화 모두 그와 똑같은 존재, 즉 인간의 뇌에 의해 창조되고 수행되는 이론적 공식화, 실험적 검증, 도구에 의존하기 때문이다. 사실 물리학은 생명의학 연구에서 잘 알려져 있는 문제로 고통받고 있다. 바로 대조군이 결여되어 있다는 점이다! 인간의 뇌에서 유래한 물리 법칙이 보편적임을 실제로 증명하려면 우주의 다른 영역에서 우리와 대등한 수준으로 진화한 다른 지적 생명체 역시 우리 인간이 우주를 설명하기 위해 만들어낸 것과 똑같은 법칙을 유도해서 받아들였음을 입증해 보여야 한다. 안타깝게도 이런 일은 실현 가능성이 없다. 적어도 지금까지는 그렇다.

이 모든 것의 의미는 무엇일까? 간단하다. 인간의 경우 플라톤의 동굴에서 탈출할 방법이 없다. 타고르가 위대한 아인슈타인에게 시적으로, 하지만 강력하게 설명했듯이. 우리가 막연하게 우주라 부르는 것은 인간의 정신 깊숙한 곳에서 지속적으로 뇌의 자체적 관점의 산물로서 구축되고 세밀하게 조각되는 규정하기 힘든 실재의 그림자를 통해서만 경험되고 기술되고 이해될 수 있다. 그리고 철학자 루트비히 비트겐슈타인의 관점과 쿠르트 괴델의 결론이 지적한 것과 같이 실재에 대한 순수하게 수학적인 기술만으로는 인간 우주의 복잡성과 풍부함을 완전히 기술하기에 부족할지도 모른다. 일부 학계에는 충격적인 말로 들릴 수도 있겠지만, 이것이 의미하는 바는 우리가 전통적으로 과학을 해온 방식이 인간 우주 전체를 기술할 수 있을 만큼 충분히 폭넓지 못할 수 있음을 우리 과학자들이 겸손하게 인정해야 한다는 것이다. 나 자신도 과학자지만 이것을 어떤 비극이나 패배라고는 전혀 생각하지 않는다. 오히려 깊이 생각해보고 낡은 습관을 고칠 크나큰 기회라 생각한다. 그렇다고 우리 과학자들이 신비주의적, 종교적, 형이상학적 접근방식에 의지해야 한다는 의미는 전혀 아니다. 그냥 우리의 방식에 존재하는 한계를 반드시 인식하고 있어야 한다는 뜻이다.

수 세기에 걸친 지적 몸부림 속에서 정교한 수학적 추상들이 우주에 대한 우리 종의 설명 중 최고의 자리를 차지하기 위해 가혹한 전투를 벌이고 난 후 우리는 결국 정체기에 도달했고, 그 정체기는 우리를 몇 가지 가혹한 결론에 묶어놓았다. 자연은 양자의 핵심부에서는 뉴턴-라플라스적 의미에서의 계산이 불가능하고, 따라서 예측이 불가능할 뿐 아니라 아인슈타인의 깊은 종교적 신념과 달리 관찰자의 뇌가 부여한 필터 없이는 그 어떤 객관적 실재에 대해서도 말할 수 없다는 것이다. 인간 우주의 경우 그 관찰자는 곧 우리를 의미한다. 그리고 이것은 문제될 것이 없다. 타고르의 가르침처럼 추상적 개념과는 정반대로 우리에게 정말 중요한 우주는 단 하나, 인간 우주밖에 없기 때문이다.

보어의 말을 빌리면, "물리학에서는 심리학보다 훨씬 더 단순한 상황들을 다룬다. 하지만 우리는 거듭해서 우리의 과제가 사물의 본질을 조사하는 것이 아님을 배우고 있다. 우리는 사물의 본질이 무엇을 의미하는지 전혀 알지 못한다. 그보다는 우리가 자연의 사건들에 대해 생산적인 방식으로 서로 이야기할 수 있게 해줄 개념을 개발하는 것이 우리의 과제다."

이것으로부터 내가 제시하고 싶은 최종적인 요점 두 가지를 도출할 수 있다. 뇌 중심 우주론이 우리를 겸손하게 만드는 또 하나의 놀라운 결론은 만약 우주에 우리 뇌보다 더 복잡한 것이 존재한다면 그것은 영원히 인간의 이해 범위를 벗어나 있게 되리라는 예측이다. 이런 맥락에서 보면 우리가 무작위 과정이라 부르는 현상들은 어쩌면 인간의 뇌가 도달할 수 있는 논리의 경계 밖에 존재하기 때문에 완전히 무질서하게 느껴질 뿐인지도 모른다. 이런 관점에서 보면 내 친구 마르셀루 글레이제르가 즐겨 하는 말처럼 인간 우주는 광대한 엔트로피의 바다에 둘러싸인 작은 지식의 섬에 비유할 수 있다. 인간의 뇌가 갖고 있는 한계를 생각하면 그 어떤 인간의 정신도 이 바다를 항해할 수는 없을 것이다.

나는 실망하기는커녕 오히려 이런 비유가 우리가 하나의 종으로써 수백만 년에 걸쳐 그런 지식의 섬을 신중하게 구축하며 집단적으로 성취해낸 것들이 얼마나 소중하고 독특한 것인지 제대로 보여주고 있다고 생각한다. 내가 이렇게 말하는 이유는 외계의 지적 생명체가 존재한다는 구체적인 증거가 발견되기 전까지는 인간 우주야말로 지적 생명체가 지금까지 이룬 가장 위대한 정신적 성취일 것이기 때문이다. 인간이라는 지적 생명체는 용감하게 세상에 나와 성공을 이루었고, 아직도 이 황량하고 춥고 영원히 이해 불가능한 우주에 자신의 정신적 발자취를 남기겠다는 용기와 의지를 갖고 있다.

마지막으로, 뇌 중심적 접근방식에서 제안하는 바에 따르면 우리를 둘러싼 우주에 존재하는 것을 가장 정확하게 정의하기 위해서는 실재에 대한 궁극적인 기술과 정의에 관찰자 자신의 뇌가 갖고 있는 관점이 반드시 포함되어야 함을 강조하고 싶다. 인간 우주 전체를 포함하도록 추론해보자. 이 관점에 따르면 인간 우주를 철저하게 기술하기 위해서는 지금까지 단 1밀리초라도 자기 주변의 경이로움을 살펴본 모든 관찰자의 뇌가 갖고 있던 관점들을 모두 고려해보아야 한다. 사실 잠재적 정보로 이루어진 우주에서는, 관찰자의 뇌나 브레인넷이 가공되지 않은 관찰에 의미를 부여해주기 전에는 그 무엇도 실제로 일어나지 않고, 그 무엇도 무언가로 이어지지 않고, 그 무엇도 아무런 관련성을 얻지 못한다. 이렇게 의미를 부여해줌으로써 그 지식의 섬 해안가에 작은 지식의 조약돌 하나를 더 보태게 되는 것이다. 이 지식의 섬은 인류의 선조가 과감히 고개를 들어 밤하늘을 바라보며 생각에 잠기고, 경외감에 잠겨 이 모든 것들이 어디서 왔을까 처음으로 궁금하게 여겼을 때 바다 한가운데서 머리를 내밀었다.

이 관점에 따르면 어느 때든 인간 우주는 지금까지 살았던 모든 사람의 뇌에서 나오는 살고, 관찰하고, 생각하고, 숙고하고, 창조하고, 기억하고, 경탄하고, 사랑하고, 숭배하고, 미워하고, 이해하고, 묘사하고, 수학하고, 작곡하고, 그리고, 쓰고, 노래하고, 이야기하고, 지각하고, 경험하는 행위를 하나하나 모두 집단적으로 융합해서 만들어진, 계속해서 커지고 있는 단일 실체라 정의된다.

이것에 대해서는 꼭 내 주장을 받아들이지 않아도 된다. 그냥 미국의 위대한 물리학자 존 휠러가 말년에 했던 말에 귀를 기울이면 된다. 휠러는 이중슬릿 실험에서 나온 서로 모순되는 결과를 가지고 사고실험을 하나 제안했다. 이 사고실험에서 그는 아주 멀리 떨어진 별에서 수십억 년 전에 만들어진 빛을 지금 관찰함으로써 인간 관찰자는 그 빛에서 갈라져 나와 우주의 다른 영역으로 퍼져나간 광선의 발현 양상을 바꿀 수 있다고 예측했다. 본질적으로 휠러는 인간 관찰자가 오늘 하는 관찰이 우리로부터 수십억 년 떨어진 우주 영역에 있는 별에서 과거에 방출한 빛의 본성을 바꿀 수 있다고 제안하는 것이다. 이런 이론적 추론을 바탕으로 휠러는 우주는 참여형 우주participative cosmos로 기술할 수밖에 없다는 자신의 이론을 도입했다. 그 안에서 일어나는 모든 일이 그 우주의 경계 안에 살고 있는 모든 지적 생명체가 수행하는 누적된 관찰에 좌우되기 때문이다.

휠러가 이 주장을 발표하고 몇 년이 지난 후에 지연선택 양자지우개delayed choice quantum eraser 장치라는 것을 이용한 실험을 통해 휠러의 개념이 정당함이 입증됐다. 간단히 설명하자면 이 실험에서는 광선을 쪼개서 서로 얽힌 광자 쌍의 연속적 흐름을 만들어낸 다음 이 쌍에 들어 있는 각각의 광자를 실험장치 속에서 하나는 긴 경로로, 하나는 짧은 경로로 보냈다. 그리고 그중 더 긴 경로로 빠져나간 광자를 관찰하는 행위를 통해 짧은 경로로 빠져나간 다른 광자의 속성을 바꿀 수 있었다. 이 짧은 경로의 광자는 8나노초 전에 이미 감지가 되었음에도 불구하고 말이다. 따라서 만약 내가 관찰자가 되어 더 긴 경로로 빠져나간 광자를 보고, 그것이 입자처럼 행동했음을 알아낸다면 이 단순한 관찰 행위가 얽힌 쌍을 정의하는 다른 광자 역시 파동이 아니라 입자처럼 행동하게 만든다. 이 후자의 광자는 이미 몇 나노초 전에 감지기에 도달한 상태인데도 말이다. 지금은 이 연구 결과가 여러 실험실에서 재현된 상태이기 때문에 양자물리학에서 또 하나의 미해결 수수께끼가 만들어졌다. 물론 이것은 우주에 대한 가장 포괄적인 설명이 그 안에 살고 있는 모든 지적 생명체의 관찰을 총합해서 만들어낸 설명이라는 휠러의 뇌 중심적 해석을 받아들이지 않을 경우에만 수수께끼다. 당신도 이제 이해하겠지만 공간, 시간, 수학, 과학과 같은 실재에 대한 인간의 개념을 정의하는 데 사용되는 온갖 것들의 기원을 찾아나서다 보면 결국 모든 길은 같은 곳으로 이어지는 듯 보인다. 바로 만물의 진정한 창조자, 뇌다.

11

정보 바이러스와 시대정신

THE
TRUE CREATOR
OF
EVERYTHING

1916년 7월 1일, 정확히 오전 7시 30분에 프랑스 북쪽 시골지역 솜 강Somme River의 잔잔한 강물 주변에서 갑자기 침묵이 깨졌다. 연합군이 공동으로 사용하는 구불구불 이어진 진흙 참호 곳곳에서 무서울 정도로 동시에 수백 개의 군용 호각 소리가 울려 퍼졌다. 지난 며칠 동안 간절히 기다리고 또 두려워했던 운명의 소리가 들려오자 영국과 프랑스 각계각층의 사람들로 구성된 10만 명 이상의 중무장 병사들이 절반도 살지 못한 자신의 삶에서 진정 소중하게 여겼던 모든 것을 뒤로 하고, 상대적으로 안전한 참호 깊숙한 곳으로부터 하나의 유기적인 파동을 이루어 떨쳐 나와, 아무런 망설임도 없이, 예측은 고사하고 상상조차 할 수 없는 미래를 향해 뛰어들었다.

언뜻 예행연습이 완벽하게 이루어진 한 편의 군무처럼 보였을 이 장면에서 이 거대한 인간 무리는 우리 종의 역사에서 여러 번 목격된 비극의 안무를 재연했다. 각각의 병사들은 주변 사람들과 동시에 사다리를 기어올라 병사들이 예언처럼 '무인지대no-man's-land'라 부른 가혹한 운명의 손에 자신을 맡겼다. 무인지대는 연합군과 독일군의 제1 방어선을 나누고 있던 400미터 정도의 개활지로, 그곳에는 어떤 의미로도 인간성이란 것이 존재하지 않았다.

일단 삶과 죽음을 가르는 무인지대라는 문 앞에 도달한 각각의 병사들이 과연 어느 쪽 출구로 나서게 될지는 오직 우연에 달려 있었다.

조국에 대한 헌신, 그리고 개인적·집단적 명예감과 사명감에 깊이 물들어 있던 이 용감한 사내들은 신속하게 돌진하여 밝은 햇빛 아래로 쏟아져 나왔다. 그저 보병의 진격에 앞서 거의 200만 개에 이르는 포탄을 쏟아부은 지난 이레 동안의 격렬한 포격이 중간중간 만들어낸 큰 구멍에 안전하게 들어가거나 일주일 내내 적군의 머리 위로 쏟아질 포탄의 비로 생겨난 사상자 때문에 비어 있을 독일군의 제1 참호선까지 나갈 수 있기를 바랄 뿐이었다.

하지만 영국군 병사 중 상당수는 자신이 밟고 있는 흙의 질감을 느낄 시간조차 허락받지 못했다. 그들이 느낀 것이라고는 쓰디쓴 흙 맛뿐이었다. 연합군의 병사나 지휘관들 사이에 퍼져 있던 통념과 달리 그 운명적인 보병의 진격이 있기 전에 독일군들은 꼬박 7일 동안 요새화된 방공호 깊숙한 곳에 몸을 숨기고 버티고 있었다. 그러다 7월 1일 오전에 영국군 포병대의 패턴에 변화를 감지하고 은신처에서 나와 제1 참호선으로 진군하는 영국군과 프랑스군 보병을 기관총으로 겨냥한 것이다. 그들의 표적이 땅 밑에서 기어 올라올 즈음 독일군들은 이미 만반의 준비를 마치고 있었다.

북쪽의 왼쪽 측면과 중앙에서 진행된 영국군의 1차 진격은 밀도 높고 지속적인 기관총 사격과 포격을 정면으로 받아야 했다. 진격에 따라올 막대한 인명 피해를 암시하는 것이었다. 마침내 수십 명의 병사들이 가장 두려워했던 운명의 부름을 받아 끔찍한 부상을 입거나 죽은 채로 무인지대의 텅 빈 땅바닥 위에 쓰러지기 시작했다.

하지만 아침 내내 영국의 보병부대는 끝없이 참호에서 올라와 지옥의 불구덩이 속으로 뛰어들었다. 어느 모로 보아도 이것이야말로 인간이 경험할 수 있는 가장 확실한 죽음의 정의에 가까웠다.

병사들을 불구덩이 속으로 계속 보내 막대한 피해를 입게 만든 영국군 지휘부의 무심한 결정 때문에 솜 강 가장자리에서 일어난 이 막대한 인간적 비극은 오늘날까지도 영국인들의 양심을 찌르는 쓰린 상처로 남아 있다. 특히 이 비극적인 결과가 터무니없는 오해와 환상으로 가득한 전략과 전술 때문에 탄생했음이 알려진 후로는 특히나 그랬다. 제1차 세계대전의 이 전투 첫날이 저물 즈음에는 영국군의 사상자만 5만 7,470명이라는 엄청난 수에 달했고, 그중 1만 9,240명은 사망자였다. 초기 공격에 참여한 병사 10명 중 거의 6명이 그날 하루가 저물 즈음에는 부상을 입었거나 죽었다는 의미다.

참호 전투가 교착 상태에 빠지자 그 결과로 상대측에 대대적인 손상을 가할 수만 있다면 아무리 끔찍한 효과를 낳는 무기라도 제한 없이 사용되었다. 이런 교전 철학은 곧 양측의 병사들이 양쪽 군대가 갖고 있는 최신의 대량 살상 기술에 의해 완전히 가루가 되거나 형체를 알아볼 수 없는 살덩어리로 해체될 때까지 매일 험한 꼴을 당해야 한다는 것을 의미했다.

사실 영국과 독일의 군수산업 복합체가 내놓은 여러 새로운 기술이 시간에 딱 맞추어 그곳에 집중되는 바람에 사상자와 사망자도 전례 없이 많이 나왔을 뿐 아니라 솜 강의 전장에서 병사들이 입은 상처도 대단히 심각할 수밖에 없었다. 피터 하트Peter Hart의 《솜The Somme》에 따르면 이렇게 거의 물신숭배적으로 의존하게 된 새로운 대량 살상 기술에 해당하는 것으로는 영국군만 따져 봐도 9,600미터 떨어진 적도 소멸시킬 수 있는 약 1537기의 60파운드 현대식 대포(23킬로미터가 넘는 전선 전체에 대략 18미터 간격으로 배치되어 있었다), 4,000미터의 사정거리에 걸쳐 분당 500발의 속도로 죽음을 뱉어낼 수 있는 기관총, 그리고 강력한 수류탄, 지뢰, 연발총 등이 있었다. 무인지대 양측의 적군 참호에 무자비한 고통을 가하기 위해 독가스도 막대한 양으로 사용되었다. 솜 강 전투에서 영국군은 전장에 최초로 탱크를 도입했다. 이는 탱크가 제2차 세계대전에서는 표준 무기로 자리 잡게 될 것을 알리는 신호탄이었다.

1914년에 유럽의 주요 정권들이 그들 사이의 차이점을 외교가 아니라 상대방의 소멸을 위한 전면전을 통해 해결하기로 결정함으로써 유럽이 감당해야 했던 파괴의 수준을 보면 누구나 어리둥절할 수밖에 없다. 《극단의 시대 The Age of Extremes》에서 영국의 저명한 역사학자 에릭 홉스봄Eric Hobsbawm은 이와 관련된 핵심적 질문을 언급하고 있다. 홉스봄의 관점에서 보면 이 다차원적인 인간적 비극을 설명하기 위해 던져야 할 중요한 질문은 이것이다. "그렇다면 양측의 맹주들이 제1차 세계대전을 제로섬 게임, 즉 완전한 승리를 거두거나 완전히 패배할 수밖에 없는 전쟁으로 치러야 했던 이유는 무엇인가?"

이 질문에 그는 다음과 같은 대답을 내놓았다. "그 이유는 일반적으로 제한적이고 구체적인 목표를 위해 벌인 앞선 전쟁들과 달리 이 전쟁은 제한 없는 목표를 위해 벌인 것이었기 때문이다. 제국의 시대에는 정치와 경제가 융합되어 있었다. 국제적인 정치적 경쟁은 경제 성장과 경쟁을 모형으로 삼았지만, 이것의 독특한 특징은 바로 제한이 없었다는 것이다. …… 더 구체적으로 말하면 주요 경쟁자인 독일과 영국은 제한이 없어야 했다. 왜냐면 독일은 당시 영국이 차지하고 있던 전 세계적인 정치적 지위와 해양의 지위를 원했고, 그렇게 된다면 이미 쇠퇴 중이었던 영국이 저절로 더 열등한 지위로 밀려나게 될 것이었기 때문이다. 그래서 이 전쟁은 모두 얻느냐, 모두 잃느냐의 문제였다."

내가 제시한 뇌 중심적 관점에서 국가, 제국, 다국적 기업 등은 정교한 수학과 마찬가지로 우리 뇌에 새겨진 원초적 원리에서 나온 창발성에 해당한다. 10장에서 보았듯이 고차원적인 수학은 논리, 기하학, 산술의 기본 원리로부터 등장하는 반면, 놀랍게 들리겠지만 나는 대규모의 정치적·경제적 상부구조suprastructure는 수십만 년 전 초라한 부족 생활 시절에 갈고닦은 원시적인 사회적 작용에 그 기원이 있다고 믿는다. 이 정치적 혹은 경제적 상부구조는 한계에 도달하면 어떤 현실을 극복하려 든다. 2장에서 보았듯이 일단 인간의 사회집단이 150명을 넘어서게 되면, 이렇게 몸집이 커진 인간 사회를 유지하기 위해서는 회사의 경영진이나 국가의 헌법과 법률 혹은 경제를 위한 법칙과 규제와 같은 감독 체계를 도입해야 할 엄중한 필요성이 생긴다는 현실이다. 그런 면에서 보면 수많은 사람이 조국, 정치 이데올로기, 경제체계 같은 상징적인 실체에 충성하기 위해 기꺼이 목숨을 바친다는 사실은 인간의 집단적 행동과 운명을 결정하는 데 정신적 추상과 신념이 얼마나 막강하고 치명적일 수 있는지 보여주는 또 하나의 사례다. 솜 전투에서 있었던 충격적인 규모의 인간적 비극이 이것을 완벽하게 잘 보여준다. 이런 전투가 끝난 1916년 11월 18일 즈음 이 전투에 끌려나온 병사는 300만 명에 가까웠다. 그리고 3명 당 1명꼴인 100만 명 이상의 병사가 사상자가 되어 그 전장을 떠났다. 그 전투 기간 동안 62만 3,917명의 사상자를 낸 연합군이 독일의 진영으로 전진한 거리가 고작 8킬로미터 정도였음을 생각하면, 이 사상자 수는 더욱 참혹하게 다가온다. 그래서 그토록 수많은 사람의 목숨을 갈아넣었음에도 불구하고 그 어느 쪽도 결정적인 승리를 선언할 수 없었다. 다른 전투들과 마찬가지로 솜 전투에서도 남은 것이라고는 역사적인 기록, 고통스러운 기억, 싸구려 금속으로 만든 훈장들, 무더기로 나온 고

아와 과부, 거대한 공동묘지밖에 없었다.

내 관점을 분명하게 보여주기 위해 솜 전투를 선택한 이유는 이 전투가 전쟁의 허무함과 공포를 보여준다는 면에서 심오한 상징성이 있기도 하지만, 인류의 역사 전반에서 채용된 정신적 추상들이 어떻게 수십만, 심지어는 수백만 명의 사람을 응집되고 동기화된 브레인넷으로 묶어 평범한 사람일 뿐인 그들로 하여금 스스로 제대로 정의하거나 이해하지도 못하는 대의명분을 위해 하나밖에 없는 목숨을 비롯한 모든 것을 기꺼이 바치게 만드는지를 아주 강력하고 비극적인 방식으로 보여주기 때문이기도 하다. 솜 전투는 무인지대라는 무덤의 양쪽 진영에서 싸우다 죽어간 그 모든 사람들이 보여준 엄청난 영웅심과 용맹함을 깎아내리지 않으면서도, 정신적 추상을 채용하고 이용하고 조작하여 이 개개인들의 뇌를 하나의 집단적 실체로 동기화시켰을 때 어떻게 대규모 인간 집단을 신체적·정신적 한계로 내몰 수 있는지 보여주는 완벽한 사례다. 잠시 자기가 그 참호 속에 웅크리고 있는 열여덟 혹은 열아홉 살 정도의 보병이라고 상상해보자. 가차 없는 포격과 쉬지 않고 들려오는 부상자들의 울부짖음에 귀가 먹먹하고, 무인지대에 흩어져 있는 수천 구의 시신을 제 눈으로 똑똑히 보며 대학살의 현장을 직접 목격했다. 그런데 그 운명의 호각 소리가 자신의 번호를 부른다면 당신은 어떻게 반응했을까? 어떤 결과가 자신을 기다리고 있는지 아는 상태에서 이미 수많은 전우를 총알이 비처럼 쏟아지는 포화 속으로 내보낸 그 사다리를 기어오르며 어떤 기분을 느꼈을까? 죽거나 혹은 기껏해야 평생 고통받으며 불구로 살아가는 것 말고는 아무것도 기대할 수 없는 상황에서 대체 어떤 이유가 당신을 그 포화 속으로 뛰쳐나가게 만들 수 있을까? 당신이 어떤 대답을 내놓을지 벌써 들린다. 용기, 애국심, 용맹, 국가와 가족을 향한 도덕적 의무감 등. 당신이 일부 병사들처럼 참호에서 나오기를 거부하거나 그 지옥으로부터 최대한 빨리 도망쳐 나오는 대신 두려움을 물리치고 이런 불합리한 역경에 정면으로 맞서게 만든 원동력 중에는 분명 이런 고귀한 감정이 일부 자리 잡고 있을 것이다. 하지만 이런 감정은 대체 어디서 왔을까? 그리고 대체 무엇 때문에 이런 감정이 그 병사들의 이성적 사고를 압도하여 그들로 하여금 직관적으로 자신을 안전히 보호하게 만들었을 논리적 판단을 무시하는 지경까지 가게 만든 것일까?

놀랍게 들릴 수도 있겠지만, 나는 이런 반직관적인 행동과 태도가 일어난 이유는 우리 인간의 뇌가 기본적인 본능이나 원시적 원형archetype에 호소하는 정신적 추상에 너무 쉽게 사로잡히기 때문이라 주장한다. 이런 기본적 본능이나 원시적 원형은 수백만 년 전, 자연선택 과정에 의해 우리 영장류 선조들의 뉴런 회로에 새겨져 인간의 진화계통수를 통해 전달되고, 지금은 우리에게 부여된 조용한 유전의 일부로 우리 호모 사피엔스의 뇌 깊숙한 곳에 묻혀 있는 것들이다.

나는 이런 브레인넷의 형성을 설명해줄 잠재적인 뇌 기반 메커니즘을 밝혀냄으로써 4,000년에 걸친 인간의 기록된 역사 동안 여러 사례에 걸쳐 대규모 인간 집단이 자신들의 뇌를 동기화해서 강력하고 치명적 브레인넷으로 만들어낸 원리를 설명할 신경생리학적 가설을 제공할 수 있다고 믿는다.

일단 국가, 종교, 인종집단, 경제체계, 정치 이데올로기 등 내면 깊숙이 자리 잡은 원시적 인간 신념에 호소하는 지배적인 정신적 추상을 지키거나 옹호해야 한다는 강력한 요청에 노출되고 나면 긴밀하게 묶여 있는 이 인간 브레인넷들은 자신의 종족과 전면전을 벌이거나 집단 학살에서 보듯 또 다른 인간 집단을 말살하는 일에 나설 수 있다. 기원전 13세기와 12세기 사이에 스파르타의 왕 메넬라오스Menelaos의 상처 입은 부부의 명예를 복수하고 파리스Paris로부터 메넬라오스의 아내 헬레네Helene를 구출하기 위해 지중해를 가로질러 트로이 해안까지 항해해 가서 그 대가로 트로이의 문명 전체를 파괴해버린 거대한 그리스 함대에서부터 그 후로 3,000여 년이 지나 그 근처 지중해의 전쟁에서 벌어져 수백만 명의 시민들을 죽이고 부상 입히고 몰아내버린 시리아 전쟁에 이르기까지, 뇌 중심적 관점에서 살펴보면 같은 패턴이 별 차이 없이 반복되고 있는 듯 보인다. 구체적인 내용에는 차이가 있지만 이런 현상을 설명해줄 핵심 모티브는 항상 똑같은 것으로 보인다. 제일 먼저, 실재와는 그 어떤 실질적인 연관성도 없는 정신적 추상이 전쟁이나 집단 학살의 근거로 선택된다. 그리고 그다음에는 그 당시의 가장 효과적인 소통 미디어를 이용해서 그런 행동을 뒷받침하는 메시지가 인간 사회집단 전체로 퍼져나간다. 그럼 대규모의 인간 집단이 자신의 뇌들을 브레인넷으로 동기화시켜 어떤 대가를 치르더라도 적을 완전히 섬멸하고 승리를 쟁취하겠다는 의도된 목적을 유지하게 된다. 이것이 바로 내 이론에서 고도로 응집된 인간 브레인넷의 형성, 동기화, 참여 과정 아래 깔려 있다고 주장하는 부분이다. 이런 브레인넷은 종교적 갈등, 민족적·인종적·사회적 선입견, 제국의 갈등, 국가의 경제적 이해관계, 국경 갈등, 무역 독점, 경제적 이득, 정치 이데올로기 갈등, 지정학적 술책, 그리고 타인을 악마로 묘사하고, 배척하고, 상처 입히고, 차별하고, 불구로 만들고, 죽이고, 각각의 사건마다 정해진 적들을 몰살하고, 마찬가지로 추상적이지만 견고한 정당성을 부여해주는 듯 보이는 다른 많은 개념을 이유로 싸우고, 비열한 잔혹 행위를 저질러왔다. 솜 전투의 경우처럼 일단 그런 브레인넷에 참여하게 되면 인간 집단은 정해진 공동의 목표를 향해 행군할 준비를 하게 된다. 극단적인 경우에는 그것이 자신의 소멸을 의미하거나 반대로 힘을 합쳐 다른 인간들을 상대로 끔찍한 잔혹 행위를 저지르는 것을 의미한다 해도 말이다. 이런 행동은 이들이 개인적으로는, 그리고 이런 브레인넷의 일부로 동원되기 전에는 실행은커녕 생각조차 해보지 않았을 행동들이다. 볼테르Voltaire라는 이름으로 알려진 프랑수아 마리 아루에François-Marie Arouet는 이렇게 말했다. "당신으로 하여금 불합리한 것을 믿게 만들 수만 있다면, 얼마든지 잔혹 행위를 저지르게 만들 수 있다."

볼테르가 18세기에 남긴 지혜는 내 주장의 본질을 잘 담고 있다. 지난 150년 동안 종교적 열정, 종족중심주의, 애국주의, 국수주의, 민족과 인종의 우월주의, 물질적 탐욕의 현대적 화신 같은 지속적이고 막강한 인간의 정신적 추상이 점점 더 빠른 속도로 개선되고 있는 매스컴 기술 및 인간 살상 기술과 폭발적으로 결합하면서 어떻게 19세기 중반부터 현재까지 소위 근대와 포스트모던의 시대를 포함하는 시기를 정의하는 데 기여했는지 이해할 수 있게 도와주기 때문이다.

그전에도 여러 번 그랬던 것처럼 당대의 지배적인 정신적 추상은 미술을 통해 생생하게 표현되고 분석되었다. 20세기 첫 40년은 재앙과도 같은 두 번의 전쟁이 지구 전체를 집어삼켰는데, 그 기간에 전 세계적으로 수천만 명의 사람이 경험한 공포와 절망의 정서를 두 점의 그림이 잘 담아내고 있다. 노르웨이의 표현주의 화가 에드바르트 뭉크Edvard Munch의 〈절규Skrik〉와 피카소의 가장 인정받는 걸작 중 하나인 〈게르니카Guernica〉다. 〈게르니카〉는 대단히 인상적인 캔버스 벽화로, 이 그림 속에서 이 안달루시아의 화가는 검은색, 흰색, 회색의 불길한 색조만 가지고 바스크 마을의 폭격이라는 비극과 분노를 묘사했다. 이 폭격은 스페인내전 당시 독일과 이탈리아의 비행기 편대가 미래의 독재자가 될 프란시스코 프랑코Francisco Franco의 군대를 지원하기 위해 진행한, 제2차 세계대전의 개막을 알리는 기습 공격이었다.

'정보 바이러스 감염'은 정상적이고 평범한 수백만 명의 사람을 브레인넷으로 동기화해서 형언할 수 없을 정도의 파괴를 불러올 수 있다. 이 정보 바이러스 감염을 통해 전달되는 정신적 추상이 얼마나 파괴적인 결과를 불러올 수 있는지 이해하려면 인류사의 상징적인 비극적 사례 세 가지만 더 생각해보면 된다. 하나는 1851년에서 1864년 사이에 일어나 중국을 황폐하게 만든 내전인 태평천국의 난이다. 만주족 청 왕조와 태평천국이라는 종교국가 사이의 종교적 갈등으로 촉발된 이 난으로 4,000만 명에서 1억 명의 사람이 목숨을 잃었다. 그리고 금과 은에 대한 채워지지 않는 욕망 때문에 이루어진 스페인의 멕시코와 페루 정복은 3,300만 명 정도의 아즈텍 사람과 잉카 사람을 죽음으로 이끌었다. 그리고 제2차 세계대전에서는 6,000만 명이라는 엄청난 수의 사상자가 나왔다. 이는 당시 전세계 인구의 3퍼센트에 해당한다.

불과 25년 전에는 르완다에서 100일도 안 되는 기간에 가장 당혹스러운 인간 집단 살육의 사례가 전 세계 사람들이 주목하는 가운데 펼쳐졌다. 르완다는 빽빽한 열대우림이 들어선 아름다운 산맥 덕에 한때는 아프리카의 스위스라는 별명으로도 불린 중앙아프리카의 작은 나라다. 1994년에 일어난 르완다 대학살은 정신적 추상이 널리 받아들여져 미친 듯이 날뛰기 시작하면 인류에 엄청난 규모의 재앙이 뒤따른다는 것을 보여주는 소름 끼치는 사례다.

르완다의 경우 완전히 인위적으로 생겨난 인종 갈등으로 100만 명의 사람이 목숨을 잃었다. 이 갈등의 기원을 추적해보면 유럽 식민지 총독부의 결정으로 올라간다. 총독부는 원주민들을 인위적으로 두 집단으로 나누기로 했는데, 이는 인류학적 관점에서 보면 동일한 언어, 문화, 종교를 공유하는 완전히 균질한 원주민 집단을 두 개의 집단으로 갈라 경쟁시킨 것이었다. 르완다의 원주민들은 그때까지 함께 살아왔음에도 불구하고 그 나라를 차지한 식민지 총독부, 즉 처음에는 독일, 그다음에는 벨기에에 의해 투치족이나 후투족, 두 인종집단 중 어느 한쪽에 속하는 것으로 공식적·강압적으로 배정되었다. 하지만 유럽 당국은 이런 분열을 촉진하는 데서 그치지 않고 투치족에게 교육, 경제적 이득, 사회적 승진 등의 기회를 더 많이 제공하는 정책을 펼쳤다. 투치족 집단을 임의로 선택해서 제일 좋은 공무원 자리를 맡기고 유럽 총독부의 이해관계에 따라 르완다를 통치하는 꼭두각시 지방 정권에 복무하게 만들었기 때문이다. 수십 년에 걸쳐 이런 사회적·경제적 차별을 지속하다 보니 후투족과 투치족 사이에 긴장이 계속 커지다 결국 폭력적 갈등으로 표출되었다. 초창기의 이런 사건들은 통제 불가능한 대학살이 일어나는 것은 시간문제일 뿐임을 말해주는 전조였다. 이 모든 것이 일어난 이유는 벨기에 당국에서 난데없이 르완다 사람들을 인종에 따라 구분하기로 결정했기 때문이었다. 그래서 키가 크고, 피부가 하얗고, 몸이 가늘고, 뼈의 구조가 섬세한 사람들은 투치족에 속하는 것으로, 키가 작고, 피부가 검고, 몸이 다부진 사람들은 후투족에 속하는 것으로 결정됐다.

역설적이게도 르완다 사람들을 후투족이나 투치족으로 구분하는 주요 인자 중 하나였던 키 차이는 19세기 런던 같은 주요 유럽 도시의 서로 다른 동네에 사는 부자와 가난한 사람을 나누는 평균 키 차이(12센티미터)를 반영한 것으로 밝혀졌다.

모든 것은 1994년 4월 6일에 시작됐다. 르완다의 대통령이었던 후투족 기반 정부의 지도자 쥐베날 하브자리마나Juvénal Habyarimana와 중앙아프리카의 부룬디 대통령 시프리앵 은타랴미라Cyprien Ntaryamira를 태운 비행기가 르완다의 수도인 키갈리의 공항에 마지막으로 접근하는 도중에 피격한 것이다. 다음 날 아침 투치족 적들을 향한 분노로 지도자의 죽음을 복수할 것을 후투족에게 촉구하는 라디오 방송에 흥분한 르완다의 무장 병력, 경찰, 후투족 민병대는 무장도 하지 않은 수천 명의 투치족 시민들을 무참하게 사냥하기 시작했다. 이런 비극으로 이어지기까지 투치족을 악마로 묘사하는 데는 라디오가 결정적인 역할을 했다. 대학살이 있기 몇 달 전에 라디오 방송국에서는 투치족을 적대시하도록 후투족을 선동하고, 적당한 시기가 되면 최종 공격 명령이 떨어질 테니 모두 행동에 나설 준비를 하고 있으라는 메시지를 내보냈다.

그리고 마침내 그 순간이 찾아오자 마체테, 낫 등 사람에게 치명적인 손상을 가할 수 있는 도구들로 무장한 후투족들은 투치족 이웃, 친구, 직장 동료 등을 조직적으로 찾아내서 몰살하는 일에 착수했다. 르완다를 집어삼킨 피의 쓰나미에서 누구도 자유로울 수 없었다. 여성, 아동, 노인에게도 자비란 없었다. 누구든 붙잡혀서 투치족으로 확인되면 그 자리에서 바로 살육당했다.

르완다 대학살은 대규모 집단의 사람들에게 널리 퍼져나간 메시지, 특히 왜곡된 정신적 추상을 궁극의 진리 수준으로 격상하는 메시지에 반응해서 자신의 뇌를 동기화했을 때 촉발될 수 있는 인간의 치명적인 폭력이 얼마나 폭넓고 심각해질 수 있는지 보여주는 암울한 사례다. 동기화된 각각의 정신 속에서 이런 메시지의 진실성이 의문의 여지가 없고 반박이 불가능하다고 인식되면 그 어떤 이성적 개입으로도 그 메시지를 축출할 수 없게 된다. 이런 브레인넷이 동기화될 즈음이면 르완다의 후투족와 투치족에 대해 이야기하고 있는 것인지, 제1차 세계대전에서 충돌한 군대의 장군들에 대해 이야기하고 있는 것인지는 중요하지 않게 된다. 일단 서로 다른 인간 집단 사이의 목숨을 건 충돌이라는 인식의 혼란으로 빠져들고 나면 개개의 사람들은 상상도, 용납도 할 수 없는 치명적인 결과를 만들어내는 브레인넷으로 동기화되는 것을 누구도 피할 수 없다.

연구실에서 브레인넷을 연구해서 얻은 결과를 맥락으로 삼아 이처럼 재앙과도 같은 인간의 집단적 행동의 본성을 숙고해본 나는 솜 전투, 르완다 대학살, 그리고 인간이 초래한 끔찍한 수많은 다른 재앙 등에서 보듯이 이성적 사고가 집단적으로 마비되어버리는 사례들을 이 책의 앞 장에서 논의한 메커니즘으로 부분적으로나마 설명할 수 있다는 결론에 도달하게 됐다. 간단명료하게 말하자면 나는 대규모 인간 집단이 만들어내는 재앙 같은 결과는 기본적으로 우리 영장류의 사회적인 뇌가 다수의 개인을 포함하는 고도로 동기화된 브레인넷을 확립할 수 있는 능력에서 비롯된 것이라 주장한다. 이 장에서 묘사한 극단적인 사례에서는 뇌 사이 동기화가 7장에서 언급한 탑승자-관찰자 브레인넷을 중재했던 운동겉질이 아니라 겉질 구조물과 겉질아래 구조물들을 끌어들였다. 하지만 뇌 사이에서 이런 파괴적인 대규모 동기화가 일어나려면 몇 가지 조건이 충족되어야 한다. 첫째, 막강한 정신적 추상이 등장하고 인간의 사회집단 전체에 폭넓게 퍼져 그 집단 구성원 대다수에게 합의된 세계관 혹은 진리로 받아들여지는 수준에 도달해야 한다. 이런 역치에 도달하기 위해서는 정신적 구성물이 예외 없이 아주 기본적인 방식으로 우리의 사회적 뇌에 새겨진 가장 원시적인 본능이나 원형에 호소해야 한다. 공동의 가치관, 신념, 선입견, 세계관을 공유하는 집단에 소속되려는 욕망, 더 중요하게는 집단의 삶의 방식을 위협하는 모든 해악의 이유이자 원인이기 때문에 어떤 대가를 치르더라도 반드시 파괴해야 할 완벽한 대립의 상징이자 '악'의 원형인 '적'과 싸워서 물리치려는 의지를 공유하는 똘똘 뭉친 엄선된 집단에 속하고 싶다는 욕망을 불러일으켜야 하는 것이다. 이런 욕망은 거의 강박에 가깝다. 바꿔 말하면, 다른 모든 동물들과 마찬가지로 인간은 자신의 뇌 깊숙한 곳에 과거에 적응에 유리한 것으로 입증되었던 고정된 행동 패턴과 추론 패턴의 흔적이 남아 있기 때문에 이런 선천적인 원초적 신념과 고정된 정신적 패턴에 호소하는 정신적 추상에 쉽게 사로잡힐 수 있다는 것이다. 그래서 우리는 겉질이 대단히 커져 있고, 교육을 통해 새로운 사회규범과 윤리적·종교적 가치관을 학습할 수 있는 능력이 있어서 이런 원초적 본능의 발현을 어느 정도 제지할 수 있음에도 불구하고 그런 브레인넷에 동원되는 일이 쉽게 일어날 수 있다.

일단 후투족과 투치족 사이의 인종 분열에서 생겨난 혐오와 같은 정신적 추상이 인간의 사회집단 안에서 지배적인 위치에 오르고 나면, 이제 촉발 메시지(나는 이것을 정보 바이러스information virus라 부른다)와 그것을 널리 퍼뜨릴 미디어만 갖추어지면 브레인넷에 시동을 걸 수 있다. 그리고 일단 이런 인간 브레인넷의 크기가 특정 역치를 넘어서게 되면 전체적인 행동이 완전히 예측 불가능해지는 푸앵카레의 비선형 동역학계와 아주 비슷하게 작동하기 시작한다. 이런 통제 불가능한 동역학 영역으로 넘어감에 따라 인간 브레인넷은 전쟁, 혁명, 대학살, 그리고 다른 잔혹 행위에서 보이는 무한한 폭력을 자행할 수 있다.

추론과 행동의 선천적인 양식이 공동의 레퍼토리로 모든 인간의 뇌에 스며들어 있는 것이 대규모 인간 브레인넷이 만들어지기 위한 전제조건이라는 내 개념은 스위스의 심리학자 카를 융Carl Jung이 제안한 집단무의식 개념과 어느 정도 유사하다. 인간의 무의식 영역에 대한 그의 묘사를 통해 이 부분을 확인할 수 있다. 이 묘사에서 융은 무의식을 다음과 같이 나눌 것을 제안했다. "피상적인 무의식 층은 분명 개인적이다. 나는 이것을 개인무의식personal unconscious라고 부른다. 하지만 이 개인무의식은 더 깊은 층 위에 얹혀 있다. 이 층은 개인의 경험에서 유래하지 않기 때문에 개인이 습득한 것이 아니라 타고난 것이다. 이 더 깊은 층을 나는 집단무의식collective unconscious이라고 부른다." 이어지는 구절에서 융은 집단무의식을 더욱 정교하게 정의한다. "내가 '집단'이라는 용어를 선택한 이유는 의식에서 이 부분이 개별적이지 않고 보편적이기 때문이다. 개인의 심리와는 대조적으로 집단의 심리는 어디서나, 어느 개인에서나 거의 동일한 내용과 행동 양식을 담고 있다. 바꿔 말하면 이것은 모든 사람에서 동일하기 때문에 우리 모두에게 존재하는 초개인적 본성suprapersonal nature의 공통적 심리 기질psychic substrate을 구성하고 있다."

융이 자신의 이론에 신비주의적 함의를 일부 적용한 듯 보여서 나는 그 부분에는 동의하지 않는다. 하지만 융의 '집단무의식'이란 개념을 오늘날 축적된 가용한 신경과학적 지식과 함께 내가 현재의 논의에서 틀로 잡고 있는 맥락에 적용해보면, 일종의 바이러스처럼 사람의 정신 속에서 작용하는 메시지가 다수의 뇌를 침범해서 조국, 인종적·민족적 우월성, 종교적 원칙, 혹은 정치적 이데올로기나 경제적 관점같이 고도로 추상적인 개념에 생사와도 같은 중요성을 부여하는 최종 연결고리를 제공하고 난 후에 대규모의 브레인넷이 어떻게 형성되는지 설명할 수 있을지도 모른다.

융의 관점에서는 우리의 행동방식을 조절하는 정신적 과정에는 네 가지 수준이 존재한다. 첫째, 우리가 가족, 친구, 지인 등 다른 사람들과 맺는 사회적 관계에 의해 결정되는 수준이 있다. 사람과 사람 사이의 이런 사회적 영역은 우리의 일상적 행동을 제한하는 일종의 '사회적 필터' 혹은 구속력을 부과함으로써 용인되는 행동과 용인되지 않는 행동을 가르는 경계를 설정한다. 그리고 그다음에는 의식적인 행동 양식conscious mode of action이 존재한다. 이것은 우리 각자에게 정체성, 자아, 그리고 존재한다는 느낌과 스스로 생각한다는 느낌을 부여하는 양식이다. 다음의 두 수준은 무의식을 위한 것이다. 융은 무의식을 개인적 요소와 보편적 요소로 나누었다. 개인무의식은 의식은 접근할 수 없는, 우리 뇌 속에 점진적으로 저장된 개인의 다양한 삶의 경험을 통해 주로 결정된다. 융에 따르면 이 개인무의식 아래는 집단무의식을 구성하는, 선천적으로 타고난 본능과 고정된 행동 패턴과 사고 패턴이 자리 잡고 있다. 이 집단무의식은 사람이라는 동일한 종의 구성원으로서 우리 모두가 공유하는 것이다. 융은 대규모 인간 브레인넷에 저장되어 있는 인간의 집단적 힘이 그 잠재적 에너지를 집단 행동의 형태로 분출했을 때 따라올 수 있는 비극적 결과를 인식하고 있었다.

> 무의식이 우리에게 닿자마자 우리는 자아를 망각한다. 이것은 원시적 인간이 본능적으로 알고 두려워했던 오래된 위험이다. 그 원시적 인간 자신도 이 신성의 충일pleroma에 아주 가까이 있다. 그의 의식은 두 발로 서서 흔들리며 여전히 불확실하다. 그 의식은 태고의 물로부터 방금 등장해서 아직 유치하다. 파도처럼 밀려오는 무의식이 그 의식을 쉽게 장악할 수 있고, 그러면 그는 자기가 누구였는지 잊어버리고 하지 않던 일을 하게 된다. 이런

> 이유로 원시적 인간은 통제되지 않는 감정을 두려워한다. 그런 감정 아래서는 의식이 붕괴되기 쉽기 때문이다. 그래서 모든 사람의 노력은 의식의 강화를 목표로 이루어졌다. 이것이 의례와 신조의 목적이었다. 이것은 무의식의 위험, '영혼의 위험peril of soul'을 막아주는 댐이자 벽이었다. 그래서 원시의 의례들은 악령 내쫓기, 주술 강화, 사악한 조짐 피하기, 속죄, 정화, 유용한 사건에 대한 공감 주술sympathetic magic 등으로 이루어진다.

융은 이렇게 말을 이어간다. "내 논지는 다음과 같다. 철저하게 개인적인 본성을 가지고 있고, 우리가 유일하게 경험 가능한 심리(개인무의식을 부록으로 보탠다고 할지라도)로 믿고 있는 의식에 더해서, 두 번째 심리 체계가 존재한다. 이 심리 체계는 모든 개인에서 동일하게 나타나는 집단적, 보편적, 탈개인적 본성을 갖고 있다. 이 집단무의식은 개별적으로 발달하는 것이 아니라 물려받는 것이다. 이것은 기존에 존재하는 형태의 원형archetype으로 이루어져 있다. 원형은 2차적으로만 의식화할 수 있으며, 심리적 내용물에 명확한 형태를 부여한다."

우연히도 융이 집단무의식의 힘을 보여주기 위해 고른 사례가 제1차 세계대전이 발발하기에 앞서 몇 달 동안 유럽에 만연해 있던 분위기를 꽤 많이 반영한다. 이런 분위기는 결국 솜 전투의 대학살, 그리고 4년 동안 벌어진 다른 수많은 대학살로 이어졌다. 피터 하트는《솜》에서 이렇게 적고 있다. "그 당시도 지금처럼 냉소적인 정치가와 도덕적으로 불투명한 신문사 소유

주들이 맹목적 애국주의를 부추겼다. 하지만 이것의 진정한 원천은 대중의 의식 어두운 구석 깊은 곳에 자리 잡고 있었다. 비대해진 제국을 지켜야 한다는 정치적 책무, 고질적인 인종차별, 시대의 도덕적 우월성에 대한 무심하고 포괄적인 가정, 미묘한 외교를 통해 성취하는 것이 더 나았을 것을 달성하기 위해 노골적인 위협에 과도하게 의존하는 것 등 이 모든 것이 1914년의 영국이 갖고 있는 유산의 일부였다."

20세기 초에 수백만 명의 사람들은 정치인들에게 압력을 가해서 유럽 열강들의 지정학적 탐욕을 충족시킬 평화적 해결책을 찾아내게 하는 대신 전쟁을 받아들였다. 사람들을 이렇게 만드는 데 필요한 추진력 중 상당 부분을 인간의 뇌에 견고하게 새겨진 뉴런 루틴이 제공했다는 논지를 더욱 뒷받침해주는 사실이 있다. 인류의 역사 전반에 걸쳐 똑같은 상황에서 대대적인 충돌이 체계적으로 수없이 일어났다는 점이다.

융은 집단무의식을 이렇게 묘사한다. "주어진 원형에 부합하는 상황이 발생하면 그 원형이 활성화되고 강박적인 상태가 등장한다. 이것은 본능적 욕구처럼 모든 이성과 의지를 이기고 목적을 달성하거나 아니면 병적 차원들의 갈등, 즉 신경증neurosis을 만들어낸다." 그럼 그에 따르는 결과가 분명해진다. "폭력이 사람에 영향을 미쳐 평범한 수준을 넘어서는 것을 말하고 행동하게 만드는 상태에는 별다른 것이 필요하지 않다. 사랑과 증오, 기쁨과 슬픔만으로도 자아와 무의식이 서로 자리를 바꾸게 만드는 데 충분할 때가 많다. 이런 경우에는 다른 면으로는 생각이 건강한 사람들도 아주 이상한 개념에 사로잡힐 수 있다. 집단, 지역 공동체, 심지어는 국가 전체가 이런 식으로 심리적 역병에 장악될 수 있다."

집단무의식이란 우리들 각자에게서 똑같은 사고 패턴, 본능, 행동이 방출되는 것이라 정의할 수 있다. 융은 이 집단무의식의 씨앗을 우리 뇌 깊숙한 곳에 심어놓은 진화의 역할을 언급하지 않고도, 이 '역사적' 요소가 내가 이 책 전반에서 뇌의 자체적 관점이라 부른 것을 빚어내는 데 어떻게 도움이 되었는지를 강조해서 보여주었다. "우리는 한 해를 단위로 생각하는 반면, 무의식은 수천 년을 단위로 생각하고 살아간다." 여기서 융은 의식적 사고가 조금 더 최근에 진화한 인간의 정신적 산물이며, 따라서 어느 때이든 더 오래되고 지배적인 무의식의 레퍼토리에 장악될 수 있다고 분명하게 주장한다. "의식은 무의식의 심리에서 자란다. 무의식은 의식보다 더 오래되었고, 의식과 함께 혹은 의식이 있음에도 불구하고 계속해서 기능을 이어간다. …… 또한 무의식적 동기가 우리의 의식적 결정을 무효화하는 일이 잦다. 특히 극도로 중요한 문제에서는 더욱 그렇다."

융의 개념이 내가 이 책에서 주장하고 있는 신경생리학에 기반한 작동 가능한 제안과 수렴한다는 사실은 수천 년에 걸쳐 대규모 인간 브레인넷의 창조를 가능하게 했던 메커니즘을 분석해볼 수 있는 대단히 흥미로운 접근방식을 제안한다. 여기서는 역사 전반에 걸쳐 인간의 사회집단에서 지배적인 위치에 서게 되어 인간의 원초적 원형에 호소하는 힘을 획득하게 된 정신적 추상의 역할, 그리고 일단 '정보 바이러스'가 널리 퍼져 수많은 사람의 뇌를 감염시킬 수 있게 된 후에는 인간의 뇌가 긴밀하게 동기화할 수 있게 해준 통신 수단, 이 두 가지를 반드시 구분해서 생각해야 한다.

이 시점에서 내가 정의하고 있는 정보 바이러스는 영국의 진화생물학자 리처드 도킨스Richard Dawkins가 인구 집단에 퍼져 나가는 방식을 설명할 때 사용하는 밈meme 같은 신조어와는 별개라는 점을 강조하고 넘어가야겠다. 내가 정의하는 정보 바이러스는 기본적으로 대규모 인간 브레인넷을 만드는 막강한 동기화 신호로 작동할 수 있는 정신적 추상을 말한다. 반면 도킨스는《이기적 유전자The Selfish Gene》에서 개념, 행동, 새로운 문화적 발현이 바이러스 감염과 비슷한 과정을 통해 인구집단으로 어떻게 퍼져나갈 수 있는지 설명하기 위해 밈이라는 용어를 만들었다. 그가 원래 내렸던 정의를 따라 일부 저자는 밈이 '문화의 단위'에 해당하며, 인간 집단에서 밈의 전파, 혹은 감염은 다른 생물학적 특성과 마찬가지로 자연선택에 의해 지배된다고 주장했다. 대단히 흥미롭기는 하지만 이 후자의 관점은 내가 브레인넷 동기화라는 맥락에서 정보 바이러스에 대해 이야기할 때 사용하는 관점하고는 다르다.

이제 전쟁을 일으키거나 동족의 구성원에게 야비한 잔혹 행위를 저지를 수 있는 대규모 브레인넷 확립으로 이어지는 정신 융합mental amalgamation 과정의 또 다른 필수 요소로 관심을 돌려보자. 그러기 위해서는 서로 다른 자연적 소통 전략과 인공

기술이 어떻게 인간의 집단적 행동에 영향을 미치는지 논의해 볼 필요가 있다. 이런 논의를 통해 최소한의 만족이라도 얻어내기 위해서는 미디어 이론media theory의 핵심적 개념을 일부 소개할 필요가 있다. 이 개념들은 캐나다의 교수이자 철학자인 마셜 매클루언Marshall McLuhan이 《미디어의 이해Understanding Media》에서 처음 제안한 것들이다.

매클루언의 가장 큰 통찰은 구어나 음악같이 자연발생적인 것이든, 문어, 인쇄 서적, 전화기, 라디오같이 인공적인 기술이든, 인간이 사용하는 서로 다른 소통 수단, 즉 미디어는 공통 효과를 가지고 있다는 것이다. 그 공통 효과란 우리 종의 도달 거리를 늘리는 한편, 시간과 공간의 차원을 붕괴시켜 모든 인류를 소통이라는 관점에서 볼 때 하나의 '지구촌global village'으로 축소시키는 효과다.

일례로 음악을 생각해보자. 나라별로 국가國歌가 있고, 군대가 군가 연주를 위한 군악대를 운영하고, 대부분의 종교에서 신성한 노래를 합창하고, 영화에서 사운드트랙을 이용해서 전 세계 관객들을 유혹하는 것은 우연이 아니다. 이 모든 사례에서 음악은 국가의 일부가 되거나, 군대를 위해 싸우거나, 종교적 신념을 공유하는 것과 같은 공동의 정신적 추상에 사람들을 결속시키는 중요한 동기화 신호로 역할한다. 따라서 수많은 군중이 목청껏 프랑스의 국가 〈라마르세예즈La Marseillaise〉를 부르는 것을 듣고 나면 프랑스 시민은 조국, 깃발, 정치적 이데올로기를 위해 기꺼이 무엇과도 맞서 싸울 준비가 된다.

그와 같은 맥락에서 어린 시절에 바그너의 오페라 〈탄호이저Tannhaüser〉에 나오는 〈순례자의 노래Pilgrims' Chorus〉나 헨델의 〈메시아Messiah〉 같은 노래를 듣고 자란 사람이라면 독실한 신앙인이 되지 않을 수 없다.

매클루언은 사람들을 동기화시켜 원초적인 사회적 행동과 우리의 집단무의식 속에 깊이 자리 잡고 있는 감정을 공동으로 표출할 수 있게 해주는 미디어의 힘과 도달 범위를 소개하기 위해 내가 브레인넷의 작동 방식을 설명할 때 즐겨 사용하는 사례를 들었다. 바로 팬으로 가득 차 있는 스포츠 경기장이다. 매클루언에 따르면 "내적인 심리적 삶의 외부 발현 모형으로 여겨지는 야구, 축구, 아이스하키 같은 근래의 인기 스포츠 경기의 폭넓은 호소력을 이해할 수 있게 됐다. 모형으로서의 이 경기들은 내적 삶의 개인적 극화라기보다는 집단적 극화에 해당한다. 우리의 방언처럼 모든 경기는 대인소통의 미디어이고, 우리의 친밀한 내적 삶의 확장으로서가 아니면 이들은 존재할 수도, 의미도 가질 수 없다. …… 대중적 예술 형태로서의 스포츠는 그저 자기표현self-expression이 아니라 한 문화 전체에서 상호작용하기 위한 깊고 필수적인 수단이다."

지난 50년 동안 나는 전 세계 축구 경기장으로 여행을 다니면서 매클루언의 주장이 입증되는 장면을 거듭 목격했다. 어느 나라, 어느 문화권이든 상관없이 내가 몸소 관찰한 행동 패턴은 세계 어디서나 항상 똑같았다. 일단 경기장 안에 들어서면 노동자, 의사, 판사, 기술자, 과학자 등 사회적 배경이 다른 모든 사람이 바깥에서 엄격하게 따랐던 일상적인 사회규범을 버리고 하나의 몸, 하나의 목소리로 융합하여 자기가 좋아하는 팀을 응원한다. 일단 동기화가 되고 나면 이 팬들은 바깥에서는 절대 부르지 않았을 노래를 부르고, 나중에 그런 말을 했다고 절대 인정하지 않을 말들을 뱉어내고, 경기장의 브레인넷에서 떨어져 나오고 나면 일상생활에서는 절대 용납하지 않았을 방식으로 행동하게 된다.

매클루언에 따르면 스포츠 이벤트는 "개인적 자아가 아니라 우리의 사회적 자아의 연장"이다. 이는 기본적으로 우리의 원시 부족에서 기원한 측면들과 닮은 의식을 치르는 동안 대규모 사람 집단을 동기화할 수 있는 매스미디어의 또 다른 발현이다. 그래서 어떤 문화든 아무리 복잡한 의식이라도 사회의 응집력을 유지하기 위해서는 그런 이벤트가 필요해 보인다. 로마제국에서 콜로세움과 다른 경기장에서 다양한 죽음의 경기를 펼쳐 군중에게 오락을 제공하기 위해 노력한 이유, 그리스인들이 올림픽경기에서 뛰어난 성적을 보여준 영웅들을 대단히 높이 칭송한 이유도 이것으로 설명할 수 있을 것이다. 지금도 대부분의 사회에서 프로 운동선수들이 엄청난 돈을 받고 명사로 추앙받는다는 사실을 봐도 로마인과 그리스인들이 줄곧 알고 있던 것이 무엇이었는지 확인할 수 있다.

사람들이 경제적 의미의 세계화에 대해 이야기하기 반세기 전부터 이미 매클루언은 이것이 20세기에 매스컴의 성공적 도입으로 촉발될 결과 중 하나임을 예측하고 있었다. 따라서

1950년대 후반과 1960년대 초반에 나온 매클루언의 개념들은 21세기에 들어선 지 20년이 지난 지금 우리가 살고 있는 미래의 모습을 여러 방식으로 예측해냈다. 사실 나와 사용하는 용어가 달라서 그렇지 그는 서로 다른 유형의 커뮤니케이션 기술이 제공하는 서로 다른 동기화 신호가 어떻게 대규모 인간 브레인넷을 만들어내는지에 관해 나와 동일한 결론에 도달하고 있다. 매클루언의 용어로 살펴보면 모든 매스컴 기술은 한 가지 속성을 공유하고 있다. 인간의 도달 범위의 연장이다. 처음에는 우리의 몸과 감각의 확장을 통해, 궁극에 가서는 '전자 미디어'의 도입에 의한 중추신경계의 확장을 통해 이루어진다. 그 결과 이런 매스컴 기술의 광범위한 채용이 인간 사회에 심오한 영향을 미치게 된다. 매클루언의 말을 빌리면, "어떤 종류든 미디어, 혹은 인간의 확장을 이용하면 우리 감각들 사이의 비율이 달라지는 것처럼, 사람들 사이의 상호 의존 패턴도 달라진다."

인간 사회집단의 가장 오래된 동기화 신호인 구어와 음악에서 문어, 미술, 인쇄 서적, 전보, 전화기, 라디오, 영화, 텔레비전에 이르기까지 매클루언은 우리의 신념, 세계관, 생활 방식, 집단적 행동을 빚어내는 데 매스컴이 얼마나 본질적인 역할을 하는지 보여주었다. 선견지명이 있었던 이 연구 덕분에 매클루언은 디지털 컴퓨터, 그리고 인터넷 같은 다른 '전자 미디어'가 인간의 사회적·경제적·정치적 상호작용에 미칠 영향까지도 예측할 수 있었다. 그래서 《미디어의 이해》의 일부 구절은

1960년대에 쓴 글임에도 마치 며칠 전에 쓴 것처럼 보일 정도로 21세기 디지털 시대에 미칠 잠재적 영향력을 설명하고 있다. 이 구절을 예로 들어보자. "우리의 감각과 신경을 확장하는 새로운 전기 기술이 전 세계적으로 수용됨에 따라 이는 언어의 미래에 큰 의미를 함축하게 된다. 디지털 컴퓨터에 수가 필요하지 않은 것처럼 전기 기술은 말이 필요하지 않다. 전기는 전 지구적 척도에서 그 어떤 언어화verbalization도 없이 의식 과정 자체가 확장되는 길을 가리키고 있다."

같은 주제를 더욱 탐구해 들어가면서 매클루언은 기본적으로 내가 지금까지 이야기해온 브레인넷의 개념을 예측했다. 물론 그런 신경 구성물을 확립하는 데 관여하는 잠재적인 신경생리학적 메커니즘에 대해서는 그가 알 길이 없었을 것이고, 분명 그런 이야기를 꺼낼 생각도 분명 없었을 것이다. 그럼에도 그가 반세기도 전에 쓴 글을 읽어보면 놀랍기 그지없다. "전기 미디어는 사회의 모든 제도들 사이에서 유기적 상호 의존성을 만들어내는 경향이 있다. 이는 전자기의 발견을 '엄청난 생물학적 사건'으로 보아야 한다고 생각한 샤르댕de Chardin의 관점을 강조한다."

정치적 제도와 상업적 제도가 전기적 커뮤니케이션을 수단으로 해서 생물학적 특성을 띠기도 하지만, 지금은 한스 셀리에Hans Selye처럼 생물학자가 생명체를 커뮤니케이션 네트워크로 생각하는 경우도 흔하다. 매클루언에 따르면 이 '유기적 네트워크'가 스스로 구체화되는 이유는 "개별 단계와 전문가 기능이라는 기계의 시대를 끝내는 전기적 형태의 이런 기이한 특징을 직접적으로 설명해주기 때문이다. 언어 자체를 제외한 기존의 모든 기술은 사실상 우리 몸의 일부를 연장한 반면, 전기는 뇌를 포함한 중추신경계 자체를 외부화했다고 말할 수 있다." 결론적으로 그는 이렇게 주장했다. "오늘날 우리는 정보의 시대와 커뮤니케이션의 시대를 살고 있다. 전자 미디어가 즉각적이고 지속적으로 모든 인간이 참여해서 상호작용하는 사건의 장을 만들어내고 있기 때문이다. …… 우리 신경계의 특징이기도 한 전기 커뮤니케이션의 동시성은 우리들 각자가 세계의 다른 모든 사람들에게 접근하고, 함께 있을 수 있게 해준다. 우리가 전기 시대에 동시에 모든 장소에 함께 존재한다는 것은 대체로 능동적 경험보다는 수동적 경험이다."

매클루언은 또한 전 세계 청취자를 대상으로 하는 라디오 같은 인공 미디어의 도입이 어떻게 인간 행동의 주요한 변화로 이어졌고, 또 계속해서 이어질지도 설명하려 했다. 나는 매클루언의 연구를 알기 전부터 르완다 대학살에서 라디오 방송이 얼마나 중추적인 역할을 했는지 알고 있었기 때문에, 중앙아프리카의 그 비극이 발생하기 정확히 30년 전에 매클루언이 내놓은 예측을 처음 읽는 순간 온몸에 소름이 돋았다. 라디오 방송의 도입이 인간 사회에 미치는 영향, 특히 그 전에 다른 형태의 매스컴에 노출되어본 적이 없는 문화권에 미치는 영향에 대한 매클루언의 아이디어를 읽어보면 그런 전율을 느낄 수밖에 없는 이유를 쉽게 확인할 수 있다. "라디오는 대부분의 사람에게 사람 대 사람으로 긴밀하게 영향을 미쳐 작가-화자와 청자 사이에서 무언의 커뮤니케이션 세계를 제공한다. 이것이 라디오의 긴밀한 측면이다. 사적인 경험인 것이다. 부지불식간에 깊은 영향을 미치는 라디오 방송에는 부족의 호각 소리와 고대의 북소리가 스며들어 있다. 이것은 이 미디어가 갖고 있는 속성에 내재되어 있어서 사람들의 정신세계와 사회를 하나의 울림통으로 바꾸어놓는 힘이 있다." 이 말은 르완다에 그대로 적용된다. 그는 이렇게 말을 이어갔다. "라디오는 전자적 내파electronic implosion의 첫 번째 대중적 경험을 제공했다. 글을 읽고 쓰는 서구 문명의 전체적인 방향과 의미가 뒤집힌 것이다. 부족 사람들에게, 사회의 존재가 가족생활의 연장인 사람들에게 라디오는 계속해서 폭력적인 경험이 될 것이다."

매클루언에 따르면 교육을 받지 못해 무지하고 정보를 검증하거나 비판적으로 분석할 수 있는 독립적인 수단이 없는 대중에게 라디오 방송이 단일 세계관을 주입하려는 독재정권의 지배 도구가 될 경우에는 폭력을 동반하는 고약한 시나리오가 진짜 문제가 될 수도 있다. 이런 의미에서 매클루언은 다시 한번 내가 정의한 정보 바이러스에 아주 가까워지고 있다. 정보 바이러스란 인간 브레인넷의 잠재적 촉발 요인으로서 널리 동조화되어 있는 브레인에 이 정보 바이러스 감염이 일어난 경우, 혼자서는 하지 않았을 그리고 선동되지 않았다면 하지 않았을 온갖 행동을 집단적으로 자행하게 된다. 만약 매클루언이 오늘날까지도 살아서 소셜미디어를 통해 퍼지는 소위 가짜뉴스의 쓰나미를 직접 목격했다면 무엇이라 말했을까?

매클루언은 정상적으로는 융의 집단무의식이 비도덕적인 집단행동으로 발현되지 않게 막아주는 사회적 압력이 존재하지만, 매스컴 기술이 수단을 제공함으로써 이 집단무의식이 동기화되고 인간 공동체의 뇌 깊숙한 곳으로부터 해방되어 합리적인 의식적 사고를 극복하고 온전히 표출된다고 믿었다. "라디오는 정보의 전달을 가속하고, 이것이 다른 미디어도 함께 가속시킨다. 이것은 분명 세계를 마을처럼 작게 축소시키면서 가십, 소문, 개인적 악의가 자랄 수 있는 탐욕스러운 취향을 만들어낸다."

전자 미디어가 전 세계에 널리 퍼지면서 인간이 전체적으로 연결되어 있는 지금의 상태와 같이 소통의 시간과 공간이 모두 붕괴해서 지구촌이 등장하리라는 매클루언의 예측은 그의 연구와 관련해서 가장 상징적인 비유 중 하나가 됐다. 그가 남긴 또 하나의 경구가 있다. "미디어가 곧 메시지다."

매클루언은 미래의 전기 소통 기술이 가져다줄 생활에 대해 한 치의 망설임도 없이 이렇게 말했다. "전기 시대에는 우리 중추신경계가 기술적으로 확장되어 우리 개개인이 인류 전체와 연결되고, 인류 전체도 우리 개개인과 연결될 것이기 때문에 필연적으로 우리는 우리의 모든 행동의 결과에 깊숙이 관여할 수밖에 없다. 서구인들의 자기만 따로 분리되어 있는 듯 젠체하기가 더 이상은 불가능해진다."

나는 매클루언이 대체로 아주 정확하게 짚었다고 생각하는 편이다. 새로운 전자 미디어가 겹겹이 파도처럼 밀려 들어오고, 특히 인터넷이 지구 구석구석까지 널리 퍼져나가면서 실제로 지구촌이 현실이 됐다. 하지만 지구촌이라는 매클루언의 유토피아가 최신의 커뮤니케이션 기술인 인터넷에 의해 획득한 잠재적 연결성 혹은 침투력을 반영하고 있을 뿐, 그 유토피아가 유도해내거나 해방시킨 주요한 사회적 효과가 어떤 것인지 적절하게 기술하고 있는 것은 아니라는 증거가 점점 쌓이고 있다. 역설적이게도 연결이 더 잘될수록 우리의 사회적 상호작용도 더 파편화되고 대립적으로 변한다는 데 점점 의견이 모이는 듯하다. 엄청난 인기를 끄는 소셜미디어가 만들어내는 효과만 살펴봐도 초연결 현대 사회에 살고 있는 사람들이 점점 더 사회적 상호작용을 가상의 만남 위주로 제한하는 경향이 커지고 있음을 확인할 수 있다. 이런 가상의 만남은 십중팔구 세심하게 구축하거나 선별한 가상의 사회집단의 제한된 경계 안에서 이루어지고, 이런 집단에서 이루어지는 논의는 아주 협소한 주제, 가치관, 세계관에 초점을 맞추게 된다. 이 새로운 시대의 소셜미디어에서는 반대 의견에 대한 관용이 줄어들고, 반대 의견을 지적·사회적 상호작용의 바람직한 형태로 받아들이지도 않는다. 그보다는 자기처럼 생각하고, 자기와 정치적·종교적·윤리적·도덕적·문화적 관점을 공유하는 사람들에 둘러싸여 그들과 정기적으로 상호작용하는 것을 더 바라게 된다.

더군다나 소셜미디어의 가상 세계에서는 실제의 사회적 상호작용에서 특징적으로 나타나는 전통적인 제한, 즉 융이 말한 첫 번째 수준이 제거되기 때문에 편견에 사로잡힌 공격적이고, 폭력적인 언어가 사이버 공간에 폭넓게 퍼진다. 악명 높은 가상의 집단 폭력이나 따돌림 공격도 이렇게 생겨난다. 이런 환경에서는 이런 것이 거의 일상이 되어버렸다. 이런 맥락에서 나는 매클루언이 지금까지 살아서 현재의 커뮤니케이션 형태를 연구할 수 있었다면 그가 어떤 반응을 보였을지 궁금해질 때가 있다. 지구촌을 만들 수 있을 정도로 원활해진 현대의 소통과 초연결 상태 때문에 사회가 오히려 그 부작용으로 수만 년 전 수렵채집인 조상들의 삶을 특징지었던 부족 양식의 생활로 돌아가는 것처럼 보이니 말이다. 인간의 사회적 상호작용의 역사 중 현 시점에서 우리들의 뇌를 하나의 분산식 가상 신경계로 융합시킬 정도로 강력한 커뮤니케이션 기술을 개발하려는 우리의 열렬한 열망에 의해 만들어진 편견이 오히려 푸앵카레의 영겁 회귀 정리가 어디서나 나타난다는 것을 또다시 입증하고 있다는 사실에 매클루언은 어떤 반응을 보였을까?

매클루언의 대답이 귀에 들리는 듯하다. “미디어가 무엇이든 한번 부족 사람은 영원한 부족 사람!”

⁂

행여 정신적 추상, 바이러스 정보 감염, 집단 연결성의 결합이 부족의 정신적 유산 중 파괴적인 브레인넷만 키운다는 인상을 주지 않도록 똑같은 신경생물학적 배경이 훨씬 밝은 또 다른 측면을 갖고 있음을 강조하며 이 장을 마무리하려고 한다. 상대론적 뇌 이론의 경우 인간 집단이 역사 전반에서 지속적으로 집단적 협력을 통해 인류의 가장 위대한 기술적·지적 업적을 달성할 수 있었던 원리를 앞에서 논의한 것과 똑같은 신경생리학적 메커니즘으로 설명할 수 있다.

앞에서 보았듯이 인간의 협력 방식이 갖는 독창적인 힘은 동일한 방법론, 아이디어, 개념을 공유하는 대규모 집단과 지적으로 상호작용할 수 있다는 가능성에서 나온다. 오래도록 이어져온 이런 인간의 전통이 오랜 기간에 걸쳐 수많은 학설, 문화적 전통, 예술 운동과 과학 운동을 창조하고, 가꾸고, 유지해왔다. 구어에 덧붙여 문어, 인쇄 기술, 기타 미디어 등 새로운 매스커뮤니케이션 방식이 등장함에 따라 인간의 협력은 서로 지리적으로 멀리 떨어져 있는 사람(공간적 공명), 심지어는 서로 다른 시간대에 살았던 사람(시간적 공명)에게까지 확장되기에 이르렀다.

정보 바이러스 감염의 결과로 인한 인간 브레인넷의 손쉬운 형성으로 대규모 사회집단이 어떻게 새로운 정신적 추상, 기분, 아이디어, 미적 감각, 혹은 새로운 세계관을 공유하고 동화했는지도 설명할 수 있다. 이런 것들은 일단 한번 창조되고 나면 그 시대의 인간 공동체 전반에 넓게 전파되었다. 인간 사회에서 넓은 시간적, 공간적 범위에 걸쳐 공감을 이끌어내는 정신적 경향을 시대정신zeitgeist이라고 한다. 상대론적 뇌 이론에서는 시대정신을 널리 전파된 정보 바이러스 감염의 산물로 볼 수도 있다. 이런 정보 바이러스 감염은 깊이 새겨져 있는 인간의 원초적인 본능이나 원형에 호소해서 많은 수의 개별 뇌를 브레인넷으로 동기화한다. 본질적으로 인간의 사회집단은 정보 바이러스, 신념, 정신적 추상, 그리고 서로 다른 유형의 매스커뮤니케이션에 의존해서 고도로 응집된 브레인넷을 만들어낼 수 있게 됐고, 그 덕분에 집단적 사고를 촉진하고 최적화하는 협동의 신경생물학적 과정으로부터 지극히 이로운 결과를 이끌어낼 수단을 획득했다.

이것을 인간 브레인스토밍의 절정이라 부르자!

사례를 들면 내가 말하는 의미가 더 분명해질 것이다. 기원전 5세기경의 아테네를 생각해보자. 당시 아테네에서는 수학, 과학, 철학, 민주주의 같은 일련의 혁명적인 정신적 추상에 의해 많은 그리스인의 뇌가 하나의 브레인넷으로 깊이 동기화되었다(그리고 거기에 취해 있었다). 또 다른 좋은 사례로는 이탈리아 르네상스 시기 동안 피렌체의 불멸의 화가들을 '오염'시켜 인간의 육체가 가진 아름다움을 새로이 발견하게 만들고, 화가의 원근법적 관점에 따라 세상을 묘사하게 만들었던 시대정신을 들 수 있다. 그리고 빈대학교의 핵심 집단 주변으로 모여든 세계적인 철학자, 수학자, 과학자, 역사가, 경제학자, 사회과학자, 그리고 오스트리아의 다른 지식인들에 의해 20세기 초반 20년 정도 모임이 이루어졌던 소위 빈서클Wien Circle을 역사적인 시기에 인간 집단의 시대정신을 이끌었던 영향력 있는 브레인넷의 세 번째 전형적 사례로 들 수 있을 것이다.

이 세 가지 사례에서 어떤 공통적 속성이 드러난다. 예를 들면 일단 한 시대정신이 인간 집단 안에 자리를 잡으면 공동체의 모든 계층에서 파도처럼 퍼져나가 습관, 기분, 문화, 심미적 취향에 영향을 미친다. 그래서 이 시대정신은 인간 활동의 여러 방면에서 발현되는 경우가 많다. 일례로 영국의 산업혁명이 미친 막대한 기술적·사회적 영향력이 전설적인 화가 조지프 말로드 윌리엄 터너J. M. W. Turner가 창조한 색, 구도, 이미지에 기록되어 있음은 잘 알려진 사실이다. 터너는 영국 역사상 가장 큰 이 변혁의 시기에 활동한 가장 위대한 낭만주의 풍경화가였다.

빅토리아 시대 영국을 이끈 화가 중 한 명이었던 터너는 영국 왕립미술원Royal Academy에서 열리는 회합과 친목 모임에 자주 참여했을 뿐 아니라 왕립학회에서 주관하는 과학 강연에도 참석했다. 편리하게도 당시에는 왕립학회와 왕립미술원이 같은 건물에 있었다. 이런 모임에 참석하다가 터너는 태양 표면의 역동적 본성과 적외선 방출에 관한 유명한 천문학자 윌리엄 허셜William Herschel의 강연에 참석했는지도 모른다. 그리고 그의 일부 그림에 영향을 미쳤다고 전해지는 괴테의 색이론에 대해 더 많이 알게 되었을 수도 있다. 한 가지 우리가 확실히 아는 부분은 그가 미술과 과학을 넘나들며 모임에 참가하는 동안 마이클 패러데이Michael Faraday라는 사람과 친구가 되었다는 것이다. 패러데이는 당대 최고의 실험가 중 한 명이었고, 훗날 토머스 영의 진정한 후계자로서 왕립과학연구소Royal Institution에서 영의 빛의 파동 이론의 수호자가 될 운명을 타고난 사람이었다. 우연히도 터너는 웰백가 48번지에 있던 토머스 영의 집에서 반 블록 정도 떨어진 퀸앤가 47번지에 위치한 아틀리에에 살면서 일했다.

경제적·기술적·과학적·사회적 분야에서 처음에는 영국, 이어서 유럽, 그리고 나중에는 전 세계를 뒤흔들어놓은 지진에 휩쓸리는 것이 영국과 그곳에 사는 사람들에게 무슨 의미로 다가갔는지를 영구적인 시각적 기록으로 남긴 데는 그 누구보다도 터너의 공이 컸다. 19세기 초반에 그려진 타의 추종을 불허하는 그림에서 터너는 영국의 시골, 해안, 바다를 이전의 그 누구도, 그리고 아마 이후의 그 누구도 해내지 못한 방식으로 기록했다. 그는 자신의 그림 속에 빛에 대한 새로운 처리 방식을 포함시켜 그의 주변에서 광범위하게 일어나는 기술혁명과 과학혁명을 나타내는 다양한 물체 및 장면과 뒤섞음으로써 이 일을 해냈다. 터너의 숭배 대상이 된 기술적 혁신의 요소에 해당하는 것으로는 영국의 전형적인 시골 풍경을 침범해 들어온 증기기관과 증기 제분소(〈개울 건너기Crossing the Brook〉), 위대한 공학적 업적(〈벨록 등대 Bell Rock Lighthouse〉), 영국 왕립해군의 유물로 남은 목선 전함 테메레르Temeraire 호를 마지막으로 항구로 끌고 가는 증기 예인선(〈전함 테메레르의 마지막 항해The Fighting Temeraire〉), 증기를 내뿜으며 당시만 해도 비현실적인 속도였던 시속 30~40마일의 속도로 그레이트웨스턴 철도를 오가던 기관차(〈비, 증기, 속도, 그레이트 웨스턴 철도Rain, Steam, and Speed – The Great Western Railway〉) 등이 있었다. 이것을 비롯해서 수천 점의 작품을 통해 터너는 산업혁명의 도래를 알리는 화가로 남게 됐다. 그는 좋은 방향이든 나쁜 방향이든, 인류에게 찾아온 거대한 변화의 시간을 비공식적인 기록으로 남겼다.

경력의 마지막 단계에 가서 그는 걸작에 걸작을 쏟아내고 있었음에도 자신의 작품에 존재하는 대상들의 윤곽을 흐리게 처리하면서 빛, 바다, 하늘을 뒤섞는 완전히 혁명적인 방식을 고집스럽게 추구하는 바람에 감성을 잃어버렸다는 비난을 받았다. 이 시기에 터너는 주변에서 일어나는 기술적·과학적 혁명과 너무 강렬하게 얽혀 있었다. 그래서 일부 미술사가들은 그의 가장 존경받는 그림 중 하나인 〈바다 눈보라를 만난 증기선Steamboat during the Snowstorm in the Ocean〉이 역동적으로 융합된 하늘, 바다, 안개, 눈을 묘사하면서 그 안에 마이클 패러데이가 왕립과학연구소 실험에서 관찰했던 전자기장의 스케치를 숨겨 놓았다고 주장한다.

오래도록 지속된 시대정신의 또 다른 사례는 벨 에포크Belle Époque로 알려지게 된 시기 동안에 찾아왔다. 벨 에포크는 1870년대부터 제1차 세계대전이 일어나기 전까지 유럽에서 지속된 위대한 열정과 낙관주의의 시대였다. 5장에서 보았듯이 이 시기에는 프랑스의 인상파 화가들이 자신의 화폭을 에른스트 마흐가 옹호한 '상대론적' 기분으로 채웠다. 역사의 다른 순간들과 마찬가지로 벨 에포크의 시대정신이 품고 있던 의기양양한 분위기는 화가와 과학자들뿐만 아니라 음악가와 작가까지도 감염시켰다. 이것 역시 이런 정신적 정보 감염이 구사하는 엄청난 공간적 공명을 입증하고 있다. 벨 에포크가 아직까지 열정적인 연구의 대상으로 남아 있다는 사실은 그 시대정신의 막강한 시간적 공명도 함께 보여준다.

19세기에서 20세기로의 전환기에 또 하나의 시대정신이 화가와 과학자들의 뇌를 하나의 브레인넷으로 동기화하기 시작하고, 이 브레인넷이 실재에 대한 우리의 정의에 심오한 영향을 미친다. 기본적으로 이 브레인넷은 순수한 기하학적 형태에 의존해서 개별 사물에서 우리 모두를 아우르는 상대론적 우주 전체에 이르기까지 자연계의 모든 것을 표상하고 설명하려 했다. 이 미술에서 이 기하학적 신조는 프랑스의 후기인상파 대가 폴 세잔Paul Cézanne의 붓놀림에서 등장했다. 곧이어 그에 필적하는 과학적 추구가 이어졌다. 그 첫 주자는 헤르만 민코프스키Hermann Minkowski가 아인슈타인의 특수상대성이론을 기하학적으로 묘사한 것이었고, 뒤이어 아인슈타인의 일반상대성이론이 그 뒤를 따랐다. 나중에는 이런 기하학적인 매혹이 파블로 피카소와 조르주 브라크에게 영감을 불어넣어 현대 미술의 탄생인 입체파를 낳았다. 아테네, 피렌체, 파리, 빈에서 그랬던 것처럼 이번에도 역시 패기만만하던 시절의 지배적 시대정신은 인간 활동의 다양한 영역에서 나란히 일어나는 정신적 혁명들을 빚어내는 조각가가 되었다. 실제로 《아인슈타인 피카소Einstein, Picasso》에서 아서 밀러Arthur I. Miller는 피카소로 하여금 입체파 최초의 공습이라 할 수 있는 걸작 〈아비뇽의 처녀들Les Demoiselles d'Avignon〉을 그리도록 이끈 요인들에 대해 더 깊은 통찰을 얻고 싶다면 동시대의 과학적·수학적·기술적 발전을 함께 환기해야 한다고 주장한다. 밀러의 의견은 이렇다. “아인슈타인과 피카소는 지리적·문화적으로 떨어져 있었지만 상대성이론과 〈아비뇽의 처녀들〉은 거대한 해일처럼 유럽 대륙을 휩쓴 극적인 변화에 대한 이 두 사람의 반응을 상징한다.”

나의 상대론적 용어로 표현하자면 당대의 시대정신을 정의하는 똑같은 정보 바이러스에 감염된 두 사람으로서 피카소와 아인슈타인은 실재에 대해 괴델 정보로 풍부한 별개의 두 가지 정신적 추상을 표현했다. 이 정신적 추상은 일단 그들의 뇌 속에서 만들어진 후 기하학적 언어의 두 가지 특정한 발현의 형태로 외부 세계에 투사됐다. 바로 일반상대성이론과 입체파다.

그 후로 양자역학 물리학자들과 아방가르드 화가들이 실재에 대해 괴델 정보로 자신만의 풍부한 관점을 구축하기 위해 훨씬 더 정교한 정신적 추상을 구상할 수 있는 브레인넷으로 동기화하는 데는 많은 시간이 걸리지 않았다. 이 두 집단은 새로이 구상한 정신적 구성물을 드러낼 때 우리가 일상에서 정상적으로 접하는 전통적인 사물의 형태를 제거하는 식으로 했다. 밀러가 이렇게 지적한 이유다. “몬드리안Mondrian이나 폴록Pollock의 그림 앞에 서서 이것이 무엇을 그린 그림이냐고 묻는 것이 의미가 없는 것처럼, 양자역학에서는 전자가 어떻게 생겼느냐고 묻는 것 역시 무의미하다.”

이 동기화된 사람들의 뇌가 만들어낼 수 있는 온갖 좋은 것들을 실증해 보일 내 마지막 사례는 인간이 과학을 실행하는

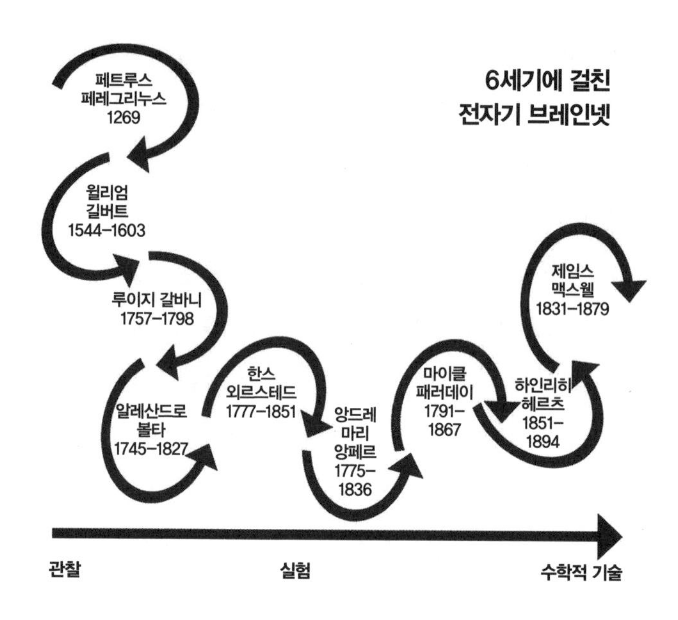

그림 11-1 전자기 현상을 발견하고 묘사하는 일을 담당한 6세기에 걸친 인간 브레인넷. (그림: 쿠스토디우 로사.)

방식에 관한 것이다. 기존의 세대가 만들어낸 개념과 추상을 이용해서 현재의 생각을 동기화할 능력을 진화시킨 덕분에 과학자들은 인류의 역사에서 몇 세기에 걸쳐 이어지는 브레인넷을 구축할 수 있었다. 예를 들어 페트루스 페레그리누스, 윌리엄 길버트, 루이지 갈바니, 알레산드로 볼타, 한스 외르스테드, 앙드레마리 앙페르, 마이클 패러데이, 하인리히 헤르츠, 제임스 맥스웰 같은 사람들이 남긴 상호연결된 정신적 유산에 의해 형성된 6세기에 걸친 브레인넷(그림 11-1) 덕분에 우주 전체에서 가장 광범위하게 펼쳐져 있는 현상 중 하나인 전자기를 불과

몇 줄의 수학적 기호로 환원해서 기술할 수 있었다.

이를 비롯해 다른 수많은 인간 브레인넷이 달성한 어마어마한 업적을 깨닫고 나면 분명 터너처럼 갑자기 붓을 들어 캔버스 위에 자신이 느낀 경외감을 표현하고 싶은 욕구를 느낄 것이다. 그런 갈망을 경험한다고 해서 비난할 사람이 누가 있겠는가?

결국 우리 모두는 이미 뇌 깊숙한 곳에서 동기화에 참여할 준비가 되어 있다.

12

디지털 중독의 공격

THE
TRUE CREATOR
OF
EVERYTHING

2000년대 중반으로 돌아가보자. 당시 주변을 둘러보며 현 상황을 고민하던 사람의 눈에는 이미 초기 징조가 분명하게 드러나고 있었다. 나도 시간이 좀 걸리기는 했지만 무슨 일이 일어나고 있는지 마침내 알아차렸다.

2004년 도쿄의 러시아워 시간대에 지하철을 타고 가면서 사람으로 가득 찬 객차를 지배하고 있는 무거운 침묵에 큰 인상을 받았다. 처음에는 이것이 그저 일본의 문화를 반영한 것이라 생각했다. 하지만 재빨리 주변을 둘러보니 이 침묵의 원인이 내가 처음에 상상했던 것과는 아주 다르다는 것을 깨달았다. 통근하는 사람들이 모두 스마트폰을 들여다보고 있었다. 그 침묵은 대부분의 승객이 몸만 지하철 안에 있지 마음은 새로이 발견된 머나먼 사이버공간 어딘가를 돌아다니고 있다는 암시였다. 휴대전화, 그리고 더 정교해진 차세대 스마트폰의 대중시장을 만들어낸 선구자 중 하나인 일본은 이제 전 세계적으로 퍼져나간 현상을 실험하는 일종의 사회적 실험실이 되었다. 물론 요즘에는 공항이든 경기가 개시되기 전의 축구 경기장이든 어느 공공장소를 가도 사람들은 다른 사람이나 주변 환경과 관계를 맺기보다는 스마트폰에 푹 빠져 문자를 보내고 소셜미디어에 게시물을 올리고 셀카를 찍는다.

2015년으로 빨리감기를 해보자. 나는 기술의 미래에 관한 강연을 한 후에 나를 초대해준 한국인 대학원생과 함께 서울의 패션거리에 서서 호텔로 돌아갈 택시를 기다리고 있었다. 나는 시간이나 때울까 해서 젊은 대학원생에게 말을 붙여보았다. "지금 대한민국 인구가 몇이나 되나요?" 말문을 터보기 위해 던진 질문이었다.

"죄송하지만 저도 잘 모르겠네요. 구글에 물어볼게요!"

학생의 사무적인 대답에 놀랐다. 이 대답은 그 학생이 의도했던 것보다 내게 훨씬 큰 의미가 있었다. 나는 다음 질문을 던져보았다. "요즘 대한민국이 정치적으로는 어떻습니까? 북한과의 긴장 상태는 어떤가요?"

"정말 죄송해요, 교수님. 제가 정치 쪽에는 별로 관심이 없어서요. 정치가 제 인생하고는 별 상관이 없다보니……."

1995년에 직접 한국의 비무장지대를 방문해본 적이 있어서 나는 남북의 경계를 집어삼키고 있는 엄청난 긴장감을 두 눈으로 확인하고 두 국가 사이의 갈등이 여전히 대다수 한국 사람들의 삶을 지배하고 있음을 목격했다. 이런 점을 알고 있었기에 젊은 한국 학생이 이 주제에 전혀 관심이 없는 것을 보고 적잖이 놀랐다.

택시가 도착하자 나는 학생이 알려준 택시 기사와 소통하는 법에 귀를 기울였다. 택시는 현대적인 한국산 검정색 세단이었고, 앞쪽 두 자리는 플렉시 유리로 완전히 감싸져 있었다. "뒷좌석에 앉으시고 안전벨트를 매신 후에 그냥 이 카드를 앞에 있는 슬롯에 삽입하세요. 카드에 제가 교수님 호텔 주소를 써놨으니까 기사가 교수님을 호텔에 데려다주실 겁니다. 목적지에 도착하면 같은 슬롯에 교수님 신용카드를 삽입하시고 영수증 나올 때까지 기다리시면 됩니다."

한국식으로 정중하게 인사를 한 후에 나는 택시에 올라탔다. 그리고 그 순간 실수로 외계인 우주선에 탑승한 듯한 느낌을 받았다. 우선 택시 기사는 전면의 유리를 응시할 뿐 고개 하나 까딱하지 않았고, 인사도 하지 않았다. 주위를 둘러보니 나는 플렉시 유리벽에 완전히 갇혀 있었고 그 벽에는 내 쪽으로 그 학생이 말한 얇은 슬롯, 그리고 오후 프로그램이 방영되는 텔레비전 모니터만 나와 있었다. 한 번 더 둘러보니 플렉시 유리벽과 자동차 프레임이 만나는 구석에 작은 비디오카메라가 장착되어 있는 것이 보였다. 그 안에는 마이크도 장착되어 있었다. 그리고 그 옆에는 스피커가 있어서 한국말을 하는 고객과의 양방향 소통이 가능한 구조였지만, 나는 이 장치의 품질을 경험해볼 기회를 얻지 못했다. 내가 좌석에 앉아 안전벨트를 매는 순간 슬롯 위쪽에 있는 LED 등이 켜지고 컴퓨터로 합성한 여성의 목소리가 영어로 방향이 적혀 있는 카드를 삽입하라고 했다. 시키는 대로 하는 것 말고는 대안이 없어서 나는 지시에 따라 주소가 적힌 면을 위쪽으로 해서 카드를 삽입했다. 카드가 눈앞에서 사라지자 택시 기사의 계기판에 불이 들어오는 것이 보였다. 그 순간 나는 외계인 우주선 비유가 그렇게 동떨어진 것은 아니었음을 깨달았다. 그 계기판에 잔뜩 들어가 있는 전자장치를 뚫어지게 쳐다보며 나는 대체 사람이 이런 환경에서 일을 하면서 어떻게 미치지 않을 수 있을까 궁금해졌다. 이 택시 기사는 하루에 10시간에서 12시간 정도 수많은 불빛, GPS 시스템, 그리고 온갖 디지털 용품에 둘러싸인 채 교통 체증이 심한 서울 시내를 운전한다. 나의 추정에 따르면 이 택시에는 적어도 세 가지 서로 다른 디지털 GPS 시스템이 들어 있었다. 그리고 그 각각은 해상도와 복잡도가 다 달랐다. 가장 정교한 시스템은 서울의 거리를 명확한 3차원 이미지로 보여준다. 언뜻 보기에는 꽤 사실적인 이미지였다. 신기하게도 모든 시스템이 서로 다른 여성의 목소리로 동시에 말을 했다. 아무래도 비슷한 길을 안내하고 있는 것 같은데 목소리 톤과 음높이가 모두 달랐다.

전 세계를 돌아다니면서 택시 기사들에게 말을 붙여 그 도시가 어떻게 돌아가고 있는지 듣는 것이 내가 좋아하는 취미 중 하나인데, 그것을 할 수 없으니 차창을 통해 번쩍이는 서울 도심을 구경하는 것에 만족할 수밖에 없었다.

호텔의 정문에 도착하자 아니나 다를까 슬롯의 LED가 다시 반짝거렸다. 나는 바로 신용카드를 삽입한 후에 내가 사람과 함께 있다는 최소한의 흔적이라도 나오기를 기다렸다. 잘 가라는 인사말 말이다. 하지만 그 대신 돌아온 것은 내 신용카드, 영수증, 그리고 컴퓨터로 합성된 '차 문을 세게 닫지 말라'는 경고의 말이었다.

한국에서 택시를 타는 동안 그 어떤 인간적 접촉도, 사람의 목소리도, 그 어떤 종류의 사회적 동기화도 일어나지 않았다. 한국에 갈 때마다 그렇듯이 나는 아주 다정한 환대를 받았지만, 이 게임은 사회적 어울림의 게임이 아니라 효율성이라는 이름의 게임이었다. 나는 정확한 주소에 도착했고, 요금은 공정했다. 그럼 된 거 아닌가?

아니, 과연 그것으로 된 게 맞나?

돌이켜보면, 나는 그 택시에 탄 이후로 외로움, 그리고 비좁은 플렉시 유리벽에 갇혀서 일하는 데 따르는 정신적·육체적 스트레스 등 한국의 택시 기사가 하루하루 견디며 살아야 했던 삶에 안타까움을 느끼며 많은 시간을 보냈지만, 나중에 생각해보니 그 기사의 운명은 내 눈에는 딱해 보일지언정, 최악의 시나리오는 아니었다. 어쨌거나 2015년에도 그는 여전히 일자리를 가지고 있고, 돈도 벌고 있으니까 말이다. 그 사람의 일자리는 이제 머지않아 사람이 생계를 위해 하는 육체노동 목록에서 사라지게 될 것이다. 빠르게 진화하는 디지털 자동화 시대를 맞이해서 자율주행자동차가 등장할 날이 머지않았다. 적어도 자동차 제조사들은 그렇게 주장하고 있다. 과거에도 수백만 개의 직업이 그랬고, 또 미래에도 더 많은 직업이 그럴 테지만, 자동차를 운전해서 임금을 받는 직업은 이제 곧 역사책 속 기록으로 남게 될 것이다.

《로봇의 부상Rise of the Robots》이라는 책에서 미래학자 마틴 포드Martin Ford는 기하급수적으로 성장하는 디지털 로봇 자동화가 소비 시장의 침체로 가까운 미래에 우리를 대량 실직과 경제 붕괴의 퍼펙트 스톰으로 이끌지도 모른다는 것을 보여주었다. 자신의 노동으로 생계를 유지할 수 있는 사람보다 실직한 사람의 숫자가 더 많은 세상에서는 소비 시장의 침체를 피할 수 없기 때문이다. 이 책의 서문에서 포드는 이런 사실을 상기시켰다. "농업의 기계화로 수백만 개의 일자리가 증발하는 바람에 할 일이 없어진 농장 일꾼들이 공장의 일자리를 찾아 도시로 몰려들었다. …… 그리고 나중에는 자동화와 세계화가 노동자들을 제조 분야에서 쫓아내 새로운 서비스 직종으로 내몰았다."

하지만 그의 예측이 옳다면, 로봇공학과 온갖 디지털 기술의 기하급수적 발달로 인해 우리가 다음 20년 동안 접할지 모를 전례 없는 실업 비율은 50퍼센트 정도까지 치솟을 것으로 보여, 과거에 새로운 기술의 도입으로 야기된 실업 대란의 사례들을 모두 뛰어넘을 것이다. 포드에 따르면 지금처럼 인력 시장에서 사람들이 축출되고 있는 상황은 세계 경제와 수십억 명 사람의 생존에 심각한 위협을 가하고 있다. 역설적으로 이 퍼펙트 스톰의 첫 영향은 미국같이 가장 발전한 선진국에서 느껴질 가능성이 높다. 이런 나라에서는 디지털/로봇 자동화가 활발히 이루어지고 GDP에서 금융 요소가 커짐에 따라 가장 짧은 시간 안에 일자리가 대량으로 파괴될 것이기 때문이다.

포드는 자신의 책에서 21세기 첫 10년 동안 미국에서 자연스럽게 증가한 노동자 수를 따라잡으려면 1,000만 개의 일자리가 추가로 필요했지만 놀랍게도 미국 경제에서 새로이 창출된 순일자리 수는 제로였다고 지적했다. 그것이 전부가 아니다. 1948년에서 2017년까지 미국 경제의 생산성과 노동자 보수를 그래프로 그려보면(그림 12-1에 경제정책연구소Economic Policy Institute에서 나온 최신 데이터가 나와 있다) 25년 동안 같은 속도로 나란히 달리던 두 곡선이 1973년부터는 현저하게 멀어지기 시작한 것이 분명하게 드러난다. 그 결과 2017년을 기준으로 노동자가 받는 보수는 114.7퍼센트 성장하는 데 그친 반면, 생산성은 246.3퍼센트의 성장을 기록했다. 이것이 의미하는 바는 그 시기에 일어난 생산성의 놀라운 성장이 노동자의 보수로 공정하게 옮겨졌다면 가계소득 중간값이 10만 800달러에 도달했어야 했지만, 미국의 가계소득은 중간값으로 고작 6만 1,300달러에 그쳤고, 미국인은 그 돈으로 하늘 높은 줄 모르고 치솟는 의료비, 교육비, 기타 기본 생활비를 충당하며 살아야 했다는 것이다.

포드는 일어나는 시간은 서로 다르지만 전 세계 56개의 경제체제 중 중국을 비롯한 38개에서 동일한 현상이 일어나고 있다고 주장한다. 중국에서는 산업 자동화의 결과로 일상화된 대량해고가 이미 노동 시장에서 필수불가결한 현실로 여겨지고 있다. 일부 국가에서는 노동자의 몫으로 떨어지는 보수가 미국에서보다 더 심각하게 줄어들었다. 그 결과 21세기의 첫 10년 동

생산성과 일반적 노동자 보수 사이의 간극이 1973년 이후로 극적으로 벌어졌다.

생산성 성장과 시간당 보수 성장, 1948–2017

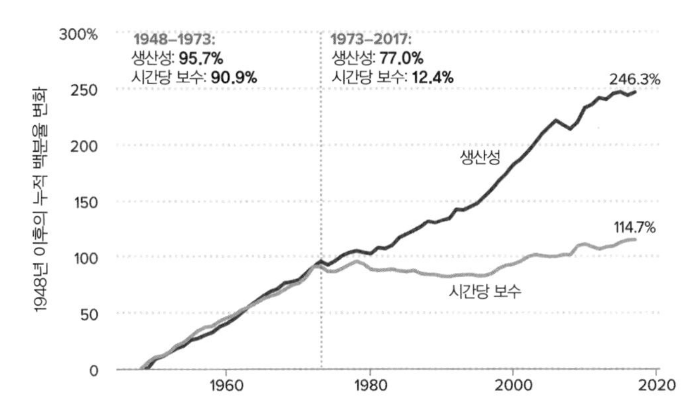

이 데이터는 민간 부분 생산직/비관리직 노동자의 보수(임금과 수당)와 총경제의 순생산성을 나타낸다. '순생산성'이란 제품과 서비스의 생산량 성장분에서 감가상각을 뺀 값을 일한 시간으로 나눈 값이다.

출처: EPI analysis of unpublished Total Economy Productivity data from Bureau of Labor Statistics (BLS) Labor Productivity and Costs program, wage data from the BLS Current Employment Statistics, BLS Employment Cost Trends, BLS Consumer Price Index, and Bureau of Economic Analysis National Income and Product Accounts.

경제정책연구소

그림 12-1 1948년에서 2017년까지 미국의 생산성과 노동자 시간당 보수의 누적 백분율 변화 비교. (허락을 받아 올림. Economic Policy Institute, "The Pay-Productivity Gap, 1948-2017," August 2018.)

안 사회적·경제적 불평등이 현저하게 커지고, 일자리 대량 상실을 향한 걱정스러운 추세가 나타났다. 마틴 포드의 글을 다시 인용해보자. "CIA의 분석에 따르면 미국에서의 수입 불평등은 대략 필리핀과 비슷하고, 이집트, 예멘, 튀니지보다 현저히 높다."

설상가상으로 요즘 태어나는 미국인들은 유럽 국가 대부

분의 사람들보다 훨씬 낮은 수준의 경제적 이동성economic mobility(개인이나 가족의 경제적 지위를 자신의 세대나 다음 세대에서 개선할 수 있는 능력 – 옮긴이)을 경험할 가능성이 높다. 포드가 적절하게 지적했듯이 이것은 자신의 노력, 장점, 인내력을 바탕으로 계층 사다리를 오를 수 있다는 아메리칸 드림이 아직 유효하게 잘 작동하고 있다는 널리 퍼져 있는 주장을 심각하게 손상시키는 통계다. 현대의 글로벌 경제에서 사라지고 있는 것이 단순 육체노동, 제조업, 기타 블루칼라 직종만이 아니라는 것을 인식하고 나면 그림은 훨씬 더 암울해진다. 실업의 쓰나미는 이미 화이트칼라 직종의 턱밑까지 도달했다. 대부분의 사람이 디지털 혁명으로 사라질 일은 전혀 없을 것이라 생각했던 직종들도 예외가 아니다. 기자, 변호사, 건축가, 은행 직원, 의사, 과학자, 그리고 역설적이게도 이런 경향을 주도하고 있는 디지털 산업 분야의 고급 노동자들도 여기에 해당된다. 포드의 말처럼 컴퓨터과학이나 컴퓨터공학에서 학위를 따면 미국의 노동시장으로 들어오는 젊은이들이 유리한 위치를 차지할 수 있을 것이라는 1990년대의 전통적인 생각은 현재의 분위기에서는 근거 없는 미신이 되어버렸다.

포드는 50퍼센트 이상의 노동 인력이 실직한 세상이 사회적으로 어떤 결과를 낳을지 눈곱만큼도 상상해보지 못한 사람들의 마음가짐을 잘 보여주는 몇 가지 사례를 들었다. 일례로 모멘텀머신스Momentum Machines의 공동 창립자 알렉산드로스 바르다코스타스Alexandros Vardakostas의 믿기 어려울 정도로 냉정한 예언을 들어보자. 그는 자기네 회사의 주요 제품에 대해 이렇게 말했다. "우리의 장치는 직원들이 더욱 효율적으로 일할 수 있게 만드는 것이 목적이 아닙니다. 직원이 아예 필요 없게 만드는 것이 목적입니다."

이 역설에 대해서는 13장에서 흥미로운 우연에 대해 이야기하면서 다시 다루겠다. 그 흥미로운 우연이란 이런 경제적 개념들이 인간의 뇌는 그저 디지털 기계에 불과하기 때문에 디지털 컴퓨터로 시뮬레이션이 가능하다고, 마치 피치 못할 자연의 법칙이라도 되는 것처럼 주장하는 바로 그 분야에서 나오는 것으로 보인다는 것이다. 하지만 여기서는 먼저 실업의 세상보다 인류의 미래에 훨씬 끔찍한 재앙이 될 부분을 살펴보자.

적어도 나에게 가장 걱정스러운 결론 중 하나는 포드의 책에서 인용한 일부 미국 경제학자들의 주장이었다. 노동자들이 기계와 경쟁한다는 개념은 잊어버리고, 대신 굴욕의 상처를 보듬고 일어나 인간이 우월하다는 자존심을 삼키고 현실을 마주해야 한다는 내용이었다. 이 경제학자들에 따르면 미래에 살아남기 위한 딱 한 가지 실천 가능한 전략은 기계를 보좌할 수 있는 최선의 방법을 배우는 것이라고 한다. 바꿔 말하면 기계와 컴퓨터를 돌봐주는 조력자가 되는 것 말고는 희망이 없다는 것이다. 좋게 말해서 조력자지 기계의 주인이 아닌 하인이나 노예가 되라는 것을 돌려서 말하는 소리다. 사실 대부분의 사람이 알지 못하는 사이에 이 시나리오와 아주 유사한 일들이 이미 비행기 조종사, 방사선 전문의, 건축가, 그리고 다양한 분야의 고숙련 전문가들에게서 일어나고 있다. 항복 소리가 여기저기서 크고 분명하게 들리고 있으며 그에 대한 반응으로 일부 사람들은 이미 자신의 정신적 무기를 몰수당하고 패배를 받아들이고 있다.

이 시나리오로도 이미 마음이 불편하지만, 나는 인류의 미래에 훨씬 더 파괴적으로 작용할 수 있는 부분이 있다고 믿는다. 약 10만 년 전에 현대적인 인간의 정신이 등장한 이후로 인간 조건을 정의해왔던 바로 그 특징들이 뇌에서 지워지고 있다는 것이다. 나는 이것이 공상과학 영화에서나 나올 이야기가 아니라 아주 현실적이고 걱정스러운 가능성이라 생각한다. 이런 부분은 이미 많은 저자가 제기한 내용이다. 이들은 우리가 잠을 자는 몇 시간 말고는 깨어 있는 시간 내내 디지털 기술에 이렇게 푹 빠져 살다 보면 우리 뇌의 기본적인 작동 방식과 독특한 작동 영역이 빠르게 질적으로 침식당할 것이라 결론 내리고 있다. 거기에 더해서 인간 조건의 탁월함과 특수성을 정의해주었던 그 모든 것을 만들어내는 능력 또한 사라지게 될 것이다. 50퍼센트의 사람이 실직하는 세상을 생각해도 충격이 오지 않는다면 이런 세상을 상상해보자. 이런 예측이 현실이 되어 더 많은 사람이 한낱 디지털 좀비에 불과한 존재로 변한 세상 말이다. 그럼 초기 호모 사피엔스 부족의 유전자와 문화적 전통을 이어가는 자랑스러운 후손이라는 자긍심, 초라한 영장류에서 기원하였으나 빙하기에서 기근, 역병에 이르기까지 생명을 위협하는 온갖 도전을 이겨내고 번창하여 백질과 회백질의 젤리 비슷한 덩어리, 그리고 1피코테슬라의 자기력으로부터 인간만의 우주를 창조해낸 자랑스러운 존재라는 자긍심은 사라지고 없을 것이다.

심리학 연구와 인지학 연구에서 나온 다양한 증거와 결론을 바탕으로 내가 평가를 해보니 이런 위험을 아주 진지하게 받아들여야 한다는 결론이 나왔다. 자연이 지금까지 만들어낸 것 중 가장 성능이 우수한 신경 카멜레온인 인간의 뇌는 새로운 세상에 노출되면, 특히나 강력한 쾌락적 경험과 관련된 세상에 노출되면 보통 자기 내부의 유기 미세구조를 새로 조정해서 이렇게 새로 새겨진 정보를 미래의 행동을 인도하는 틀로 사용한다. 따라서 디지털 시스템과 우리의 상호작용이라는 특별한 맥락에서 보면, 디지털 컴퓨터, 알고리즘 논리, 디지털로 중계되는 사회적 상호작용 등과 지속적으로 상호작용함으로써 생기는 지속적인 긍정적 강화positive reinforcement가 일상으로 자리잡게 되어 우리 뇌가 정보를 습득, 저장, 처리, 조작하는 방식을 점진적으로 변화시킬 가능성이 생긴다.

상대론적 뇌 이론을 바탕으로 생각할 때 나는 이런 지속적이고 일상적인 디지털 공습이 괴델 정보를 저장하고 표현하는 정상적인 과정을 침식하고, 계산으로는 만들어낼 수 없는 행동을 뇌가 생산하지 못하게 막을 것이라 믿는다. 반면 그 과정에서 중추신경계는 유사-섀넌 정보와 유사-알고리즘 행동에 점점 더 의존해서 일상의 업무를 수행하게 될 것이다. 본질적으로 이 가설이 예측하는 바는 이렇다. 우리가 디지털 세상에 점점 더 둘러싸이고, 따분하고 복잡한 일상의 업무들을 점점 더 디지털 시스템의 특징인 알고리즘 논리의 규칙과 표준에 따라 계획하고, 조정하고, 통제하고, 평가하고, 보상하다 보면 우리 뇌는 점점 더 이 디지털 모드를 흉내 내려 한다. 그럼 자연선택에 의해 장구한 세월에 걸쳐 만들어진, 생물학적으로 더욱 중요한 아날로그 방식의 정신 기능이 쇠퇴할 수밖에 없다는 것이다.

이 디지털 카멜레온 가설digital chameleon hypothesis은 디지털 컴퓨터에 대한 우리의 강박적인 열병이 우리가 주변 세상을 인지하고 거기에 반응하는 방식에 깊은 영향을 미쳐 공감, 연민, 창의성, 독창성, 통찰력, 직관력, 상상력, 유연한 사고, 은유법과 시적 담론, 이타주의 등 계산 불가능한 괴델 정보의 전형적인 발현이자 독특한 인간만의 특성들이 디지털에 굴복하여 인간의 정신 능력 레퍼토리에서 사라지게 될 것이라 예측하고 있다. 이 추론을 한 단계 더 깊게 끌고 들어가면, 이 잠재적인 미래의 시나리오에서는 앞으로 우리 주변을 둘러싼 디지털 시스템의 프로그래밍을 통제하는 자가 개인 수준과 집단 수준 모두에서 인간 정신의 작동 모드를 쥐고 흔들게 되리라는 것을 쉽게 이해할 수 있다. 감히 말하건대 여기서 더 나아가면 장기적으로는 이런 통제 능력이 스스로 확장되어 우리 종 전체의 진화에도 중요한 영향력을 행사하게 될 것이다.

본질적으로 디지털 카멜레온 가설은 도널드 맥케이Donald McKay가 새넌 정보를 인간의 뇌가 정보를 처리하는 방식에 대한 기술로 받아들이기를 최초로 반대한 이후로 떠돌던 개념에 대한 신경생리학적 틀 혹은 근거를 제공해준다. 《우리는 어떻게 포스트휴먼이 되었는가》에서 캐서린 헤일스는 이렇게 썼다. "제2차 세계대전이 끝나자 정보를 삶과 죽음의 비밀을 풀 열쇠 역할을 할 독립적이고, 탈맥락화되고, 정량화할 수 있는 존재로 구체화하는 이론들이 등장할 기운이 무르익었다." 역설적이게도 전후 미국의 특정 정치적·경제적 맥락은 맥락에서 자유로운 정보 이론context-free theory of information의 기관차가 기차역을 떠나기도 전에 탈선하지 않게 막아주었을지도 모를 여러 가지 지적 반대를 치워버리는 역할을 했다.

《닫힌 세계The Closed World》에서 폴 에드워즈Paul Edwards는 사이버네틱스 운동cybernetics movement, 그리고 거기서 파생된 컴퓨터과학과 인공지능이 냉전 기간 동안 미국 국방부의 계획과 자금 지원에 큰 영향을 받은 과정을 설명한다. 일찍이 다트머스대학교에서 열린 역사적인 학회에서 신뢰할 만한 과학 분야로서 인공지능 분야를 개시하고 겨우 2년밖에 지나지 않은 1958년 7월 8일에 〈뉴욕타임스〉는 다음과 같은 헤드라인의 기사를 내보냈다. "해군의 새로운 장비가 행동을 통해 학습한다: 심리학자들, 글을 읽고 더 똑똑하게 자라도록 설계된 컴퓨터 배아 선보여." 이 기사는 국방부에서 자금을 지원해서 만들어진 스마트머신이 국가의 안전과 국방, 또한 시장에 대한 의사결정을 내리는 과정에서 인간을 대체하게 될 시간이 임박했음을 알리는 기사였다. 1950년대 말이었음에도 기계와 인공지능에 대한 과장된 광고가 절정에 올라 있다. 기사는 다음과 같은 발표를 담고 있었다. "해군에서 오늘 전자 컴퓨터의 배아를 선보였다. 해군에서는 이 배아가 걷고, 말하고, 보고, 쓰고, 스스로를 복제하고, 자신의 존재를 의식할 수 있게 되리라 예상하고 있다."

두말하면 잔소리지만 해군은 큰돈을 투자했지만 자기 인식이 있는 말하는 장치를 얻지 못했다. 〈뉴욕타임스〉에서 그 기사를 내보낸 지 60년이 지났지만 미국이나 다른 외국에서 그런 장치가 빛을 보게 되리라는 조짐은 전혀 보이지 않는다. 지난 60년 동안 인공지능은 대박과 쪽박 주기가 끝없이 반복되었다. 베를린의 다임러-메르세데스Daimler-Mercedes 운영진인 내 친구이자 미래학자 알렉산더 만코프스키Alexander Mankowsky가 이것을 그림 12-2의 그래프로 나타냈다. 알렉산더의 그림에 따르면 이 주기는 어김없이 스마트머신을 만들어낼 날이 머지않았다는 낡은 개념을 새로 포장하는 것에서 시작한다. 그렇게 몇 년 동안 기대가 커지면서 민간과 공공 부분, 특히 미국 국방첨단과학기술연구소(DARPA) 같은 군 기관에서 대규모 투자가 이루어졌다. 하지만 그 성과가 다소 실망스러운 것으로 밝혀지면서 마지막 붐에서 생겨났던 작은 회사들은 물론이고 분야 전체가 페름기 대멸종 같은 과정을 경험했다. 사실 두 번에 걸쳐 그런 사건이 일어나면서 인공지능 분야를 거의 죽일 뻔했다. 영국과학연구심의회British Science Research Council의 요구로 만들어진 〈라이트힐 보고서Lighthill report〉는 인공지능 분야에서 내놓은 굵직한 약속들이 전혀 실현되지 않았고, 사람만

인공지능 롤러코스터

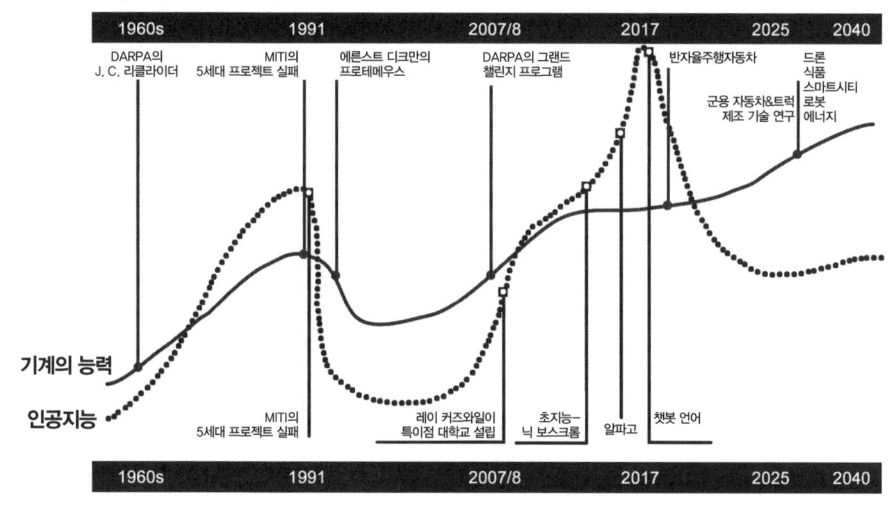

그림 12-2 지난 70년 동안 인공지능 분야의 대박과 쪽박 주기. (그림: 쿠스토디우 로사.)

이 할 수 있는 과제를 수행하는 능력을 갖춘 '자율 지능형 역학 기계autonomous intelligent mechanical machine' 제작을 목표로 했던 프로젝트에서 일본의 로봇들이 완전히 실패했음을 보여줌으로써 1973년 초에 인공지능 분야를 거의 황폐화시켰다. 일본에서 시작된 이 혁신의 실패를 명백히 보여주는 비극적 사례가 있었다. 후쿠시마 원자력발전소 사고가 일어났을 때 일본에서 나온 로봇 중 그 어느 것도 손상된 원자로로 뚫고 들어가 일본 역사상 최악의 원전 사고를 멈추는 데 필요한 복구 작업을 수행하지 못했다는 것이다. 결국 이 일은 인간 자원자들이 수행해야 했고, 그중 많은 사람이 이런 영웅적인 임무를 수행하다 끔찍한 죽음을 맞이했다. 그리고 그 사이 일본의 로봇들은 이제 치명적인 상황으로 변한 원자로로 이어지는 진입로에서 파괴되어 쓰러졌다.

하지만 제2차 세계대전이 끝날 무렵에는 섀넌의 정보 개념을 이용할 수 있는 기계의 완벽한 전형인 디지털 컴퓨터가 등장하여 점점 막강한 처리 능력을 갖추게 되면서 거부할 수 없는 유혹으로 자리 잡게 됐다. 그리하여 많은 사람이 기계가 인간 뇌의 수행 능력을 흉내내는 것은 결국 시간문제일 뿐이라고 예측했다. 그 시기의 시대정신을 반영하듯, 1960년대에 최초의 대화형 컴퓨터 프로그램인 엘리자(ELIZA)를 개척한 MIT의 컴퓨터과학자 조지프 와이젠바움Joseph Weizenbaum은 이렇게 말했다.

> 디지털 컴퓨터가 대학교 실험실에서 나와 미국의 비즈니스, 군사, 산업 시설에 도입될 당시에는 그 잠재적 유용성에 대해 아무도 의문을 품지 않았다. 미국의 경영자와 기술자들은 재앙과도 같은 위기를 피할 수 있게 컴퓨터가 딱 알맞은 시간에 도착했다는 데 의견이 일치했다. 주장에 따르면, 컴퓨터가 적절한 시기에 도입되지 않았더라면 은행에서 일할 직원을 충분히 구할 수 없었을 것이고, 전 세계로 퍼진 미군 병력들의 점점 복잡해지는 소통 문제와 군수 문제를 해결할 수도 없었을 것이고, 주식과 원자재 거래도 유지되지 못했을 것이다. …… 제2차 세계대전이 끝날 즈음에는 전례 없이 크고 복잡한 규모의 계산 과제가 미국 사회

를 기다리고 있었고, 거의 기적처럼 그 과제를 다룰 컴퓨터가 시간에 딱 맞춰 도착했다.

하지만 와이젠바움은 이 '딱 맞춰 찾아온 기적'이 그저 미국 주류 사회에 컴퓨터가 도입되는 것에 이해관계가 달려 있는 모든 분파의 집단적인 정신적 구성물, 즉 시대정신에 불과하다고 신속하게 결론 내린다. 그 후로 펼쳐진 미래가 당시에 가능했던 유일한 미래라고는 절대 말할 수 없기 때문이다. 그는 이런 관점을 지지하며, 원자폭탄을 탄생시킨 맨해튼프로젝트Manhattan Project를 비롯해서 대부분의 전쟁 수행 과제가 컴퓨터가 널리 가용하지 않은 상태에서도 성공적으로 수행되었다고 말했다. 대신 가장 지겨운 것에서 가장 복잡한 것에 이르기까지 필요한 모든 계산을 수행하는 데 사람의 지적 능력이 동원되었다. 컴퓨터가 이 과정의 속도를 상당히 높여준 것은 분명하지만 컴퓨터의 도입으로 혜택을 입은 과정이나 과학에서 컴퓨터 덕분에 새로 얻은 이해나 지식은 없었다. 사실 와이젠바움은 점점 더 많은 초기 사용자들이 컴퓨터를 없어서는 안 될 도구로 바라보기 시작한 것은 사실이지만, 컴퓨터가 실제로 그렇게 필수적인 것은 아니었다고 주장한다. 디지털 계산의 초기 시절에 미국인의 삶의 대부분의 측면에서 컴퓨터가 즉각적으로 받아들여진 것은 결과를 내놓는 속도가 핵심 변수로 작용했다. 와이젠바움에 따르면, "디지털 컴퓨터는 전후 시대와 그 이후 시대에 현대 사회의 전제조건이 아니었다. 미국 정부, 비즈니스, 산업에서 대부분의 '진보적' 요소들이 디지털 컴퓨터를 열정적이고 무비판적으로 받아들이는 바람에 컴퓨터는 컴퓨터 자체가 필수 요소로 작용해서 형성된 형태로 사회의 생존에서 필수불가결한 자원으로 자리 잡게 됐다." 지난 수십 년 동안 다른 저자들도 이런 개념을 뒷받침했다. 예를 들어 폴 에드워즈는 와이젠바움의 뒤를 이어 이렇게 말했다. "도구와 그 사용은 인간의 담론에서 필수불가결한 부분을 형성한다. 그리고 그런 담론을 통해 직접적으로 물질적 실재가 형성될 뿐 아니라 정신적 모형, 개념, 그리고 그런 형성을 인도하는 이론이 나온다."

이것이 함축하는 바는 우리가 컴퓨터와 지속적으로 점점 더 많은 상호작용을 함에 따라 우리가 뇌에 부과하는 요구가 변화할 가능성이 높다는 것이다. 물론 이 과정에 뒤따르는 위험이 없지 않다. 예를 들어 길찾기의 문제를 생각해보자. 수만 년 동안 외부 세계의 자세한 자연적 특성을 정교하게 인식하는 능력은 말 그대로 우리 뇌의 뉴런 살덩어리 속에 새겨져 있었다. 그 이유는 해마, 그리고 7장에서 보았듯이 아마도 운동겉질 같은 뇌 구조물에는 공간에 대한 뉴런 기반의 표상이 들어 있어 우리는 자기를 둘러싼 세상을 돌아다닐 수 있는 최적의 길찾기 전략을 수립할 수 있었기 때문이다. 흥미롭게도 유니버시티 칼리지런던의 연구자들이 수행한 뇌 영상 연구를 보면 복잡한 런던의 골목을 구석구석 운전하며 생계를 꾸리는 베테랑 택시 운전사들의 해마가 일반인들보다 훨씬 큰 것으로 나왔다. 하지만 여기서 주의할 점은 이 연구가 현대의 디지털 GPS 장치를 이용해서 운전하는 법을 배우지 않은 택시 운전사를 대상으로 진행되었다는 점이다. GPS를 이용한 길찾기는 자연적인 길 찾기에서 가동되는 것과 완전히 다른 뇌 회로를 자극하기 때문이다. 그래서 젊은 세대의 런던 택시 운전사들은 해마의 부피 증가가 일어나지 않았으리라고 거의 확신할 수 있다. 하지만 이들의 해마 부피가 평균적인 성인의 기준치 아래로 줄어들지는 않았을까? 일부 신경과학자들이 이런 가능성을 제기한 바 있다. 이들은 만약 그런 일이 실제로 일어날 경우 이는 자연적인 길 찾기 능력에만 문제를 일으키지 않고 온전한 해마 기능에 의존하는 온갖 인지 기능에도 문제를 일으킬 수 있을 것이라 우려한다. 간단히 말하자면 이것은 디지털 기술에 영감을 받은 새로운 전략을 받아들이는 과정에서 수억 명의 사람이 앞으로 다가올 수십 년 동안 직면하게 될 보편적 문제라 할 수 있다. 수십만 년, 심지어 수백만 년의 세월 동안 작용한 선택압의 결과로 우리 뇌에 만들어진 유기적 신경장치가 해체되어버리는 것이다. 이것은 아주 큰 골칫거리를 낳을 수 있다.

인공지능 운동은 지금까지 인간을 뛰어넘는 지능 같은 것을 달성하는 데 실패하고 있지만 인공지능의 미사여구들은 우리 뇌에게 다른 차원에서 더 많은 문제를 안기고 있다. 진정한 과학적 발전과 그저 제품을 팔기 위해 떠드는 선전선동의 차이를 구분하는 능력이 약해지는 것이다. 인공지능의 로비스트들은 체스나 바둑 세계 챔피언을 물리치는 등 인공지능의 우수한 성능을 성공적으로 시연하여 널리 전파함으로써 어쩌면 마침내 인공지능이 인간의 지능을 뛰어넘는 데 성공했을 것이라는 느낌을 퍼뜨리는 데 일조하고 있다. 사실 이런 새로운 접근방식은 기존의 알고리즘과 다변수 통계적 개념을 재현하는 것으로, 기껏해야 현대적 시스템의 패턴 인식 기능을 강화하고 있을 뿐이다. 예를 들어 딥러닝Deep Learning의 경우 이름은 참으로 거창하지만 1970년대에 발명된 것과 비슷한 인공신경망의 알고리즘에 숨은 층hidden layer이라고도 하는 계산 단계가 대량으로 들어가 있는 것에 불과하다. 이런 전략은 인공지능의 패턴 인식 수행 능력을 높이는 데는 일조하지만 이런 소프트웨어가 60년 전에 만들어진 이후로 지금까지 계속 지적되고 있는 큰 결점은 해결해주지 않는다. 인공지능 시스템은 과거의 정보, 그 데이터베이스를 만들어내는 데 사용된 규칙, 그리고 그 시스템 안에 새겨진 훈련 규칙 세트에 속박되어 있는 노예다. 인공지능은 새로운 지식을 창조할 수 없다. 그런 면에서 인공지능은 기본적으로 과거를 통해 이 우주의 미래를 완벽하게 예측할 수 있다는 라플라스의 꿈을 반영하는 셈이다. 그래서 음악을 작곡하도록 만들어진 시스템이 모차르트 심포니의 훈련 규칙 세트만을 받았다면 이 시스템은 바흐, 베토벤, 비틀즈, 엘튼 존 등 다른 스타일의 음악은 절대 창조할 수 없을 것이다. 인공지능은 그 무엇도 창조하지 않기 때문이다. 인공지능은 그 무엇도 이해하지 못하며, 그 무엇도 일반화하지 못한다. 인공지능은 사람이 떠먹여준 것만을 뱉어낼 뿐이다. 인간이 말하는 '지능'의 정의에서 보면 이런 지적 시스템이 지능을 갖추고 있다고는 하기 어렵다. 따라서 인간에게 적용하는 지능의 기준을 수행 능력 평가의 표준으로 삼는다면 인공지능 시스템은 매번 비참한 실패를 맛볼 수밖에 없다.

그런데 문제는 인공지능이 꼭 지금 인간의 지능을 뛰어넘지 않아도 미래에 우리보다 더 막강해질 방법이 있다는 것이다. 그런 미래에 도달할 수 있는 훨씬 편하고 실현 가능성 높은 우회로가 존재한다. 인간의 뇌를 디지털 시스템에 과도하게 노출시켜 스스로 디지털 시스템 중 하나가 되는 것 말고는 다른 의미 있는 대안이 없게 만드는 것이다. 작가 니컬러스 카Nicholas Carr는 이렇게 말했다. "우리가 컴퓨터에 의지해서 세상을 이해하게 됨에 따라 우리 자신의 지능이 점점 더 단조로워져 인공지능이 될 것이다."

앞에서 보았듯이 그 반대는 불가능하다(6장 참조). 따라서 행여 최악의 상황이 찾아와 미래의 세대가 우리가 지금껏 알고 있는 폭넓은 인간성을 온전히 체험하지 못하는 일이 생긴다면 그것은 모두 우리 탓이다. 흔히 그렇듯이 특이점이나 나의 디지털 카멜레온 가설 같은 시나리오는 학술적 논의의 주제가 되기도 전에 공상과학의 형태로 대중에게 먼저 퍼지는 경향이 있다. 《우리는 어떻게 포스트휴먼이 되었는가》에서 헤일스는 포스트휴먼 시대라는 개념이 어떻게 몇 권의 대중 공상과학책에서 중추적 역할을 맡게 되었는지 설명하고 있다. 헤일스는 닐 스티븐슨Neal Stephenson의 신경과학 스릴러 《스노 크래시Snow Crash》를 예로 들면서 어떻게 이 소설의 큰 줄거리가 바이러스가 모든 사람들의 정신을 감염시켜 진정한 의식, 자유의지, 주체성, 개성의 흔적이 완전히 사라져버린 한낱 생물학적 자동장치automata로 바꾸어놓을 가능성을 중심으로 돌아가게 되었는지 분석하고 있다.

뇌가 단순한 섀넌 정보 처리 장치처럼 행동한다는 사이버네틱스의 전제를 받아들인다면, 이런 끔찍한 가능성이 터무니없는 소리만은 아니다. 물론 나는 그렇게 생각하지 않는다. 하지만 우리가 디지털 논리와 지속적으로 상호작용하다 보면, 특히나 그런 상호작용이 강력한 쾌락 경험으로 이어진다면 천천히 둘 사이에서 절충이 이루어지거나 심지어는 인간 조건의 가장 정교하고 소중한 특성에 해당하는 행동이나 인지적 소질이 제거되는 결과를 낳지 않을까 걱정된다. 인간의 뇌가 튜링기계가 아니고 섀넌 정보에 의지해서 계산하는 존재가 아니라면 어떻게 이런 일이 일어날 수 있을까? 가장 기본적인 수준에서 보면 다양한 진화적 사건에 의해 선택된 인간 유전체 속의 수많은 유전자들은 '유전 프로그램'의 일부로 상호작용하면서 태아기와 출생 초기에 뇌의 자연적인 3차원 구조물을 조합해낸다. 이 유전적 프로그래밍 때문에 우리 뇌의 초기 물리적 구성은 수십만 년 전에 현재의 사람 중추신경계의 설계가 해부학적으로 현대적인 인류에서 진화한 기본 신경 구조로 합쳐지기까지 수백만 년에 걸쳐 일어난 진화 과정을 확실하게 반영한다. 일단 태어나고 나면 뇌의 프로그래밍은 뇌를 담고 있는 몸, 그리고 주변 환경과의 양방향 상호작용의 결과로 계속 이어진다. 그리고 인간의 문화와 그 풍부한 사회적 상호작용에 빠져 있는 상태가 이어지면서 중추신경계는 더 프로그래밍된다. 물론 뇌가 바뀌는 방법이 이것만 있는 것은 아니다. 뇌-기계 인터페이스에 관한 나의 연구가 입증해 보였듯이 우리 뇌의 작동 방식에 기계적 도구, 전자 도구, 디지털 도구를 동화시킬 수도 있다. 나는 뇌가 그저 디지털 장비를 동화하는 데서 그치지 않고 스스로 하나의 디지털 장비가 되는 것 역시 가능하다고 생각한다.

1970년대에 조지프 와이젠바움은 사람들이 자신의 프로그램 엘리자를 사용하기 시작했을 때 나온 놀라운 결과에 이미 깊은 인상을 받았다. 와이젠바움의 관점에서 보면 디지털 컴퓨터는 지도, 시계 등 우리가 실재를 지각하고 경험하는 방식에 결정적인 영향을 미친 지적 기술intellectual technology의 기나긴 사슬에서 가장 최근에 덧붙여진 존재였다. 이런 기술은 일단 우리의 삶으로 스며들어오면 "인간이 자신의 세상을 구축하는 데 사용하는 중요한 요소"로 동화된다. 그래서 그는 이렇게 경고한다. "복잡한 인간 활동에 컴퓨터를 도입하는 것이 되돌릴 수 없는 행위가 될 수도 있다." 와이젠바움에 따르면, "컴퓨터 같은 지적 기술은 어떤 구조든 일단 그 구조와 완전히 통합되고 나면 필요불가결한 요소가 된다. 그래서 이런 기술이 구조의 다양한 핵심 하부구조와 뒤엉키고 나면 전체 구조에 치명적인 손상을 입히지 않고 그 요소만 뽑아내기는 불가능해진다."

이런 생각을 품고 있던 조지프 와이젠바움이 따돌림을 받은 것도 당연하다. 자신의 연구로 창립을 도왔던 바로 그 분야에서 이단자로 찍힌 것이다. 하지만 40년이 지난 지금도 와이젠바움이 제기한 심오한 질문은 여전히 우리를 맴돌고 있다. 지난 20년 동안 디지털 시스템과의 상호작용이 무해한 것이 아니라는 개념을 뒷받침해줄 관찰 증거와 실험 증거가 축적되었다. 이런 상호작용은 우리의 가장 표준적인 정신 기능에 영향을 미칠 수 있다. 이 말의 의미는 디지털 논리와의 상호작용으로 뇌 기능에 어떤 구체적인 이득을 얻을 때마다(디지털 맹공에 의해 우리의 아날로그 뇌가 고통받고 있다는 의견을 제기하면 일부 사람들은 이런 이득을 주장한다) 유기 컴퓨터의 작동 방식에 예기치 못한 심오한 변화를 확인할 수 있다는 것이다. 실제로 퍼트리샤 그린필드Patricia Greenfield는 서로 다른 형태의 매체가 지능과 학습에 미치는 영향에 대한 여러 연구에서 나온 증거들을 통해 사람이 어떤 것이든 새로운 매체와 상호작용을 하면 인지적 이득이 있으나 이런 이득은 다른 정신적 능력을 희생하는 대가로 발현되는 것임을 알 수 있다고 주장했다. 우리가 인터넷 및 스크린 기반 기술과 상호작용하는 경우에 관해서 그린필드는 시각공간 능력visual-spatial skill이 광범위하고 정교하게 발달하면 신중한mindful 지식 습득, 귀납적 분석, 비판적 사고, 상상력, 성찰의 밑바탕에 깔린 깊은 (정신적) 처리 과정을 수행하는 능력에 손상이 함께 일어난다는 것을 보여주었다.

《유리 감옥The Glass Cage》에서 니컬러스 카는 많은 연구를 검토하며 디지털 시스템에 지속적으로 노출되는 것이 항공기 조종사의 조종 기술에서부터 방사선 전문의의 패턴 인지 능력,

건축가의 넓은 의미의 창의력에 이르기까지 인간의 수행 능력에 심오한 영향을 미칠 수 있음을 보여주었다. 이 모든 다양한 조건과 맥락 아래서 그 결과는 항상 동일했다. 인간이 디지털 시스템과의 관계에서 부하의 위치에 서는 순간, 즉 비행기를 조종하거나 방사선 영상을 판독하거나 집을 설계하는 등 업무에서 몸통이라 할 수 있는 부분을 컴퓨터가 맡고 인간은 그 보조 역할로 전락하는 순간, 인간의 능력이 저하하기 시작해서 그전에는 흔히 볼 수 없었던 실수들이 눈에 띄기 시작한다.

그림 12-3은 사람이 일상적인 일을 수행하는 방식을 디지털 시스템이 지시하기 시작하는 환경에서 사람의 뇌 안에서 일어날 것으로 생각되는 부분을 그려본 것이다. 이 디지털 카멜레온 가설에 따르면 현대 항공기(조종사의 경우), 디지털 영상 진단(방사선 전문의), 캐드computer-assistive design(CAD) 건축가 등의 디지털 시스템에 수동적으로 계속 몰입해 있다 보면 괴델 정보의 처리 대신 섀넌 정보의 처리를 더 중요하게 취급하거나 우선시함으로써 인지와 관련된 인간의 뇌 기능 범위가 점진적으로 축소될 수 있다. 기본적으로 이런 일이 일어나는 이유는 일단 우리가 직장, 학교, 가정, 혹은 다른 유형의 사회적 상호작용에서 디지털 기계처럼 행동하는 것에 대해 외부 세계가 그 개인에게 보상을 하기 시작하면 우리 뇌는 '새로운 게임의 규칙'에 신속하게 적응해서 일상의 작동 방식을 급진적으로 변화시키기 때문이다. 그리고 뇌가 보상 중재 신경회로에서 분비되는 도파민 및 다른 화학물질을 통해 쾌락을 극대화하려고 시도하는 과

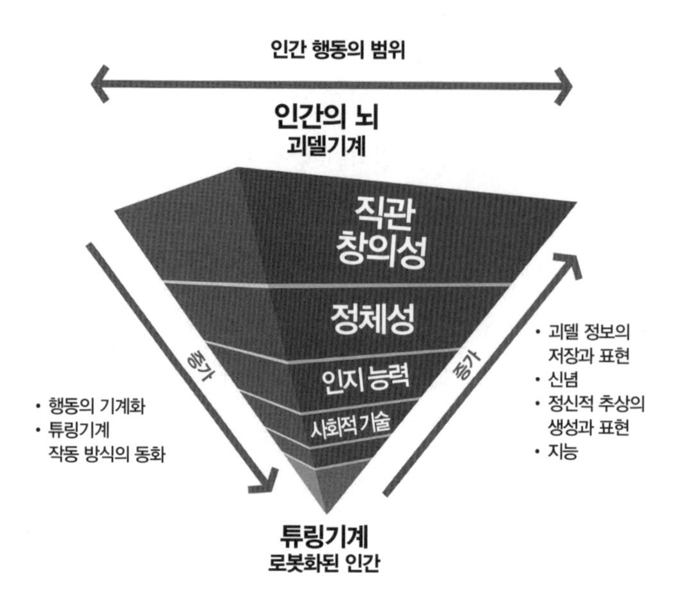

그림 12-3 뒤집은 피라미드 모형이 괴델 정보와 섀넌 정보의 명확한 대비를 보여주고 있다. (그림 – 쿠스토디우 로사.)

정에서 이런 인간 행동의 가소성 재조직화plastic reorganization와 변화는 더욱 가속된다. 따라서 외부 세계가 디지털 기계 같은 행동에 상당한 물질적 혹은 사회적 이득을 보상하기 시작하면 인간의 창의력과 직관은 정해진 규약에 복종하고, 독창성은 융통성 없는 알고리즘 절차에 굴복하고, 비판적 사고는 규칙의 맹목적 지배에 압도되고, 새로운 예술적·과학적 사고는 도그마에 의해 지워질지도 모른다. 이런 피드백 고리가 강화되는 시간이 길어질수록 뇌의 작동 방식과 행동도 디지털 컴퓨터를 점점 닮아갈 것이다. 그리고 궁극에 가서는 이런 성향이 괴델 정보의 발현에 의존하는 다양한 인간적 특성을 손상시키거나 솎아내는 결과로 이어질 수도 있다.

성인 뇌가소성 연구의 선구자 중 한 명인 신경과학자 마이클 머제니치Michael Merzenich는 인터넷이 인간의 뇌에 미칠 잠재적 영향력에 대해 이렇게 말했다. "문화가 우리의 뇌 사용 방식에 변화를 가하면 아주 다른 뇌가 만들어진다." 머제니치의 엄중한 경고는 인터넷 중독 장애로 진단받은 청소년 뇌의 백질과 회백질 모두에서 일어나는 구조적 변화를 추적한 몇 편의 영상 연구를 통해서도 입증되었다. 이런 주장의 정당성을 입증하기 위해서는 더 큰 규모의 표본을 대상으로 하는 추가적인 연구가 필요하겠지만, 이런 예비 연구 결과를 가볍게 보아서는 안 된다.

하지만 굳이 인터넷 중독이라는 극단적인 사례에 기대지 않아도 디지털 탐닉으로 생기는 신경학적 · 행동학적 변화를 감지할 수 있다. 벳시 스패로우Betsy Sparrow와 동료들은 실험 참가자들에게 몇몇의 문장들을 기억하라고 요청했을 때 그 문장들이 온라인에 저장되어 있다고 믿은 실험군은 자신의 생물학적 기억력만을 이용해 기억해야 하는 대조군보다 수행 성적이 더 안 좋다는 것을 입증해 보였다. 이것이 암시하는 것은 간단하게 기억하면 될 일조차 인터넷 검색에 맡겨버리는 경우 결국에는 기억을 신뢰성 있게 저장하고 떠올리는 뇌의 능력이 감소할 수 있다는 것이다. 이런 연구 결과는 로널드 시큐렐과 내가 한동안 논의했던 개념도 뒷받침해준다. 정보 과부하 혹은 자신이 감당할 준비가 안 된 수준의 멀티태스킹에 압도당할 경우 뇌가 보이는 첫 번째 반응 중 하나는 '잊어버리는 것'이다. 그래서 저장된 기억에 접근하는 것을 더 어렵게 만들거나 극단적으로는 이미 저장된 정보 중 일부를 그냥 지워버린다. 우리는 이것이 자신의 처리 한계를 넘어 혹사당하는 상황에 대응하기 위한 뇌의 방어 메커니즘이 될 수 있다고 믿는다.

사람들이 인터넷을 통해 가족, 친구와 연락하는 방식을 보면 현대의 이런 정보 과부하를 분명하게 인식할 수 있다. 놀랄 일도 아니지만, 온라인 소셜미디어가 우리의 자연적인 사회적 기술에 미치는 영향은 디지털 시스템이 인간의 행동에 미치는 진정한 영향을 측정해볼 수 있는 또 다른 영역이다. 예를 들면 《외로워지는 사람들Alone Together》에서 셰리 터클Sherry Turkle은 문자, 소셜미디어, 기타 온라인 가상 환경을 매우 자주 사용하는 청소년과 성인들을 오랫동안 인터뷰한 경험에 대해 이야기한다. 소셜미디어와 가상현실 환경은 상당한 수준의 불안을 유도할 수 있다. 사회적 기술이 심각하게 발달하지 못하기 때문에 어김없이 실제 사회적 상호작용으로부터 멀어지려 하고, 공감 능력도 저하되고, 고독을 다루는 데도 어려움을 겪는다. 더군다나 이 인터뷰 대상자들 중 일부는 가상생활 중독의 증상과 징후들을 거의 무심해 보이는 태도로 보고하는 경우가 많았다.

셰리 터클의 책을 읽은 이후에 나는 '항상 인터넷에 연결되어 있는' 새로운 일상이 인터넷에서 접근 가능한 다양한 소셜미디어를 통해 우리가 소통할 수 있는 사람의 숫자를 순식간에 극적으로 늘려놓음으로써 대뇌겉질을 혹사시키는 것은 아닐까 궁금해지기 시작했다. 진화가 우리에게 부여해준 겉질 조직의 부피가 감당할 수 있는 집단 크기의 한계(약 150명)를 존중하기보다 이제 우리는 신경생물학적 한계를 훨씬 넘어서는 가상 사회집단을 구성하는 수많은 사람들과 지속적으로 접촉하고 있다. 인간 뇌 백질의 성숙은 생후 첫 10~20년에 걸쳐 일어나고, 완전한 성숙은 30대에 이르러서야 이루어지기 때문에 겉질의 혹사는 겉질 연결이 아직 완전히 성숙한 수준에 도달하지 못한 청소년과 젊은 성인에게서 더 큰 문제가 될 수 있다. 이 연령대에 속하는 소셜미디어 과다 이용자에게서 불안, 그리고 주의력, 인지 능력, 심지어 기억력의 문제가 나타나는 이유를 이것으로 설명할 수 있다.

우리 중 상당수가 넓게는 인터넷, 구체적으로는 소셜미디어 같은 디지털 시스템과 상호작용해야 할 것처럼 강박관념을 느끼는 이유는 디지털 카멜레온 가설에서 그 설명을 찾을 수 있다. 인터넷 기반 활동에 중독된 것으로 진단 받은 젊은 성인을 대상으로 한 연구를 보면 뇌의 보상 회로가 붕괴된 것이 분명하게 드러난다. 이 현상의 주범 역시 신경전달물질 도파민이다. 이 연구는 우리가 온라인 활동에 점점 더 빠져드는 이유는 한마디로 그런 활동이 우리 뇌로 하여금 강렬한 쾌락과 보상을 만들어내게 하기 때문이라고 설명한다. 이런 맥락에서 보면 페이스북, 트위터 등 소셜미디어라는 이름으로 불리는 상호작용형 소프트웨어는 일종의 사회적 접착제 혹은 내가 이 책에서 사용하는 언어를 사용하자면, 뇌 속에서 발산되는 사회적 유대감에 대한 갈망을 즉각적으로 만족시키고 싶어 하는 수천, 수백만 명의 사람들에 의해 형성되는 인간 브레인넷의 주요 동기 장치가 된 셈이다. 이것을 가상 털손질virtual grooming이라고 부르자. 실제 털손질의 즐거움과 인터넷 서핑의 즐거움은 분명 동일한 신화학적 기반을 공유하고 있다. 도파민 회로가 동원된다는 사실은 인터넷 중독이 강박적 도박 및 약물 의존과 명확한 유사점을 보이는 이유도 설명해준다.

이게 우리가 관심을 기울여야 할 부분인가? 나는 그렇다고 생각한다. 이것이 정신 건강과 미래 세대에 미칠 잠재적 영향 때문만이 아니라 디지털 시스템과의 상호작용 증가가 낳을 중요한 결과 때문이기도 하다. 극단적으로 보면 나는 온라인 사용과 가상의 사회적 연결이 놀라울 정도로 확대되면서 완전히 새로운 유형의 선택압을 만들어낼 수 있다고 생각한다. 그럼 이런 선택압이 결국 우리 종의 미래 진화를 편향할 수도 있을 것이다. 그런 점을 놓고 보면 이제 호모 디기탈리스Homo digitalis의 여명이 가까워진 것은 아닌지, 아니면 눈치채지 못하는 사이에 그 새로운 종이 이미 여기 등장해서 문자를 보내고 트위터를 하며 살고 있는 것은 아닌지 궁금해진다.

그것이 사실이 아니라 할지라도, 마셜 매클루언은 인간이 인공적인 수단으로 중추신경계를 확장하여 거의 모든 사람이 빛의 속도로 연결되리라 예언한 바 있는데, 지난 세기에 우리 종이 창조하고 경험한 커뮤니케이션 기술에서 폭발적인 성장이 있고난 후에 그 결과로 우리가 그 예언을 충족하는 데 한 걸음 더 가까워졌다고 생각해보면 재미있다. 그리고 이런 과정을 거치면서 인류 전체가 여러 개의 가상 부족으로 갈리는 극단적 분열의 부작용이 생긴 것 같다. 이 각각의 가상 부족은 특정 신념, 요구, 관심사, '좋아요', '싫어요', 도덕적·윤리적 가치관 등으로 똘똘 뭉쳐 있다. 역설적인 이야기지만 우리가 하이테크 사회를 향해 달려왔음에도 불구하고 이 디지털 혁명에서 우리가 얻은 것은 수백만 년 전에 만물의 진정한 창조자인 뇌를 만들어냈던 부족 사회 조직의 기본 모드로 되돌아간 것이다. 딱 하나 차이점이라면 실제 세상의 광활한 숲과 평야에서 동족 무리를 확산시키는 게 아니라 도파민이 가미된 비트와 바이트의 사이버공간 안에 여기저기 흩어져 한낱 수집채렵인이 되는 일에 점점 몰두하고 있다는 점이다. 그래도 괜찮다. 이런 선택의 대가로 우리가 인간만의 독특한 정신적 특성이라 여기는 것들을 대부분 상실할 수도 있음을 알고 그러는 것이라면 말이다.

몇십 년 전에 조지프 와이젠바움은 이미 미래에 이와 비슷한 일이 일어날 수도 있음을 생각하고 있었다. 그에게 우리가 지금 정면으로 마주하고 있는 운명을 피하는 유일한 길은 '지혜가 필요한 과제'를 디지털 컴퓨터나 소프트웨어 같은 자신의 창조물에게 넘기는 것을 단호하게 거부하는 것이다. 그의 관점에서는 이런 것들이 인간 뇌만의 특권으로 남아 있어야 한다.

근래에 듣고 보고 읽고 경험한 모든 것을 바탕으로 볼 때, 나는 와이젠바움의 현명한 권고를 따라야 할 순간이 빠르게 다가오고 있다고 진지하게 믿고 있다. 디지털 기계에 대한 지나친

탐닉이 돌아올 수 없는 강을 건널 순간이 눈앞에 다가왔기 때문이다. 이런 맥락에서 인간의 뇌가 오늘날 직면한 위험에 대한 간략한 설명을 20세기 위대한 시인 중 한 명인 T. S. 엘리엇의 글을 인용하면서 마무리하는 것이 좋겠다. 그는 1934년에 〈바위로부터의 합창Choruses from The Rock〉에서 선견지명을 발휘하여 우리 시대의 가장 큰 곤경을 단 세 줄의 문장 속에 정확히 담아냈다.

> 우리가 생활 속에서 잃어버린 삶은 어디로 갔는가?
> 우리가 지식 속에서 잃어버린 지혜는 어디로 갔는가?
> 우리가 정보 속에서 잃어버린 지식은 어디로 갔는가?

13

불멸하는, 인간의 뇌

THE
TRUE CREATOR
OF
EVERYTHING

2010년대 말에 전체 인류 집단은 실존적 분기점 혹은 진화의 심연을 향해 나아가게 됐다. 어떤 결말을 맞이할지는 아직 모호하지만 이 분기점은 궁지에 몰린 우리 종의 미래를 결정하게 될 것이다. 어쩌면 미래가 없어지는 결말이 나올 수도 있다. 호모 사피엔스는 집단적으로 큰 결정을 내려야 할 상황이다.

수십만 년에 걸친 장대하고 창의적인 여정을 통해 실재에 대한 완전히 새로운 관점인 인간 우주라는 거대한 정신적 체계를 만들어낸 인간의 뇌는 지금 두 가지 지배적인 정신적 추상에 잘못 인도되어 혼란스러운 상태에 휘말려 있다. 이 정신적 추상은 명백한 이점이 있음에도 불구하고 그 안에 우리 인류의 삶의 방식을 완전히 뿌리 뽑고, 극단적인 경우에는 우리 종을 지구에서 완전히 소멸시켜버릴 잠재력을 내면에 숨기고 있다. 눈앞에 임박한 이 재앙과도 같은 위협이 지난 몇 세기에 걸쳐 인간 정신의 심연 속에서 싹이 텄다는 것은 역설적이기는 하지만 놀라운 일은 결코 아니다. 일단 인간의 뇌가 강력한 정신적 추상을 만들어낼 신경생리학적 속성을 획득하고 이어서 수백만 명의 인간을 동기화하고, 그 동기화를 더욱 강화할 기술적 수단을 만들어 인간의 사회적 기술의 도달 범위를 기하급수적으로 넓힐 수 있는 브레인넷을 만들어내면, 이 과정에서 바람직하지 못한 부작용이 생긴다. 궁극의 규모로 자신을 파괴할 수 있는 능력이 생기는 것이다.

지난 몇십 년 동안 총체적인 핵전쟁의 위험은 많이 줄었지만 요즘에는 걱정할 것이 핵 재앙만이 아니다. 사실 인간의 뇌가 결국 결정을 내려야 할 시간이 빠른 속도로 다가오고 있다. 거의 모든 현대 인간 사회를 질식시킬 듯 위협하는 두 가지 정신적 추상에 굴복할 것인가, 아니면 깜짝 놀랄 움직임으로 예상치 못한 유턴을 해서 우리만의 우주를 만들 때 인간의 뇌가 맡았던 중추적인 역할을 되찾아올 것인가의 선택이다. 그리고 여기에 내가 말하는 실존적 딜레마가 있다. 현명한 선택을 내려 불멸은 아닐지라도 인류 전체의 미래를 담보할 것인가, 아니면 미친 듯이 날뛰는 정신적 추상이 만들어낸 신기루에 빠져 잘못된 길을 선택해서 돌이킬 수 없는 자기 소멸의 길로 들어설 것인가의 딜레마다.

놀라운 이야기일 수도 있겠지만 애초에 오늘날 우리 모두가 직면한 삶과 죽음의 벼랑 끝을 향해 기어오르게 된 기원은 서로 뒤얽힌 두 가지 정신적 추상의 등장에 있다. 이 정신적 추상은 널리 받아들여지는 지배적 세계관으로 합쳐짐으로써 인간 삶의 모든 측면을 지배하고 통제하는 것을 목적으로 하는 오늘날의 새로운 종교적 숭배라고밖에 표현할 수 없다. 이 두 정신적 추상이 합쳐지면 인간이 계속해서 자신의 미래를 전면적으로 통제해야 한다는 개념에 반대하는 거의 무적에 가까운 가공할 존재가 된다. 독특한 공생체로 합쳐진 이 두 정신적 추상은 분명 우리 종의 생존과 관련해서 뇌가 낳은 가장 중요한 위협을 우리에게 가하고 있다. 내가 여기서 말하고 있는 것은 인간의 삶의 모든 측면을 돈으로 환산해야 한다고 제안하는 인간 우주의 금융적 관점, 그리고 기계 숭배다. 기계 숭배는 루이스 멈포드가 처음 기술한 개념으로, 세상으로 뻗어나가는 도달 범위를 넓히기 위해 우리가 개발할 수 있는 도구와 기술에 우리 자신이 깊게 빠져들 수 있는 능력이 있음을 포괄하고 있다. 지난 75년 동안 이런 숭배 현상을 가장 전형적으로 보여주는 것은 사이버네틱스, 그리고 거기서 비롯된 제일 유명한 분야인 인공지능에서 제안하는 개념이었다. 양쪽 운동 모두 인간과 그 뇌 모두 자동장치나 튜링기계에 불과하다는 혼란스러운 신념을 공유하기 때문이다.

이 두 가지 정신적 추상의 융합 덕에 물질적으로 발전하고 사람의 생활 수준이 향상되었음은 부정할 수 없는 것 아니냐고 주장할 수도 있겠지만, 이 주장에는 이런 이득이 인류 전체에게 배분되는 방식이 극단적으로 한쪽으로 치우쳐져 있다는 단서를 붙여야 할 것이다. 더군다나 이 두 가지 정신적 구성물은 일단 외곬로 융합되어버리고 나면 다양한 방식으로 즉각 공모를 시작해서 우리 종의 미래뿐만 아니라 생활 방식의 존속 가능성까지도 위협하는 시나리오를 만들어낸다.

본질적으로 내가 지적하고 싶은 것은 일부 사람들의 예측처럼 이데올로기들이 지속적으로 융합하면서 인간의 삶을 하나의 지배적인 전 세계적 작동 구성물operational construct로 완전히 기계화하고 금전화하는 현상이 지금의 속도 혹은 점점 빠른 속도로 지속된다면 이런 발달들이 인간 문화의 핵심적 측면들을 전례 없는 수준의 탐욕으로 집어삼켜 아예 회복이 불가능해질 수 있다는 점이다.

오늘날의 지배적 관점에 따르면 목숨을 비롯해서 우리 삶의 모든 대상과 모든 측면은 유한한 금전적 가치를 갖고 있다. 이런 신념을 주장하는 사람들에게 인간의 삶과 노력에 할당할 수 있는 가치는 시장에 의해 결정되는 가치밖에 없다. 하지만 이런 관점을 옹호하는 사람들은 시장이 뇌가 창조해낸 추상적인 존재에 불과하다는 사실을 무시하고 있는 것 같다. 이 존재가 인류 역사의 시대들을 거치는 동안 인간의 뇌가 만들어낸 다른 유형의 신들만큼이나 신성한 지위를 차지하게 됐다. 인류의 새로운 왕좌에 오른 시장은 인간의 뇌를 지배하는 신경생물학적 원리가 낳은 자식임에도 불구하고 이제는 크로노스에게 대항한 제우스처럼 자신의 창조자에게 반기를 들고 있다. 시장의 의도는 인류를 자신의 도덕적·윤리적 가치관에, 혹은 가치관의 결핍에 완전히 굴복시켜 항복을 받아내는 것이다. 사실 인간이 창조한 이 새로운 신의 윤리적 가치관을 한마디로 요약하자면 어떤 짓을 해서라도 무한한 이윤과 무제한의 탐욕을 가차없이 추구하는 것이다. 그 결과 이 시장교Church of the Market를 추종하는 사람들은 그 점에 있어서는 가톨릭교회나 개신교의 투사들에게서 특징적으로 보이는 종교적 열정을 공유하고 있는 듯하다. 하지만 시장이 현재 인간의 삶 모든 측면에 휘두르고 있는 힘을 부여해준 것은 우주 속 그 무엇도 아닌 바로 인간의 정신이다.

뇌 중심적 관점에 따르면, 우리의 모든 행동과 의견을 하나하나 착취하고, 인간의 모든 행동에서 최대한의 금전적 이득을 추구함으로써 무책임한 행동과 무제한적인 탐욕을 조장하는 시장교가 사람들을 개종하는 데 크나큰 성공을 거두게 된 진정한 뿌리는 브레인넷이 형성되고 이용되어 대규모의 사회적 행동을 이끌어 나가는 방식을 설명하는 것과 동일한 신경생물학적 메커니즘에서 나온다. 본질적으로 이것은 정보 바이러스와 다양한 커뮤니케이션 매체의 도움을 받아 인간 사회에 정신적 추상의 전파를 강화하고 증폭하는 신경전달물질 도파민 및 다른 보상 관련 화학물질의 극단적인 힘의 문제로 귀결된다. 11장에서 논의한 치명적 브레인넷의 경우와 마찬가지로 긴밀하게 결합된 막강한 브레인넷들에 의해 퍼지는 오늘날의 금융 관련 정신적 추상은 비논리적인 경제 정책과 국가 정책을 주도할 뿐 아니라 소수의 경제 엘리트들에게만 유리하고 대다수 인류의 이해에는 반하는 그릇된 도덕적·윤리적 가치관을 퍼뜨리고 있다. 앞 장에서도 보았듯이 이런 일이 일어나는 이유는 우리의 가장 원초적인 본능과 원형에 호소하여 인간 사회에서 지배적 역할을 차지하기 위해 경쟁하는 정신적 추상을 전파하는 인간 브레인넷의 융합에 도파민이 직접적으로 관여하기 때문이다.

요즘 들리는 이야기에 따르면, 특히 2008년 미국 금융 위기 동안에 발표된 이야기에 따르면, 마약, 섹스, 도박 중독에서 보이는 것과 비슷한, 도파민에 의해 중재되는 보상 추구 행동이 크든 작든 수많은 시장 운영자들이 채용하는 의사결정 과정에 보편적으로 녹아 있는 것으로 보인다.

"무슨 수를 써서라도 돈을 벌어라." 이것이 우리 시대의 지배적인 모토인 듯 보인다. 지구 전체를 전례 없던 경제 붕괴 직전까지 내몰았던 재앙 같은 2008년 금융 위기만 떠올려봐도 이런 금융 브레인넷의 규제 없는 작동이 인류의 미래에 얼마나 위험한 존재가 되었는지 깨달을 수 있다. 이것이 금융 시장 같은 현상을 이해하기 위해서는 그냥 인간의 사회적 행동, 문화, 언어의 역학 연구에 초점을 맞추면 된다는 사회구성주의social constructionism에 내가 동의할 수 없는 이유다. 우선 이런 것들은 그저 수많은 인간 뇌의 상호작용에 의해 2차적으로 등장하는 현상에 불과하다. 따라서 이런 2차적 현상이 어떻게 만들어지고 이것들을 어떻게 통제하고 누그러뜨릴 수 있는지를 제대로 이해하려면 인간의 뇌가 권력과 제한 없는 보상을 추구하는 과정에서 단독으로 혹은 거대한 인간 사회집단의 일부로서 작용하는 방식의 신경생물학적 원리를 파고들 필요가 있다. 그렇지 않으면 열쇠를 끼워 돌려 시동을 거는 것으로 자동차 엔진의 작동 원리를 설명할 수 있다고 주장하는 사람과 비슷한 꼴이 되고 만다.

금융·경제·정치 시스템 같은 복잡한 사회적 구성물의 진정한 1차적 기원에 대한 활발한 논의가 반드시 있어야 한다. 앞에서 보았듯이 인간의 브레인넷은 평생 가소성이 있기 때문이다. 무슨 말이냐면, 이런 시스템이 어떤 신성한 개입의 산물이 아니라 인간에 의해 만들어진 것임을 교육해야 이런 정신적 추상을 분명하게 설명할 수 있다. 이것만으로도 정신적 신기루를 따르는 수억 명 사람들의 행복을 위태롭게 만드는 지혜와 관련해서 우리의 교육체계가 훨씬 더 근거 있고 중요한 인본주의적 관점을 사회의 미래를 결정할 사람들의 마음에 심어줄 길이 열릴 것이다. 바꿔 말하면 시장에 기반한 이데올로기는 신도 아니고, 신성한 계획의 일부도 아님을 보여줌으로써 미래 세대를 위해 지구의 자연환경을 보존하면서 전 세계 사람들의 삶의 질 개선을 목표로 하는 경제적·정치적 의제를 고취할 기회를 잡게 된다는 것이다.

무책임한 탐욕 대신 제한 없는 공정함, 교육, 기회가 인간 우주를 이끌어갈 진정한 동기가 되어야 한다.

시장교의 실질적인 주요 교환 매체이자 가치 저장 수단인 돈은 인간 우주에 관한 이 금융 우주론적 관점의 중심에 올랐다. 역사적으로 인간 사회가 재화의 취득과 교환을 목적으로 채용한 서로 다른 매체들을 단순화해서 그려놓은 그림 13-1만 봐도 디지털 혁명이 있고 몇십 년이 지난 지금, 화폐 대리물 덕분에 금융 우주론적 관점이 자신의 쌍둥이인 인간 우주의 기계

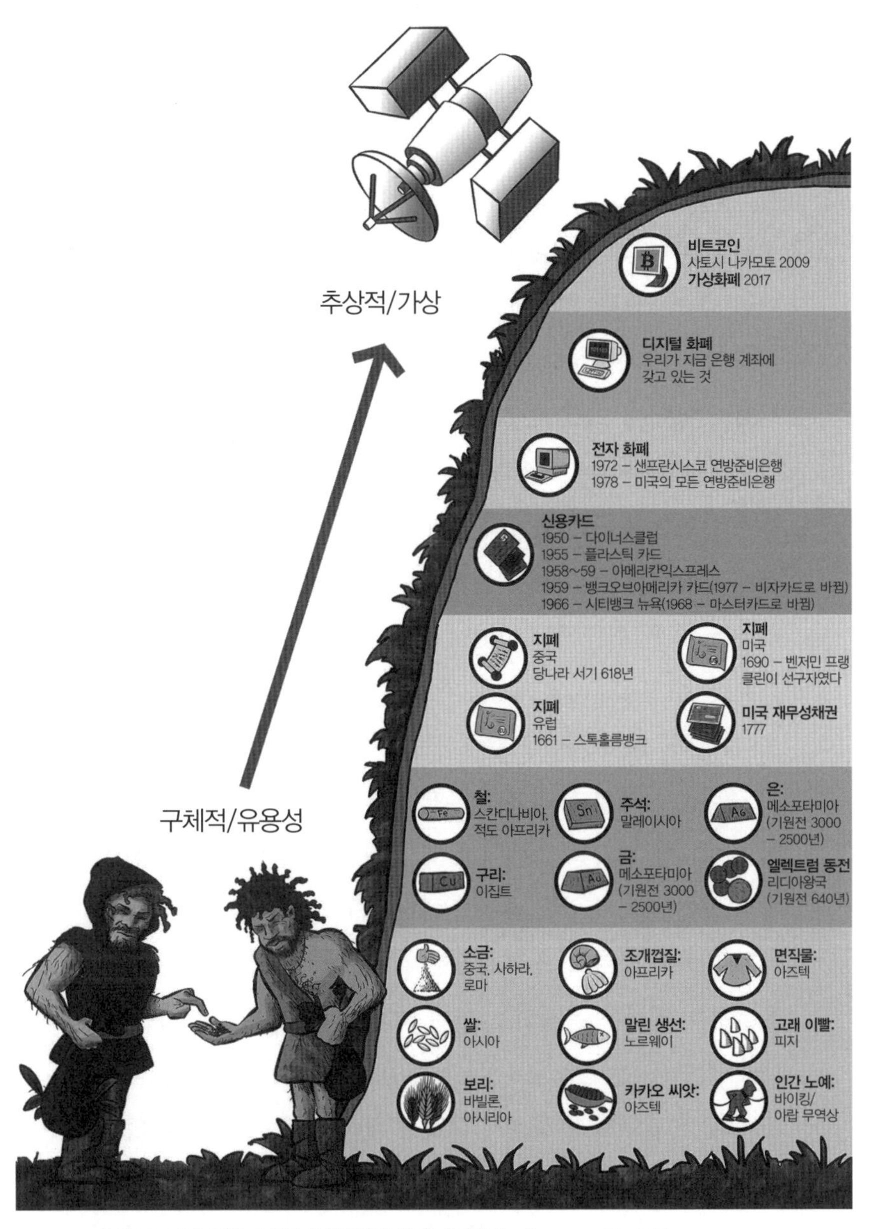

그림 13-1 역사적으로 인류가 사용했던 화폐 대리물. (그림: 쿠스토디우 로사.)

화된 관점과 매끈하게 융합되었음을 알 수 있다. 아즈텍제국의 카카오 씨앗에서 시작해 금덩어리, 금화, 피렌체와 베네치아의 금융업자가 상인과 탐험가에게 발급해준 신용장, 지폐, 신용카드, 그리고 온갖 채권과 금융 상품, 그리고 0과 1로 표현된 최신의 디지털 화폐 대리물, 그리고 점점 다양해지고 있는 비트코인 같은 가상화폐에 이르기까지 이 모든 매체를 하나로 묶는 공통점이 딱 한 가지 존재한다. 그 가치가 항상 거의 무언의 사회적 계약에 의해 보증되고, 돈을 재화와 서비스의 지불 수단으로 받아들이는 모든 사람이 합의한 정신적 추상을 통해 전 세계 사람들의 거래에 의해 임의로 결정되어왔다는 것이다. 전 세계 사람들은 다른 면에서는 아무짝에도 쓸모 없는 인쇄된 종잇조각, 혹은 최근에는 디지털 은행 계좌에 기록된 특정 순서의 이진 수열binary sequence을 획득하기 위해 자신의 노동력, 기술, 창의력, 생각, 개념을 판매하는 것은 물론이고, 타인을 속이고 죽이고 노예로 부리고 착취할 준비까지 되어 있다. 이런 일이 일어나는 이유는 종이나 은행 계좌에 들어 있는 비트가 실제로 어떤 가치가 있기 때문이 아니라 우리 시대에서는 시장교로 구체화된 글로벌 금융 시스템이 화폐에 특정한 구매 가치를 부여하는 권한을 독점하고 있기 때문이다. 이 폭로가 지닌 또 다른 측면은 언제고 그 가치가 완전히 사라져버릴 수 있다는 것이다. 20달러짜리 화폐가 실질 구매력이라는 면에서 무가치한 것이 될 수도 있다는 의미다. 1920년대 독일의 바이마르공화국에 초인플레이션이 일어났을 때 실제로 이런 일이 벌어져

제2차 세계대전의 발발로 이어지게 됐다. 슬픈 일이지만 미국에서 시작되어 전 세계로 퍼져나간 2008년 금융위기가 가르쳐주었듯 지금도 언제든 이런 시나리오가 되풀이될 수 있다.

인류의 역사 속에서 경제가 얼마나 복잡해졌는지 놓고 볼 때 대규모의 거래를 가능하게 하고, 70억 인류의 의식주를 해결하는 데 필요한 필수 재화와 서비스를 생산하고 분배할 대규모 경제를 지탱하기 위해서는 화폐 같은 매체가 발명되어 널리 퍼져야 한다는 것은 나도 분명하게 알고 있다. 하지만 지난 700년 동안, 특히 그중에서도 이탈리아 르네상스 시대에 은행이 등장한 이후로, 그리고 나중에 산업혁명이 일어나는 동안에 시장교에서 밀어붙인 돈이라는 매체는 일반인은 이해하기 어려운 복잡한 금융적 추상으로 모습을 바꾸어 미쳐 날뛰게 됐다. 최근 유럽에서 그리스의 부채 위기를 통해 보았듯이 정책 입안자들의 마음속에서 돈은 인간 사회의 복지보다 훨씬 높은 위치를 차지하고 있음이 분명하다. 사실 현재 시점에서 선진국 경제 중 상당 부분은 상품의 생산 및 분배와 아무런 관련이 없다. 대신 경제 활동 중 많은 부분이 구체적인 경제 활동과는 거의 관련이 없는 금융 자산의 발행과 거래에만 의존해서 이루어지고 있다. 이것을 세계 금융의 거대한 카지노라 부를 수 있을 것이다. 이 이름이 참으로 적절하다 여겨지는 이유는 지금 현재 세계 금융 시스템의 역학은 인간의 통제를 거의 벗어나 수많은 슈퍼컴퓨터 사이에서 끝없이 이루어지는 가상의 싸움을 통해 밀리초 단위로 진행되고 있기 때문이다. 이 슈퍼컴퓨터들은 인간을 대신해서 시장의 패권에 도전하고 있고, 더 이상 이런 경제 생태계를 이해할 수 없게 된 인간 지배자들은 게임에서 한 발 뒤로 물러나 초조한 마음으로 구경하면서 이 경쟁에서 자신에게 행운이 찾아오기만을 바라고 있다.

무분별하게 돈을 대출해서 그리스의 미친 부동산 거품에 장작을 땐 유럽은행에 지불을 보장해줄 것이냐, 아니면 그리스인들이 최소의 생활 수준과 인간으로서의 품위를 유지할 수 있게 해줄 것이냐는 선택에 직면했을 때 유럽연합의 경제 당국과 정치 당국이 1분의 망설임도 없이 그리스 국민들에게 얼마나 가혹한 희생이 뒤따르든 상관없이 대출이 금융기관에서 규정한 원래의 조건대로 상환되어야 한다고 결정을 내린 이유는 시장교, 돈의 신이 이미 현대 사회의 꼭대기에 올랐기 때문이라 설명할 수 있다.

결국 그리스의 부채 위기는 이미 수십 년 동안 금융계에서 널리 인정되고 있던 사실을 명백하게 드러내주었다. 인간 우주의 금융 우주론적 관점에서는 시장교가 국가, 사회, 수십억 인류의 생계보다 더 가치가 크다는 것이다. 금융 우주의 관점에서 보면 우리 시대의 진정한 권력의 소유자인 시장교, 그리고 그 지배자인 돈의 신 앞에서 인간의 다른 모든 산물은 하찮은 존재에 불과하다.

역사가 에릭 홉스봄은 역사적 관점에서 20세기 역사를 어떻게 하면 가장 잘 기술하고 이해할 수 있는지에 관한 자신의 관점을 요약하기 위해 '극단의 시대the age of extremes'라는 표현을 사용했다. 홉스봄은 20세기 첫 21년에 걸친 현대성의 도래는 세 가지 주요 힘의 결합에서 비롯되었다고 주장한다. 첫째, 가능한 최고의 금융 이득을 얻고자 하는 소수 글로벌 엘리트의 욕망에 의해 정치적 제도와 프로그램들이 협소한 경제적 의제에 완전히 굴복하는 과정이 가속화된 것. 둘째, 정치적 통치와 인구 유동의 과정에서 동등한 세계화가 일어나지 않은 채로 경제 세계화 과정이 강화된 것. 셋째, 커뮤니케이션 기술의 혁명으로 인해 전 세계 사람들의 상호작용에서 시간적·공간적 제약이 극적으로 줄어든 것. 이런 힘들이 함께 작용하여 전에 없던 기술적 진보와 전 세계 생산량의 기록적인 성장에 기여했다. 하지만 이런 성과를 올리는 데는 무거운 대가가 따랐다. 국가와 국가의 자주권 같은 정치 제도가 심각하게 불안정해진 것이다. 그 결과 2010년대에는 민족 국가와 그 추상적 경계라는 전통적인 정신적 개념이 다국적 기업과 국제 금융 시스템이 선호하는 정신적 추상에서 비롯된 지배적 가치관과 목표에 압도당했다고 주장할 수 있다.

궁극적으로 시장교를 왕좌에 올려준 과정이 많은 인간 사회의 전통적 생활 방식을 사실상 해체하는 데 기여했다. 변화의 속도를 따라잡을 수 없던 사회뿐만 아니라 미국과 서부 유럽 등 이런 과정에 관여하고 있는 선도적인 사회 역시 마찬가지였다. 오늘날 우리는 이렇게 전 세계적으로 제물을 바치며 살고 있다. 제도나 인간 사회, 그리고 인간의 뇌 누구도 이런 중대한 변화의 결과로 나타나는 변화의 범위나 속도를 따라잡으며 살 수 없다. 기업과 국가가 주로 경제적 목표와 생산성을 향상하는 데 큰 방점을 찍고 있으니 이런 목표를 달성해야 할 필요성 때문에 우리 일상생활의 그 어느 부분도 대부분의 인류에게 가해지는 지속적인 변화의 쓰나미를 견디고 살아남을 가능성은 없어 보인다. 시장교의 탐욕스러운 손아귀를 벗어날 수 있는 것은 없는 듯하다. 전 세계에 만연한 엄청난 불안과 두려움을 이것으로 설명할 수 있을지 모르겠다. 이제 그 누구도 평생의 직장, 반듯한 보금자리, 보건의료, 교육을 보장받으리라 확신할 수 없고 가까운 미래에 대한 계획조차 세우기 힘들다. 사회의 모든 것이 끝없이 요동치고 있기 때문이다.

인류 대다수가 완전한 예측 불가능성을 인식하고 압도되는 것을 보며 폴란드의 사회학자이자 철학자인 지그문트 바우만Zygmunt Bauman은 우리가 살고 있는 이 순간을 이렇게 묘사했다. "얼마 전에는 '탈현대성post-modernity'이라고 잘못 부르다가 지금은 적절하게 '유동적 현대성liquid modernity'이라고 부르게 된 것은 변하지 않는 것은 변화밖에 없고, 확실한 것은 불확실성밖에 없다는 확신이 점차 커지고 있음을 말해준다. 100년 전에는 '현대적'이라는 말이 '최종적으로 완벽한 상태'를 추구한다는 의미였지만, 지금은 최종적 상태가 눈에 들어오지도 않고 그런 상태를 바라지도 않는 상태에서 개선이 무한히 이루어짐을 의미하게 됐다." 바우만은 우리가 직면한 문제를 다음과 같이 진단했다.

나는 점점 현재 우리가 대공위interregnum의 시대에 들어와 있다는 쪽으로 마음이 기울고 있다. 낡은 방식이 더 이상 작동하지 않고, 오래전에 학습했거나 물려받은 생활양식이 현재의 인간 조건과 더 이상 맞아떨어지지도 않으며, 문제를 해결하는 새로운 방식과 새로운 조건에 적합한 새로운 생활양식이 아직 발명되지도, 자리 잡지도, 가동되지도 않는 시대인 것이다.
현대적인 삶의 형태들은 몇몇 측면에서 차이가 있을지도 모른다. 하지만 그 모든 형태를 하나로 묶는 공통분모는 연약함, 덧없음, 취약함, 지속적으로 변화하는 성향 등이다. '현대적이다'라고 함은 강제적으로, 강박적으로 현대화하는 것이다. 그저 '현대적인 상태'가 아니다. 자신의 정체성을 온전히 유지하기는커녕 마무리되지도, 완전히 정의되지도 않은 상태로 머물면서 영원히 '현대적으로 변해가는' 것이다.

바우만은 이렇게 결론 내리고 있다. "유동적 현대성의 조건 아래 살아가는 것은 지뢰밭을 걷는 것에 비유할 수 있다. 언제 어디서든 폭발이 일어날 수 있음을 모두가 알고 있지만, 그 순간이 언제이고, 그 장소가 어디일지는 아무도 모른다. 세계화된 세상에서는 이런 조건이 보편적이다. 그 누구도 예외가 될 수 없고, 그 결과로부터 안전을 보장받을 수 있는 사람은 아무도 없다."
마셜 매클루언의 예언적인 말에 따르면, "이제 인간은 전기기술을 통해 자신의 중추신경계를 확장해놓았기 때문에 전쟁과 비즈니스 모두 싸움터가 정신적 이미지를 만들고 부수는 영역으로 옮겨갔다."

사람들은 이 끝없는 요동 속에서 일어나는 싸움에 길을 잃어버린 나머지 그 누구도 잠시 멈춰 서서 이 새로운 생활 조건에 인간의 뇌가 어떻게 반응할지, 그리고 단단한 토대가 사라져버린 상태에서 유기 회로와 지배적이고 무자비한 새로운 종교가 인류 전체에게 가한 사회적·경제적 교전의 외부 규칙 사이에서 영구적으로 유동하는 접점만 존재하는 시나리오에 빠졌을 때 인간의 뇌가 어떻게 대처할지는 생각해보지 않은 것 같다.

내가 이 책에서 소개한 뇌 중심적 관점에서 보면 홉스봄이 이야기한 '극단의 시대'는 인류의 역사에서 자본주의라는 정신적 추상이 범지구적 규모에서 인간 상호작용의 역학을 바꾸어 놓을 정도로 힘이 막강해진 시기라 묘사할 수 있다. 이 힘이 위험한 역치를 넘어선다면 극단적인 경우 인류를 두 번 다시 빠져나올 수 없는 블랙홀로 이끌고 들어갈지도 모른다. 기본적으로 시장/화폐 정신의 구성물들과 거기서 나온 무한히 많은 파생물은 인간의 삶과 생존의 모든 측면을 좌우하는 핵심적 역할을 획득하게 되었다. 그리하여 인간의 뇌가 전에는 전혀 목격하지도 경험하지도 못해본 속도로 날아올라 퍼지고 달아남에 따라 이 추상들은 자체적인 생명을 얻어 인간 문화의 다양한 핵심적 측면의 생존을 위협하기 시작했다. 이러한 징후에는 전쟁과 집단학살뿐만 아니라 지독한 수준의 불평등과 가난, 실직, 사회적 불화, 그리고 환경 훼손 등을 부추기기 시작한 경제적·정치적 제안도 포함된다. 그래서 이제는 인간 스스로 초래한 대멸종의 위험을 더 이상 무시할 수 없는 지경이 됐다. 이런 위협은 여러 근원과 방향에서 찾아올 수 있다. 거대 기업체와 정부들이 단기적인 경제적 이득에만 초점을 맞추어 화석 연료 사용 줄이기를 맹목적으로 거부하는 바람에 생기는 기후 변화로부터 찾아올 수도 있고, 예방보건 관리, 기초 연구를 위한 자금 지원의 지속적인 감소, 전 세계 수십억 인구를 위한 의료보험 혜택의 부재 등으로 인한 전 세계적 유행병을 통해 찾아올 수도 있을 것이다(이것은 코로나19 이전에 쓰인 글인데 마치 2020년의 코로나 대유행에 대한 예언처럼 들린다 – 옮긴이).

우리 시대를 지배하고 있는 정신적 구성물 아래서는 경제적 비용이 핵심이다. 그리고 대부분 경제적 비용은 인간이 누려야 할 기본적 필요가 무엇인지, 이런 필요를 충족시키는 데 필요한 신기술 등의 자원이 누구에게 돌아가야 하는지 등 모든 정치적·사회적·전략적 결정을 내릴 때 고려해야 하는 유일한 변수다. 현대의 정부가 잘못된 길로 인도된 유권자들의 승인 아래 정신적 추상을 대신해서 지속적으로 식량 안보, 아동 교육, 공동체 보건의료, 가족을 위한 주거 환경 등의 기반을 약화시키고 있으니 참으로 역설이 아닐 수 없다. 인간으로서 완전한 성취를 꿈꾸고 추구하는 데 필요한 최소한의 수단도 갖지 못한 사람들에게 제공되는 기회 또한 점점 축소되고 있다. 특수한 이해관계를 가진 집단과 글로벌 경제 로비스트의 의제에 따라 좌지우지되고, 기업이 소유한 대중매체에 의해 맘 놓고 전파되고 칭송되는 정치체계를 진정한 민주주의라 지칭하고 있으니 우리는 어쩜 이렇게 순진할까?

1949년에 알베르트 아인슈타인은 짧은 글을 발표했다. 이 글에서 그는 당시 자본주의가 인간의 삶에 미칠 영향에 대해 받은 인상을 표현했다. 자본주의자의 유토피아에 대한 '아인슈타인의 100년 경과 보고서'라고 부를 만한 글에서 이 위대한 학자는 이렇게 적었다.

> 개인 자본은 소수의 손에 집중되는 경향이 있다. 부분적으로는 자본가들 사이의 경쟁 때문이고, 또 부분적으로는 기술의 발달과 점점 늘어나는 노동 분업이 작은 생산 단위를 희생시키고 더 큰 생산 단위의 형성을 촉진하기 때문이다. 이런 발전은 개인 자본에 의한 과두체제라는 결과를 낳는다. 그렇게 되면 민주적으로 조직된 정치 사회조차 이런 개인 자본의 막강한 힘을 견제할 수 없게 된다. 그 이유는 입법부의 구성원들도 정당이 선출하기 때문이다. 정당은 개인 자본으로부터 자금을 지원받거나 다른 방식으로 영향을 받는데 개인 자본은 사실상 유권자들을 입법기관과 분리하려 한다. 그 결과 국민을 대표해서 선출된 사람들이 실제로는 혜택으로부터 소외된 국민들의 이해관계를 충분히 보호하려 들지 않게 된다. 더군다나 기존의 조건 아래서는 필연적으로 개인 자본가들이 직접적으로든 간접적으로든 정보의 주요 원천(언론, 라디오, 교육)을 통제한다. 따라서 개개의 시민이 객관적 결론에 도달하여 자신의 정치적 권리를 지적으로 사용하기가 지

극히 어려워지고, 대부분의 경우 사실상 불가능해진다.

인간 우주의 돈 중심적 관점은 가까운 미래에 인류가 직면할 위협의 절반에 불과하다. 인간 본성의 미래 주변을 맴돌고 있는 퍼펙트 스톰을 태동할 두 번째 정신적 추상인 기계 숭배는 첫 번째 것만큼이나 위험할 수 있다. 궁극적으로 이것은 글로벌 경제로부터 인간의 노동력을 완전히 제거하는 것을 자신의 성배이자 지고지선의 목표로 삼고 있기 때문이다. 우리 시대에서 기계 숭배는 인공지능과 로봇공학에서 현대적 기술들을 결합함으로써 결국에는 현재 인간에 의해 수행되는 대부분의 업무가 디지털 논리를 기반으로 하는 새로운 세대의 스마트 기계와 전문가 시스템으로 대체될 것이라 주장한다. 이 인간 디스토피아의 목표는 아주 막강한 슈퍼컴퓨터가 가동하는 일종의 디지털 시뮬레이션을 통해 인간의 뇌를 대체하는 것이다. 이들은 결국 이 시뮬레이션이 인간 조건을 정의하는 모든 요소와 속성을 흉내 내고 재현할 수 있게 될 것이라고 주장한다. 하지만 내가 앞 장에서 주장한 바와 같이 더 가능성 높은 현실은 디지털 컴퓨터가 인간의 뇌를 흉내 내는 쪽이 아니라 인간의 뇌가 디지털 컴퓨터를 흉내 내는 쪽이다.

인공지능의 전도사들은 이렇게 인간을 기계가 대체함으로써 지상천국이 찾아올 것이라 주장하며 들떠 있다. 이들은 기계로 대체하는 과정이 전체적으로 마무리되면 수십억 인류는 여유로운 시간을 누리면서 자신의 창의력을 최대한 펼치며 온갖 지적 여가 활동을 추구할 수 있을 것이라 주장한다. 물론 이런 새로운 생활 방식에는 인간의 대량 실업이라는 대가가 따르게 된다. 인간을 자신의 컴퓨터 코드, 전문가 시스템, 인간형 로봇으로 대체하자고 주장하는 창의적인 사람들도 기계가 통제하는 이 지상천국에서 사는 각각의 사람들이 그런 새로운 생활 방식을 누리면서 어떻게 여전히 잘 먹고, 잘 입고, 통근하고, 주택 담보대출을 갚고, 아이들을 학교에 보낼 것인지 하는 구체적인 부분들은 전혀 생각을 하지 못하는 것 같다. 어떤 사람은 일단 기계가 대부분의 업무를 떠안고 난 후에는 필수 생활 수준을 감당할 수 있는 최저소득을 모든 사람에게 보장해주어야 한다고 주장한다. 그런데 흥미롭게도 이 최저 소득을 얼마로 할 것이며, '최소한의 필수 생활 수준'의 의미가 무엇이고, 이것이 누구를 위한 것인지 정하는 책임을 누가 맡을 것인지에 대해서는 별로 생각하지 않는 것 같다. 인공지능의 추종자라면 이 책임을 누가 맡아야 한다고 생각할까? 굳이 최첨단 과학이나 신경과학을 하지 않는 사람이라고 해도 눈치챌 수 있을 것이다. 바로 현대의 가장 위대한 예언자, 시장교다! 하지만 그리스 국민들이 누려야 할 최소의 필수 생활 수준을 정하는 문제와 관련해서 바로 이 예언자가 제안했던 내용으로 판단하건대 나는 이런 죽느냐, 사느냐의 판단을 이미 오래전에 인간적인 공감 능력과 멀어져버린 정신적 추상에게 맡기는 부분에 대해서는 지극히 회의적이며, 근본적으로 반대한다.

이 시점에서 던져야 할 중요한 질문이 있다. 신을 흉내 내어 인간, 심지어는 인간의 두뇌를 대체하는 기계를 만들겠다는 망상에 오염된 똑똑한 과학적 지성이 왜 이리도 많을까? 그리고 명백한 단점들이 잘 알려져 있음에도 지금의 발전 단계에서 인공지능이 인류를 괴롭혀온 모든 문제의 잠재적 해결사로 비즈니스계 최상의 의제가 된 이유는 무엇일까?

나는 인공지능 연구, 그리고 인공지능을 현재와 미래에 적용하는 것에 대한 흥분은 우리 시대를 지배하고 있는 두 가지 정신적 추상, 즉 시장교와 기계 숭배가 매끈하게 하나의 실체로 합쳐진 것에서 유래하는 것이라 믿는다. 그리고 그 결과로 많은 산업 분야에서 인공지능을 자기네 분야에서 구현하려는 엄청난 동력이 생겨난 것은 인간 노동력의 사용을 과감하게 대체하거나 축소함으로써 인건비를 비롯한 생산 비용을 극적으로 절감해서 막대한 이윤을 취할 수 있으리라는 잘못된 개념에서 비롯된 것이라고 믿는다. 따라서 인공지능에 대한 새로운 압박 뒤에 자리 잡고 있는 것으로 보이는 경제적 근거는 다음과 같이 설명할 수 있다. 만약 회사에서 프로그램이나 스마트로봇이 숙련된 노동자의 업무를 대신할 수 있음을 입증해 보일 수만 있다면 임금 협상을 할 때 노동자가 도무지 극복할 수 없는 강력한 주도권을 쥘 수 있다는 것이다. 따라서 내가 보기에는 금속 덩어리나 몇천 줄 정도의 프로그램이 노동자들이 하던 과제를 오히려 훨씬 더 잘 수행할 수 있다고 말함으로써 인간, 그리고 인간의 정신적·신체적 능력의 가치를 깎아내리는 것이 현대의 자본가와 거대 기업들이 무한에 가까운 이윤을 올리기 위해 고안해낸 전략의 일부가 아닌가 싶다. 그런데 문제가 있다. 경제학자, 과학자와 합의하는 것을 잊은 것 같다는 점이다. 경제학자와 과학자들은 현대 자본가들의 이런 전제가 잘못되었으며 전적으로 비윤리적이라는 의견을 숨기지 않고 있다. 내가 이런 말을 하는 이유는 이 첨단 기술 사업가들 대다수가 자신의 창조물로 수백만 개의 일자리를 없애버렸을 때 사회에 닥칠 잠재적 결과를 무시하는 듯 보이기 때문이다. 더군다나 이들은 노동 계층이 대대적으로 파괴되고 나면 자신의 상품을 구매해줄 기반 소비 계층의 규모와 구매력 모두 심각하게 위축될 수밖에 없다는 점을 외면하고 있다.

인공지능의 추구 뒤에 자리 잡고 있는 것이 돈 중심의 사고방식만은 아니다. 궁극적으로는 현대의 '인공지능 골드러시'도 현대의 의제와 미래의 계획 대부분을 이끌어가고 있는 무시무시한 확장된 오웰식 전체주의 슬로건으로 설명할 수 있다. "완전한 통제로 완전한 안보를 보장하라!"

이런 디스토피아를 받아들인 몇몇 정부는 자신의 유권자들에게 실제든 가상이든 모든 가능한 적들에 대비해 완전한 안보를 보장하기 위해서는 국민들이 사생활을 포기하고 공식적인 감시를 받아들여 시민에 대한 완전한 통제 수단을 확보해야 한다는 잘못된 개념을 주입했다. 이런 악몽이 태동하고 있는 가운데 일부 정부는 인공지능 기술을 이용해서 각각의 시민의 모든 결정과 행동을 예측할 수 있는 능력을 얻고자 할지도 모른다. 이것이 극단으로 이어지면 전 세계의 방위기관과 첩보

기관이 인공지능의 개발을 강력하게 밀어붙이면서 '완전감시 국가total surveillance state'를 세우는 것을 목표로 삼게 될 것이다. 이것은 정부가 이런 기술을 이용해서 모든 개인의 행동, 더 나아가 생각까지도 예측하는 새로운 유형의 전체주의다. 이런 오웰식 전체주의 세상에서는 '국가에 대한 잠재적 범죄'가 개인의 마음속에 싹이 트면 바깥으로 드러난 그 어떤 행동이 없어도 감지할 수 있다. 이런 능력이 있다면 전 세계적으로 범죄를 줄이는 데 크게 유용하리라 주장할 수도 있겠지만 행여 이런 기술을 정말 개발할 수 있다면 정부가 인류 사회에서 한 번도 목격된 적이 없는 규모로 정치적 검열을 자행할 궁극적 수단으로 남용할 가능성이 크다는 점을 다시 한번 강조해야 할 것이다. 이런 정치적 박해 장치에 비교하면 이오시프 스탈린Iosif Stalin의 내무인민위원회NKVD와 히틀러의 게슈타포는 아이들의 장난이나 마찬가지다.

이상하게도 독재자, 정보기관, 군사 독재자, 민간 독재자의 꿈은 현대 국가의 숨은 권력 집단에 소속된 기관에 의해 실행되지 않았다. 이것을 개척하고 처음 행동으로 옮긴 것은 실리콘밸리의 가장 상징적인 회사들 중 하나에서 개발한 새로운 사업 계획이었다. 이 기업가들은 불과 몇 년 전에만 해도 자신의 인터넷 독점을 악용하지 않을 것이라고 단호하게 약속했다. 이 새로운 사업 관행은 구글Google에 의해 배양되고 개시되어 폭발적인 성공을 거둔 후에 경영진들에 의해 또 다른 거대 인터넷 기업 페이스북Facebook으로 옮겨갔다. 하버드대학교 경영

대학원의 명예교수 쇼샤나 주보프Shoshana Zuboff는 내가 이 책을 마지막으로 수정하고 있던 2018년에 출판된《감시 자본주의 시대 The Age of Surveillance Capitalism》에서 이 역사를 재구성했다. 주보프 교수는 내가 앞에서 제시했던 대략적인 윤곽과 비슷한 사생활 침해의 시나리오를 구글이 개척한 새로운 비즈니스 모델의 일부로 묘사하고 있다. 주보프는 시장교와 기계 숭배의 정략결혼을 '감시자본주의surveillance capitalism'의 등장이라 명명하고 있다. 그녀의 정의에 따르면 감시자본주의란 "인간의 경험을 추출, 예측, 판매라는 숨겨진 상업 관례를 위한 공짜 원자재라 주장하는 새로운 경제 질서"다. 주보프 교수 역시 내가 내린 평가와 완전히 뜻을 같이하며 "산업자본주의가 19세기와 20세기에 자연계에 그랬던 것처럼 감시자본주의도 21세기에 인간 본성에 심각한 위협이 되고 있다"고 믿고 있다. 그녀는 여기서 더 나아가 이 "자본주의의 불량 돌연변이"가 "사회를 지배하려 들며 시장 민주주의에 깜짝 놀랄 도전장을 내미는 새로운 수단주의적 권력instrumentarian power"의 등장을 가능하게 했다고 말한다.

미국을 비롯해서 많은 국가 정부가 쓸 수만 있다면 기꺼이 훨씬 더 정교한 감시 기술을 받아들이려 하는 조짐이 여기저기서 보이고 있지만 그래도 내가 두 발 뻗고 편하게 잠을 잘 수 있는 이유는 딱 하나, 인공지능의 디지털 접근방식은 한계가 있기 때문에 설사 이런 계획을 실행에 옮기려 해도 가까운 미래에는 불가능함을 잘 알고 있기 때문이다. 하지만 이런 단점에도 불구하고 인간 뇌가 가진 힘을 이용해서 새로운 감시 도구를 만들고, 심지어 새로운 세대의 뇌 제어 무기를 만들어 인간의 뇌를 새로운 전쟁 수단에 완전히 통합하는 시대로 이끌 방법을 찾아내려는 시도는 멈추지 않을 것이다. 미국 국방부와 정보기관이 버락 오바마Barack Obama 대통령이 추진했던 미국 브레인이니셔티브Brain Initiative의 상시 파트너가 되는 일에 큰 관심을 보였던 것을 보면 공상과학영화에서나 보았던 인간 뇌의 완전한 '무기화' 문제를 신경과학계와 사회 전체에서 아주 진지하게 받아들여야 할 것이다. 이 새로운 현실 앞에서 특히나 신경과학자들은 국방부나 정보기관으로부터 연구비 지원을 받기 전에 아주 깊게 생각해보아야 할 것이다. 자신의 지적·실험적 연구의 산물이 사람을 해치는 데 잘못 사용될 가능성이 이렇듯 구체화되어본 적이 없었기 때문이다. 짧은 역사 속에서 처음으로 신경과학은 사회의 공익을 지키는 문지기이자 수호자로서 핵심적인 역할을 맡게 됐다. 현재와 미래에 사생활과 언론의 자유 같은 기본적인 인간 원리에 가해질 공격의 위험, 혹은 우리 마음속 신성불가침의 피난처에 침입하여 인간적인 행동이 온전히 표현되지 못하게 막으려는 시도에 대해 지속적으로 사회에 경고를 보내는 보호막으로 역할하는 것은 하나의 공동체로서 신경과학자들의 몫이 될 것이다.

이런 관점에 따라 시장교와 기계 숭배에 대한 추종이 인류의 미래에 가할 극적인 실존적 위기를 보면, 우리가 하나의 종으로서 인간 우주의 중심에 설 토대를 되찾기 위해서는 뇌 중심 우주론을 받아들이는 것이 대단히 중요함을 명확하게 알 수 있다. 우선 이 뇌 중심적 관점은 현대 생활의 지배적인 힘인 시장, 화폐, 기계 등의 기원에 대한 혼란을 명확히 정리해준다. 이 관점은 이 힘들이 인간의 뇌가 만들어낸 부산물이며, 우리 내부에 구축된 정신적 신기루에 불과함을 보여준다. 수 세기에 걸친 진화와 시행착오를 통해 스스로 생명력을 얻은 이 신기루는 사회의 우선순위, 전략, 관습을 정의하고, 이런 것들은 인류의 개입, 필요, 열망 등을 가치와 권위가 떨어지는 2차적인 역할로 강등시키는 경향이 있다.

따라서 우주에 대한 뇌 중심적 관점은 오랜 세월 인류 사회가 살아 있는 대다수의 사람과 아직 태어나지 않은 우리 종족 구성원들의 이익을 대변하지 않는 정신적 구성물을 바탕으로 미래의 인간 문화, 그리고 궁극적으로는 우리 종의 생존에 결정적인 역할을 미칠 결정을 내려왔다는 슬픈 현실을 아주 명백하게 드러내 보여주고 있다. 화해를 모르는 종교적 신념, 온갖 편견, 거대한 불평등에 기반한 경제 시스템, 그리고 다른 왜곡된 세계관들이 인간의 행위와 행동을 좌우해서는 안 될 것이다. 이 때문에 나는 이런 세계관들의 진정한 기원이 바로 우리 뇌임을 앎으로써 이런 정신적 추상이 우리 삶의 방식을 지배하게 두어서는 안 되는 이유를 더 많은 사람에게 설득할 수 있을 것이라고 거듭해서 주장한다.

마찬가지로 10장에서 보았듯이 뇌 중심적 관점은 과학과 과학적 방법론조차 저 밖에 있는 우주에 대한 기술을 제공할 때 우리 중추신경계의 신경생물학적 속성이 부과하는 제약에 의해 발목이 붙잡혀 있음을 보여준다. 일례로 양자물리학의 여러 풀리지 않는 수수께끼에서 보듯이 부정할 수 없는 이런 한계가 있기 때문에 과학과 과학자에게는 지난 수 세기 동안, 그리고 미래에도 계속해서 과학이 달성하고 또 달성할 경이로운 발견에도 불구하고 과학이 궁극의 진리를 밝혀내리라 약속할 수 없음을 사회에 알려야 할 의무가 있다. 이런 맥락에서 보면 우주 전체를 기술하는 단 하나의 수학 공식을 찾을 수 있다는 만물의 이론 같은 불가능한 개념이나 인간의 뇌를 재현하는 기계를 발명할 수 있다는 믿음은 성립 불가능한 환상일 뿐만 아니라 수백만 명의 사람들로 하여금 그런 동화 같은 이야기를 믿도록 오해를 불러일으키는 오류다. 과학은 이런 유형의 얄팍한 선전에 의존할 필요가 없다. 과학은 스스로 달성할 수 있는 것만으로도 자신의 관습을 우리들 사이에 전파하고 민주화하는 데 들어가는 모든 노력을 충분히 정당화하고도 남기 때문이다. 닐스 보어가 한 세기 전에 너무도 우아하게 설명했듯이 과학은 실재의 본성에 대한 궁극의 진리를 추구하지 않는다. 그것은 우리의 도달 범위 밖에 있다. 대신 과학은 외부 세계에 대해 가능한 한 최대로 이해할 수 있는 기회를 제공해서 우리가 그 지식을 이용해 먼저 스스로를 계몽하고, 결국에 가서는 주변 세상을 조작해서 인류의 삶을 개선할 수 있게 해준다. 보어의 관점을 한낱 형이상학적 유아론solipsisim으로 분류하려는 사람이 몇몇 있었지만, 그와 동일한 우주론적 관점이 지난 100년 동안 수많은 지식인, 철학자, 수학자, 물리학자 모두에게서 공유되며 지지를 받았다.

보어의 철학을 따라 뇌 중심적 관점에서는 인간의 추론을 인간 우주의 중심에 위치시킨다. 우리가 진정으로 이야기할 수 있는 우주는 이것밖에 없기 때문이다. 이 우주는 지난 10만 년 동안 이 아름다운 푸른 행성에 발을 디딘 1,000억 명이 넘는 인류의 정신적 구성물에 의해 조각된 우주다. 그런 만큼 뇌 중심 우주론에서 나타나는 틀의 변화는, 살아 있는 모든 인간의 기본적 필요, 적법한 소망, 실존적 권리를 제공하는 데 다시 초점을 맞추기 위해서 포스트모던 문화는 말할 것도 없고 현재의 경제적·정치적 시스템의 우선순위에 근본적 변화가 긴급히 필요하다는 것을 분명히 보여주고 있다. 본질적으로 지금 내가 전하려 하는 말은 이미 빼앗을 수 없는 인간의 기본권으로 여겨지는 다양한 인간의 필요를 정신적 추상을 통해 인위적으로 만들어진 목표보다 우선해야 한다는 것이다. 이런 정신적 추상들은 점점 통제를 벗어나 우리의 집단적 행복과 종의 생존을 위협하려 모의하고 있다.

뇌 중심적 관점은 우리와 우리의 뇌가 아무리 정교하고 복잡하더라도 수학적 알고리즘과 디지털 하드웨어/소프트웨어로 재현 가능한 생물학적 기계, 혹은 자동장치로 환원할 수 있다는 인공지능 신화 추종자들의 주장도 단호하게 거부한다. 인류 전체가 지식의 수집가이자 우주의 창조자로서의 생득권을 포기함으로써 자기 소멸을 향한 결정적인 발걸음을 한 발 더 내

딛기로 결정한 것이 아닌 이상, 일부 급진적인 인공지능 연구자들이 제안하는 미래의 시나리오는 우리를 어디로도 데려다주지 않는 공허한 정신적 판타지의 또 다른 사례에 불과하다. 이와 완전 반대 방향으로 나가는 뇌 중심적 관점에서는 인간이 자기 우주의 창조자 지위를 되찾아야 하며, 미화된 기계들에게 자신의 운명에 대한 통제권을 절대 내어주어서는 안 된다고 주장한다.

하지만 우리 시대를 지배하고 있는 이 세계관을 대신할 대안은 무엇인가? 내 대답은 꽤 간단하다. 만물의 진정한 창조자, 뇌는 자신의 신성한 임무라 할 수 있는, 에너지를 소산하여 지식을 축적하고 그 지식을 이용해서 인간 우주에 대해 더욱 완벽한 기술을 구축하고 자기 종족의 발전을 도모하는 일을 계속 이어가기만 한다면 미래에 대해 현명하고 의미 있는 대안을 선택하게 될 것이다. 이 대안은 인간 조건이 지속적으로 생존하여 꽃을 피울 수 있게 할 것이다. 아무쪼록 이것이야말로 인간의 불멸이라는 간절한 꿈을 충족할 수 있는 우리의 최고이자 유일한 티켓이 아닐까 싶다.

내가 이렇게 말하는 이유는 우리의 이 우주에서는 인간의 뇌가 좋은 것이든 나쁜 것이든 인간의 본질을 정의하는 유산을 남기기 위해 시간이 시작된 이후로 신경의 전자기 폭풍을 통해 세워놓은 정신적 기념비의 아름다움, 우아함, 웅장함을 따라갈 것이 없다고 진심으로 믿고 있기 때문이다.

수십억 년에 걸친 무작위의 여정을 통해 지구에서 일어난 자연의 진화는 하얀 신경생물학적 물질로 이루어진 3차원의 다발, 판, 코일을 조심스럽게 만들어냈다. 그리고 수백억 개의 뉴런이 만들어내는 평범한 전기생물학적 스파크를 전도하고 가속하면서 이 유기 구조물은 독특한 유형의 계산 불가능한 전자기 상호작용을 탄생시켰고, 이것이 영장류의 상대론적 뇌에 소중한 선물을 안겨 주었다. 바로 자체적 관점이다.

기적에 가까운 이런 사건이 일어난 이유는 작은 전자기파가 보이지 않는 접착제처럼 작용해 그 수백억 개의 뉴런을 유도해서 매끈한 하나의 뉴런 시공간 연속체로 합쳐놓았기 때문이다. 이 전자기 아날로그-디지털 유기 컴퓨터의 예측 불가능한 재귀적 처리 방식으로부터 약 10만 년 전 즈음에 만물의 진정한 창조자인 뇌가 등장했다. 그리고 5,000세대도 지나지 않아 이 창조자는 생명의 핵심적인 생물학적 메커니즘에 통달했다. 이 메커니즘은 잉여 엔트로피를 소산시켜 의미론적으로 풍부한 괴델 정보를 새기는 과정이다. 이런 생명의 레시피를 이용해서 인간의 뇌는 우주가 넉넉하게 제공하는 잠재적 정보로부터 인간 우주를 세웠다. 인간의 뇌는 점점 늘어나는 괴델 정보를 이용해 추가적인 엔트로피를 지식, 도구 제작, 언어, 사회적 유대, 현실 구축으로 소산시킴으로써 이 일을 해냈다.

궁극의 야망을 실현하고자 인간의 뇌는 자기 내부의 연결 코어가 시간과 공간의 경계를 가로질러 수백만, 심지어 수십억의 개별 뇌와 긴밀한 뇌 사이 동기화를 출현시키기에 더할 나위 없이 좋은 조건을 제공해주었다는 사실을 이용했다. 이런 브레인넷을 통해 인간의 뇌는 지구상에 등장한 것 중 가장 창조적이고 회복력 있고 번창하고 위험한 사회집단을 탄생시켰다.

그 시작 이후로 인간의 브레인넷은 자기 주변의 광대한 우주에 존재하는 모든 것을 설명하는 일에 강박적으로 매달리기 시작했다. 그 일을 위해 브레인넷은 미술, 신화, 종교, 시간과 공간, 수학, 기술, 과학 등을 비롯해서 독특한 우주 만들기용 정신 도구에 의존했다. 인간의 뇌는 이런 정신적 도구의 부산물들과 1,000억 명이 넘는 인류의 개별 경험들을 모두 이어붙여 최종 걸작을 탄생시켰다. 인간 우주를 창조한 것이다. 이 인간 우주는 물질적 실재에 대해 우리가 얻을 수 있는 유일한 설명이다.

그러다 운명의 장난이라고밖에 할 수 없는 일이 일어났다. 점점 더 막강해지는 브레인넷이 인간의 삶보다 점점 더 유혹적이고 황홀한 정신적 추상들을 연이어 만들어냄에 따라 뇌가 낳은 이 자손 중 일부가 결국 서로 공모하여 반기를 들고 일어나 자기 주인의 존재를 위협하는 경지에 이른 것이다.

만물의 진정한 창조자인 인간의 뇌에게는 어떤 미래가 펼쳐질까? 자기 소멸의 길을 걸을 것인가, 생물학적 디지털 좀비로 만들어진 새로운 종의 인류로 탄생할 것인가, 아니면 오랫동안 기대해온 것처럼 궁극적 승리를 거두게 될 것인가? 현재로서는 누구도 이 질문에 확실한 답을 내놓을 수 없다. 우리에게 어떤 운명이 마련되어 있든, 인간이 만든 기계 중에 만물의 진정한 창조자의 가장 은밀한 능력을 극복할 수 있는 기계는 나오지 않을 것이다.

그리고 그 창조자가 구축한 경이로운 뇌 중심 인간 우주도 나올 수 없을 것이다.

감사의 말

이 책을 쓰는 데는 5년의 시간이 걸렸지만 이 안에 담긴 내용물은 내가 브라질에서 미국으로 옮긴 1989년 이후 약 30년에 걸쳐 수행한 광범위한 이론 연구, 기초 연구, 임상 뇌 연구를 바탕으로 나온 것이다. 미국에 오고 처음에는 존 채핀John Chapin의 연구실에서 박사후과정 연구원으로, 지난 25년 동안은 듀크대학교 신경생물학 교수로 연구해왔다. 그래서 듀크대학교 신경공학센터 니코렐리스 연구실에 몸담았던 모든 대학생, 대학원생, 박사후과정 연구원, 기술직, 행정 직원, 미국과 외국의 모든 동료에게 감사드리고 싶다. 그들과 나눈 모든 대화와 공동 연구, 그리고 그 시기 동안 우리가 함께 진행한 수백 건의 실험으로부터 배운 모든 것에 감사드린다. 그리고 지난 17년 동안 통찰력 넘치는 지적 대화를 함께 나누고 내가 사랑하는 열대 지역에서 주요 과학 프로그램을 처음부터 새로 구축하는 위대한 모험을 함께해준 '다시 걷기 프로젝트'의 세계 본부인 브라질 상파울루의 AASDAP 신경재활연구소와 브라질 마카이바의 에드먼드앤드릴리사프라 국제신경과학연구소Edmond and

Lily Safra International Institute of Neuroscience(ELS-IIN)의 동료와 공동 연구자들에게도 감사드린다.

지난 10년 동안 나와 내 프로젝트에 지속적인 뒷받침과 헌신, 그리고 깊은 우정을 보여준 내 에이전트이자 뉴욕 친구 제임스 러바인James Levine에게 큰 빚을 졌다. 제임스의 침착한 처신과 결단력 넘치는 뒷받침이 없었다면 이 책은 물론이고 출판과 관련된 내 프로젝트 중 그 어느 것도 빛을 보지 못했을 것이다. 좋은 날이나 힘든 날이나 함께 견뎌준 제임스에게 감사드린다. 그리고 엘리자베스 피셔Elizabeth Fisher, 이 책을 전 세계적으로 성공시키기 위해 노력을 아끼지 않은 러바인, 그린버그, 로스탄 출판 에이전시의 다른 모든 친구들에게도 감사의 마음을 전하고 싶다.

전화로 이 책에 대한 이야기를 시작한 순간부터 이 프로젝트를 전적으로 지원해주고 마무리될 때까지 투철한 전문가 정신과 열정으로 뒤를 돌봐준 예일대학교 출판부의 편집자 진 톰슨 블랙Jean Thomson Black에게 큰 감사를 드리고 싶다. 마찬가지로 이 프로젝트의 마무리를 위해 최대한 지원을 아끼지 않은 마이클 데닌Michael Deneen와 예일대학교 출판부의 모든 이들에게도 감사드린다. 그리고 뛰어난 교열과 통찰력 넘치는 제안으로 도와준 로빈 듀블란Robin DuBlanc에게도 감사드린다. 그리고 이 책을 위해 중요한 그림들을 그려주고 수정 요청에 항상 친절하게 응수해준 내 친구이자 재능 많은 화가인 쿠스토디우 로사Custódio Rosa에게도 감사드리고 싶다. 내가 좋아하는 파우메이라 축구 클럽의 팬인 쿠스토디우는 언제든 이 프로젝트를 위해 시간을 내주었다. 고마워요, 쿠스토디우!

내 오랜 보조이자 제일 친한 친구 중 한 명인 수전 할키오티스Susan Halkiotis보다 이 책을 자주, 철저히 읽어본 사람은 없을 것이다. 그녀가 듀크대학교의 내 연구실에 합류하고 지난 17년 동안 진행한 내 모든 프로젝트와 마찬가지로 수전은 첫 순간부터 이 출판 여정에 열정적으로 함께했고, 모든 것이 흡족하게 마무리될 때까지 절대 손을 놓지 않았다. 지난 5년에 걸쳐 여러 판본과 수정본을 거치는 동안 수전은 항상 내 첫 번째 독자였고, 내 아이디어와 책의 전체적인 메시지를 소통하는 방법을 어떻게 개선할 수 있을지 제일 먼저 통찰을 전해주었다. 그녀의 전문가적 탁월함, 형제애 같은 사랑, 그리고 이 프로젝트, 연구실, 나, 그리고 내 가족들에게 그녀가 보여준 전적인 지지에 그 어떤 말로도 고마움을 다 표현하지 못할 것이다. 수전, 지난 20년 동안 당신과 함께 일할 수 있었던 것은 너무나도 큰 특권이자 기쁨이자 큰 즐거움이었어요! 당신에게 정말 큰 감사의 마음을 전합니다!

브라질에서는 네이바 파라스치바Neiva Paraschiva가 이 책이 나오기도 전부터 이 책의 독자가 되어주었다. 지난 40년 동안 우리는 온갖 프로젝트에서 협력을 해왔고, 내가 AASDAP와 브라질의 ELS-IIN을 만들기로 마음먹은 2003년 이후로 네이바는 항상 곁에서 나를 응원하며 도덕적·지적 지원, 그리고 강인한 사랑과 현실적인 자극을 제공해주었다. 무엇보다 네이바는 항상 내가 상상력의 극한까지 꿈을 꾸고, 그 꿈을 실천으로 옮기도록 용기를 북돋아준 사람이었다. 그녀의 흔들림 없는 투지와 지원이 없었다면 이 책은 결코 출판되어 나올 수 없었을 것이다. 그녀에게 모든 것에 대한 감사의 마음을 전한다.

지난 14년 동안 내 전체적인 세계관과 핵심 과학 사상은 스위스계 이집트인 수학자, 철학자, 작가인 로널드 시큐렐과의 만남을 통해 혁명을 겪었다. 나는 예전에는 그를 내 최고의 친구라고 불렀지만 나중에는 혹시 우리 어머니가 청소년 시절에 신분을 숨기고 이집트로 가서 내 형제를 낳기라도 한 것이 아닐까, 하는 생각이 들 정도였다. 로널드를 잃어버린 형제라는 말 말고는 달리 어떻게 표현해야 할지 모르겠다. 그는 지난 수십 년 동안 나의 인생에 밝은 태양처럼 지적이고, 인간적인 햇살을 뿌려주었다. 2005년 11월에 로잔에서 로널드를 만나기 전까지는 그렇게 지적인 재능을 타고난 동시에 자신의 방대하고 독특한 문화적·과학적 지식과 심오한 인본주의를 기꺼이 함께 나누려는 사람을 만나보지 못했다. 글을 쓰다 보니 로널드는 형제 이상의 존재라는 생각까지 든다. 그는 내가 만나본 최고의 스승이다. 그가 지혜와 날카로운 비평, 충고, 소중한 기여, 그리고 끝없는 친절로 시간을 내어 이 원고를 여러 번 읽어주지 않았다면 이 책은 절대 세상에 나올 수 없었을 것이다. 그 부분을 비롯해서 셀 수 없이 많은 인생의 교훈을 준 내 형제 로널드에게 크나큰 감사의 포옹을 전한다.

그리고 마지막으로 지난 30년 동안 내 과학적 모험을 뒷받침해주고 내가 이 모험이 결국 무엇을 위한 것이었는지 떠올릴 필요가 있을 때마다 곁에서 대화를 나누어준 내 아들 페드로Pedro, 라파엘Rafael, 다니엘Daniel에게 고마움을 전한다.

옮긴이의 말

미겔 니코렐리스의 책을 의뢰받고 이전 그의 책《뇌의 미래》를 번역했던 때가 떠올랐다. 매번 그의 문장을 번역할 때는 쉼표의 정글을 헤치고 헤치며 마침표를 찾아 긴 여행을 떠나는 기분이 든다. 학자들의 글에서 종종 보듯 자기가 아는 모든 것을 한 문장에 담으려는 듯 장황한 문체가 독자의 입장에서는 당혹스러운 경우가 있다. 하지만 그의 책이 갖고 있는 독창성 때문에 그 수고로움을 무릅쓰게 된다. 신경과학 입문서 같은 책에서는 접할 수 없는 그의 신선하고 도발적인 주장들이 매력적이다. 이 책은 시간을 여유 있게 투자할 생각을 해야 한다. 그 안에 담긴 이야기와 데이터의 밀도가 높아 찬찬히 곱씹으면서 읽지 않으면 그 내용을 흡수하기가 쉽지 않다. 과학에 어느 정도 익숙한 사람일지라도 이 책에 담긴 실험과 결론의 복잡한 개념을 제대로 이해하려면 꽤 집중해야 할 것이다. 하지만 그만큼의 풍부한 이야기와 주제를 담고 있으니 그런 투자가 아깝지 않다.

최근 인공지능의 발전이 놀라운데, 다행히도 이 책은 우리가 영화 〈2001 스페이스 오디세이〉에 등장하는 인공지능 할HAL이나 터미네이터가 머지않은 미래에 우리 집을 찾아와 문을 두드리는 일은 없을 것이라 안심시켜준다. 현재 인공지능 프로그램이 날마다 새로워지고 알파고가 최고의 인간 바둑기사를 이기는 세상이 찾아왔지만 여전히 너무 선형적이기 때문이다. 생물학적 유기체인 뇌는 인공지능에 비해 외부 세계의 미묘한 경험으로부터 훨씬 많은 것을 흡수한다. 사실 과학에 문외한이라고 해도 조금만 생각해보면 우리가 사는 일상의 삶 속에서는 인공지능이 포착할 수 없는 아주 미묘한 것들이 존재함을 느낄 수 있다. 이런 것은 전혀 선형적이지 않고, 단순한 뉴런 네트워크 시스템을 한참 넘어선 차원에 존재한다.

여기서 미겔 니코렐리스는 '괴델 정보'와 '섀넌 정보'라는 개념의 차이를 설명한다. 괴델 정보를 보여주는 사례는 나무다. 나무는 태양으로부터 오는 에너지를 소산시켜 자신의 살아 있는 물리적 구조 속에 새겨넣는다. 이것이 그가 말하는 괴델 정보다. 형식체계는 내재적인 한계를 갖고 있다. 즉, 선형적인 과정을 통해 결론에 도달하는 논리적 과정은 특정 상황에 대해 생각할 때 불완전한 방법일 수밖에 없다. 비선형적인 과정이 존재하기 때문이다. 괴델 정보는 기본적으로 디지털 컴퓨터로는 재현 불가능한 비선형 아날로그 정보이며, 뇌는 괴델 정보를 처리하는 아날로그 컴퓨터다. 디지털 컴퓨터는 자기가 하는 일을 모두 폐열로 소산시켜버리지만 인간의 뇌는 그것을 자기의 구조 속에 괴델 정보로 저장한다. 복잡한 유기체일수록 저장되는 괴델 정보도 많아진다.

또 한 가지 눈길을 끄는 개념은 뇌에서 전자기가 맡는 역할에 관한 것이다. 예전에는 말초신경계에 비해 중추신경계가 회로도 훨씬 복잡하고 다양한 신경전달물질을 갖고 있기 때문에 그 메커니즘을 깊이 파고들면 결국에는 우리가 알고 싶었던 뇌의 비밀을 풀 수 있으리라는 것이 신경과학의 기본적인 도그마였다. 하지만 이 책에서는 추가적인 신경과학 메커니즘을 제안하고 있다. 보통 뇌를 전기 회로에 비유한다. 뇌는 결국 뉴런에서 나오는 신경섬유다발이 이루는 회로다. 뉴런이 구성하는 전기적 회로가 마치 컴퓨터의 반도체 칩처럼 여러 가지 연산을 수행하면서 인간의 의식을 만들어낸다는 것이 현재까지 신경과학의 기본 가정이었다. 그런데 저자는 이 신경섬유다발의 역할이 전류를 전달하는 데서 그치지 않는다고 주장한다. 전기가 흐르는 곳에는 반드시 자기가 함께 따라온다. 그리고 자기는 다시 역으로 전기의 흐름을 만들어낸다. 저자는 뉴런의 전기 회로에 국한되어 있던 시야를 넓혀 신경섬유다발이 만들어내는 자기장의 역할에 주목하고, 생물학적 솔레노이드라는 개념을 도입한다. 이 솔레노이드가 만들어내는 자기장이 뇌 전체의 작동을 동기화하는 역할을 한다. 사실 이 부분에서 무척 큰 흥분을 느꼈다. 뉴런과 신경섬유다발의 발화 속도만으로 뇌의 놀라운 계산 속도와 통합 능력을 설명하기에는 아무래도 벅차다는 느낌이 있는데 자기장은 말 그대로 빛의 속도로 작용하니 그것을 설명하기에는 정말 안성맞춤이라는 생각이 든다. 상어는 놀라운 전기감각을 갖고 있어서 먹잇감의 뇌 활동에서 발생하는 미약하기 그지없는 전기장을 감지할 수 있을 정도라고 하니 이런 메커니즘이 뇌 안에서 작동하지 못할 이유는 없어 보인다. 그리고 이런 메커니즘이 가능하다면 진화가 그것을 낭비했을 리도 없다.

이 책에는 이렇듯 도발적이고 혁신적인 개념이 가득하다. 아직 증명되지 않은 가설이라 논란은 있겠지만 그 논란이 우리의 뇌 속에 또 다른 상상력의 씨앗을 심어줄 것이다.

2021년 9월

김성훈

참고문헌

Al-Khalili, Jim. *The House of Wisdom: How Arabic Science Saved Ancient Knowledge and Gave Us the Renaissance.* New York: Penguin, 2011.

Anastassiou, Costas A., Sean M. Montgomery, Mauricio Barahona, György Buzsáki, and Christof Koch. "The Effect of Spatially Inhomogeneous Extracellular Electric Fields on Neurons." *Journal of Neuroscience* 30, no. 5 (February 2010): 1925–36.

Anfinsen, Christian B. "Principles That Govern the Folding of Protein Chains." *Science* 181, no. 4096 (July 1973): 223–30.

Annese, Jacopo, Natalie M. Schenker-Ahmed, Hauke Bartsch, Paul Maechler, Colleen Sheh, Natasha Thomas, Junya Kayano, Alexander Ghatan, Noah Bresler, Matthew, P. Frosch, Ruth Klaming, and Suzanne Corkin. "Postmortem Examination of Patient H.M.'s Brain Based on Histological Sectioning and Digital 3D Reconstruction." *Nature Communications* 5 (2014): 3122.

Arendt, Hannah. *The Human Condition.* Chicago: University of Chicago Press, 1998.

Arii, Yoshihar, Yuki Sawada, Kazuyuki Kawamura, Sayaka Miyake, Yasuo Taichi, Yuishin Izumi, Yukiko Kuroda, et al. "Immediate Effect of Spinal Magnetic Stimulation on Camptocormia in Parkinson's Disease." *Journal of Neurology, Neurosurgery* & *Psychiatry* 85 no. 11 (November 2014): 1221–26.

Arvanitaki, A. "Effects Evoked in an Axon by the Activity of a Contiguous One." *Journal of Neurophysiology* 5 (1942): 89–108.

Bailly, Francis, and Giuseppe Longo. *Mathematics and the Natural Sciences: The Physical Singularity of Life.* London: Imperial College Press, 2011.

Bakhtiari, Reyhaneh, Nicole R. Zürcher, Ophélie Rogier, Britt Russo, Loyse Hippolyte, Cristina Granziera, Babak Nadjar Araabi, Majid Nili Ahmadabadi, and Nouchine Hadjikhani. "Differences in White Matter Refl ect Atypical

Developmental Trajectory in Autism: A Tract-Based Spatial Statistics Study." *Neuroimage: Clinical* 1, no. 1 (September 2012): 48–56.

Barbour, Julian B. *The End of Time: The Next Revolution in Physics.* Oxford: Oxford University Press, 2000.

Barra, Allen. "Moneyball: Was the Book That Changed Baseball Built on a False Premise?" *Guardian,* April 21, 2017. https://www.theguardian.com/sport/2017/apr/21/moneyball-baseball-oakland-book-billy-beane.

Barrow, John D. *New Theories of Everything: The Quest for Ultimate Explanation.* Oxford: Oxford University Press, 2007.

Bauman, Zygmunt. *Liquid Love: On the Frailty of Human Bonds.* Cambridge: Polity, 2003.

______. *Liquid Modernity.* Cambridge: Polity, 2000.

______. *Liquid Times: Living in an Age of Uncertainty.* Cambridge: Polity, 2007.

Beane, Samuel C. *The Religion of Man-Culture: A Sermon Preached in the Unitarian Church, Concord, N.H., January 29, 1882.* Concord: Republican Press Association, 1882.

Bennett, C. H. "Logical Reversibility of Computation." *IBM Journal of Research and Development* 17, no. 6 (1973): 525–32.

Bentley, Peter J. "Methods for Improving Simulations of Biological Systems: Systemic Computation and Fractal Proteins." *Journal of the Royal Society Interface* 6, supplement 4 (August 2009): S451–66.

Berger, Hans. "Electroencephalogram in Humans." *Archiv für Psychiatrie und Nervenkrankheiten* 87 (1929): 527–70.

Berger, Lee, and John Hawks. *Almost Human: The Astonishing Tale of Homo Naledi and the Discovery That Changed Our Human Story.* New York: National Geographic, 2017. 《올모스트 휴먼》(뿌리와이파리, 2019)

Bickerton, Derek. *Adam's Tongue: How Humans Made Language, How Language Made Humans.* New York: Hill and Wang, 2009.

Boardman, John, Jasper Griffin, and Oswyn Murray. *The Oxford History of Greece and the Hellenistic World.* Oxford: Oxford University Press, 1991.

Born, H. A. "Seizures in Alzheimer's Disease." *Neuroscience* 286 (February 2015): 251–63.

Botvinick, Matthew, and Jonathan Cohen. "Rubber Hands 'Feel' Touch That Eyes See." *Nature* 391, no. 6669 (February 1998): 756.

Bringsjord, Selmer, and Konstantine Arkoudas. "The Modal Argument for

Hypercomputing Minds." *Theoretical Computer Science* 317, nos. 1–3 (June 2004): 167–90.

Bringsjord, Selmer, and Michael Zenzen. "Cognition Is Not Computation: The Argument from Irreversibility." *Synthese* 113, no. 2 (November 1997): 285–320.

Brooks, Rosa. *How Everything Became War and the Military Became Everything: Tales from the Pentagon*. New York: Simon and Schuster, 2016.

Burgelman, Robert A. "Prigogine's Theory of the Dynamics of Far-from-Equilibrium Systems Informs the Role of Strategy Making in Organizational Evolution." *Stanford University, Graduate School of Business, Research Papers* (2009).

Caminiti, Roberto, Hassan Ghaziri, Ralf Galuske, Patrick R. Hof, and Giorgio M. Innocentie. "Evolution Amplified Processing with Temporally Dispersed Slow Neuronal Connectivity in Primates." *Proceedings of the National Academy of Sciences USA* 106, no. 46 (November 2009): 19551–56.

Campbell, Joseph. *Myths to Live By*. New York: Viking, 1972. 《다시, 신화를 읽는 시간》(더퀘스트, 2020)

Campbell, Joseph, and Bill D. Moyers. *The Power of Myth*. New York: Doubleday, 1988. 《신화의 힘》(21세기북스, 2020)

Carmena, Jose M., Mikhail A. Lebedev, Roy E. Crist, Joseph E. O'Doherty, David M. Santucci, Dragan F. Dimitrov, Parag G. Patil, Craig S. Henriquez, and Miguel A. L. Nicolelis. "Learning to Control a Brain-Machine Interface for Reaching and Grasping by Primates." *Public Library of Science Biology* 1, no. 2 (November 2003): E42.

Carmena, Jose M., Mikhail A. Lebedev, Craig S. Henriquez, and Miguel A. Nicolelis. "Stable Ensemble Performance with Single-Neuron Variability during Reaching Movements in Primates." *Journal of Neuroscience* 25, no. 46 (November 2005): 10712–16.

Carr, Nicholas G. *The Glass Cage: Automation and Us*. New York: Norton, 2014. 《유리 감옥》(한국경제신문, 2014)

______. *The Shallows: What the Internet Is Doing to Our Brains*. New York: Norton, 2010. 《생각하지 않는 사람들》(청림출판, 2020)

Carroll, Sean M. *The Big Picture: On the Origins of Life, Meaning, and the Universe Itself*. New York: Dutton, 2016.

Castells, Manuel. *Communication Power*. Oxford: Oxford University Press, 2013.

______. *Networks of Outrage and Hope: Social Movements in the Internet Age*. 2nd ed. Cambridge: Polity, 2015.

______. *The Rise of the Network Society*. The Information Age: Economy, Society, and Culture. Chichester, UK: Wiley-Blackwell, 2010.

Casti, John L., and Werner DePauli. *Gödel: A Life of Logic, the Mind, and Mathematics*. Cambridge, MA: Perseus, 2000. 《괴델》(몸과마음, 2002)

Ceruzzi, Paul E. *Computing: A Concise History*. The MIT Press Essential Knowledge Series. Cambridge, MA: MIT Press, 2012.

Chaitin, Gregory J. *The Limits of Mathematics*. London: Springer-Verlag, 2003.

______. *Meta Math! The Quest for Omega*. New York: Pantheon Books, 2005.

Chaitin, Gregory, Newton C. da Costa, and Francisco A. Dória. *Goedel's Way: Exploits into an Undecided World*. London: CRC, 2011.

Chalmers, David John. *The Conscious Mind: In Search of a Fundamental Theory*. Philosophy of Mind Series. New York: Oxford University Press, 1996.

Chapin, John K., Karen A. Moxon, Ronald S. Markowitz, and Miguel A. Nicolelis. "Real-Time Control of a Robot Arm Using Simultaneously Recorded Neurons in the Motor Cortex." *Nature Neuroscience* 2, no. 7 (July 1999): 664–70.

Chervyakov, Alexander V., Andrey Y. Chernyavsky, Dmitry O. Sinitsyn, and Michael A. Piradov. "Possible Mechanisms Underlying the Therapeutic Effects of Transcranial Magnetic Stimulation." *Frontiers in Human Neuroscience* 9 (June 2015): 303.

Chiang, Chia-Chu, Rajat S. Shivacharan, Xile Wei, Luis E. Gonzalez-Reyes, and Dominique M. Durand. "Slow Periodic Activity in the Longitudinal Hippocampal Slice Can Self-Propagate Non-synaptically by a Mechanism Consistent with Ephaptic Coupling." *Journal of Physiology* 597, no. 1 (January 2019): 249–69.

Christensen, Mark Schram, Jesper Lundbye-Jensen, Michael James Grey, Alexandra Damgaard Vejlby, Bo Belhage, and Jens Bo Nielsen. "Illusory Sensation of Movement Induced by Repetitive Transcranial Magnetic Stimulation." *Public Library of Science One* 5, no. 10 (October 2010): e13301.

Cicurel, Ronald. *L'ordinateur ne digérera pas le cerveau: Sciences et cerveaux artificiels; Essai sur la nature du réel*. Lausanne: CreateSpace, 2013.

Cicurel, Ronald, and Miguel A. L. Nicolelis. *The Relativistic Brain: How It Works and Why It Cannot be Simulated by a Turing Machine*. Lausanne: Kios, 2015.

Clottes, Jean. *Cave Art*. London: Phaidon, 2008.

Cohen, Leonardo G., Pablo Celnik, Alvaro Pascual-Leone, Brian Corwell, Lala Faiz, James Dambrosia, Manabu Honda, Norihiro Sadato, Christian Gerloff,

M. Dolores Catalá, and Mark Hallett. "Functional Relevance of Cross-Modal Plasticity in Blind Humans." *Nature* 389, no. 6647 (September 1997): 180–83.

Copeland, B. Jack. "Hypercomputation." *Minds and Machines* 12, no. 4 (November 2002): 461–502.

______. "Turing's O-Machines, Searle, Penrose and the Brain (Human Mentality and Computation)." *Analysis* 58, no. 2 (April 1998): 128–38.

Copeland, B. Jack, Carl J. Posy, and Oron Shagrir, eds. *Computability: Turing, Gödel, and Beyond*. Cambridge, MA: MIT Press, 2013.

Costa, Rui M., Ranier Gutierrez, Ivan E. de Araujo, Monica R. Coelho, Alexander D. Kloth, Raul R. Gainetdinov, Marc G. Caron, Miguel A. Nicolelis, and Sidney A. Simon. "Dopamine Levels Modulate the Updating of Tastant Values." *Genes, Brain and Behavior* 6, no. 4 (June 2007): 314–20.

Curtis, Gregory. *The Cave Painters: Probing the Mysteries of the World's First Artists*. New York: Knopf, 2006.

Dawkins, Richard. *The Selfish Gene*. Oxford: Oxford University Press, 1976. 《이기적 유전자》(을유문화사, 2018)

Debener, Stefan, Markus Ullsperger, Markus Siegel, Katja Fiehler, D. Yves von Cramon, and Andreas K. Engel. "Trial-by-Trial Coupling of Concurrent Electroencephalogram and Functional Magnetic Resonance Imaging Identifies the Dynamics of Performance Monitoring." *Journal of Neuroscience* 25, no. 50 (December 2005): 11730–37.

Dennett, Daniel C. *Consciousness Explained*. Boston: Little, Brown, 1991. 《의식의 수수께끼를 풀다》(옥당, 2013)

Derbyshire, John. *Unknown Quantity: A Real and Imaginary History of Algebra*. Washington, DC: Joseph Henry, 2006. 《미지수, 상상의 역사》(승산, 2009)

de Souza, Carolina Pinto, Maria Gabriela Ghilardi dos Santos, Clement Hamani, and Erich Talamoni Fonoff. "Spinal Cord Stimulation for Gait Dysfunction in Parkinson's Disease: Essential Questions to Discuss." *Movement Disorders* 32, no. 2 (November 2018): 1828–29.

Deutsch, David. *The Beginning of Infinity: Explanations That Transform the World*. New York: Viking, 2011.

______. *The Fabric of Reality*. Harmondsworth, UK: Allen Lane, 1997.

Devlin, Keith. *The Man of Numbers: Fibonacci's Arithmetic Revolution*. New York: Bloomsbury USA, 2011. 《수학자 피보나치》(해나무, 2016)

Dikker, Suzanne, Lu Wan, Ido Davidesco, Lisa Kaggen, Matthias Oostrik, James

McClintock, Jess Rowland, Georgios Michalareas, Jay J. Van Bavel, Mingzhou Ding, and David Poeppel. "Brain-to-Brain Synchrony Tracks Real-World Dynamic Group Interactions in the Classroom." *Current Biology* 27, no. 9 (May 2017): 1375–80.

di Pellegrino, G., L. Fadiga, L. Fogassi, V. Gallese, and G. Rizzolatti. "Understanding Motor Events: A Neurophysiological Study." *Experimental Brain Research* 91, no. 1 (1992): 176–80.

Domingos, Pedro. *The Master Algorithm: How the Quest for the Ultimate Learning Machine Will Remake Our World.* New York: Basic Books, 2015. 《마스터 알고리즘》(비즈니스북스, 2016)

Donati, Anna R., Solaiman Shokur, Edgard Morya, Debora S. Campos, Renan, C. Moioli, Claudia M. Gitti, Patricia B. Augusto, et al. "Long-Term Training with a Brain-Machine Interface-Based Gait Protocol Induces Partial Neurological Recovery in Paraplegic Patients." *Scientific Reports* 6 (August 2016): 30383.

Dreyfus, Hubert L. *What Computers Still Can't Do: A Critique of Artificial Reason.* Cambridge, MA: MIT Press, 1992.

Dunbar, R. I. M. *Grooming, Gossip, and the Evolution of Language.* Cambridge, MA: Harvard University Press, 1996.

______. "Neocortex Size as a Constraint on Group Size in Primates." *Journal of Human Evolution* 20 (1992): 469–93.

______. *The Trouble with Science.* Cambridge, MA: Harvard University Press, 1996.

Dunbar, R. I. M., and Suzanne Shultz. "Evolution in the Social Brain." *Science* 317, no. 5843 (September 2007): 1344–47.

Dyson, Freeman J. *Origins of Life.* Cambridge: Cambridge University Press, 1999.

Dzirasa, Kafui, Laurent Coque, Michelle M. Sidor, Sunil Kumar, Elizabeth A. Dancy, Joseph S. Takahashi, Colleen A. McClung, and Miguel A. L. Nicolelis. "Lithium Ameliorates Nucleus Accumbens Phase-Signaling Dysfunction in a Genetic Mouse Model of Mania." *Journal of Neuroscience* 30, no. 48 (December 2010): 16314–23.

Dzirasa, Kafui, Romulo Fuentes, Sunil Kumar, Juan M. Potes, and Miguel A. Nicolelis. "Chronic in Vivo Multi-circuit Neurophysiological Recordings in Mice." *Journal of Neuroscience Methods* 195, no. 1 (January 2011): 36–46.

Dzirasa, Kafui, Sunil Kumar, Benjamin D. Sachs, Marc G. Caron, and Miguel A. Nicolelis. "Cortical-Amygdalar Circuit Dysfunction in a Genetic Mouse Model of Serotonin Deficiency." *Journal of Neuroscience* 33, no. 10 (March 2013): 4505–13.

Dzirasa, Kafui, DeAnna L. McGarity, Anirban Bhattacharya, Sunil Kumar, Joseph S. Takahashi, David Dunson, Colleen A. McClung, and Miguel A. Nicolelis. "Impaired Limbic Gamma Oscillatory Synchrony during Anxiety-Related Behavior in a Genetic Mouse Model of Bipolar Mania." *Journal of Neuroscience* 31, no. 17 (April 2011): 6449–56.

Dzirasa, Kafui, H. Westley Phillips, Tatyana D. Sotnikova, Ali Salahpour, Sunil Kumar, Raul R. Gainetdinov, Marc G. Caron, and Miguel A. Nicolelis. "Noradrenergic Control of Cortico-Striato-Thalamic and Mesolimbic Cross-Structural Synchrony." *Journal of Neuroscience* 30, no. 18 (May 2010): 6387–97.

Dzirasa, Kafui, Amy J. Ramsey, Daniel Y. Takahashi, Jennifer Stapleton, Juan M. Potes, Jamila K. Williams, Raul R. Gainetdinov, et al. "Hyperdopaminergia and Nmda Receptor Hypofunction Disrupt Neural Phase Signaling." *Journal of Neuroscience* 29, no. 25 (June 2009): 8215–24.

Dzirasa, Kafui, Sidarta Ribeiro, Rui Costa, Lucas M. Santos, Shieh-Chi Lin, Andre Grosmark, Tatyana D. Sotnikova, et al. "Dopaminergic Control of Sleep-Wake States." *Journal of Neuroscience* 26, no. 41 (October 2006): 10577–89.

Dzirasa, K., L. M. Santos, S. Ribeiro, J. Stapleton, R. R. Gainetdinov, M. G. Caron, and M. A. Nicolelis. "Persistent Hyperdopaminergia Decreases the Peak Frequency of Hippocampal Theta Oscillations during Quiet Waking and Rem Sleep." *Public Library of Science One* 4, no. 4 (2009): e5238.

Eddington, Arthur Stanley. *The Nature of the Physical World.* Cambridge: Macmillan/Cambridge University Press, 1928.

Edwards, Paul N. *The Closed World: Computers and the Politics of Discourse in Cold War America.* Inside Technology. Cambridge, MA: MIT Press, 1996.

Ehrenzweig, Anton. *The Hidden Order of Art: A Study in the Psychology of Artistic Imagination.* London: Weidenfeld and Nicolson, 1967.

Einstein, Albert. *Relativity: The Special and the General Theory.* 1954. Reprint, London: Routledge, 2001.

______. "Why Socialism?" *Monthly Review* 1, no. 1 (1949).

Engel, Andreas K., Pascal Fries, and Wolf Singer. "Dynamic Predictions: Oscillations and Synchrony in Top-Down Processing." *Nature Reviews Neuroscience* 2, no. 10 (October 2001): 704–16.

Englander, Zoe A., Carolyn E. Pizoli, Anastasia Batrachenko, Jessica Sun, Gordon Worley, Mohamad A. Mikati, Joanne Kurtzberg, and Allen W. Song. "Diffuse Reduction of White Matter Connectivity in Cerebral Palsy with Specific

Vulnerability of Long Range Fiber Tracts." *Neuroimage: Clinical* 2 (March 2013): 440–47.

Fagan, Brian M. *Cro-Magnon: How the Ice Age Gave Birth to the First Modern Humans.* New York: Bloomsbury, 2010.

Fanselow, Erica E., and Miguel A. Nicolelis. "Behavioral Modulation of Tactile Responses in the Rat Somatosensory System." *Journal of Neuroscience* 19, no. 17 (September 1999): 7603–16.

Fanselow, Erica E., Ashlan P. Reid, and Miguel A. Nicolelis. "Reduction of Pentylenetetrazole-Induced Seizure Activity in Awake Rats by Seizure-Triggered Trigeminal Nerve Stimulation." *Journal of Neuroscience* 20, no. 21 (November 2000): 8160–68.

Ferguson, Niall. *The Ascent of Money: A Financial History of the World.* New York: Penguin, 2008. 《금융의 지배》(민음사, 2010)

______. *The House of Rothschild.* Vol. 1: *Money's Prophets.* New York: Penguin, 1998.

Ferrari, Pier Francesco, and Giacomo Rizzolatti. *New Frontiers in Mirror Neurons Research.* Oxford: Oxford University Press, 2015.

Fingelkurts, Andrew A. "Timing in Cognition and EEG Brain Dynamics: Discreteness versus Continuity." *Cognitive Processing* 7, no. 3 (September 2006): 135–62.

Fitzsimmons, Nathan A., Weying Drake, Timothy L. Hanson, Mikhail A. Lebedev, and Miguel A. Nicolelis. "Primate Reaching Cued by Multichannel Spatiotemporal Cortical Microstimulation." *Journal of Neuroscience* 27, no. 21 (May 2007): 5593–602.

Fitzsimmons, Nathan A., Mikhail A. Lebedev, Ian D. Peikon, and Miguel A. Nicolelis. "Extracting Kinematic Parameters for Monkey Bipedal Walking from Cortical Neuronal Ensemble Activity." *Frontiers in Integrative Neuroscience* 3 (March 2009): 3.

Flor, Herta, Lone Nikolajsen, and Troels Staehelin Jensen. "Phantom Limb Pain: A Case of Maladaptive CNS Plasticity?" *Nature Reviews Neuroscience* 7, no. 11 (November 2006): 873–81.

Fodor, Jerry. *The Language of Thought.* Cambridge, MA: MIT Press, 1975.

Ford, Martin. *Rise of the Robots: Technology and the Threat of a Jobless Future.* New York: Basic Books, 2015. 《로봇의 부상》(세종, 2016)

Foucault, Michel. *The Order of Things: An Archaeology of the Human Sciences.* World of Man. New York: Pantheon Books, 1971.

Freed-Brown, Grace, and David J. White. "Acoustic Mate Copying: Female Cowbirds Attend to Other Females' Vocalizations to Modify Their Song Preferences." *Proceedings of the Royal Society—Biological Sciences* 276, no. 1671 (September 2009): 3319–25.

Freeman, Charles. *The Closing of the Western Mind: The Rise of Faith and the Fall of Reason.* New York: Vintage Books, 2005.

Frenkel, Edward. *Love and Math: The Heart of Hidden Reality.* New York: Basic Books, 2013. 《내가 사랑한 수학》(반니, 2015)

Frostig, Ron D., Cynthia H. Chen-Bee, Brett A. Johnson, and Nathan S. Jacobs. "Imaging Cajal's Neuronal Avalanche: How Wide-Field Optical Imaging of the Point-Spread Advanced the Understanding of Neocortical Structure-Function Relationship." *Neurophotonics* 4, no. 3 (July 2017): 031217.

Fuentes, Romulo, Per Petersson, and Miguel A. Nicolelis. "Restoration of Locomotive Function in Parkinson's Disease by Spinal Cord Stimulation: Mechanistic Approach." *European Journal of Neuroscience* 32, no. 7 (October 2010): 1100–8.

Fuentes, Romulo, Per Petersson, William B. Siesser, Marc G. Caron, and Miguel A. Nicolelis. "Spinal Cord Stimulation Restores Locomotion in Animal Models of Parkinson's Disease." *Science* 323, no. 5921 (March 2009): 1578–82.

Gallese, Vittori, Christian Keysers, and Giacomo Rizzolatti. "A Unifying View of the Basis of Social Cognition." *Trends in Cognitive Sciences* 8, no. 9 (September 2004): 396–403.

Gamble, Clive, John Gowlett, and R. I. M. Dunbar. *Thinking Big: How the Evolution of Social Life Shaped the Human Mind.* London: Thames and Hudson, 2014.

Gane, Simon, Dimitris Georganakis, Klio Maniati, Manolis Vamvakias, Nikitas Ragoussis, Efthimios M. Skoulakis, and Luca Turin. "Molecular Vibration-Sensing Component in Human Olfaction." *Public Library of Science One* 8, no. 1 (January 2013): e55780.

Gardner, Howard. *Multiple Intelligences: New Horizons.* New York: Basic Books, 2006. 《다중지능》(웅진지식하우스, 2007)

Gertner, Jon. *The Idea Factory: Bell Labs and the Great Age of American Innovation.* New York: Penguin, 2012. 《벨 연구소 이야기》(살림Biz, 2012)

Ghazanfar, Asif A., and Charles E. Schroeder. "Is Neocortex Essentially Multisensory?" *Trends in Cognitive Sciences* 10, no. 6 (June 2006): 278–85.

Gleick, James. *The Information: A History, a Theory, a Flood.* New York: Pantheon

Books, 2011. 《인포메이션》(동아시아, 2017)

Gleiser, Marcelo. *The Island of Knowledge: The Limits of Science and the Search for Meaning*. New York: Basic Books, 2014.

______. *A Tear at the Edge of Creation: A Radical New Vision for Life in an Imperfect Universe*. Hanover: Dartmouth College Press, 2013.

Gödel, Kurt. "Some Basic Theorems on the Foundations of Mathematics and Their Philosophical Implications." In *Collected Works*, vol. 3: *Unpublished Essays and Lectures*, edited by Solomon Feferman, John W. Dawson Jr., Warren Goldfarb, Charles Parsons, and Robert M. Solovay. New York: Oxford University Press, 1995.

______. "Über Formal Unentscheidbare Sätze der Principia Mathematica und Verwandter Systeme I." *Monatshefte für Mathematik und Physik* 38 (1931): 173–98.

Goff, Philip. "A Way Forward to Solve the Hard Problem of Consciousness." *Guardian*, January 28, 2015.

Gombrich, Ernst H. *The Story of Art*. Englewood Cliffs, NJ: Prentice-Hall, 1995. 《서양미술사》(예경, 2003)

Gosling, David L. *Science and the Indian Tradition: When Einstein Met Tagore*. India in the Modern World Series. London: Routledge, 2007.

Gould, Stephen Jay. *Wonderful Life: The Burgess Shale and the Nature of History*. New York: Norton, 1989.

Gray, Jeffrey. *Consciousness: Creeping up on the Hard Problem*. Oxford: Oxford University Press 2004.

Greene, Brian. *The Hidden Reality: Parallel Universes and the Deep Laws of the Cosmos*. New York: Knopf, 2011. 《멀티 유니버스》(김영사, 2012)

Greenfield, Patricia M. "Technology and Informal Education: What Is Taught, What Is Learned." *Science* 323, no. 5910 (January 2009): 69–71.

Halpern, Paul. *Einstein's Dice and Schrödinger's Cat: How Two Great Minds Battled Quantum Randomness to Create a Unified Theory of Physics*. New York: Basic Books, 2015. 《아인슈타인의 주사위와 슈뢰딩거의 고양이》(플루토, 2016)

Hamilton, Edith. *The Greek Way*. New York: Norton, 2017. 《고대 그리스인의 생각과 힘》(까치, 2020)

Hanson, Timothy L., Andrew M. Fuller, Mikhail A. Lebedev, Dennis A. Turner, and Miguel A. Nicolelis. "Subcortical Neuronal Ensembles: An Analysis of Motor Task Association, Tremor, Oscillations, and Synchrony in Human Patients." *Journal of Neuroscience* 32, no. 25 (June 2012): 8620–32.

Harari, Yuval N. *Homo Deus: A Brief History of Tomorrow.* New York: Harper, 2017. 《호모 데우스》(김영사, 2017)

______. *Sapiens: A Brief History of Humankind.* New York: Harper, 2015. 《사피엔스》(김영사, 2015)

Haroutunian, V., P. Katsel, P. Roussos, K. L. Davis, L. L. Altshuler, and G. Bartzokis. "Myelination, Oligodendrocytes, and Serious Mental Illness." *Glia* 62, no. 11 (November 2014): 1856–77.

Harris, Tristan. *How a Handful of Tech Companies Control Billions of Minds Every Day.* TED 2017, session 11, April 2017. https://www.ted.com/talks/tristan_harris_the_ manipulative_tricks_tech_companies_use_to_capture_your_attention.

Hart, Peter. *The Somme: The Darkest Hour on the Western Front.* New York: Pegasus Books, 2008.

Hartmann, Konstantin, Eric E. Thomson, Ivan Zea, Richy Yun, Peter Mullen, Jay Canarick, Albert Huh, and Miguel A. Nicolelis. "Embedding a Panoramic Representation of Infrared Light in the Adult Rat Somatosensory Cortex through a Sensory Neuroprosthesis." *Journal of Neuroscience* 36, no. 8 (February 2016): 2406–24.

Hartt, Frederick, and David G. Wilkins. *History of Italian Renaissance Art: Painting, Sculpture, Architecture.* New York: H. N. Abrams, 1994.

Hartwig, Valentina, Giulio Giovannetti, Nicola Vanello, Massimo Lombardi, Luigi Landini, and Silvana Simi. "Biological Effects and Safety in Magnetic Resonance Imaging: A Review." *International Journal of Environmental Research and Public Health* 6, no. 6 (June 2009): 1778–98.

Harvey, David. *The Enigma of Capital: And the Crises of Capitalism.* Oxford: Oxford University Press, 2010. 《자본이라는 수수께끼》(창비, 2012)

Hasson, Uri, Asif A. Ghazanfar, Bruno Galantucci, Simon Garrod, and Christian Keysers. "Brain-to-Brain Coupling: A Mechanism for Creating and Sharing a Social World." *Trends in Cognitive Sciences* 16, no. 2 (February 2012): 114–21.

Hasson, Uri, Yuval Nir, Ifat Levy, Galit Fuhrmann, and Rafael Malach. "Intersubject Synchronization of Cortical Activity during Natural Vision." *Science* 303, no. 5664 (March 2004): 1634–40.

Hawking, Stephen, and Leonard Mlodinow. *The Grand Design.* New York: Bantam Books, 2010. 《위대한 설계》(까치, 2010)

Hayles, N. Katherine. *How We Became Posthuman: Virtual Bodies in Cybernetics, Literature, and Informatics.* Chicago: University of Chicago Press, 1999.

______. *How We Think: Digital Media and Contemporary Technogenesis*. Chicago: University of Chicago Press, 2012.

Hebb, Donald O. *The Organization of Behavior: A Neuropsychological Theory*. A Wiley Book in Clinical Psychology. New York: Wiley, 1949.

Hecht, Erin E., Lauren E. Murphy, David A. Gutman, John R. Votaw, David M. Schuster, Todd M. Preuss, Guy A. Orban, Dietrich Stout, and Lisa A. Parr. "Differences in Neural Activation for Object-Directed Grasping in Chimpanzees and Humans." *Journal of Neuroscience* 33, no. 35 (August 2013): 14117–34.

Hecht, Erin E. and Lisa Parr. "The Chimpanzee Mirror System and the Evolution of Frontoparietal Circuits for Action Observation and Social Learning." In *New Frontiers in Mirror Neurons Research,* edited by Pier Francesco Ferrari and Giacomo Rizzolatti. Oxford: Oxford University Press, 2015.

Henrich, Joseph Patrick. *The Secret of Our Success: How Culture Is Driving Human Evolution, Domesticating Our Species, and Making Us Smarter*. Princeton: Princeton University Press, 2016. 《호모 사피엔스, 그 성공의 비밀》(뿌리와이파리, 2019)

Henry, Richard Conn. "The Mental Universe." *Nature* 436, no. 29 (July 2005): 29.

Hey, Anthony J. G., and Patrick Walters. *The New Quantum Universe*. Cambridge: Cambridge University Press, 2003.

Hidalgo, César A. *Why Information Grows: The Evolution of Order, from Atoms to Economies*. New York: Basic Books, 2015. 《정보의 진화》(문학동네, 2018)

Hobsbawm, Eric J. *The Age of Capital, 1848–1875*. New York: Vintage Books, 1996. 《자본의 시대》(한길사, 1998)

______. *The Age of Empire, 1875–1914*. New York: Vintage Books, 1989. 《제국의 시대》(한길사, 1998)

______. *The Age of Extremes: A History of the World, 1914–1991*. New York: Pantheon Books, 1994. 《극단의 시대》(까치, 1997)

______. *The Age of Revolution, 1789–1848*. New York: Vintage Books, 1996. 《혁명의 시대》(한길사, 1998)

Hobsbawm, Eric J., and Chris Wrigley. *Industry and Empire: From 1750 to the Present Day*. New York: New Press, 1999.

Hoffmann, D. L., C. D. Standish, M. Garcia-Diez, P. B. Pettitt, J. A. Milton, J. Zilhao, J. J. Alcolea-Gonzalez, et al. "U-Th Dating of Carbonate Crusts Reveals Neandertal Origin of Iberian Cave Art." *Science* 359, no. 6378 (February 2018): 912–15.

Hofstadter, Douglas R. *Gödel, Escher, Bach: An Eternal Golden Braid*. New York: Basic Books, 1999.

Hossenfelder, Sabine. *Lost in Math: How Beauty Leads Physics Astray*. New York: Basic Books, 2018. 《수학의 함정》(해나무, 2020)

Hubel, David H. *Eye, Brain, and Vision*. Scientific American Library Series. New York: Scientific American Library, 1995.

Huxley, Aldous. *The Doors of Perception and Heaven and Hell*. New York: Perennial Classics, 2004. 《올더스 헉슬리 지각의 문》(김영사, 2017)

Ifft, Peter J., Solaiman Shokur, Zheng Li, Mikhail A. Lebedev, and Miguel A. Nicolelis. "A Brain-Machine Interface Enables Bimanual Arm Movements in Monkeys." *Science Translational Medicine* 5, no. 210 (November 2013): 210ra154.

Ingraham, Christopher. "Poetry Is Going Extinct, Government Data Show." *Washington Post*, April 24, 2015.

Jackson, Maggie. *Distracted: The Erosion of Attention and the Coming Dark Age*. Amherst, MA: Prometheus Books, 2008.

James, Steven R. "Hominid Use of Fire in the Lower and Middle Pleistocene: A Review of the Evidence." *Current Anthropology* 30, no. 1 (1989): 1–26.

Jameson, Fredric. *The Ancients and the Postmoderns*. London: Versos, 2015.

Janicak, Philip G., and Mehmet E. Dokucu. "Transcranial Magnetic Stimulation for the Treatment of Major Depression." *Neuropsychiatric Disease and Treatment* 11 (2015): 1549–60.

Jeans, James. *The Mysterious Universe*. Cambridge: Macmillan/Cambridge University Press, 1930.

Jefferys, J. G. "Nonsynaptic Modulation of Neuronal Activity in the Brain: Electric Currents and Extracellular Ions." *Physiological Reviews* 75, no. 4 (October 1995): 689–723.

Jibu, Mari, and Kunio Yasue. *Quantum Brain Dynamics and Consciousness: An Introduction*. Advances in Consciousness Research 3. Amsterdam: John Benjamins, 1995.

Johanson, Donald C., and Kate Wong. *Lucy's Legacy: The Quest for Human Origins*. New York: Harmony Books, 2009.

John, E. R. "A Field Theory of Consciousness." *Consciousness and Cognition* 10, no. 2 (June 2001): 184–213.

Jung, Carl G. *Archetypes and the Collective Unconscious*. In vol. 9 of *The Collected Works of C. G. Jung*. Bollingen Series. Princeton: Princeton University Press, 1980.

______. *Psychological Types*. In vol. 6 of *The Collected Works of C. G. Jung*. Bollingen Series. Princeton: Princeton University Press, 1976.

______. *Synchronicity: An Acausal Connecting Principle*. In vol. 8 of *The Collected Works of C. G. Jung*. Bollingen Series. Princeton: Princeton University Press, 2010.

______. *The Undiscovered Self*. New York: Signet, 2006.

Kaas, Jon H. "The Evolution of Neocortex in Primates." *Progress in Brain Research* 195 (2012): 91–102.

Kaspersky Lab. "The Rise and Impact of Digital Amnesia: Why We Need to Protect What We No Longer Remember," 2015. https://media.kasperskycontenthub.com/wp-content/uploads/sites/100/2017/03/10084613/Digital-Amnesia-Report.pdf. Kauffman, Stuart A. *At Home in the Universe: The Search for Laws of Self-Organization and Complexity*. New York: Oxford University Press, 1995.

Keenan, Julian Paul, Gordon G. Gallup, and Dean Falk. *The Face in the Mirror: The Search for the Origins of Consciousness*. New York: Ecco, 2003.

Kennedy, Hugh. *When Baghdad Ruled the Muslim World: The Rise and Fall of Islam's Greatest Dynasty*. Cambridge, MA: Da Capo, 2005.

Keynes, John Maynard. *The General Theory of Employment, Interest and Money* (*Illustrated*). Kindle ed. Green World, 2015. 《고용, 이자 및 화폐의 일반이론》(비봉출판사, 2007)

Kieu, Tien D. "Quantum Algorithm for Hilbert's Tenth Problem." *International Journal of Theoretical Physics* 42, no. 7 (2003): 1461–78.

Kim, Sang H., Sang-Hyun Baik, Chang S. Park, Su J. Kim, Sung W. Choi, and Sang E. Kim. "Reduced Striatal Dopamine D2 Receptors in People with Internet Addiction." *Neuroreport* 22, no. 8 (June 2011): 407–11.

Kim, Yoo-H., Rong Yu, Sergei P. Kulik, Yanhua Shih, and Marian O. Scully. "Delayed 'Choice' Quantum Eraser." *Physical Review Letters* 84, no. 1 (January 2000): 1–5.

King, Ross. *Brunelleschi's Dome: How a Renaissance Genius Reinvented Architecture*. New York: Walker, 2000. 《브루넬레스키의 돔》(세미콜론, 2000)

Klein, Richard G., and Blake Edgar. *The Dawn of Human Culture*. New York: Wiley, 2002.

Köhler, Wolfgang. *Dynamics in Psychology*. New York: Liveright, 1940.

______. *Gestalt Psychology: An Introduction to New Concepts in Modern Psychology*. New York: Liveright, 1992.

Korzybski, Alfred. *Selections from Science and Sanity: An Introduction to Non-Aristotelian Systems and General Semantics*. Fort Worth, TX: Institute of General Semantics,

2010.

Kreiter, A. K., and W. Singer. "Stimulus-Dependent Synchronization of Neuronal Responses in the Visual Cortex of the Awake Macaque Monkey." *Journal of Neuroscience* 16, no. 7 (April 1996): 2381–96.

Krupa, David J., Matthew S. Matell, Amy J. Brisben, Laura M. Oliveira, and Miguel A. Nicolelis. "Behavioral Properties of the Trigeminal Somatosensory System in Rats Performing Whisker-Dependent Tactile Discriminations." *Journal of Neuroscience* 21, no. 15 (August 2001): 5752–63.

Krupa, David J., Michael C. Wiest, Marshall G. Shuler, Mark Laubach, and Miguel A. Nicolelis. "Layer-Specific Somatosensory Cortical Activation during Active Tactile Discrimination." *Science* 304, no. 5679 (June 2004): 1989–92.

Kuhn, Thomas S. *The Structure of Scientific Revolutions*. Chicago: University of Chicago Press, 1996.《과학혁명의 구조》(까치, 2013)

Kupers, R., M. Pappens, A. M. de Noordhout, J. Schoenen, M. Ptito, and A. Fumal. "rTMS of the Occipital Cortex Abolishes Braille Reading and Repetition Priming in Blind Subjects." *Neurology* 68, no. 9 (February 2007): 691–93.

Kurzweil, Ray. *In the Age of Spiritual Machines: When Computers Exceed Human Intelligence*. New York: Penguin Books, 2000.《21세기 호모 사피엔스》(나노미디어, 1999)

______. *The Singularity Is Near: When Humans Transcend Biology*. New York: Viking, 2005.

Lakoff, George, and Rafael E. Núñez. *Where Mathematics Comes From: How the Embodied Mind Brings Mathematics into Being*. New York: Basic Books, 2000.

Lane, Nick. *The Vital Question: Energy, Evolution, and the Origins of Complex Life*. New York: Norton, 2015.《바이털 퀘스천》(까치, 2016)

Lashley, K. S., K. L. Chow, and J. Semmes. "An Examination of the Electrical Field Theory of Cerebral Integration." *Psychological Review* 58, no. 2 (March 1951): 123–36.

Laubach, Mark, Johan Wessberg, and Miguel A. Nicolelis. "Cortical Ensemble Activity Increasingly Predicts Behaviour Outcomes during Learning of a Motor Task." *Nature* 405, no. 6786 (June 2000): 567–71.

Lebedev, Mikhail A., Jose M. Carmena, Joseph E. O'Doherty, Miriam Zacksenhouse, Craig S. Henriquez, Jose C. Principe, and Miguel A. Nicolelis. "Cortical Ensemble Adaptation to Represent Velocity of an Artificial Actuator Controlled by a Brain- Machine Interface." *Journal of Neuroscience* 25, no. 19 (May

2005): 4681–93.

Lebedev, Mikhail A., and Miguel A. Nicolelis. "Brain-Machine Interfaces: From Basic Science to Neuroprostheses and Neurorehabilitation." *Physiological Reviews* 97, no. 2 (April 2017): 767–837.

______. "Brain-Machine Interfaces: Past, Present and Future." *Trends in Neuroscience* 29, no. 9 (September 2006): 536–46.

______. "Toward a Whole-Body Neuroprosthetic." *Progress in Brain Research* 194 (2011): 47–60.

Lewis, Michael. *Moneyball: The Art of Winning an Unfair Game.* New York: Norton, 2003. 《머니볼》(비즈니스맵, 2011)

Lewis, Paul. "'Our Minds Can Be Hijacked': The Tech Insiders Who Fear a Smartphone Dystopia." *Guardian*, October 6, 2017.

Lewis-Williams, J. David. *Conceiving God: The Cognitive Origin and Evolution of Religion.* London: Thames and Hudson, 2010.

______. *The Mind in the Cave: Consciousness and the Origins of Art.* London: Thames and Hudson, 2002.

Lewis-Williams, J. David, and D. G. Pearce. *Inside the Neolithic Mind: Consciousness, Cosmos, and the Realm of the Gods.* London: Thames and Hudson, 2005.

Lin, Rick C., M. A. Nicolelis, H. L. Zhou, and J. K. Chapin. "Calbindin-Containing Nonspecific Thalamocortical Projecting Neurons in the Rat." *Brain Research* 711, nos. 1–2 (March 1996): 50–55.

Lind, Johan, Magnus Enquist, and Stefano Ghirlanda. "Animal Memory: A Review of Delayed Matching-to-Sample Data." *Behavioral Processes* 117 (August 2015): 52–58.

Liu, Min, and Jianghong Luo. "Relationship between Peripheral Blood Dopamine Level and Internet Addiction Disorder in Adolescents: A Pilot Study." *International Journal of Clinical and Experimental Medicine* 8, no. 6 (2015): 9943–48.

Livio, Mario. *Is God a Mathematician?* New York: Simon and Schuster, 2009. 《신은 수학자인가?》(열린과학, 2010)

Lloyd, Seth. *Programming the Universe: A Quantum Computer Scientist Takes on the Cosmos.* New York: Knopf, 2006.

Lorkowski, C. M. "David Hume: Causation." In *Internet Encyclopedia of Philosophy.* https://www.iep.utm.edu/hume-cau/.

Lucas, J. R. "Minds, Machines and Gödel." *Philosophy* 36, nos. 112–27 (1961): 43–59.

Mach, Ernst. *The Analysis of Sensations and the Relation of the Physical to the Psychical.*

Translated by C. M. Williams and Sydney Waterlow. Chicago: Open Court, 1914.

Maguire, Eleanor A., David G. Gadian, Ingrid S. Johnsrude, Catriona D. Good, John Ashburner, Richard S. J. Frackowiak, Christopher D. Firth. "Navigation-Related Structural Change in the Hippocampi of Taxi Drivers." *Proceedings of the National Academy of Sciences USA* 97, no. 8 (April 2000): 4398–403.

Malavera, Alejandra, Federico A. Silva, Felipe Fregni, Sandra Carrillo, and Ronald G. Garcia. "Repetitive Transcranial Magnetic Stimulation for Phantom Limb Pain in Land Mine Victims: A Double-Blinded, Randomized, Sham-Controlled Trial." *Journal of Pain* 17, no. 8 (August 2016): 911–18.

Maravita, Angelo, Charles Spence, and Jon Driver. "Multisensory Integration and the Body Schema: Close to Hand and within Reach." *Current Biology* 13, no. 13 (July 2003): R531–39.

Martin, Thomas R. *Ancient Greece: From Prehistoric to Hellenistic Times.* New Haven: Yale University Press, 2013. 《고대 그리스사》(책과함께, 2015)

Mas-Herrero, Ernest, Alain Dagher, and Robert J. Zatorre. "Modulating Musical Reward Sensitivity Up and Down with Transcranial Magnetic Stimulation." *Nature Human Behaviour* 2, no. 1 (January 2018): 27–32.

Matell, Matthew S., Warren H. Meck, and Miguel A. Nicolelis. "Interval Timing and the Encoding of Signal Duration by Ensembles of Cortical and Striatal Neurons." *Behavioral Neuroscience* 117, no. 4 (August 2003): 760–73.

Maturana, Humberto R., and Francisco J. Varela. *The Tree of Knowledge: The Biological Roots of Human Understanding.* Boston: Shambhala, 1992.

McFadden, Johnjoe. "The Conscious Electromagnetic Information (Cemi) Field Theory—The Hard Problem Made Easy?" *Journal of Consciousness Studies* 9, no. 8 (August 2002): 45–60.

______. "Synchronous Firing and Its Infl uence on the Brain's Electromagnetic Field—Evidence for an Electromagnetic Field Theory of Consciousness." *Journal of Consciousness Studies* 9, no. 4 (April 2002): 23–50.

McLuhan, Marshall. *Understanding Media: The Extensions of Man.* Corte Madera, CA: Gingko, 2013. 《미디어의 이해》(민음사, 2002)

McLuhan, Marshall, W. Terrence Gordon, Elena Lamberti, and Dominique Scheffel-Dunand. *The Gutenberg Galaxy: The Making of Typographic Man.* Toronto: University of Toronto Press, 2011. 《구텐베르크 은하계》(커뮤니케이션북스, 2001)

Meldrum, D. Jeffrey, and Charles E. Hilton. *From Biped to Strider: The Emergence of Modern Human Walking, Running, and Resource Transport.* American Association of

Physical Anthropologists Meeting. New York: Kluwer Academic/Plenum, 2004.
Melzack, Ronald. "From the Gate to the Neuromatrix." *Pain,* supplement 6 (August 1999): S121–26.
______. *The Puzzle of Pain.* New York: Basic Books, 1973.
Melzack, Ronald, and Patrick D. Wall. *Textbook of Pain.* Edinburgh: Churchill Livingstone, 1999.
Menocal, Maria Rosa. *The Ornament of the World: How Muslims, Jews, and Christians Created a Culture of Tolerance in Medieval Spain.* Boston: Little, Brown, 2002.
Meredith, M. Alex, and H. Ruth Clemo. "Corticocortical Connectivity Subserving Different Forms of Multisensory Convergence." In *Multisensory Object Perception in the Primate Brain,* edited by M. J. Naumer and J. Kaiser. New York: Springer, 2010.
Merzbach, Uta C., and Carl B. Boyer. *A History of Mathematics.* Hoboken, NJ: John Wiley, 2011.
Miller, Arthur I. *Einstein, Picasso: Space, Time, and Beauty That Causes Havoc.* New York: Basic Books, 2001. 《아인슈타인 피카소》(작가정신, 2002)
Miller, Daniel J., Tetyana Duka, Cheryl D. Stimpson, Steven J. Schapiro, Wallace B. Baze, Mark J. McArthur, Archibald J. Fobbs, et al. "Prolonged Myelination in Human Neocortical Evolution." *Proceedings of the National Academy of Sciences USA* 109, no. 41 (October 2012): 16480–85.
Mitchell, Melanie. *Complexity: A Guided Tour.* Oxford: Oxford University Press, 2009.
Mithen, Steven J. *After the Ice: A Global Human History, 20,000–5000 BC.* Cambridge, MA: Harvard University Press, 2004. 《빙하 이후》(사회평론아카데미, 2019)
______. *Creativity in Human Evolution and Prehistory.* London: Routledge, 1998.
______. *The Prehistory of the Mind: The Cognitive Origins of Art, Religion and Science.* London: Thames and Hudson, 1996.
______. *The Singing Neanderthals: The Origins of Music, Language, Mind, and Body.* Cambridge, MA: Harvard University Press, 2006.
Moosavi-Dezfooli, Seyed-M., Alhussein Fawzi, Omar Fawzi, and Pascal Frossard. "Universal Adversarial Perturbations." *IEEE Conference on Computer Vision and Pattern Recognition* (*CVPR*) (2017): 86–94.
Morgan, T. J., N. T. Uomini, L. E. Rendell, L. Chouinard-Thuly, S. E. Street, H. M. Lewis, C. P. Cross, et al. "Experimental Evidence for the Co-evolution of Hominin Tool-Making Teaching and Language." *Nature Communications* 6 (January 2015): 6029.

Moyle, Franny. *Turner: The Extraordinary Life and Momentous Times of J.M.W. Turner.* New York: Penguin, 2016.

Mumford, Lewis. *Art and Technics.* Bampton Lectures in America. New York: Columbia University Press, 2000. 《예술과 기술》(텍스트, 2011)

______. *The City in History: Its Origins, Its Transformations, and Its Prospects.* New York: Harcourt, 1961. 《역사 속의 도시》(지만지, 2016)

______. *The Condition of Man.* New York: Harcourt Brace Jovanovich, 1973.

______. *The Human Way Out.* Pendle Hill Pamphlet. Wallingford, PA: Pendle Hill, 1958.

______. *The Myth of the Machine: Technics and Human Development.* London: Secker and Warburg, 1967. 《기계의 신화》(아카넷, 2013)

______. *The Pentagon of Power.* Vol. 2 of *The Myth of the Machine.* New York: Harcourt Brace Jovanovich, 1974.

______. *The Story of Utopias.* Kindle ed. Amazon Digital Services LLC, 2011. 《유토피아 이야기》(텍스트, 2010)

______. *Technics and Civilization.* Chicago: University of Chicago Press, 2010. 《기술과 문명》(책세상, 2013)

Newberg, Andrew B., Eugene G. D'Aquili, and Vince Rause. *Why God Won't Go Away: Brain Science and the Biology of Belief.* New York: Ballantine Books, 2001. 《신은 왜 우리 곁을 떠나지 않는가》(한울림어린이, 2001)

Nicolelis, Miguel A. "Actions from Thoughts." *Nature* 409, no. 6818 (January 2001): 403–7.

———, ed. *Advances in Neural Population Coding.* Amsterdam: Elsevier, 2001.

______. "Are We at Risk of Becoming Biological Digital Machines?" *Nature Human Behavior* 1, no. 8 (January 2017): 1–2.

______. *Beyond Boundaries: The New Neuroscience of Connecting Brains with Machines—And How It Will Change Our Lives.* New York: Times Books/Henry Holt, 2011. 《뇌의 미래》(김영사, 2012)

______. "Brain-Machine Interfaces to Restore Motor Function and Probe Neural Circuits." *Nature Reviews Neuroscience* 4, no. 5 (May 2003): 417–22.

______. "Controlling Robots with the Mind." *Scientific American Reports* 18 (February 2008): 72–79.

______. "Living with Ghostly Limbs." *Scientific American Mind* 18 (December 2007): 53–59.

______. *Methods for Neural Ensemble Recordings.* Boca Raton: CRC, 2008.

______. "Mind in Motion." *Scientific American* 307, no. 3 (September 2012): 58–63.
______. "Mind out of Body." *Scientific American* 304, no. 2 (February 2011): 80–83.
Nicolelis, M. A., L. A. Baccala, R. C. Lin, and J. K. Chapin. "Sensorimotor Encoding by Synchronous Neural Ensemble Activity at Multiple Levels of the Somatosensory System." *Science* 268, no. 5215 (June 1995): 1353–58.
Nicolelis, Miguel A., and John K. Chapin. "Controlling Robots with the Mind." *Scientific American* 287, no. 4 (October 2002): 46–53.
Nicolelis, Miguel A., Dragan Dimitrov, Jose M. Carmena, Roy Crist, Gary Lehew, Jerald D. Kralik, and Steven P. Wise. "Chronic, Multisite, Multielectrode Recordings in Macaque Monkeys." *Proceedings of the National Academy of Sciences USA* 100, no. 19 (September 2003): 11041–46.
Nicolelis, Miguel A., and Erica E. Fanselow. "Thalamocortical Optimization of Tactile Processing according to Behavioral State." *Nature Neuroscience* 5, no. 6 (June 2002): 517–23.
Nicolelis, Miguel A., Erica E. Fanselow, and Asif A. Ghazanfar. "Hebb's Dream: The Resurgence of Cell Assemblies." *Neuron* 19, no. 2 (August 1997): 219–21.
Nicolelis, Miguel A., Asif A. Ghazanfar, Barbara M. Faggin, Scott Votaw, and Laura M. Oliveira. "Reconstructing the Engram: Simultaneous, Multisite, Many Single Neuron Recordings." *Neuron* 18, no. 4 (April 1997): 529–37.
Nicolelis, Miguel A., and Mikhail A. Lebedev. "Principles of Neural Ensemble Physiology Underlying the Operation of Brain-Machine Interfaces." *Nature Reviews Neuroscience* 10, no. 7 (July 2009): 530–40.
Nicolelis, Miguel A., Laura M. Oliveira, Rick C. Lin, and John K. Chapin. "Active Tactile Exploration Infl uences the Functional Maturation of the Somatosensory System." *Journal of Neurophysiology* 75, no. 5 (May 1996): 2192–96.
Nicolelis, Miguel A., and Sidarta Ribeiro. "Seeking the Neural Code." *Scientific American* 295, no. 6 (December 2006): 70–77.
Nijholt, Anton. "Competing and Collaborating Brains: Multi-Brain Computer Interfacing." In *Brain-Computer Interfaces: Current Trends and Applications*, edited by A. E. Hassanien and A. T. Azar. Cham: Springer International Publishing Switzerland, 2015.
Nishitani, Nobuyuki, and Ritta Hari. "Viewing Lip Forms: Cortical Dynamics." *Neuron* 36, no. 6 (December 2002): 1211–20.
Noebels, Jeffrey. "A Perfect Storm: Converging Paths of Epilepsy and Alzheimer's Dementia Intersect in the Hippocampal Formation." *Epilepsia* 52, supplement 1

(2011): 39–46.

Notter, D. R., J. R. Lucas, and F. S. McClaugherty. "Accuracy of Estimation of Testis Weight from in Situ Testis Measures in Ram Lambs." *Theriogenology* 15, no. 2 (1981): 227–34.

Numan, Michael. *Neurobiology of Social Behavior: Toward an Understanding of the Prosocial and Antisocial Brain*. London: Elsevier Academic Press, 2015.

Oberman, Lindsay M., and Vilayanur S. Ramachandran. "The Role of the Mirror Neuron System in the Pathophysiology of Autism Spectrum Disorder." In *New Frontiers in Mirror Neurons Research*, edited by Pier Francesco Ferrari and Giacomo Rizzolatti. Oxford: Oxford University Press, 2015.

O'Doherty, Joseph E., Mikhail A. Lebedev, Timothy L. Hanson, Nathan A. Fitzsimmons, and Miguel A. Nicolelis. "A Brain-Machine Interface Instructed by Direct Intracortical Microstimulation." *Frontiers in Integrative Neuroscience* 3 (September 2009): 20.

O'Doherty, Joseph E., Mikhail A. Lebedev, Peter J. Ifft, Katie Z. Zhuang, Solaiman Shokur, Hannes Bleuler, and Miguel A. Nicolelis. "Active Tactile Exploration Using a Brain-Machine-Brain Interface." *Nature* 479, no. 7372 (November 2011): 228–31.

O'Dowd, Matt. *How the Quantum Eraser Rewrites the Past*. PBS Digital Studios, Space Time, 2016. https://www.youtube.com/watch?v=8ORLN_KwAgs&app=desktop.

O'Neill, Kristie. "The Hutu and Tutsi Distinction." From *Advanced Topics in Sociology: The Sociology of Genocide*—SOC445H5. Ontario, Canada: University of Toronto—Mississauga, November 13, 2009. http://docplayer.net/33422656-The-distinction-between-hutu-and-tutsi-is-central-to-understanding-the-rwandan.html.

Pais-Vieira, Miguel, Gabriela Chiuffa, Mikhail Lebedev, Amol Yadav, and Miguel A. Nicolelis. "Building an Organic Computing Device with Multiple Interconnected Brains." *Scientific Reports* 5 (July 2015): 11869.

Pais-Vieira, Miguel, Carolina Kunicki, Po H. Tseng, Joel Martin, Mikhail Lebedev, and Miguel A. Nicolelis. "Cortical and Thalamic Contributions to Response Dynamics across Layers of the Primary Somatosensory Cortex during Tactile Discrimination." *Journal of Neurophysiology* 114, no. 3 (September 2015): 1652–76.

Pais-Vieira, Miguel, Mikhail Lebedev, Carolina Kunicki, Jing Wang, and Miguel A. Nicolelis. "A Brain-to-Brain Interface for Real-Time Sharing of Sensorimotor

Information." *Scientific Reports* 3 (2013): 1319.

Pais-Vieira, Miguel, Mikhail A. Lebedev, Michael C. Wiest, and Miguel A. Nicolelis. "Simultaneous Top-Down Modulation of the Primary Somatosensory Cortex and Thalamic Nuclei during Active Tactile Discrimination." *Journal of Neuroscience* 33, no. 9 (February 2013): 4076–93.

Pais-Vieira, Miguel, Amol P. Yadav, Derek Moreira, David Guggenmos, Amilcar Santos, Mikhail Lebedev, and Miguel A. Nicolelis. "A Closed Loop Brain-Machine Interface for Epilepsy Control Using Dorsal Column Electrical Stimulation." *Scientific Reports* 6 (September 2016): 32814.

Palssasmaa, Juhani. *The Eyes of the Skin: Architecture and the Senses.* Chichester, UK: Wiley-Academy; Hoboken, NJ: John Wiley and Sons, 2012. 《건축과 감각》(스페이스타임, 2019)

______. *The Thinking Hand: Existential and Embodied Wisdom in Architecture.* Chichester, UK: Wiley, 2009.

Papagianni, Dimitra, and Michael Morse. *Neanderthals Rediscovered: How Modern Science Is Rewriting Their Story.* New York: Thames and Hudson, 2013.

Papanicolaou, Andrew C. *Clinical Magnetoencephalography and Magnetic Source Imaging.* Cambridge: Cambridge University Press, 2009.

Papoušek, Hanus, and Mechthild Papoušek. "Mirror Image and Self-Recognition in Young Human Infants: I. A New Method of Experimental Analysis." *Developmental Psychobiology* 7, no. 2 (March 1974): 149–57.

Patil, Parag G., Jose M. Carmena, Miguel A. Nicolelis, and Dennis A. Turner. "Ensemble Recordings of Human Subcortical Neurons as a Source of Motor Control Signals for a Brain-Machine Interface." *Neurosurgery* 55, no. 1 (July 2004): 27–38.

Pedrosa, Mário. *Primary Documents.* Edited by Glória Ferreira and Paulo Herkenhoff. New York: Museum of Modern Art, 2015.

Pedrosa, Mário. *Arte ensaios.* São Paulo: Cosac Naify, 2015.

Penrose, Roger. *The Emperor's New Mind: Concerning Computers, Minds, and the Laws of Physics.* New York: Penguin Books, 1991. 《황제의 새마음》(이화여자대학교출판문화원, 1996)

______. *Fashion, Faith, and Fantasy in the New Physics of the Universe.* Princeton: Princeton University Press, 2016.

______. *Shadows of the Mind: A Search for the Missing Science of Consciousness.* Oxford: Oxford University Press, 1994. 《마음의 그림자》(승산, 2014)

Petersen, A. "The Philosophy of Niels Bohr." *Bulletin of the Atomic Scientists* 19, no. 7 (1963): 8–9.

Petrides, Michael. *Neuroanatomy of Language Regions of the Human Brain.* Amsterdam: Elsevier Academic Press, 2014.

Piccinini, Gualtiero. "Computationalism in the Philosophy of Mind." *Philosophy Compass* 4, no. 3 (2009): 515–32.

Pickering, Andrew. *The Cybernetic Brain: Sketches of Another Future.* Chicago: University of Chicago Press, 2010.

Piketty, Thomas, and Arthur Goldhammer. *Capital in the Twenty-First Century.* Cambridge, MA: Belknap Press of Harvard University Press, 2014.

Pockett, Susan. "Field Theories of Consciousness." *Scholarpedia* (2013). doi:10.4249/scholar pedia .4951, http://www.scholarpedia.org/article/Field theories of con sciousness.

_______. *The Nature of Consciousness: A Hypothesis.* Lincoln, NE: iUniverse, 2000.

Poincaré, Henri. *Leçons de mécanique celeste.* Paris: Gauthier-Villars, 1905.

_______. *La science e l'hypothèse.* Paris: Flammarion, 1902.

_______. *The Value of Science: Essential Writings of Henri Poincaré.* Modern Library Science Series. New York: Modern Library, 2001.

Pollard, Justin, and Howard Reid. *The Rise and Fall of Alexandria: Birthplace of the Modern Mind.* New York: Penguin, 2007.

Popper, Karl R. *The Logic of Scientific Discovery.* London: Routledge, 1992.

Pour-El, Marian B., and J. Ian Richards. *Computability in Analysis and Physics.* Berlin: Springer-Verlag, 1989.

Prigogine, Ilya. *The End of Certainty.* New York: Free Press, 1996.

Prigogine, Ilya, and Isabelle Stengers. *The End of Certainty: Time, Chaos, and the New Laws of Nature.* New York: Free Press, 1997.

_______. *Order out of Chaos: Man's New Dialogue with Nature.* Toronto: Bantam Books, 1984. 《혼돈으로부터의 질서》(자유아카데미, 2011)

Puchner, Martin. *The Written World: The Power of Stories to Shape People, History, Civilization.* New York: Random House, 2017. 《글이 만든 세계》(까치, 2019)

Putnam, Hilary. "Brains and Behavior." In *Analytical Philosophy: Second Series*, edited by Ronald J. Butler. Oxford: Blackwell, 1963.

_______. *The Many Faces of Realism.* The Paul Carus Lectures. La Salle, IL: Open Court, 1987.

_______. *Mathematics, Matter, and Method.* Cambridge: Cambridge University Press,

1979.

Radman, Thomas, Yuzho Su, Je H. An, Lucas C. Parra, and Marom Bikson. "Spike Timing Amplifi es the Effect of Electric Fields on Neurons: Implications for Endogenous Field Effects." *Journal of Neuroscience* 27, no. 11 (March 2007): 3030–36.

Rajangam, Sankaranarayani, Po H. Tseng, Allen Yin, Gary Lehew, David Schwarz, Mikhail A. Lebedev, and Miguel A. Nicolelis. "Wireless Cortical Brain-Machine Interface for Whole-Body Navigation in Primates." *Scientific Reports* 6 (March 2016): 22170.

Ramakrishnan, Arjun, Yoon W. Byun, Kyle Rand, Christian E. Pedersen, Mikhail A. Lebedev, and Miguel A. L. Nicolelis. "Cortical Neurons Multiplex Reward-Related Signals along with Sensory and Motor Information." *Proceedings of the National Academy of Sciences USA* 114, no. 24 (June 2017): E4841–50.

Ramakrishnan, Arjun, Peter J. Ifft, Miguel Pais-Vieira, Yoon W. Byun, Katie Z. Zhuang, Mikhail A. Lebedev, and Miguel A. Nicolelis. "Computing Arm Movements with a Monkey Brainet." *Scientific Reports* 5 (July 2015): 10767.

Raphael, Max. *Prehistoric Cave Paintings*. Translated by Norbert Guterman. Bollingen Series. New York: Pantheon Books, 1945.

Rasch, Bjorn, and Jan Born. "About Sleep's Role in Memory." *Physiological Reviews* 93, no. 2 (April 2013): 681–766.

Reimann, Michael W., Costas A. Anastassiou, Rodrigo Perin, Sean L. Hill, Henry Markram, and Christof Koch. "A Biophysically Detailed Model of Neocortical Local Field Potentials Predicts the Critical Role of Active Membrane Currents." *Neuron* 79, no. 2 (July 2013): 375–90.

Renfrew, Colin, Christopher D. Frith, and Lambros Malafouris. *The Sapient Mind: Archaeology Meets Neuroscience*. Oxford: Oxford University Press, 2009.

Rilling, James K. "Comparative Primate Neuroimaging: Insights into Human Brain Evolution." *Trends in Cognitive Sciences* 18, no. 1 (January 2014): 46–55.

Robb, L. P., J. M. Cooney, and C. R. McCrory. "Evaluation of Spinal Cord Stimulation on the Symptoms of Anxiety and Depression and Pain Intensity in Patients with Failed Back Surgery Syndrome." *Irish Journal of Medical Science* 186, no. 3 (August 2017): 767–71.

Robinson, Andrew. *The Last Man Who Knew Everything: Thomas Young, the Anonymous Polymath Who Proved Newton Wrong, Explained How We See, Cured the Sick, and Deciphered the Rosetta Stone, among Other Feats of Genius*. New York: Pi, 2006.

Rogawski, Michael A., and Wolfgang Loscher. "The Neurobiology of Antiepileptic Drugs for the Treatment of Nonepileptic Conditions." *Nature Medicine* 10, no. 7 (July 2004): 685–92.

Ronen, Itamar, Matthew Budde, Ece Ercan, Jacopo Annese, Aranee Techawiboonwong, and Andrew Webb. "Microstructural Organization of Axons in the Human Corpus Callosum Quantified by Diffusion-Weighted Magnetic Resonance Spectroscopy of N-Acetylaspartate and Post-mortem Histology." *Brain Structure and Function* 219, no. 5 (September 2014): 1773–85.

Rothbard, Murray Newton. *A History of Money and Banking in the United States: The Colonial Era to World War II*. Auburn, AL: Ludwig von Mises Institute, 2002.

Rovelli, Carlo. "Relational Quantum Mechanics." *arXiv:quant-ph/9609002v2,* February, 24, 1997. https://arxiv.org/abs/quant-ph/9609002v2.

Rozzi, Stefano. "The Neuroanatomy of the Mirror Neuron System." In *New Frontiers in Mirror Neurons Research*, edited by Pier Francesco Ferrari and Giacomo Rizzolatti. Oxford: Oxford University Press, 2015.

Rubino, Giulia, Lee A. Rozema, Adrien Feix, Mateus Araujo, Jonas M. Zeuner, Lorenzo M. Procopio, Caslav Brukner, and Philip Walther. "Experimental Verification of an Indefinite Causal Order." *Science Advances* 3, no. 3 (March 2017): e1602589.

Russell, Bertrand. *A History of Western Philosophy, and Its Connection with Political and Social Circumstances from the Earliest Times to the Present Day*. New York: Simon and Schuster, 1945. 《러셀 서양철학사》(을유문화사, 2019)

______. *An Inquiry into Meaning and Truth*. New York: Norton, 1940.

Sacks, Oliver. *Hallucinations*. Waterville, ME: Thorndike, 2013.

Sadato, Norihiro, Alvaro Pascual-Leone, Jordan Grafman, Vicente Ibanez, Marie-P. Deiber, George Dold, and Mark Hallett. "Activation of the Primary Visual Cortex by Braille Reading in Blind Subjects." *Nature* 380, no. 6574 (April 1996): 526–28.

Saliba, George. *Islamic Science and the Making of the European Renaissance*. Transformations. Cambridge, MA: MIT Press, 2007.

Samotus, Olivia, Andrew Parrent, and Mandar Jog. "Spinal Cord Stimulation Therapy for Gait Dysfunction in Advanced Parkinson's Disease Patients." *Movement Disorders* 33, no. 5 (2018): 783–92.

Santana, Maxwell B., Pär Halje, Hougelle Simplicio, Ulrike Richter, Marco A. M. Freire, Per Petersson, Romulo Fuentes, and Miguel A. L. Nicolelis. "Spinal

Cord Stimulation Alleviates Motor Deficits in a Primate Model of Parkinson Disease." *Neuron* 84, no. 4 (November 2014): 716–22.

Scharf, Caleb A. *The Copernicus Complex: Our Cosmic Significance in a Universe of Planets and Probabilities.* New York: Scientific American/Farrar, Straus and Giroux, 2014.

Schneider, Michael L., Christine A. Donnelly, Stephen E. Russek, Burm Baek, Matthew R. Pufall, Peter F. Hopkins, Paul D. Dresselhaus, Samuel P. Benz, and William H. Rippard. "Ultralow Power Artificial Synapses Using Nanotextured Magnetic Josephson Junctions." *Science Advances* 4, no. 1 (January 2018): e1701329.

Schrödinger, Erwin. *What Is Life? The Physical Aspect of the Living Cell.* Cambridge: Cambridge University Press, 1944. 《생명이란 무엇인가》(한울, 2017)

______. *What Is Life? With Mind and Matter and Autobiographical Sketches.* Canto Classics. Cambridge: Cambridge University Press, 1992.

Schwarz, David A., Mikhail A. Lebedev, Timothy L. Hanson, Dragan F. Dimitrov, Gary Lehew, Jim Meloy, Sankaranarayani Rajangam, et al. "Chronic, Wireless Recordings of Large-Scale Brain Activity in Freely Moving Rhesus Monkeys." *Nature Methods* 11, no. 6 (June 2014): 670–76.

Searle, John R. *The Construction of Social Reality.* New York: Free Press, 1995.

______. *Freedom and Neurobiology.* New York: Columbia University Press, 2007.

______. *Making the Social World: The Structure of Human Civilization.* Oxford: Oxford University Press, 2010.

______. *Seeing Things as They Are: A Theory of Perception.* Oxford: Oxford University Press, 2015.

Seddon, Christopher. *Humans: From the Beginning; From the First Apes to the First Cities.* London: Glanville, 2014.

Selfslagh, A., S. Shokur, D. S. Campos, A. R. Donati, S. Almeida, M. Bouri, and M. A. Nicolelis. "Non-invasive, Brain-Controlled Functional Electrical Stimulation for Locomotion Rehabilitation in Paraplegic Patients." *In Review* (2019).

Shannon, Claude. "A Mathematical Theory of Communication." *Bell System Technical Journal* 47, no. 3 (1948): 379–423.

Sherwood, Chet C., Cheryl D. Stimpson, Mary A. Raghanti, Derek E. Wildman, Monica Uddin, Lawrence I. Grossman, Morris Goodman, et al. "Evolution of Increased Glia-Neuron Ratios in the Human Frontal Cortex." *Proceedings of the National Academy of Sciences USA* 103, no. 37 (September 2006): 13606–11.

Shlain, Leonard. *Art & Physics: Parallel Visions in Space, Time, and Light.* New York: Quill/W. Morrow, 1993.

Shokur, Solaiman, Ana R. C. Donati, Debora S. Campos, Claudia Gitti, Guillaume Bao, Dora Fischer, Sabrina Almeida, Vania A. S. Braga, et al. "Training with Brain-Machine Interfaces, Visuo-Tactile Feedback and Assisted Locomotion Improves Sensorimotor, Visceral, and Psychological Signs in Chronic Paraplegic Patients." *Public Library of Science One* 13, no. 11 (2018): e0206464.

Shokur, Solaiman, Simone Gallo, Renan C. Moioli, Ana R. Donati, Edgard Morya, Hannes Bleuler, and Miguel A. Nicolelis. "Assimilation of Virtual Legs and Perception of Floor Texture by Complete Paraplegic Patients Receiving Artificial Tactile Feedback." *Scientific Reports* 6 (September 2016): 32293.

Shokur, Solaiman, Joseph E. O'Doherty, Jesse. A. Winans, Hannes Bleuler, Mikhail A. Lebedev, and Miguel A. Nicolelis. "Expanding the Primate Body Schema in Sensorimotor Cortex by Virtual Touches of an Avatar." *Proceedings of the National Academy of Sciences USA* 110, no. 37 (September 2013): 15121–26.

Siegelmann, Hava T. "Computation beyond the Turing Limit." *Science* 268, no. 5210 (April 1995): 545–48.

Sigmund, Karl. *Exact Thinking in Demented Times: The Vienna Circle and the Epic Quest for the Foundations of Science.* New York: Basic Books, 2017.

Sivakumar, Siddharth S., Amalia G. Namath, and Roberto F. Galan. "Spherical Harmonics Reveal Standing EEG Waves and Long-Range Neural Synchronization during Non-REM Sleep." *Frontiers in Computational Neuroscience* 10 (2016): 59.

Smaers, Jeroen B., Axel Schleicher, Karl Zilles, and Lucio Vinicius. "Frontal White Matter Volume Is Associated with Brain Enlargement and Higher Structural Connectivity in Anthropoid Primates." *Public Library of Science One* 5, no. 2 (February 2010): e9123.

Smolin, Lee. *Time Reborn: From the Crisis in Physics to the Future of the Universe.* New York: Houghton Mi/ in Harcourt, 2013.

______. *The Trouble with Physics: The Rise of String Theory, the Fall of a Science, and What Comes Next.* New York: Houghton Mi/ in Harcourt, 2006.

Snow, C. P., and Stefan Collini. *The Two Cultures.* Canto Classics. Cambridge: Cambridge University Press, 2012.

Sparrow, Betsy, Jenny Liu, and Daniel M. Wegner. "Google Effects on Memory: Cognitive Consequences of Having Information at Our Fingertips." *Science* 333, no. 6043 (August 2011): 776–78.

Sperry, R. W., N. Miner, and R. E. Myers. "Visual Pattern Perception Following

Subpial Slicing and Tantalum Wire Implantations in the Visual Cortex." *Journal of Comparative and Physiological Psychology* 48, no. 1 (February 1955): 50–58.

Sproul, Barbara C. *Primal Myths: Creation Myths around the World*. New York: Harper Collins, 1979.

Starr, S. Frederick. *Lost Enlightenment: Central Asia's Golden Age from the Arab Conquest to Tamerlane*. Princeton: Princeton University Press, 2013. 《잃어버린 계몽의 시대》(길, 2021)

Stephens, Greg J., Lauren J. Silbert, and Uri Hasson. "Speaker-Listener Neural Coupling Underlies Successful Communication." *Proceedings of the National Academy of Sciences USA* 107, no. 32 (August 2010): 14425–30.

Stiefel, Klaus M., Benjamin Torben-Nielsen, and Jay S. Coggan. "Proposed Evolutionary Changes in the Role of Myelin." *Frontiers in Neuroscience* 7 (2013): 202. "The Story of Us." Special issue, *Scientific American* 25, no. 4S (2016).

Stout, Dietrich. "Tales of a Stone Age Neuroscientist." *Scientific American* 314, no. 4 (April 2016): 28–35.

Stout, Dietrich, Erin Hecht, Nada Khreisheh, Bruce Bradley, and Thierry Chaminade. "Cognitive Demands of Lower Paleolithic Toolmaking." *Public Library of Science One* 10, no. 4 (2015): e0121804.

Strathern, Paul. *The Medici: Power, Money, and Ambition in the Italian Renaissance*. New York: Pegasus Books, 2016.

Sumpter, David J. T. *Collective Animal Behavior*. Princeton: Princeton University Press, 2010.

Sypeck, Jeff. *Becoming Charlemagne: Europe, Baghdad, and the Empires of A.D. 800*. New York: Ecco, 2006.

Tagore, Rabindranath. *The Collected Works of Rabindranath Tagore* (*Illustrated Edition*). New Delhi: General Press, 2017.

______. *The Religion of Man: Rabindranath Tagore*. Kolkata, India: Rupa, 2005.

Taylor, Timothy. *The Artificial Ape: How Technology Changed the Course of Human Evolution*. New York: Palgrave Macmillan, 2010.

Temin, Peter. *The Vanishing Middle Class: Prejudice and Power in a Dual Economy*. Cambridge, MA: MIT Press, 2017.

Temkin, Owsei. *The Falling Sickness: A History of Epilepsy from the Greeks to the Beginnings of Modern Neurology*. Baltimore: Johns Hopkins University Press, 1971.

Thomson, Eric E., Rafael Carra, and Miguel A. Nicolelis. "Perceiving Invisible Light through a Somatosensory Cortical Prosthesis." *Nature Communications* 4

(2013): 1482.

Thomson, Eric E., Ivan Zea, William Windham, Yohann Thenaisie, Cameron Walker, Jason Pedowitz, Wendy Franca, Ana L. Graneiro, and Miguel A. L. Nicolelis. "Cortical Neuroprosthesis Merges Visible and Invisible Light without Impairing Native Sensory Function." *eNeuro* 4, no. 6 (November–December 2017).

Tononi, Giulio. *Phi: A Voyage from the Brain to the Soul*. Singapore: Pantheon Books, 2012.

Toynbee, Arnold. *A Study of History*. Abridgement of Volumes I–VI by D. C. Somervell. New York: Oxford University Press, 1946.

______. *A Study of History*. Abridgement of Volumes VII–X by D. C. Somervell. New York: Oxford University Press, 1946.

Travers, Brittany G., Nagesh Adluru, Chad Ennis, Do P. M. Tromp, Dan Destiche, Sam Doran, Erin D. Bigler, et al. "Diffusion Tensor Imaging in Autism Spectrum Disorder: A Review." *Autism Research* 5, no. 5 (October 2012): 289–313.

Tsakiris, Manos, Marcello Costantini, and Patrick Haggard. "The Role of the Right Temporo-Parietal Junction in Maintaining a Coherent Sense of One's Body." *Neuropsychologia* 46, no. 12 (October 2008): 3014–18.

Tseng, Po H., Sankaranarayani Rajangam, Gary Lehew, Mikhail A. Lebedev, and Miguel A. L. Nicolelis. "Interbrain Cortical Synchronization Encodes Multiple Aspects of Social Interactions in Monkey Pairs." *Scientific Reports* 8, no. 1 (March 2018): 4699.

Tuchman, Roberto, and Isabelle Rapin. "Epilepsy in Autism." *Lancet Neurology* 1, no. 6 (October 2002): 352–58.

Tulving, Endel, and Fergus I. M. Craik. *The Oxford Handbook of Memory*. Oxford: Oxford University Press, 2000.

Turing, Alan M. "Computing Machinery and Intelligence." *Mind* (1950): 433–60.

______. "On Computable Numbers, with an Application to the Entscheidungsproblem." *Proceedings of the London Mathematical Society* 2, no. 42 (1936): 230–65.

______. "Systems of Logic Based on Ordinals." PhD diss., Princeton University, 1939.

Turkle, Sherry. *Alone Together: Why We Expect More from Technology and Less from Each Other*. New York: Basic Books, 2011.

______. *Reclaiming Conversation: The Power of Talk in a Digital Age*. New York: Penguin, 2015.

______. *The Second Self: Computers and the Human Spirit.* Cambridge, MA: MIT Press, 2005.

Uttal, William R. *Neural Theories of Mind: Why the Mind-Brain Problem May Never Be Solved.* Mahwah, NJ: Lawrence Erlbaum Associates, 2005.

van der Knaap, Lisette J., and Ineke J. van der Ham. "How Does the Corpus Callosum Mediate Interhemispheric Transfer? A Review." *Behavioural Brain Research* 223, no.,1 (September 2011): 211–21.

Varela, Francisco J., Evan Thompson, and Eleanor Rosch. *The Embodied Mind: Cognitive*

Science and Human Experience. Cambridge, MA: MIT Press, 1991.

Varoufakis, Yanis. *Adults in the Room: My Battle with Europe's Deep Establishment.* London: Bodley Head, 2017.

Verhulst, Ferdinand. *Henri Poincaré: Impatient Genius.* New York: Springer, 2012.

Verschuur, Gerrit L. *Hidden Attraction: The History and Mystery of Magnetism.* New York: Oxford University Press, 1993.

Vigneswaran, Ganesh, Roland Philipp, Roger N. Lemon, and Alexander Kraskov. "M1 Corticospinal Mirror Neurons and Their Role in Movement Suppression during Action Observation." *Current Biology* 23, no. 3 (February 2013): 236–43.

von der Malsburg, Christoph. "Binding in Models of Perception and Brain Function." *Current Opinion in Neurobiology* 5, no. 4 (August 1995): 520–26.

von Foerster, Heinz, ed. *Cybernetics: Circular Causal and Feedback Mechanisms in Biological and Social Systems.* Vols. 6–10. New York: Josiah Macy Jr. Foundation, 1949–55.

Vossel, Keith A., Maria C. Tartaglia, Haakon B. Nygaard, Adam Z. Zeman, and Bruce L. Miller. "Epileptic Activity in Alzheimer's Disease: Causes and Clinical Relevance." *Lancet Neurology* 16, no. 4 (April 2017): 268.

Wallace, Alan. *The Nature of Reality: A Dialogue between a Buddhist Scholar and a Theoretical Physicist.* Institute for Cross-Disciplinary Engagement, Dartmouth College, 2017. https://www.youtube.com/watch?t=195s&v=pLbSlC0Pucw&app=desktop.

Wang, Jun, Jamie Barstein, Lauren E. Ethridge, Matthew W. Mosconi, Yukari Takarae, and John A. Sweeney. "Resting State EEG Abnormalities in Autism Spectrum Disorders." *Journal of Neurodevelopmental Disorders* 5, no. 1 (September 2013): 24.

Wawro, Geoffrey. *A Mad Catastrophe: The Outbreak of World War I and the Collapse of the Habsburg Empire*. New York: Basic Books, 2014.

Weatherford, Jack. *The History of Money: From Sandstone to Cyberspace*. New York: Crown, 1997. 《돈 상식사전》(길벗, 2009)

Weinberg, Steven. *To Explain the World: The Discovery of Modern Science*. New York: Harper, 2015. 《스티븐 와인버그의 세상을 설명하는 과학》(사이언스북스, 2016)

Weizenbaum, Joseph. *Computer Power and Human Reason: From Judgment to Calculation*. San Francisco: W. H. Freeman, 1976.

Weizenbaum, Joseph, and Gunna Wendt. *Islands in the Cyberstream: Seeking Havens of Reason in a Programmed Society*. Sacramento: Litwin Books, 2015.

Wessberg, Johan, Christopher R. Stambaugh, Jerald D. Kralik, Pam D. Beck, Mark Laubach, John K. Chapin, Jung Kim, et al. "Real-Time Prediction of Hand Trajectory by Ensembles of Cortical Neurons in Primates." *Nature* 408, no. 6810 (November 2000): 361–65.

West, Meredith J., and Andrew P. King. "Female Visual Displays Affect the Development of Male Song in the Cowbird." *Nature* 334, no. 6179 (July 1988): 244–46.

West, Meredith J., Andrew P. King, David J. White, Julie Gros-Louis, and Grace Freed-Brown. "The Development of Local Song Preferences in Female Cowbirds (Molothrus Ater): Flock Living Stimulates Learning." *Ethology* 112, no. 11 (2006): 1095–107.

Wheeler, John Archibald. "Information, Physics, Quantum: The Search for Links." In *Proceedings of the 3rd International Symposium on Foundations of Quantum Mechanics in the Light of New Technology*, edited by S. Kobayashi, H. Ezawa, Y. Murayama, and S. Nomura, 354–68. Tokyo: Physical Society of Japan, 1990.

Wigner, Eugene. "Remarks on the Mind-Body Question: Symmetries and Refl ections." In *Philosophical Refl ections and Syntheses: The Collected Works of Eugene Paul Wigner (Part B, Historical, Philosophical, and Socio-political Papers)*, edited by J. Mehra. Berlin: Springer, 1995.

Wilson, Frank R. *The Hand: How Its Use Shapes the Brain, Language, and Human Culture*. New York: Pantheon Books, 1998.

Wittgenstein, Ludwig. *Philosophical Investigations*. Translated by G. E. M. Anscombe, P. M. S. Hacker, and Joachim Schulte. Edited by P.M.S. Hacker and Joachim Schulte. Chichester, UK: Wiley-Blackwell, 2009.

______. *Tractatus Logico-Philosophicus*. Routledge Great Minds. London: Routledge, 2014.

Witthaut, Dirk, Sandro Wimberger, Raffaella Burioni, and Marc Timme. "Classical Synchronization Indicates Persistent Entanglement in Isolated Quantum Systems." *Nature Communications* 8 (April 2017): 14829.

Wong, Julie Carrie. "Former Facebook Executive: Social Media Is Ripping Society Apart." *Guardian*, December 12, 2017.

Wrangham, Richard W. *Catching Fire: How Cooking Made Us Human*. New York: Basic Books, 2009.

Yadav, Amol P., Romulo Fuentes, Hao Zhang, Thais Vinholo, Chi-H. Wang, Marco A. Freire, and Miguel A. Nicolelis. "Chronic Spinal Cord Electrical Stimulation Protects against 6-Hydroxydopamine Lesions." *Scientific Reports* 4 (2014): 3839.

Yadav, Amol P., and Miguel A. L. Nicolelis. "Electrical Stimulation of the Dorsal Columns of the Spinal Cord for Parkinson's Disease." *Movement Disorders* 32, no. 6 (June 2017): 820–32.

Yin, Allen, Po H. Tseng, Sankaranarayani Rajangam, Mikhail A. Lebedev, and Miguel A. L. Nicolelis. "Place Cell-like Activity in the Primary Sensorimotor and Premotor Cortex during Monkey Whole-Body Navigation." *Scientific Reports* 8, no., 1 (June 2018): 9184.

Zajonc, Arthur. *Catching the Light: The Entwined History of Light and Mind*. New York: Oxford University Press, 1995.

Zhang, Kechen, and Terrence J. Sejnowski. "A Universal Scaling Law between Gray Matter and White Matter of Cerebral Cortex." *Proceedings of the National Academy of Sciences USA* 97, no. 10 (May 2000): 5621–26.

Zuboff, Shoshana. *The Age of Surveillance Capitalism: The Fight for a Human Future at the New Frontier of Power*. New York: Public Affairs, 2018. 《감시 자본주의 시대》(문학사상사, 2021)

찾아보기

ㅂ

ㅅ

ㅇ

ㅈ

ㅊ

ㅋ

ㅌ

ㅍ